U0281757

药物研发仪器原理与应用

闫海龙　王晨晖◎主编

重庆大学出版社

图书在版编目(CIP)数据

药物研发仪器原理与应用 / 闫海龙，王晨晖主编
. -- 重庆 : 重庆大学出版社, 2024.7
ISBN 978-7-5689-4426-7

Ⅰ. ①药… Ⅱ. ①闫…②王… Ⅲ. ①制药工业—药物分析—仪器分析 Ⅳ. ①TQ460.7

中国国家版本馆 CIP 数据核字(2024)第 082698 号

药物研发仪器原理与应用

YAOWU YANFA YIQI YUANLI YU YINGYONG

主　编:闫海龙　王晨晖

策划编辑:胡　斌

责任编辑:胡　斌　版式设计:胡　斌

责任校对:王　倩　责任印制:张　策

*

重庆大学出版社出版发行

出版人:陈晓阳

社址:重庆市沙坪坝区大学城西路 21 号

邮编:401331

电话:(023)88617190　88617185(中小学)

传真:(023)88617186　88617166

网址:http://www.cqup.com.cn

邮箱:fxk@cqup.com.cn (营销中心)

全国新华书店经销

重庆市正前方彩色印刷有限公司印刷

*

开本:787mm×1092mm　1/16　印张:18.5　字数:453 千

2024 年 7 月第 1 版　2024 年 7 月第 1 次印刷

ISBN 978-7-5689-4426-7　定价:88.00 元

前 言

药物研发是一项理论与实践并重的复杂工程，对每一位药学人来说，不仅要掌握药物研发的基本原理和底层逻辑，还要依靠各种药学仪器设备进行广泛翔实的实验分析，因此各种仪器设备在药物研发中扮演着重要角色，可以说没有先进的仪器设备，就没有现代制药科学。目前各种药物研发理论书籍层出不穷，丰富了广大制药工作者的理论储备，但药物研发流程中仪器设备理论和应用书籍并不多。因此，本书从独特的实战角度，以药物研发流程为主轴介绍了药物研发仪器的原理及其应用。本书分为四个部分，第一部分为原理篇，主要讲解仪器设备原理；第二部分为基础实验篇，主要介绍原料药鉴别和分析、制剂的制备和表征、原料药与制剂的稳定性、药效学实验、药物代谢动力学、药物非临床安全研究与评价；第三部分为创新实验篇，主要介绍依托药物研发科研项目进行系统性药物研发实训；第四部分为附录篇，主要内容为样品制备方法和注意事项。本书的编写目的是希望读者通过阅读，能全面了解药物研发过程，并能将药物研发逻辑和各种仪器设备应用于药物研发的实践之中。

本书使用范围广泛，既可以作为药学类专业研究生、本科生的教材，也可以作为药学工作者及相关人员的参考用书。

最后，感谢所有编者的辛苦付出，经过所有编者多年来的实践和积累，形成并完善了药物研发仪器原理与应用的现有内容。尽管编者力求在本书的内容与形式方面做得更好，但难免也存在疏漏，敬请专家和读者批评指正，我们将在今后的工作中进行修订、充实和完善。

编　者

2024 年 2 月

目　录

第一部分　原理篇

第二部分 基础实验篇

第四部分 附录篇

第一部分

原理篇

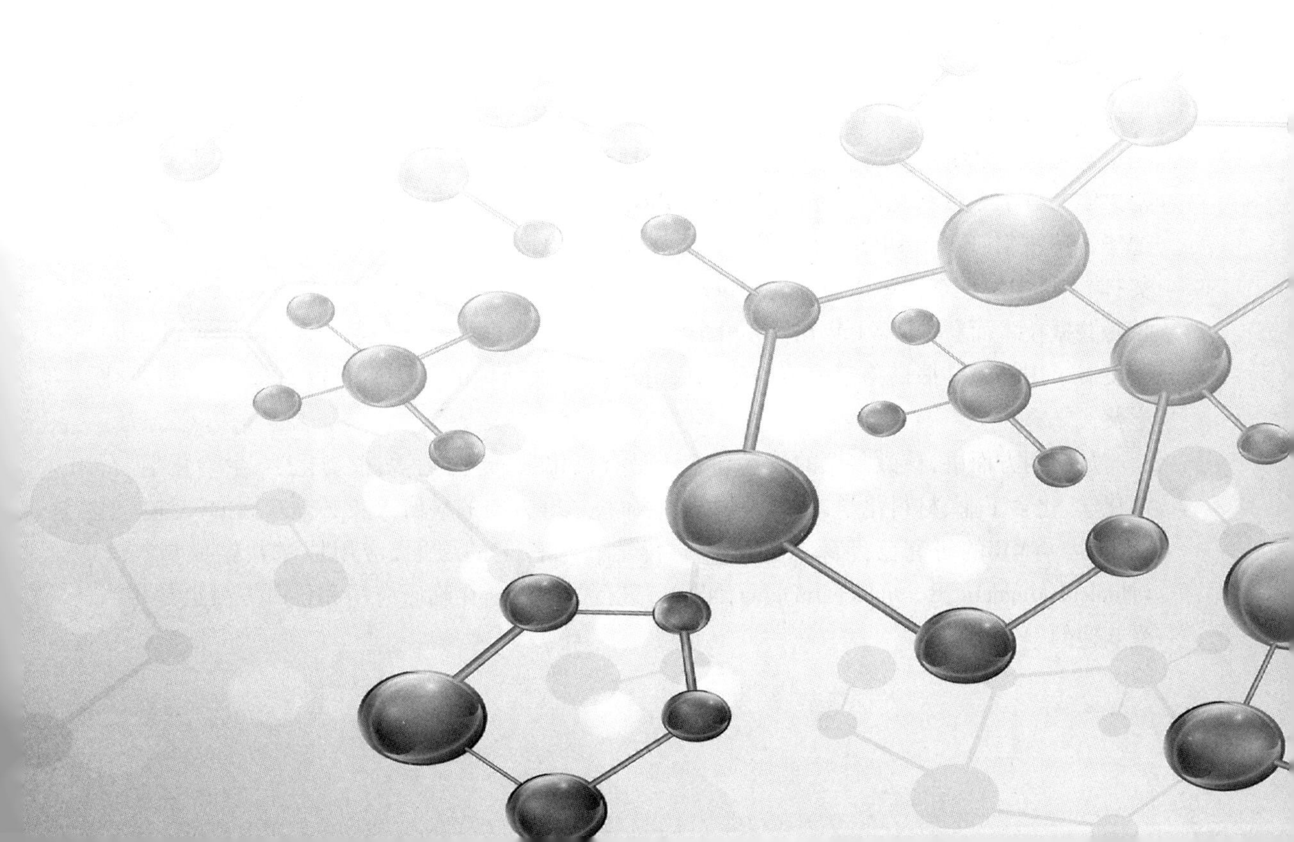

第1章　核磁共振波谱

1.1　概述

核磁共振(Nuclear Magnetic Resonance,NMR)波谱学是一门发展非常迅速的学科。核磁共振是磁矩不为零的原子核,在外磁场作用下自旋能级发生蔡曼分裂,共振吸收某一定频率的射频辐射的物理过程。核磁共振波谱学是光谱学的一个分支,其共振频率在射频波段,相应的跃迁是核自旋在核蔡曼能级上的跃迁。

核磁共振仪是一种进行有机化合物鉴定的有效工具,同时也是人们研究有机化学、探索反应机制、揭示生命奥妙和进行医学研究的有力工具。核磁共振仪是一种能够帮助我们“看清楚”肉眼看不见的微小有机分子的具有精细结构的仪器。核磁场共振在有机化合物结构鉴定中起着极其重要的作用。

NMR是一门充满趣味和哲理的科学,其理论深邃,具有很强的吸引力;核磁共振的内容博大精深,涉及面广,实用性极强,与有机合成化学和生命科学以及有机新材料等学科的关系极其密切。从学术方面讲,NMR的研究获得过多次最高成就,如美国加利福尼亚州斯坦福大学的科学家费利克斯·布洛赫(Felix Bloch)和美国马萨诸塞州坎伯利基哈佛大学的爱德华·珀塞尔(Edward Purcell)因首先发现核磁共振现象而共同分享1952年诺贝尔物理学奖;瑞士科学家理查德·R.恩斯特(Richard R. Ernst)因为发明傅里叶变换核磁共振和二维核磁共振技术而获得1991年诺贝尔化学奖;瑞士科学家库尔特·维特里希(Kurt Wüthrich)因发展了用核磁共振谱测定溶液中生物大分子的三维结构的方法而获得2002年诺贝尔化学奖。

从应用方面讲,核磁共振的技术和方法是有机化学、药物化学、植物化学、生物化学、石油化学、化学工业、材料化学、化学生物学、生命科学等方向的科研人员必须掌握的一种重要的工具。NMR的研究已经深入到蛋白质科学和脑科学的层面,应用核磁共振成像技术(Nuclear Magnetic Resonance Imaging,NMRI)进行医疗诊断在临床应用和科研方面也是相当受欢迎的。

1.1.1　NMR 的基本原理

所有的原子核都带有电荷,核的旋转使核在沿键轴方向上产生一个磁耦极,其大小可以用核磁矩 μ 表示。核的自旋角动量 P 是量子化的,与核的自旋量子数 I 的关系如下:

$$P = h/2\pi\sqrt{I(I+1)} \tag{1.1}$$

$$\mu = \gamma P \tag{1.2}$$

公式中,γ 是旋磁比,它是自旋核的磁矩和角动量的比值,h 为 Planck 常数。将式(1.1)代入式(1.2)得:

$$\mu = \gamma h/2\pi\sqrt{I(I+1)} \tag{1.3}$$

当 $I=0$ 时,$P=0$,原子核没有自旋现象,只有当 $I>0$ 时,原子核才有自旋角动量和自旋现象。自旋量子数有 0、1/2、1、3/2 等值,一般有以下三种情况:

(1)原子量和原子序数均为偶数时,$I=0$(^{12}C,^{16}O,^{32}S);

(2)原子量为偶数,原子序数为奇数时,I=整数(^{14}N,^{2}H,^{10}B);

(3)原子量为奇数时,I=半整数(^{1}H,^{13}C,^{15}N,^{31}P)。

自旋角动量为一个矢量,它的大小和方向都是量子化的。自旋量子数为 I 的原子核在任意选定的一个轴(如 z 轴)方向上只可能有 $2I+1$ 个投影。核自旋角动量在 Z 轴方向上的投影 P_z 为:

$$P_z = hm \tag{1.4}$$

核磁矩在 z 轴上投影 μ_z 为:

$$\mu_z = \gamma P_z = \gamma hm \tag{1.5}$$

每一个投影都可以用一个自旋磁量子数 m 来表示,m 与 I 之间的关系是:

$$m = I, I-1, I-2, \cdots, -I+1, -I \tag{1.6}$$

当 $I=1/2$ 时,$m=1/2,-1/2$;当 $I=1$ 时,$m=1,0,-1,\cdots$。核磁矩的自旋态由磁量子数 m 确定,是量子化的。$I=1/2$ 的核,电荷在核上的分布是球对称的,可以得到高分辨的 NMR 谱,是 NMR 的主要研究对象。

1.1.2　核磁共振量子力学理论

1.1.2.1　磁场和能级分裂

自旋量子数 I 为 1/2 的质子是我们考虑最多的自旋核。无外磁场时,自旋核产生的核磁矩的取向是任意的,不产生能级分裂,处于简并状态。当自旋核处于磁场强度为 B_0 的外磁场中时,核磁矩就会与外加磁场平行或反平行,且平行方向多于反平行方向,即处于较低能级上的质子稍多一些。因此,在外磁场 B_0 的作用下,平行和反平行于 B_0 的核磁矩之间就产生了能级差(图 1.1)。

原子核的每一种取向都代表了核在该磁场中的一种能量状态,其能量可以从下式求出:

$$E = -\mu \cdot B_0 = -\mu_z \cdot B_0 = -mh\gamma B_0 \tag{1.7}$$

式中,μ_z 为 μ 在 z 轴方向的分量,B_0 为外磁场的大小。原子核的能量与磁场强度大小成一定比例,与旋磁比和角动量在 z 轴上的分量成正比。自旋量子数为 I 的原子核,其 $2I+1$ 个能级

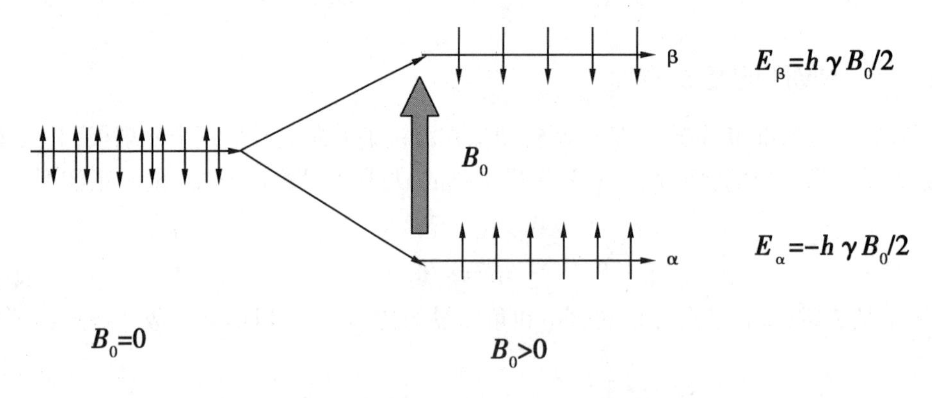

图 1.1 $I = 1/2$ 的粒子磁矩在磁场中的取向及能级

都是均匀分布的，由量子力学选择定则可知，只有 $m = \pm 1$ 的跃迁才是被允许的，所以相邻能级之间发生跃迁的能量差为：

$$\Delta E = \gamma h B \tag{1.8}$$

1.1.2.2 能量和频率

正向排列的核能量较低，逆向排列的核能量较高。它们之间的能量差为 ΔE。一个核要从低能态跃迁到高能态，必须吸收 ΔE 的能量。让处于外磁场中的自旋核接收一定频率的电磁波辐射，当辐射的能量恰好等于自旋核两种不同取向的能量差时，处于低能态的自旋核吸收电磁辐射能跃迁到高能态。允许跃迁的都是在相邻能级间进行的，共振条件为：

$$\Delta E = h\nu = \gamma h B_0 \tag{1.9}$$

或

$$\nu = \gamma B_0 / 2\pi \tag{1.10}$$

$$\omega = \gamma B_0 (\mathrm{rad \cdot s^{-1}}) \tag{1.11}$$

式中，γ 为电磁辐射频率，单位为 Hz。自旋量子数为 I 的原子核有 $2I$ 个可能的跃迁，且都需要相同的能量。若提供与共振频率 γ 相当的能量，自旋粒子就会吸收能量并从低能级向高能级跃迁，产生核磁共振现象。同一种核，γ 为常数，B_0 强度增大，ν 也增大。不同核的 γ 不同，共振频率也不同。在通常的磁场条件下（2.35 ~ 18.6 T），^{1}H NMR 共振频率为 100 ~ 800 MHz。

1.1.3 核磁共振经典力学理论

1.1.3.1 回旋进动

核具有自旋角动量，所以可以粗略地认为核是绕其自身 z 轴不断旋转着的。自旋磁矩 μ 不为零的核可以看作小的原子磁子。如果自旋磁矩 μ 处于大的外磁场 B_0 中，μ 与 B_0 的相互作用会产生一个扭矩，不论 μ 原来的取向如何，它都将趋向于沿 B_0 方向取向。现在就有两个力同时作用于具有自旋磁矩 μ 的核上：一是迫使它沿 B_0 排列的扭矩；二是保持它不断自旋的自旋角动量，共同作用的结果是 μ 绕 B_0 回旋进动，这种运动情况与陀螺的运动情况十分相像，称为拉莫尔进动（图 1.2）。

μ 绕 B_0 进动的频率称为拉莫尔（Larmor）频率或进动频率，与用能量方法给出的结果相

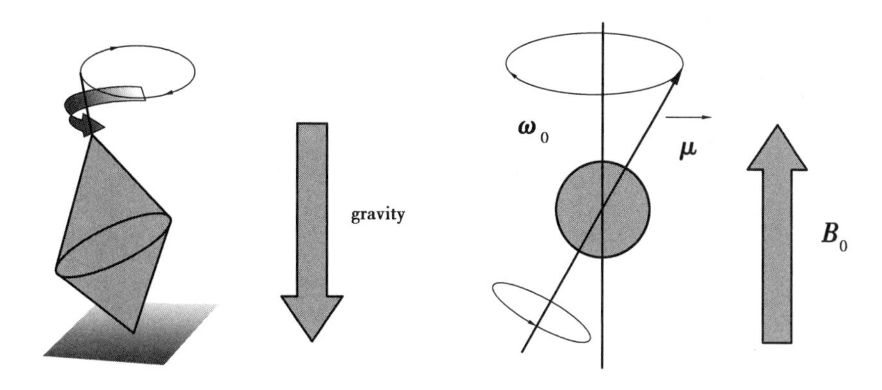

图1.2　质子在外加磁场 B_0 作用下自旋

同。自旋核进动的角速度 ω_0 与外磁场强度 B_0 成正比,比例常数即为旋磁比 γ。式中 ν 是进动频率。

$$\omega_0 = 2\pi\nu = \gamma B_0 \tag{1.12}$$

1.1.3.2　宏观磁矩

通常我们研究的不是单个自旋,而是包含许多自旋的宏观体系,每个自旋磁矩 μ 都可以分解成 z 方向的分量和 xy 方向的分量。因为 xy 分量是随机分布的,各方向的矢量相互抵消,平均结果为零,而 z 方向的分量加和给出宏观磁化矢量 M_0,对于 $I=1/2$ 核(图1.3),M_0 正比于两个能级布居数的差($N_\alpha-N_\beta$)。其中,μ 是量子化的,仅能取两个状态中的一个[$\alpha(m=1/2)$或 $\beta(m=-1/2)$];M_0 是连续的,描述了整个自旋分布。

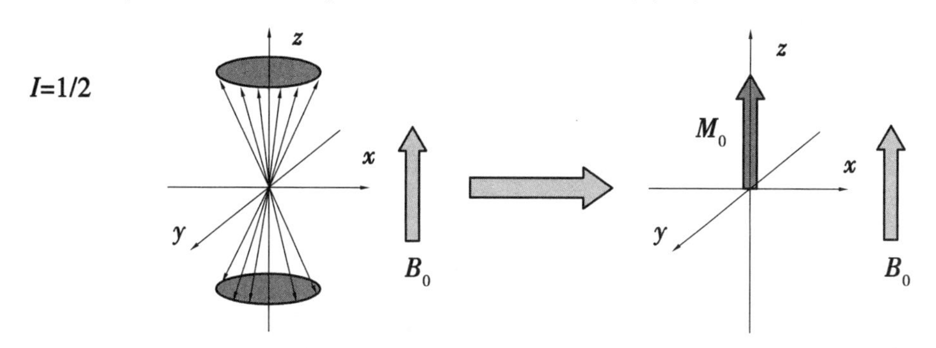

图1.3　$I=1/2$ 核在外加磁场中的宏观磁化矢量

1.1.3.3　NMR激发

到目前为止,什么都未发生,自旋体系处于平衡状态。要观测信号,就要施加干扰,使体系离开平衡状态,即影响自旋布居,然后观测它如何回到平衡状态。要使自旋体系偏离平衡状态,方法是在垂直于 B_0 方向施加一个由交变电流产生的振荡的射频电磁辐射(图1.4)。

交变磁场和 M_0 的相互作用产生了一个扭矩,它迫使 M_0 绕 B_1 旋转(章动),从而使体系偏离平衡状态,产生 xy 分量 M_{xy}。当停止射频场辐射时,M_{xy} 就要向平衡态 M_0 恢复,这个过程叫弛豫。在恢复的过程中 M_{xy} 绕 B_0 进动,M_0 逐渐增大,M_{xy} 逐渐减小。旋转的磁化矢量 M_{xy} 在 xy 方向产生了一个震荡磁场,如果在 x 或 y 方向加一个接受线圈,这个震荡磁场就会在线圈中产生诱导电流,即NMR信号(图1.5)。

有些NMR现象用经典力学无法解释,但可以用严格的量子力学方法推导。处于分子中

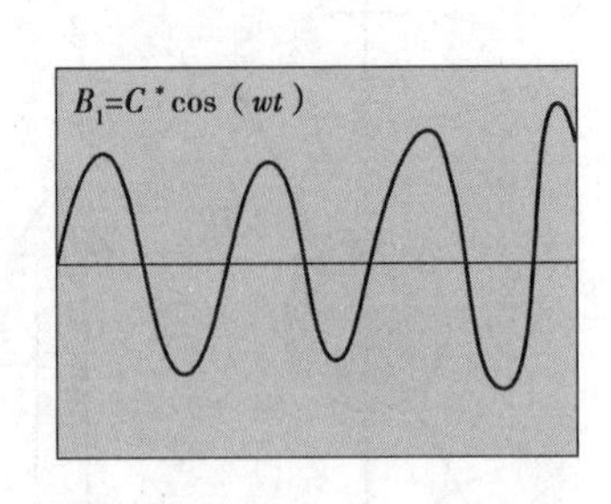

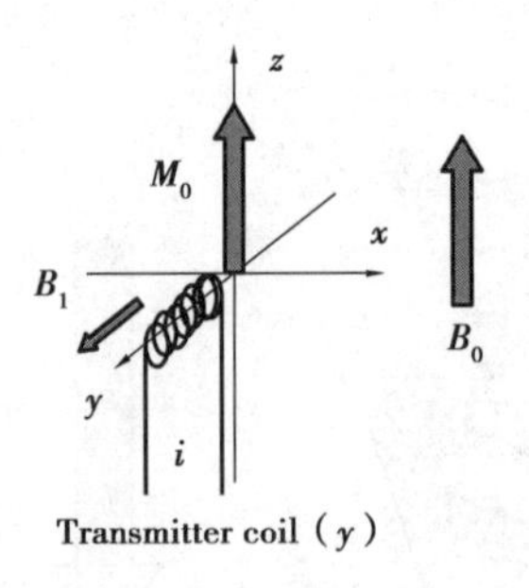

图 1.4 振荡线圈产生的磁场

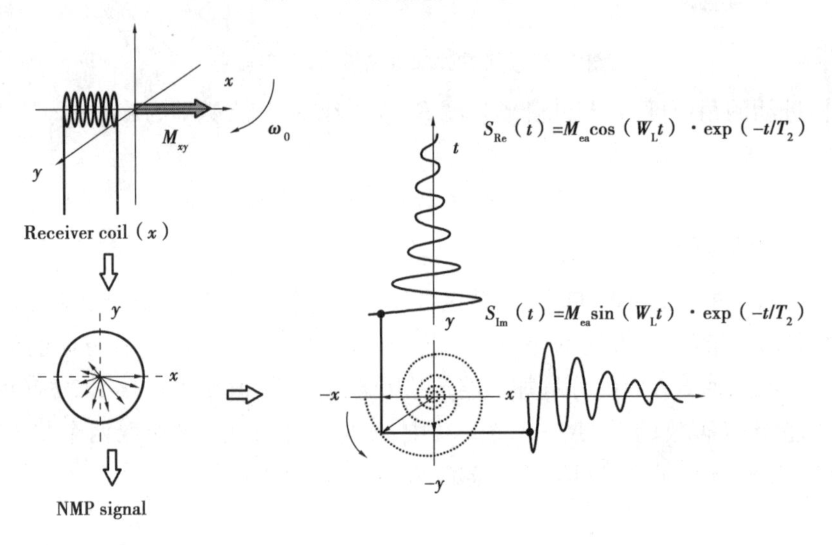

图 1.5 NMR 信号的产生

的原子核所感受到的磁场不同于外加磁场，所以原子核所处的化学环境的不同可以通过精细的共振频率反映出来，即化学位移。

1.2 超导脉冲傅里叶变换核磁共振谱仪

1.2.1 概述

核磁共振仪按照用途可分为波谱仪、成像仪、测井仪等类型，在药物分析中所使用的为波谱仪，目前最常用的是超导脉冲傅里叶变换核磁共振谱仪(图 1.6)，它主要由超导磁体、探头、射频发生器、射频接收器和前置放大器等部分组成。

脉冲傅里叶变换(Pulse Fourier Transform)的核磁共振仪是 20 世纪 70 年代开始出现的新型仪器，它采样时间短，可以使用各种脉冲序列进行测试，得到不同的多维图谱，给出大量的结构信息，现在的核磁共振谱仪全部为脉冲傅里叶变换的核磁共振仪。脉冲傅里叶变换的核磁共振仪工作过程为:

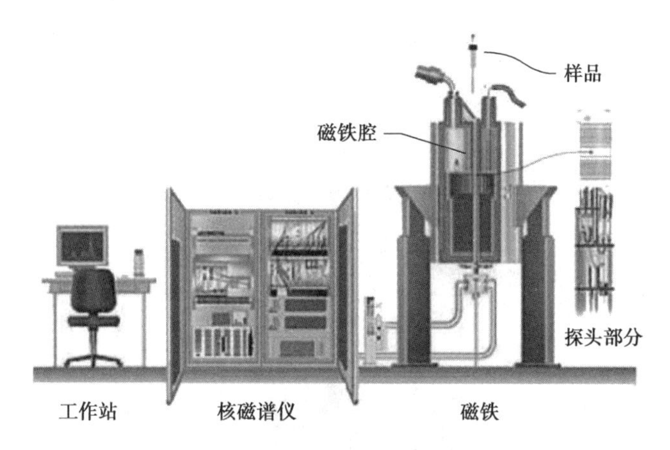

图1.6　超导脉冲傅里叶变换的核磁共振波谱仪

$$脉冲\xrightarrow{照射}自旋核\xrightarrow{共振}FID\xrightarrow{傅里叶变换}谱图$$

波谱仪的照射脉冲由射频振荡器产生,工作时射频脉冲由脉冲程序器控制。当发射门打开时,射频脉冲辐照到探头中的样品上,原子核产生共振,接收线圈接收到信号,经放大送到计算机转换成数字量(Analog to Digital Converter)进行傅里叶变换后,再转换成模拟量(Digital to Analog Converter),也就是所需要的图谱。图1.7所示图谱的上半部分是自由感应衰减(Free Induction Decay,FID)信号,下半部分是傅里叶变换后的图谱(频域谱)。

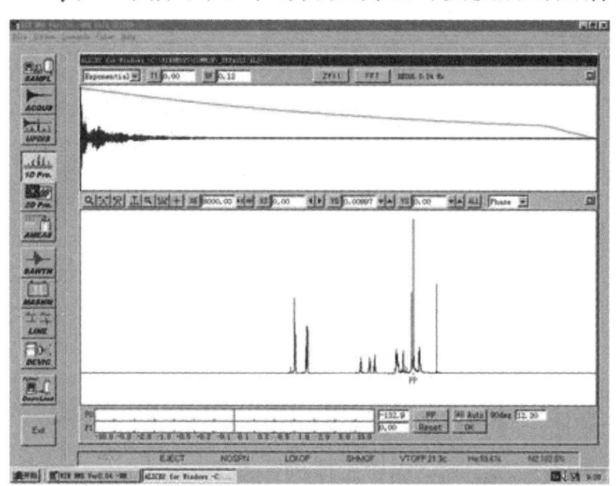

图1.7　图谱

1.2.2　波谱仪主要组成部分

1.2.2.1　磁体

超导磁体是目前使用最多的一种磁体,主要用来产生一个强而稳定均匀的外磁场。它是利用铌-钛超导材料在液氮稳定(4 K)下电阻为零,一次通电后,电流始终保持原来的电流,从而形成稳定的永久磁场原理制成的。这种磁体可产生很高的磁场强度,超导磁体结构如图1.8所示,可满足制造高分辨率波谱仪的需要,现已用于制造射频频率100~1 200 MHz的仪器。因为强磁场使仪器的灵敏度很高,并且谱上各峰之间的距离比低场仪器测出的峰拉得开,原来集中在一起的峰分开了,图谱更容易解析。如图1.9所示,同一个样品分别用

500 兆核磁(上图)和 300 兆核磁(下图)所测出的图谱,色谱峰实现有效分离。

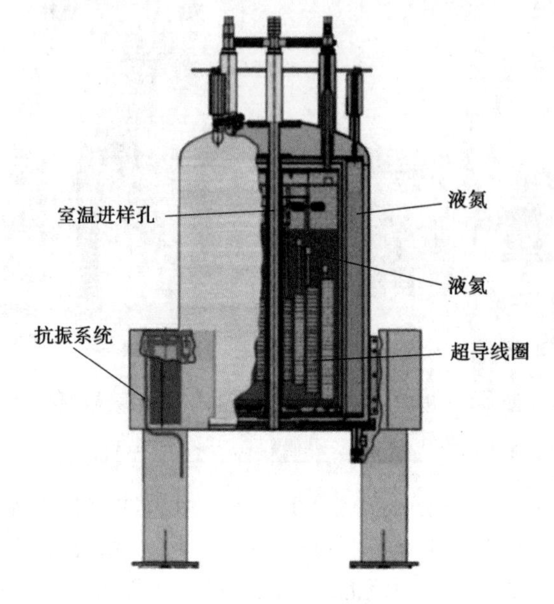

图 1.8　超导磁体结构图

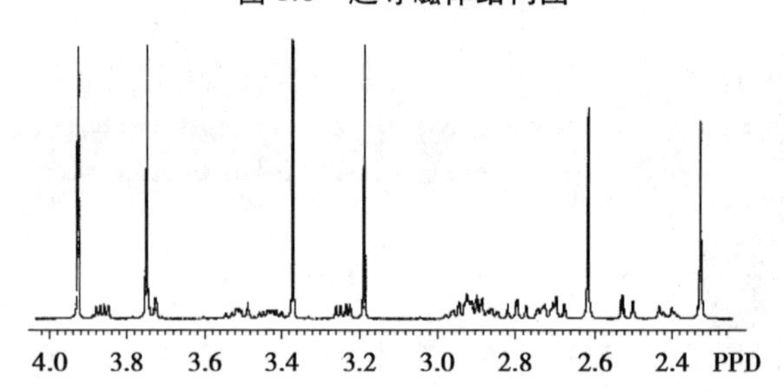

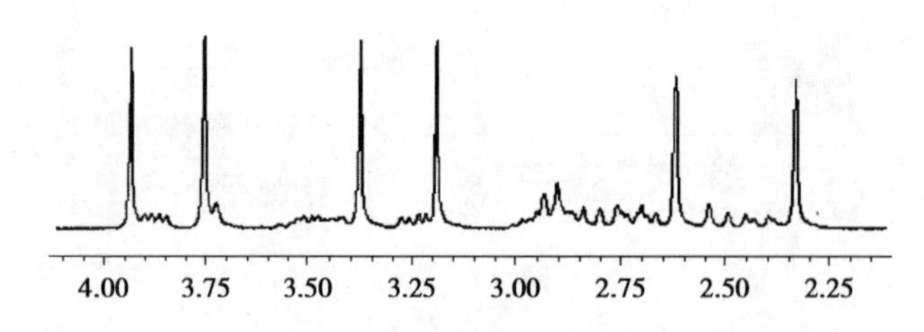

图 1.9　500 兆核磁与 300 兆核磁所测图谱比较

1.2.2.2　探头

在波谱仪中用来放置被测样品并发射电磁波和接受 NMR 信号的部件称为探头(Probe)。探头上装有发射和接收线圈,在测试时样品管放入探头中,处于发射和接收线圈中心。工作时,发射线圈发射照射脉冲,接收线圈接收共振信号,所以可以将探头比喻为核磁共振谱仪的心脏。超导磁铁中心有一个垂直向下的管道和外面大气相通,探头就装在这个管道中磁铁的中心位置,这里是磁场最强、最均匀的地方。探头种类很多,根据被测核的种类可分为专用探头、双核探头、多核探头及宽带探头。宽带探头一般来说可测定元素周期表中大部分磁核的 NMR 谱,是目前较常用的探头。探头根据检测方式等还可以分为正相探头和反相探头。正相探头是杂核(非杂核)线圈在内部,氢核线圈在外围,故检测杂核的灵敏度较高,检测氢核的灵敏度较低,反相探头则与之相反。另外还有梯度探头、超低温探头等。前者是通过在探头上加上梯度线圈,改变磁场的均匀性从而缩短检测时间,后者则是利用了超低温技术大大提高探头的灵敏度。对于有机溶剂样品而言,其灵敏度可增加4倍,水溶液的样品信号则平均增加2~3倍,因此超低温探头可以更迅速完成实验并提高检测微量样品的可能性。

1.2.2.3　锁场单元

锁场单元可以补偿外界环境对磁铁的干扰,提高磁场稳定性。锁场单元分为两部分:一部分是磁通稳定器,可补偿快变化的干扰;另一部分是场频联锁器,补偿慢变化干扰。磁极间有两个线圈,一个是拾磁线圈,另一个是补偿线圈。拾磁线圈将接收到的磁场快变化信号送到磁通稳定器,磁通稳定器反馈一定电流给补偿线圈,补偿线圈产生一个磁场抵消外来干扰。

场频联锁器工作时监视一个共振信号,这个共振信号是氘代溶剂中氘的共振信号,当磁场飘移时共振信号频率会变化,场频联锁器产生一个电压信号送到磁通稳定器,再向补偿线圈输入一个补偿电流,补偿磁场漂移。这个工作过程称为锁场(图1.10)。

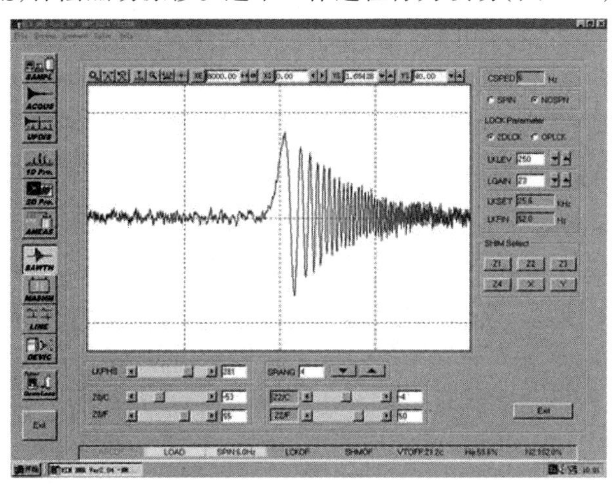

图1.10　氘代溶剂中氘的共振信号——锁信号

1.2.2.4　匀场单元

在磁极间有很多匀场线圈可以提高磁场均匀性,提高分辨率。这些匀场线圈通电后产生一定形状的磁场,调节线圈电流能改变磁极间磁力线分布,磁力线分布越均匀,信号宽度越小,分辨率越高。

1.2.2.5　谱仪

谱仪(Spectrometer)是电子电路部分,包括射频发射和接收部分、线性放大、模-数转换等部分。谱仪的主要功能是产生射频脉冲和脉冲序列,处理接收的共振信号。

1.2.2.6　计算机

日常工作中的人机对话(操作仪器、设置参数、数据处理和打印图谱)都是通过计算机(Computer)来进行的。目前,谱仪上所用的计算机操作系统有Windows和Unix。

1.2.2.7　其他附属设备

(1)空气压缩机(Air Compressor):产生压缩空气,用来控制样品管的装入和排出,并且使样品管在工作时旋转。在空气压缩机把压缩空气送入探头的管道中间有除湿和过滤装置,以便送入探头的空气是洁净和干燥的。

(2)前置处理单元(Magnet Console):这部分有控制气流、控制变温系统,实现信号初级放大、液氦的显示等功能。

(3)变温控制部分(Variable-temperature Controller):通过电热丝升温,精度可以达到0.1 ℃。低温实验时,通过杜瓦瓶吹出低温的氮气,降低探头的温度。

1.3　核磁共振波谱

核磁共振信号(峰)可提供4个重要参数:化学位移值、谱峰多重性、耦合常数值(J/Hz)和谱峰相对强度。处于不同分子环境中的同类原子核具有不同的共振频率,这是因为作用于特定核的有效磁场由两部分构成:由仪器提供的特定外磁场以及由核外电子云环流产生的磁场(后者一般与外磁场的方向相反,这种现象称为“屏蔽”)。处于不同化学环境中的原子核,由于屏蔽作用不同,产生的共振条件差异很小,难以精确测定其绝对值,实际操作时采用一参照物作为基准,精确测定样品和参照物的共振频率差。在核磁共振波谱中,一个信号的位置可描述为它与另一参照物信号的偏离程度,称为化学位移。共振频率与外磁场强度成正比,磁场强度不同,同一化学环境中的核共振频率不同。为了解决这个问题,通常用δ表示化学位移,δ值为标准品共振频率和样品分子中某一组原子的共振频率的比值。由于同一个分子中的原子核在不同仪器不同磁场中测出的δ值都是相同的,所以可以将其作为判断分子结构的依据。

1.3.1　核磁共振氢谱

1.3.1.1　核磁共振氢谱类型

根据复杂程度,核磁谱图可分为一级图谱和高级图谱。一级图谱产生的条件:①相同核组的核必须是磁等价的。②$\Delta\delta/J \geqslant 10$,即相互耦合的两个核组的化学位移之差至少是耦合常数的10倍。一级图谱的特点:①峰的数目服从$n+1$规律。②相互作用的一对质子,耦合常数一般相等。③峰组内各峰的相对强度比为二项式展开式的各项系数比。④化学位移为多重峰的中间位置。⑤相邻两峰间的距离为耦合常数。⑥磁等价核彼此耦合,但不产生峰裂分。⑦耦合作用弱,$\Delta\delta/J>10$,耦合作用随距离的增加而降低。⑧两组相互耦合的信号彼此倾向。

高级图谱必须满足的条件是$\Delta\delta/J<6$,即两个质子群的化学位移之差小于耦合常数的6倍。高级图谱的特点:①峰的数目不服从$n+1$规律。②峰组内各峰的相对强度不符合二项

式展开式的各项系数比。③耦合常数与峰裂距不相等。④化学位移值与 J 值不能直接从图谱读出,需计算得到。

核磁共振图谱可以采用新技术使图谱简化。如采用高磁场核磁共振仪测定化合物结构时,可以改善信号与信号之间的分离度,使信号间的高级耦合转变为一级耦合,简化谱图。另外,可以利用溶剂位移效应,即改变测定用溶剂使谱图简化。核奥弗豪泽效应(Nuclear Overhauser Effect,NOE)是指分子内有空间接近的两个质子,用双照射法照射其中一个核使其饱和,另一个核的信号就会增强的现象。自旋去耦是一种应用核磁双共振方法消除核间自旋耦合的相互作用的手段,其也可以简化图谱,或发现隐藏的信号,或得到有关耦合的信息。在实际工作中,NOE 常被用来确定某些基团的位置、相对构型和优势构象。

1.3.1.2　核磁共振氢谱图的特点

NMR 谱仪都配备有自动积分仪,对每组峰的峰面积进行自动积分,在谱中以积分高度显示。各组峰的积分高度之简比,代表了相应的氢核数目之比。从一个核磁共振氢谱中,我们能够得到以下信息,分别与相应的结构有关。从信号的位置即化学位移(δ/ppm)判断质子的化学环境;从信号的数目判断化学等价质子的组数;从信号的强度判断引起该信号的氢原子数目;从积分面积信号的裂分和耦合常数(J/Hz)判断邻近质子的关系和数目。化学位移、多重峰峰形、裂分情况及耦合常数、谱线强度等参数是氢谱为化合物定性、定量解析提供的重要依据。

例如,乙酸乙酯的核磁共振氢谱也可以这样来描述:

^{1}H NMR(300 MHz,$CDCl_3$),δ(ppm)1.867(t,J=7.2 Hz,3H),2.626(s,3H),4.716(q,J=7.2 Hz,2H)。

其中:s—单峰;d—双峰(二重峰);t—三峰(三重峰);q—四峰(四重峰);m—多峰(多重峰)。

核磁共振氢谱的解析中首先根据化学位移值 δ 确定质子类别,需要了解不同环境下的质子的化学位移值范围(图 1.11)。

(1)饱和碳上的氢。饱和碳上的氢的化学位移一般处于高场区域,δ 值较小。例如 R—CH_3 中的甲基 δ 值约为 0.9 ppm;亚甲基 R_1—CH_2—R_2 δ 值约为 1.3 ppm;次甲基$(R)_3$—CH δ 值约为 1.5 ppm。

(2)不饱和碳上的氢。与 sp^2 杂化碳相连的氢(烯烃上的氢)化学位移值约为 5.3 ppm;与 sp 杂化碳相连的氢(炔烃上的氢)化学位移值约为 1.8 ppm;醛基官能团上的氢约 9.5 ppm;芳氢的化学位移值约为 7.3 ppm,但是依据芳环的类别、芳环上不同取代基的位置和电性而变化,一般为 6.5~9.0 ppm。

(3)活泼氢。常见活泼氢如—OH、—NH_2、—SH,由于它们在溶剂中质子交换速度较快,并受形成氢键等因素的影响,与温度、溶剂、浓度等有很大关系,它们的 δ 值很不固定,变化范围较大,表 1.1 列出了各种活泼氢的 δ 值大致范围。一般说来,酰胺类、羧酸类缔合峰均为宽峰,有时隐藏在基线里,可从积分高度判断其存在。醇、酚类峰形较钝,氨基、巯基类峰形较尖。活泼氢的 δ 值虽然很不固定,但不难确定,加一滴 D_2O 后,活泼氢的信号因与 D_2O(氧化氘/重水)中的 D 交换而消失。

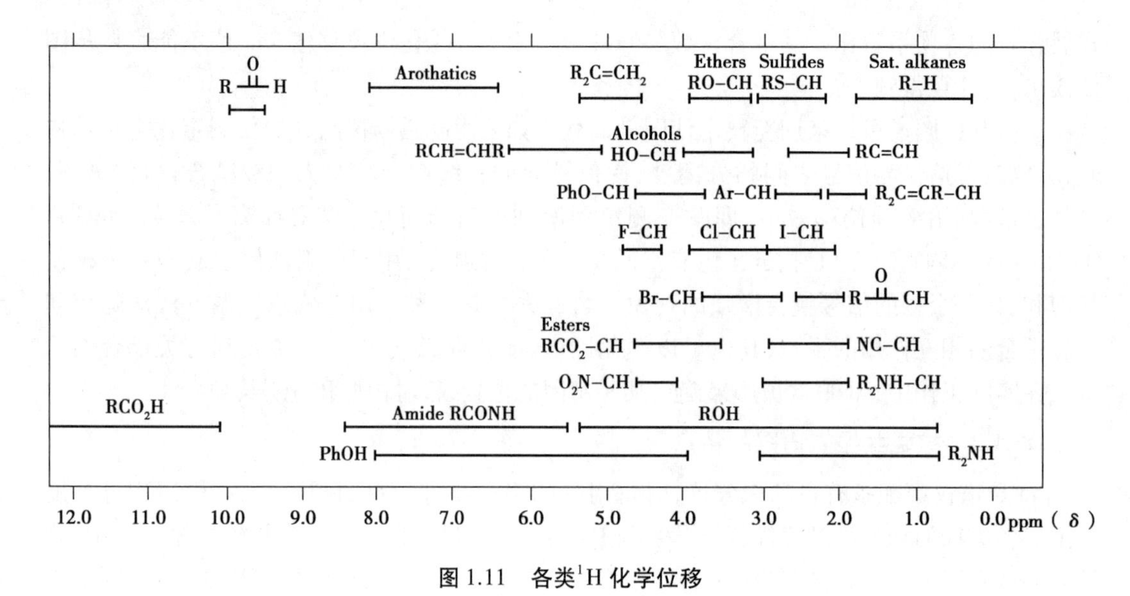

图 1.11　各类 ^{1}H 化学位移

表 1.1　常见活泼氢的化学位移

活泼氢类型 δ 值(ppm)			活泼氢类型 δ 值(ppm)		
醇	0.5~5.5		S—H	硫醇	0.9~2.5
酚	4.0~8.0			硫酚	3.0~4.0
O—H	酚(分子内缔合)	10.5~16.0	N—H	脂肪胺	0.4~3.5
烯	醇(分子内缔合)	15.0~19.0		芳香胺	2.9~4.8
羧酸	10.0~13.0				

1.3.2　^{13}C 核磁共振波谱

^{13}C 核磁共振波谱($^{13}CNMR$)简称碳谱,它的信号是 1957 年由保罗·劳特布尔(Paul Lauterbur)首先观察到的。碳是组成分子骨架的元素。由于 ^{13}C 的信号很弱,加之 ^{1}H 核的耦合干扰,$^{13}CNMR$ 信号变得复杂,难以测得有实用价值的谱图。20 世纪 70 年代后期,质子去耦和傅里叶变换技术的发展和应用,才使 $^{13}CNMR$ 的测定变得简单易操作。目前,$^{13}CNMR$ 已广泛应用于有机化合物的分子结构测定、反应机制研究、异构体判别、生物大分子研究等方向,成为化学、生物化学、药物化学及其他相关领域的科学研究和生产部门不可或缺的分析测试手段,对有关学科的发展起了极大的促进作用。在有机物中,有些官能团不含氢,例如—C═O,—C═C═C—,—N═C═O 等官能团的信息,不能从 ^{1}H 谱中得到,只能从 ^{13}C 中得到有关信息。碳谱具有以下特点:

(1)信号强度低,谱线不分裂。由于 ^{13}C 的天然丰度只有 1.1%,^{13}C 的旋磁比(γ_c)较 ^{1}H 的旋磁比低约 4 倍,因此 ^{13}C 核的测定灵敏度很低,大约是 H 核的 1/6 000。所以,测定中常常要进行多次扫描的累加才能得到满意的图谱。因为 ^{13}C 的天然丰度低,相邻两个 C 均为

^{13}C的概率更低，因此 C—C 耦合可以忽略，一般是单峰，谱线简单清晰。

(2)化学位移范围宽。^{13}C 谱的化学位移一般在 0~250 ppm，^{1}H 的化学位移范围一般在 0~14 ppm。这意味着 C 对周围的化学环境更敏感，几乎每一个不同化学环境的 C 都会给出独立的谱线，不会与其他 C 的谱线重叠，容易辨识。

(3)弛豫时间长。^{13}C 的自旋晶格弛豫(T_1)和自旋-自旋弛豫(T_2)比^{1}H 慢。弛豫时间长，谱线强度相对较弱。不同种类的 C 原子的自旋晶格弛豫时间有较大差异。因此通过弛豫时间可以了解分子的大小、形状、分子运动的各向异性、空间位阻、溶剂化等。自旋-自旋弛豫对 C 的化学位移影响不大。

(4)能直接反映有机物碳的结构信息。碳谱不仅能反映化合物的骨架信息，还可以直接给出 C═O、—N═C═O 等官能团的信息。

1.3.2.1　碳谱的化学位移及影响因素

^{13}C 谱的化学位移与氢谱的化学位移有许多相同之处。从低场到高场，不同化学环境的 C 的化学位移顺序为：羰基碳原子>烯碳原子>炔碳原子>饱和碳原子。sp^3 杂化碳的 δ 值为 0~60 ppm，sp^2 杂化碳的 δ 值为 100~150 ppm，sp 杂化碳的 δ 值为 60~95 ppm。如图 1.12 所示是苯乙酸乙酯的各碳原子的化学位移，该化合物的 C 的化学位移有代表性。其中化学位移处于 127~143 ppm 的为苯环(芳香环)上的 C；羰基碳化学位移位于低场，化学位移 171 ppm属于羰基碳；脂肪族的 C 通常处于较高场。

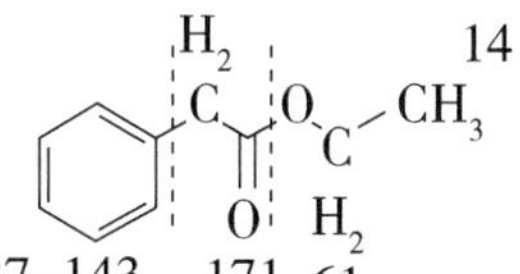

图 1.12　不同化学环境中的碳的化学位移值

类似于氢谱，与电负性强的基团相连时，化学位移移向低场。另外溶剂和氢键等对化学位移也有影响。与氢谱一样，常见溶剂的 C 的化学位移如表 1.2 所示，解析一个化合物的碳谱前，需要扣除溶剂 C 的化学位移。

表 1.2　常用溶剂的^{13}C 核的化学位移和峰分裂数

溶剂	$CDCl_3$	CD_3OD		CD_3COCD_3	C_6D_6	C_5D_5N		
δ_c(ppm)	77.0	49.7	30.2	206.8	128.7	123.5	135.5	149.5
峰重数	3	7	7	s	3	3	3	3

溶剂	CCl_4	CD_3CN		$(CD_3)_2S{=}O$	CD_3CO_2D	
δ_c(ppm)	96.0	1.3	117.7	39.5	20.0	178.4
峰重数	s	7	s	7	7	s

1.3.2.2　碳谱的类型

如上所述，碳谱中主要考虑$^{13}C—^{1}H$之间的耦合。由于氢的$I=1/2$，谱线裂分仍符合$n+1$律，所以这些裂分将使^{13}C变得非常复杂，强度变低。为了简化图谱，常采用一些去耦技术，使^{1}H核对^{13}C核的耦合部分或全部消失。常用的氢核去耦技术包括质子宽带去耦（Proton Broad Band Decoupling）、偏共振去耦（Off Resonance Decoupling，OFR）、选择性质子去耦（Selective Proton Decoupling）及无畸变极化转移增强（Distortionless Enhancement by Polarization Transfer，DEPT）等。相应地出现了质子宽带去耦谱（即常说的碳谱）、偏共振去耦谱及DEPT谱。

（1）质子宽带去耦谱。质子宽带去耦谱又称全氢去耦（Proton Complete Decoupling，COM），其方法是对^{13}C核进行扫描时，同时采用一个强的去耦射频（频率可使全部质子共振）进行照射，使全部质子达到“饱和”后测定$^{13}C—NMR$。此时，^{1}H对^{13}C的耦合完全消失，每种碳核均出现1个单峰，故无法区别伯仲叔季不同类型的碳。此外，因照射^{1}H后产生的NOE效应，所以连有^{1}H的^{13}C信号强度将会明显增强，但季碳信号强度基本不变。

（2）偏共振去耦谱。在对^{13}C核进行扫描时，采用1个略高于待测样品所有^{1}H核的共振频率（该照射频率不在^{1}H的共振区中间，比TMS的^{1}H共振频率高100~500 Hz）对^{1}H核进行照射得到谱图。在此过程中，消除了$2J$的弱耦合，而保留直接相连的^{1}H核的耦合，$^{1}J_{C—H}$减小。偏共振去耦谱中，季碳、次甲基碳、亚甲基碳及甲基碳分别呈现单峰、二重峰、三重峰和四重峰，但裂距变小。采用偏共振去耦，既避免或降低了谱线间的重叠，具有较高的信噪比，又保留了与碳核直接相连的质子耦合信号。

（3）选择质子去耦谱。用与某个或某几个质子共振频率相等的射频对它们进行选择性照射，以消除其对碳的耦合影响。此时，只有与被照射质子有耦合的碳，其信号在碳谱上峰型发生改变，强度增大。在质子信号归属明确的情况下，可作为相应碳归属的依据，它是偏共振的特例（图1.13）。

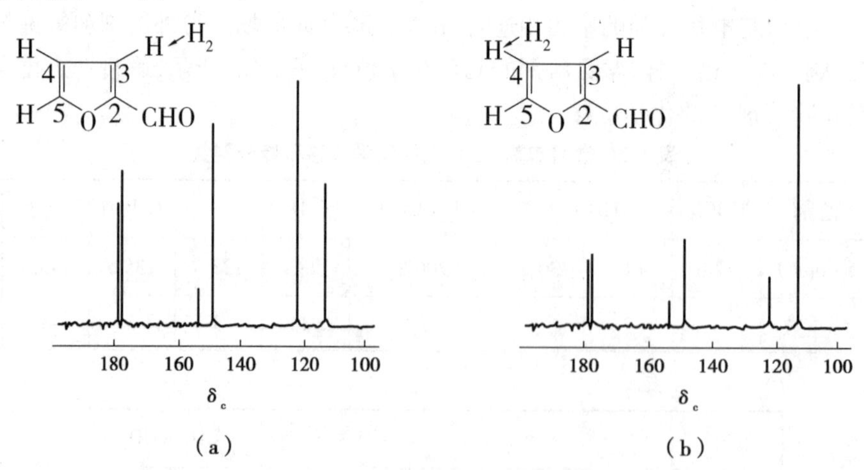

图1.13　糠醛的选择去耦谱

（4）无畸变极化转移增强谱（DEPT）。改变照射^{1}H核的脉冲宽度（θ），使不同类型的^{13}C信号在谱图上以单峰的形式分别往上或者往下伸出。一般在DEPT谱中，θ可以设置成45°、90°、135°。在DEPT 45°谱中CH、CH_2、CH_3均为正峰，DEPT 90°谱中只有CH为正峰，DEPT

135°谱中，CH_3 显正峰，CH_2 显负峰，CH 显正峰。如图 1.14 所示的 2-(4-异丁基苯基)-4-氧丁酸的 DEPT 谱图。以上三种 DEPT 谱的季碳均不出峰，因此只要和全碳谱比较，就能区分季碳。DEPT 135°谱可以辨认—CH_2；DEPT 90°谱中只有次甲基出峰，因此可以辨识次甲基—CH，DEPT 90°谱结合 DEPT 135°谱可以区分甲基—CH_3。DEPT 45°谱的区分能力弱，应用较少。DEPT 谱碳数更少，图谱更清晰。可以解决偏共振试验中共振谱线发生重叠的问题；并且能帮助确认复杂分子的碳归属谱，测量时间比偏共振谱短。

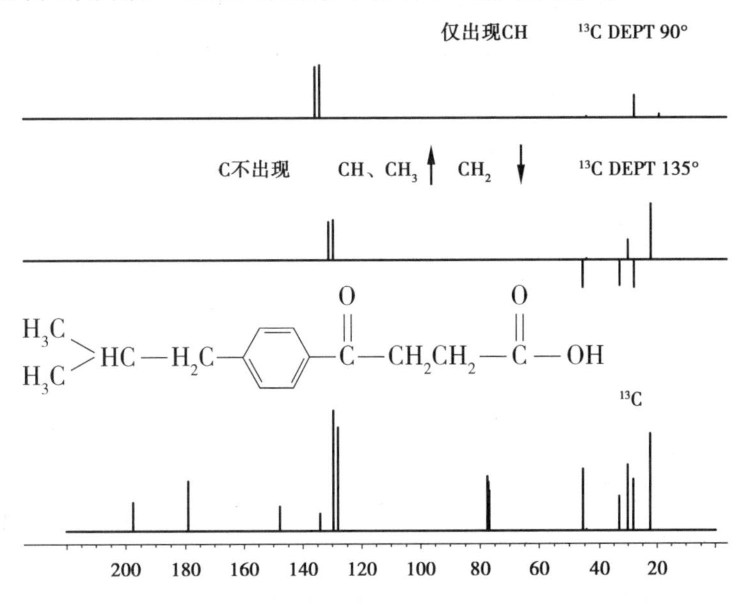

图 1.14　2-(4-异丁基苯基)-4-氧丁酸 DEPT 90°、DEPT 135°和 C 谱图

1.3.3　二维核磁共振波谱

二维核磁共振波谱(Two dimensional NMR，2D-NMR)的产生使 NMR 技术产生了一次革命性的变化。2D-NMR 提供了更多的结构信息，简化了图谱的解析，使 NMR 技术成为研究生物大分子的有效而重要的方法。

1.3.3.1　2D-NMR 的特点

(1)1D-NMR 是以频率为横坐标，以吸收强度为纵坐标，而 2D-NMR 则给出了两个频率轴上的吸收强度。不同的二维谱的两个频率轴可以表示不同的意义，即它们可以表示化学位移或耦合常数，有时又可以表示不同核的共振频率。

(2)二维谱是通过对两个时间函数 FID 的二次傅里叶变换完成的。

(3)2D-NMR 实验的脉冲序列一般包括四个不同时期，即预备期、发展期、混合期和检测期。

1.3.3.2　几种常用的 2D-NMR

2D-NMR 可以分为两类，一类是分解谱，另一类是相关谱。下面介绍几种最常用的二维谱的解析。

(1)^1H—^1H 相关 COSY(Correlated Spectroscopy)。同核化学位移相关谱，可以解决相互耦合的氢之间的相关关系。测量 COSY 所用的脉冲序列如图 1.15 所示。

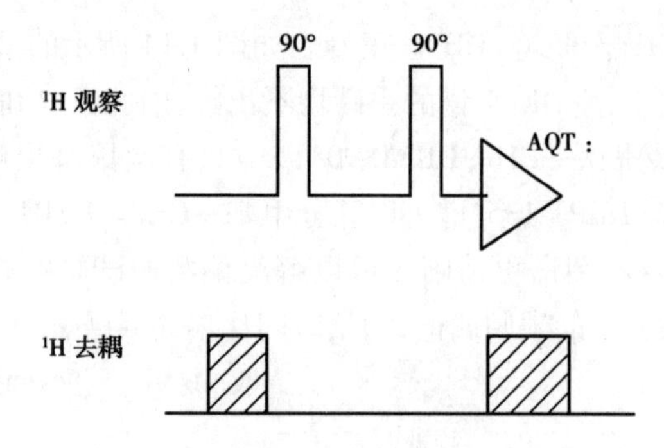

图 1.15　测量 COSY 所用的脉冲序列

以降压药非诺多泮为例，展示¹H—¹H COSY。

非诺多泮结构式：

非诺多泮的¹H 谱如图 1.16 所示。

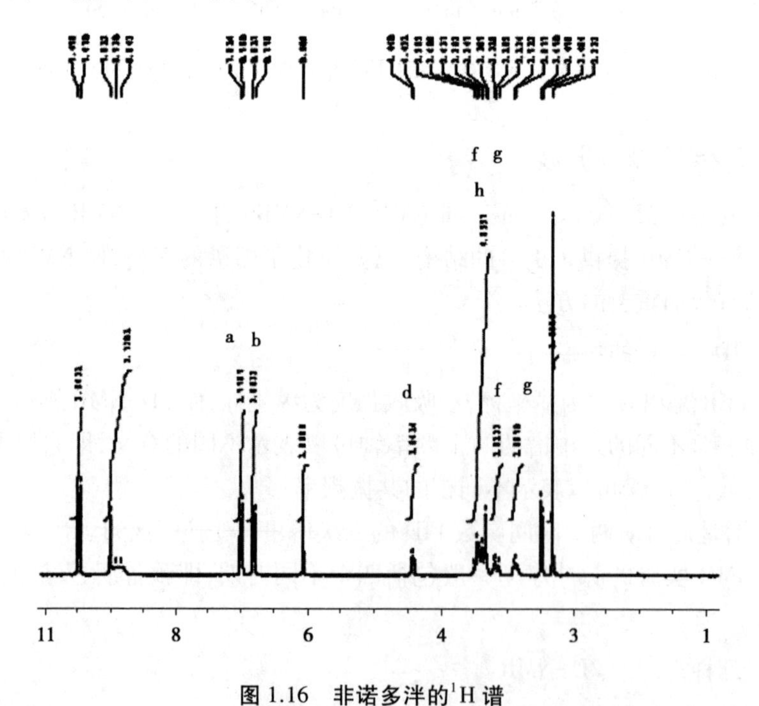

图 1.16　非诺多泮的¹H 谱

图 1.17 中，沿对角线上所有的峰称为轴峰，以轴峰为对称轴的对称点是相关峰，相关峰垂直向上投影到氢谱上的两个峰是相关的，也就是相互耦合关系。从图中可以看到 a 和 b、d 和 h、f 和 g 之间的耦合，证明它们是相邻的关系。由于 f 和 g 上的两个氢位于环上和环下不

同区域，因此在苯环不同的屏蔽区，它们化学位移不同，从图上可以看出它们之间的同碳耦合关系。

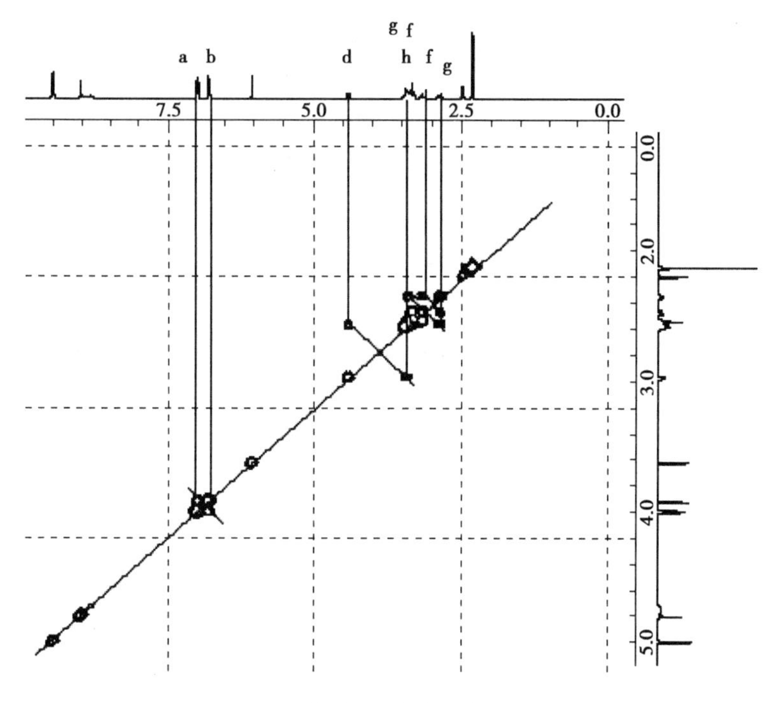

图 1.17　非诺多泮的^{1}H—^{1}H COSY

从以上可以看出^{1}H—^{1}H COSY 谱可以解决氢与氢之间的耦合关系。

(2)^{1}H—^{1}H 相关核欧沃豪斯效应谱（Nuclear Overhauser Effect Spectroscopy，NOESY）。NOESY 脉冲序列如图 1.18 所示。NOESY 的识谱方法和 COSY 相同，但 NOESY 的相关峰表示的是氢和氢之间有 NOE 关系而不是耦合关系。所以 NOESY 可以解决化合物的构象问题。

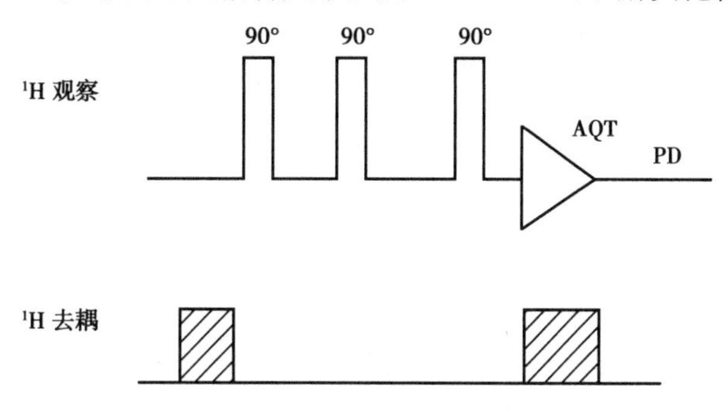

图 1.18　测量 NOESY 所用的脉冲序列

克罗拉滨结构式：

克罗拉滨的$^1H—^1H$ NOESY 如图 1.19 所示。

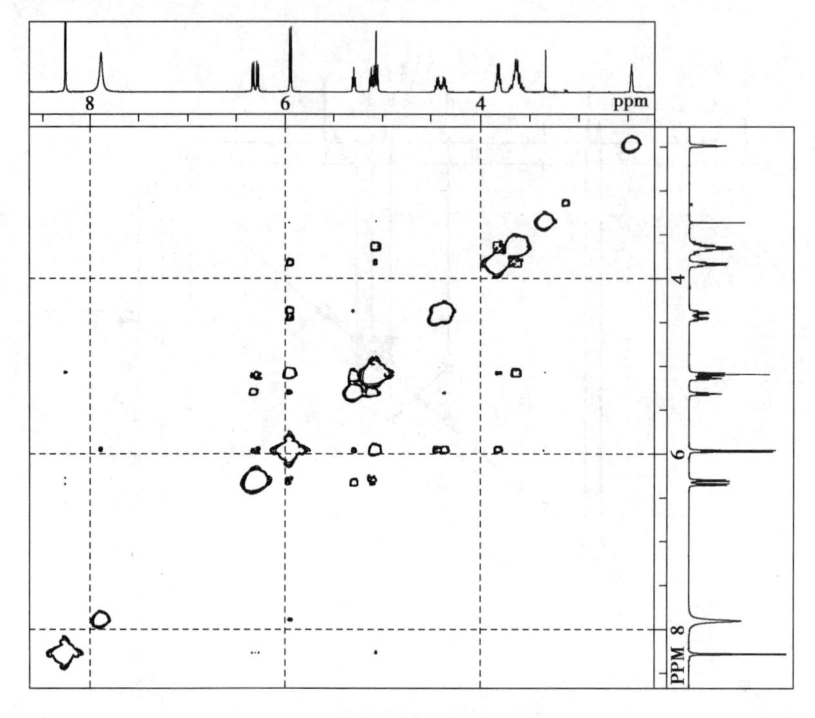

图 1.19　克罗拉滨的$^1H—^1H$ NOESY

从图 1.19 中可以看到 NOESY 中不仅有 NOE 的相关峰,也有耦合的相关峰,所以在测 NOE 的图谱时也要测 COSY,目的是与 NOESY 比较,以去除其中的耦合峰。图 1.20 即是 COSY 和 NOESY 比较去掉了其中的耦合峰。

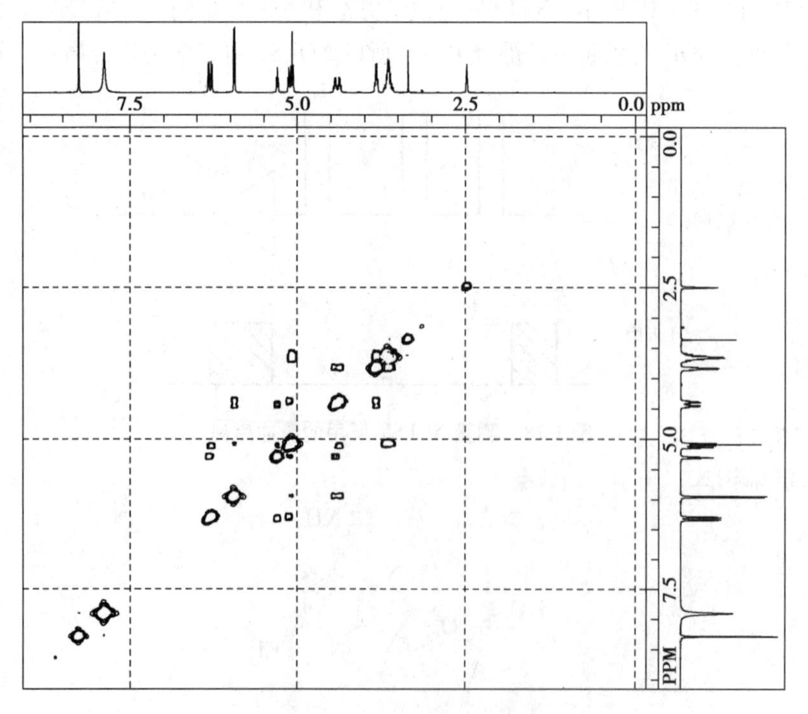

图 1.20　克罗拉滨的$^1H—^1H$ COSY

1.4 核磁共振的应用及发展趋势

核磁共振技术是化合物结构及成分测定的有效手段,在化合物的结构鉴定中应用最为广泛,在化合物的含量测定及微结构分析方面的应用也逐渐增多。新型的技术及应用领域正在加快拓展。

核磁共振扩散排序谱(Nuclear Magnetic Resonance Diffusion Ordered Spectroscopy,DOSY)是近年发展起来的新型核磁共振技术,已在化学、药学、食品、生物等领域广泛应用,测试不仅仅局限于化合物的结构鉴定,还可用于测定溶液的扩散系数。由于溶液中分子的扩散速度受分子大小、形状、分子量以及浓度、温度、溶剂等因素的影响,因此当外界条件固定时,不同种类的分子在相同环境中将表现出不同的扩散系数,基于此可以区分混合物的组分,测定高分子化合物的分子量分布,分子聚集状态的信息等。

核磁共振扩散排序谱拓展了核磁共振波谱分析复杂混合物的能力。DOSY 实验最基础的脉冲梯度场自旋回波(Pulsed Field Gradient Spin-echo,PFGSE)序列,由射频脉冲及梯度场脉冲组成。梯度场的主要作用是进行空间定位,包括相位编码及频率编码,可通过梯度场明确空间上的任意位置。所谓“编码”指脉冲梯度场通过空间呈线性关系的相位角,记录各自旋所处的位置。而射频脉冲主要用于发射及采集信号,在分子扩散运动与梯度场强度之间进行换算,建立明确的数学关系,通过回波信号来了解样品的特性。

20 世纪 90 年代出现了直观测定扩散系数的扩散排序谱。扩散排序谱中一维是化学位移,另一维是扩散系数,可分别通过衰减信号的傅里叶变换和拉普拉斯变换产生,且不同分子的信号按照扩散系数大小依次排序。二维 DOSY 中最常用的是^{1}H-DOSY,^{1}H 原子核具有较大的磁旋比,天然丰度高、信号强。但缺点是在某些复杂混合物中信号重叠非常严重。其他原子核例如^{7}Li、^{13}C、^{9}F、^{23}Na、^{31}P、^{119}Sn、^{133}Cs、^{195}Pt 等的二维 DOSY 谱图的分辨率高,但缺点是核磁旋比较低,梯度效率损失过大。随着技术的发展和完善,继二维谱之后,又出现了三维 DOSY,即各种类型的二维 NMR 谱与第三维扩散系数的耦合。

DOSY 可用于鉴别假冒伪劣药品,用于测量纳米粒子、表面活性剂胶束、脂蛋白、超分子聚集体、低聚糖等粒子的尺寸,以及测定聚合物、多糖、蛋白质等的分子量分布等。

第 2 章　有机质谱

质谱分析法是分子在离子源接受能量(如电子流轰击气态样品分子),把样品分子电离成离子,受到轰击的分子,除形成分子离子外,多余能量可导致化学键断裂,形成许多碎片。利用不同离子在电场或磁场中运动行为的不同,把离子按质荷比(m/z)分开即得到质谱图,通过样品的质谱图和相关断裂规律,可以得到样品的相对分子量及分子结构信息(图 2.1)。质谱图中横坐标表示质荷比(m/z),纵坐标表示峰的相对强度或相对丰度。

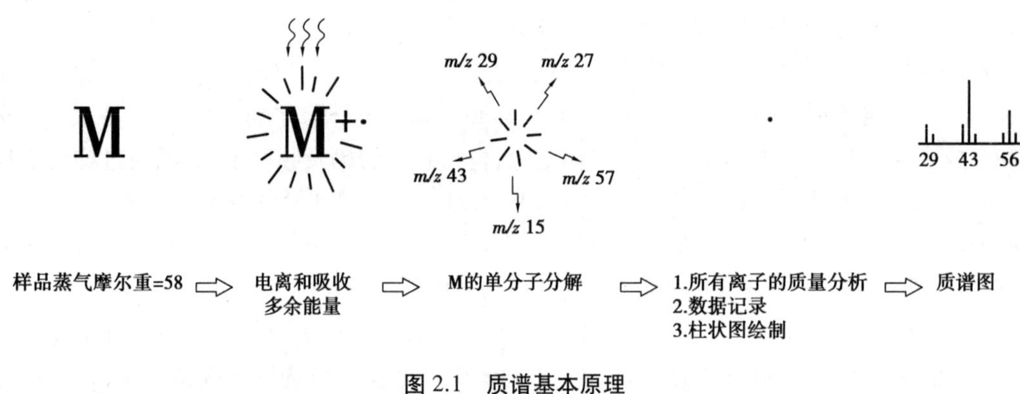

图 2.1　质谱基本原理

2.1　质谱仪器组成

质谱仪主要包括进样系统、离子源、质量分析器、检测器、数据系统以及高真空系统(图 2.2)。高真空系统保证整个装置在高真空条件下运转。

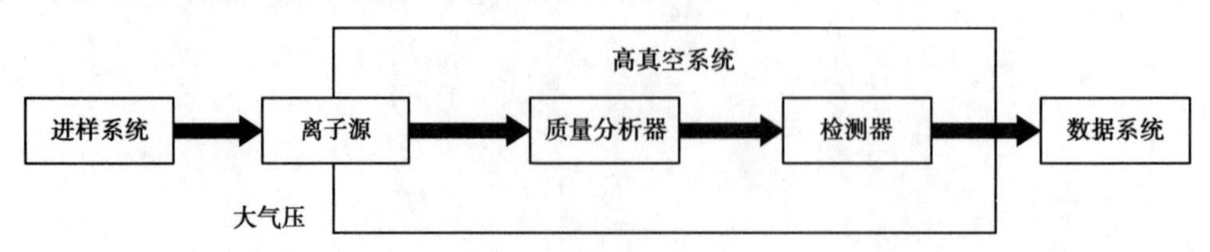

图 2.2　质谱仪器组成

2.1.1　进样系统

质谱仪只能分析、检测气相中的离子，不同性质的样品往往要求不同的电离技术和相应的进样方式。待测物质通过进样系统进入离子源，进样方式分为直接进样和间接进样。

2.1.1.1　间接进样系统

间接进样可用于气体、液体和中等蒸气压的固体样品进样。通过可拆卸式的试样管将少量（10~100 μg）固体和液体试样引入试样贮存器中，由系统的低压强和储存器的加热装置保证试样处于气态。进样系统和离子源的压强差促使样品离子可以通过分子漏隙（通常是带有一个小针孔的玻璃或金属膜）以分子流的形式渗透到高真空的离子源中（图2.3）。

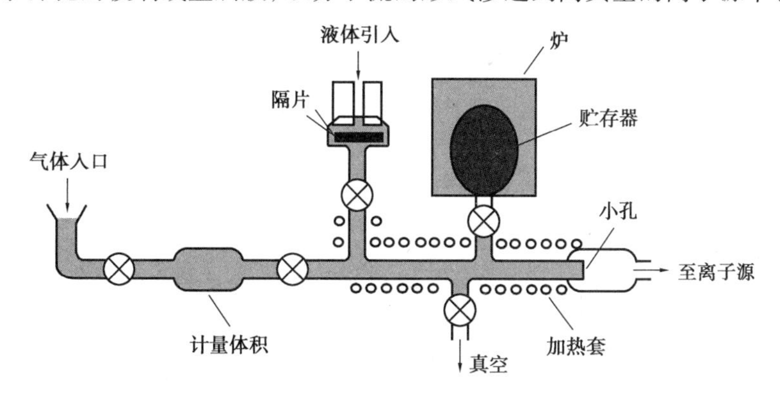

图2.3　典型的间接进样系统

2.1.1.2　直接进样系统

对那些在间接进样系统的条件下无法变成气体的固体、热敏性固体及非挥发性液体试样，可直接引入离子源中。仪器通过直接进样杆或者注射器外加毛细管，将纯样或混合样直接加入离子源。常用的直接插入探头如图2.4所示。内置加热器位于探头前端，装载样品的玻璃毛细管（或陶瓷样品轴）伸至电离室。

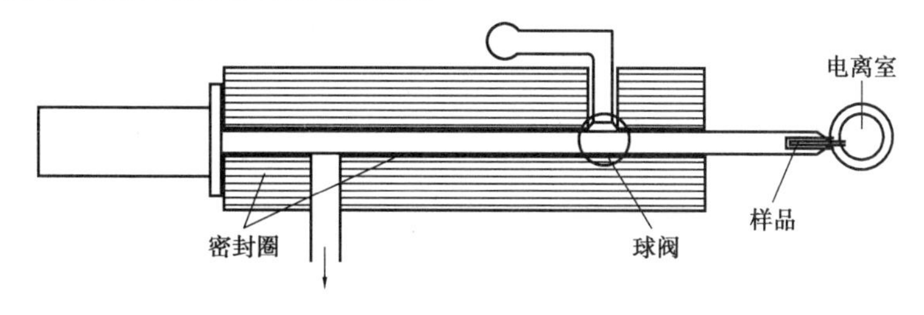

图2.4　直接插入探头

2.1.1.3　色谱进样系统

复杂混合物可借助色谱有效分离，质谱可以在一定程度上鉴定混合物的成分。当待测样品先经过气相色谱法（Gas Chromatography，GC）或高效液相色谱法（High Performance Liquid Chromatography，HPLC）分离后，各分离组分依次进入质谱的离子源内。按照使用方法的不同，色谱可以分为气相和液相两种。样品为可以汽化的混合物，可以先经过气相色谱分离。分离后的馏分，通过分子分离器除去载气，让组分进入离子源。对于热不稳定和不易汽化的样品,需要采用液相色谱进行分离,经过 LC 分离的馏分除去流动相后进入离子源。

2.1.2 电离方式和离子源

离子源的作用是将欲分析样品电离,得到带有样品信息的离子,不同性质的样品需要不同的电离方式。

2.1.2.1 电子电离源

电子电离源(Electron Ionization,EI)是应用最为广泛的离子源,主要用于挥发性样品的电离。

电子束由通电加热的灯丝(Filament)(阴极)发射,由位于离子源另一侧的电子收集极(阳极)所接收。此两极间的电位差决定了电子的能量。由 GC 或直接进样杆进入的样品,以气体形式进入离子源,由灯丝发出的电子与样品分子发生碰撞使样品分子电离(图 2.5)。

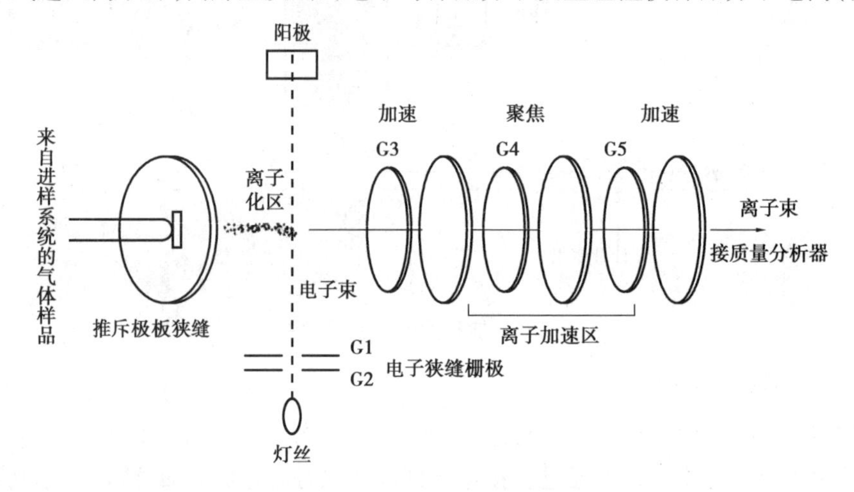

图 2.5 EI 离子源示意图

电子轰击下,样品分子可能有四种不同途径形成离子。

样品分子被打掉一个电子成为有一个不成对电子的正离子,称为分子离子:

$$M+e^{-}\rightarrow M^{+\cdot}+2e^{-}$$

或得到一个电子形成带负电荷的分子离子:

$$M+e^{-}\rightarrow M^{-\cdot}$$

如上所述,电子的能量远大于有机化合物的电离能,过多的能量使分子离子中的化学键裂解而生成碎片离子和自由基:

$$M^{+\cdot}\rightarrow A^{+}+B^{\cdot}$$

或失去一个中性小分子:

$$M^{+\cdot}\rightarrow C^{+\cdot}+D$$

碎片离子还可能进一步碎裂。一个样品分子可以产生很多带有结构信息的离子,对这些离子进行质量分析和检测,可以得到具有样品信息的质谱图。

电子轰击源主要适用于易挥发有机样品的电离,GC-MS 联用仪中都有这种离子源。其优点是工作稳定可靠,结构信息丰富,有标准质谱图可以检索。缺点是只适用于易汽化的有机物样品分析,并且对有些化合物得不到分子离子。

2.1.2.2　化学电离源

化学离子化(Chemical Ionization,CI)是一种软离子化方法。有些化合物稳定性差,用 EI 方式不易得到分子离子峰,因而也就得不到此化合物的分子量。为了得到分子量,可以采用 CI 电离方式。CI 和 EI 的主要区别是 CI 工作过程中要引进一种反应气体。反应气体可以是甲烷、异丁烷、氨等。反应气的量比样品气要大得多。灯丝发出的电子首先将反应气电离,然后反应气离子与样品分子进行离子-分子反应,并使样品气电离。

以甲烷试剂气为例,可用下列反应式表示:

$$CH_4 + e^- \longrightarrow CH_4^+ + 2e^-$$

$$CH_4^+ \longrightarrow CH_2^{+\cdot} + H_2$$

$$CH_4^+ \longrightarrow CH_3^+ + H^-$$

$$CH_4^+ + CH_4 \longrightarrow CH_5^+ + CH_3$$

$$CH_3^+ + CH_4 \longrightarrow C_2H_5^+ + H_2$$

试剂离子CH_5^+ 和 $C_2H_5^+$ 在离子化室中累积,与具有质子亲和力的样品分子发生反应:

$$M+CH_5^+ \rightarrow MH^+ + CH_4$$

$$M+C_2H_5^+ \rightarrow MH^+ + C_2H_4$$

因此,在 CI 谱的高质量端,通常为$[M+H]^+$峰。

使用化学电离源的质谱,具有较强的准分子离子峰,以及$[M+17]^+$和$[M+29]^+$的正离子,碎片离子峰较少,因此谱图简化易于解析。根据准分子离子峰可以推断出待测物质相对分子质量(图 2.6)。

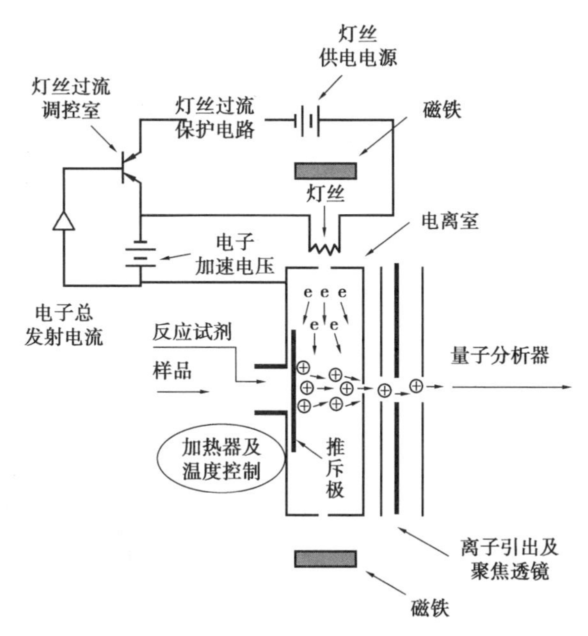

图 2.6　CI 离子源示意图

2.1.2.3　快速原子轰击离子源

快速原子轰击离子源(Fast Atom Bombardment Ion Source,FAB)使用高能粒子,如氩、氙

原子,射向存在于液态基质的样品分子而得到样品离子,从而得到提供相对分子质量信息的准分子离子峰和提供化合物结构信息的碎片峰。FAB 只能产生单电荷离子,因此不适用于分析相对分子质量超过分析器质量范围的分子。FAB 适合于高极性、大分子量化合物,特别是热稳定性很差的生化样品。

2.1.2.4　电喷雾电离源

电喷雾电离源(Electrospray Ionization,ESI)主要应用于液相色谱-质谱联用仪。它既作为液相色谱和质谱仪之间的接口装置,同时又是电离装置。利用位于一根毛细管和质谱仪进口间的电势差来生成离子,在电场作用下产生以喷雾形式存在的带电液滴,之后通过干燥加热蒸发溶剂,最终生成去溶剂化离子(图 2.7)。ESI 是一种软电离方式,即便是分子量大、稳定性差的化合物,也不会在电离过程中发生分解,它适合于分析极性强的大分子有机化合物,如蛋白质、肽、多糖等。

2.1.2.5　大气压化学电离源

大气压化学电离源(Atmospheric Pressure Chemical Ionization,APCI)主要用于液相色谱-质谱联用仪,用来分析中等极性的化合物。有些分析物由于结构和极性方面的原因,用 ESI 不能产生足够强的离子,可以采用 APCI 方式增加离子产率,因此可以认为 APCI 是 ESI 的补充。大气压化学电离源主要产生的是单电荷离子,分析的化合物分子质量一般小于 1 000 Da,使用这种电离源主要得到准分子离子。

2.1.3　质量分析器

质量分析器的作用是将离子源产生的离子按质荷比顺序分开并排列成谱。

2.1.3.1　单聚焦质量分析器

离子源产生的离子经过加速后进入分析器,在分析器中一定磁场作用下做圆周运动,当加速电压和磁场强度一定时离子的运动半径与离子的质荷比有关,质荷比相同的离子在经过磁场偏转后会聚集在一点,使用静磁场聚集离子,因此该分析称为单聚集质量分析器(图 2.8)。单聚集质量结构简单,操作方便,分辨率较低,目前只用于同位素质谱和气体质谱仪。

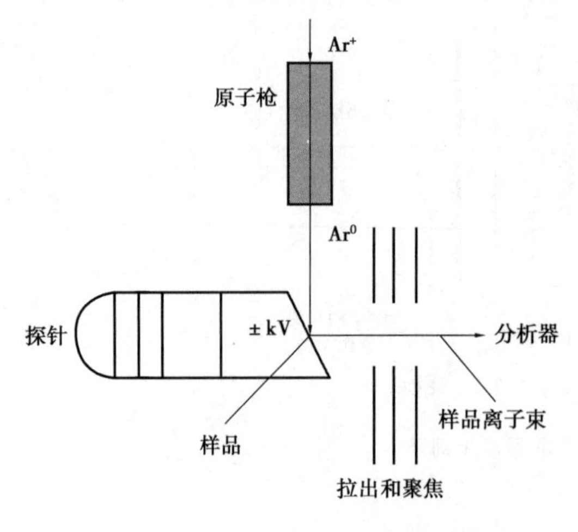

图 2.7　ESI 离子源示意图

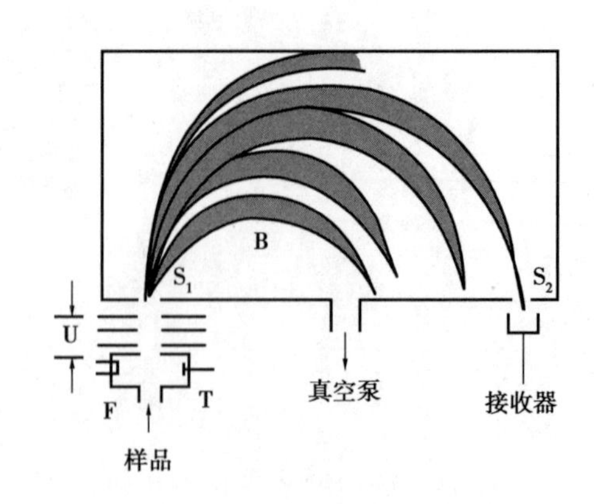

图 2.8　单聚焦质量分析器原理

2.1.3.2　双聚焦质量分析器

为了校正单聚焦质量分析器离子束离开离子枪时的角分散和动能分散，通常在磁场前加一个静电分析器，形成了双聚焦质量分析器。通常静电分析器由两个扇形圆筒组成，外电极为正压，内电极为负压(图2.9)。双聚焦分析器的优点是分辨率高，缺点是扫描速度慢，操作、调整比较困难，而且仪器造价也比较昂贵。

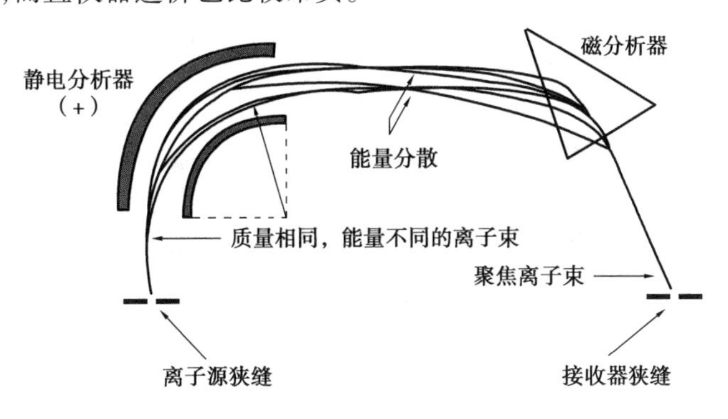

图2.9　双聚焦质量分析器原理

2.1.3.3　四极杆质量分析器

四极杆质量分析器通常由四根圆柱形金属杆组成，加速的离子束会穿过对准四极杆之间空间的准直小孔。这种分析器具有和磁分析器大体相同的分辨率和质荷比，具有较高的传输效率，能实现快速全扫描，受入射离子的动能和角发射影响较小，同时具有简单制作工艺，因此常用于GC-MS联用和空间位型分析(图2.10)。

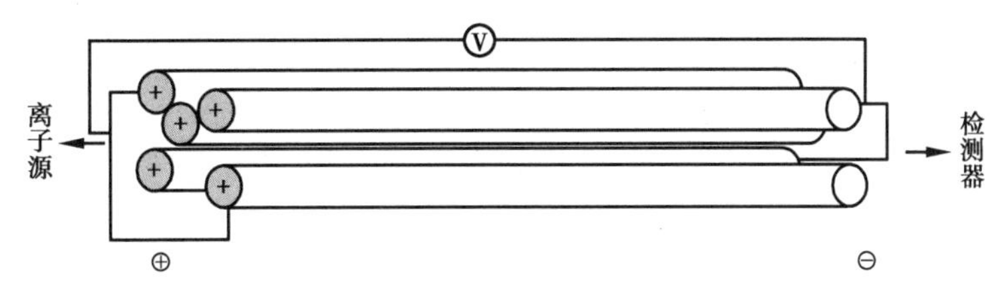

图2.10　四极杆质量分析器图

2.1.3.4　离子阱质量分析器

通过电场或磁场将气相离子控制并储存一段时间的装置，利用离子阱的离子储存技术，可以选择任一质量的离子进行碰撞，从而实现二级和多级质谱分析功能(图2.11)。

2.1.3.5　飞行时间质量分析器

飞行时间质量分析器的主体是一个离子漂移管，离子源产生的离子在加速电压的作用下获得一致的动能，进入离子漂移管，离子在离子漂移管内飞行的时间与离子质量成正比，质量不同的离子因此而被分开，形成质谱图(图2.12)。

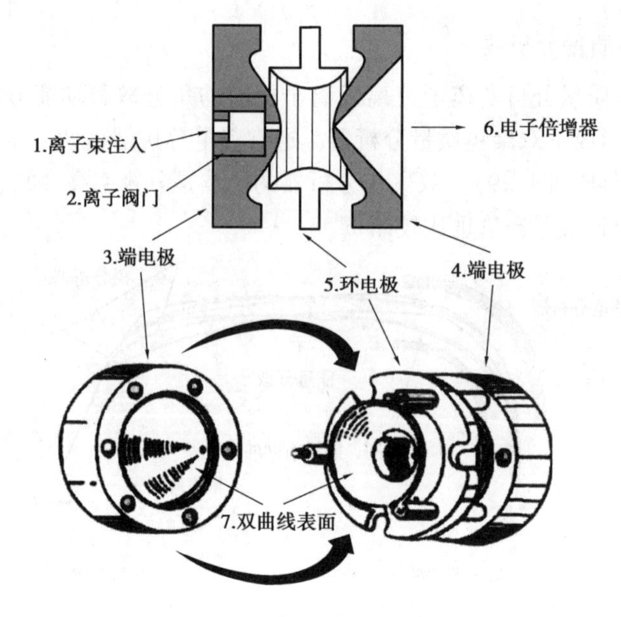

图 2.11　离子阱质量分析器

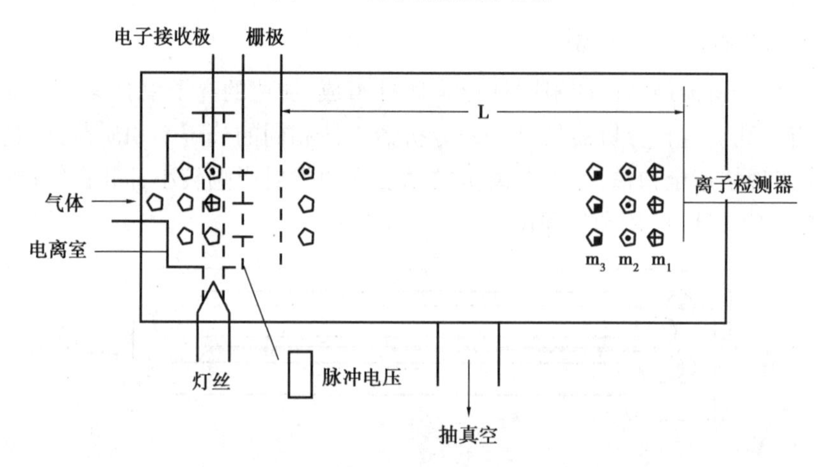

图 2.12　飞行时间质量分析器原理图

2.2　质谱法测定分子结构原理

2.2.1　分子量的测定

分子离子的质荷比就是化合物的分子量。因此,在解析质谱时首先要确定分子离子峰,通常判断分子离子峰的方法如下:

(1)分子离子峰一定是质谱中质量数最大的峰,它应处在质谱的最右端。

(2)分子离子峰应具有合理的质量丢失,也即在比分子离子小 4~14 及 20~25 个质量单位处，不应有离子峰出现，否则，所判断的质量数最大的峰就不是分子离子峰。

(3)分子离子应为奇电子离子，它的质量数应符合氮规则。氮规则是指在有机化合物分子中含有奇数个氮时，其分子量应为奇数；含有偶数个氮时，其分子量应为偶数。这是因为组成有机化合物的元素中，具有奇数价的原子具有奇数质量，具有偶数价的原子具有偶数质量，因此，形成分子之后，分子量一定是偶数。

如果某离子峰完全符合上述三项判断原则，那么这个离子峰可能是分子离子峰；如果三项原则中有一项不符合，这个离子峰就肯定不是分子离子峰。

如果判断没有分子离子峰或分子离子峰不能确定，则需要采取软电离方式，如化学电离源、场解吸源及电喷雾电离源等。要根据样品特点选用合适的离子源。软电离方式得到的往往是准分子离子，然后由准分子离子推断出真正的分子量。常见同位素确切质量及天然丰度如表2.1所示。

表2.1　常见同位素的确切质量及天然丰度

元素	质量数	确切质量	天然丰度(%)	元素	质量数	确切质量	天然丰度(%)
H	^{1}H	1.007 825	99.98	P	^{31}P	30.973 763	100
	$^{2}H(D)$	2.014 102	0.015	S	^{32}S	31.972 072	95.02
C	^{12}C	12.000 000	98.9		^{33}S	32.971 459	0.85
	^{13}C	13.003 355	1.07		^{34}S	33.967 868	4.21
N	^{14}N	14.003 074	99.63		^{35}S	35.967 079	0.02
	^{15}N	15.000 109	0.37	Cl	^{35}Cl	34.968 853	75.53
O	^{16}O	15.994 915	99.76		^{37}Cl	36.965 903	24.47
	^{17}O	16.999 131	0.04	Br	^{79}Br	78.968 336	50.54
	^{18}O	17.999 159	0.20		^{81}Br	80.916 209	49.46
F	^{19}F	18.998 403	100.00	I	^{127}I	126.904 477	100.00

在低分辨的质谱仪上，则可以通过同位素相对丰度法推导其化学式，同位素离子峰相对强度与其中各元素的天然丰度及存在个数成正比。通过几种同位素丰度的检测，可以说明质谱图的相对强度，其强度可以用排列组合的方法进行计算。

利用精确测定的$(M+1)^+$、$(M+2)^+$相对于M^+的强度比值，可从Beynon表中查出最可能的化学式，再结合其他规则，确定化学式。对于含有Cl、Br、S等同位素天然丰度较高的元素的化合物，其同位素离子峰相对强度可用$(a+b)^n$展开式计算，式中a、b分别为该元素轻、重同位素的相对丰度；n为分子中该元素的个数。有多种元素存在时，则以$(a+b)^n(a'+b')^{n'}\cdots$计算。

2.2.2 测定官能团和碳骨架

化合物分子电离生成的离子质量与强度，与该化合物分子的本身结构有密切关系。也就是说，化合物的质谱带有很强的结构信息，通过对化合物质谱的解析，可以得到化合物的结构。

质谱图一般的解析步骤如下：

（1）由质谱的高质量端确定分子离子峰，求出分子量，初步判断化合物类型及是否含有Cl、Br、S等元素。

（2）根据分子离子峰的高分辨数据，给出化合物的组成式。

（3）由组成式计算化合物的不饱和度，即确定化合物中环和双键的数目。

（4）研究高质量端离子峰，质谱高质量端离子峰是由分子离子失去碎片形成的。从分子离子失去的碎片，可以确定化合物中含有哪些取代基。

（5）研究低质量端离子峰，寻找不同化合物断裂后生成的特征离子和特征离子系列。

（6）通过上述各方面的研究，提出化合物的结构单元。再根据化合物的分子量、分子式、样品来源、物理化学性质等，提出一种或几种最可能的结构。

（7）验证所得结果。验证的方法包括：将所得结构式按质谱断裂规律分解，看所得离子和所给未知物谱图是否一致；查该化合物的标准质谱图，看是否与未知谱图相同；寻找标样，做标样的质谱图，与未知物谱图比较等。

分子离子峰的强度和化合物的结构类型密切相关：

（1）芳香化合物>共轭多烯>脂环化合物>短直链烷烃>含硫化合物。通常给出较强的分子离子峰。

（2）直链的酮、酯、醛、酰胺、醚、卤化物等通常显示分子离子峰。

（3）脂肪族且分子量较大的醇、胺、亚硝酸酯、硝酸酯等化合物及高分支链的化合物通常没有分子离子峰。

2.2.3 质谱裂解机制

分子在离子源中可以产生各种电离，即同一种分子可以产生多种离子峰，主要的有分子离子峰、碎片离子峰、亚稳离子峰、同位素离子峰、重排离子峰及多电荷离子峰等。

当电子轰击能量在50~70 eV时，分子离子进一步裂分成各种不同质荷比的碎片离子。碎片离子峰的相对丰度与分子中键的相对强度、断裂产物的稳定性及原子或基团的空间排列有关。其中断裂产物的稳定性常常是主要因素。碎片离子峰，特别是相对丰度大的碎片离子峰与分子结构有密切的关系。

2.2.3.1 脂肪族化合物

（1）饱和烃类：

①直链烷烃的分子离子断裂，得到 m/z 为29（$C_2H_5^+$）、43（$C_3H_7^+$）、57（$C_4H_8^+$）、…、15+14n 的质谱峰，其中43、57较强。

②失去一个 H_2 产生 C_nH_{2n-1} 的链烯系列，得到 m/z 为13+14n 的弱峰。

③支链烷烃的断裂易发生在分支处。

(2)烯烃类:烯烃的质谱由于双键的位置在碎裂过程中发生迁移,质谱图变得比较复杂,主要裂解特征有以下两个。

①发生烯丙基方式的 α 断裂:产生 m/z 为 $41+14n$ 系列的质谱峰,端烯基的分子产生 m/z 为 41 的典型峰(常为基峰)。

②长链烯烃具有 γ-H 原子的可发生麦氏重排。

(3)醛、酮、羧酸、酯、酰胺:

①具备羰基位置有 γ-H 的都会发生麦氏重排,且都是强峰。

②都会发生 α 断裂,而且都有两处 α 断裂。

③也都会发生 i 断裂,一般 i 断裂弱于 α 断裂。

④醛、酮的分子离子峰一般较强。

(4)醇、醚、胺、卤代物:

①这类化合物的分子离子峰都很弱,有的甚至不出现分子离子峰。

②都会发生 α 断裂(有的也称为 β 断裂)。

③醇、卤代物会发生消除反应,脱去 H_2O(得到 M-18 的离子)、HX(可发生 1,3 或 1,4 或更远程消除)。

④醚还会发生 C—O 的断裂(属于 σ 半断裂,也有称为 α 断裂);卤代物也会发生 C—X 键的断裂,正电荷可能留在卤原子上,形成 X^+,也可能留在烷基上,形成 R^+。

2.2.3.2 芳香族化合物

芳香族化合物有 π 电子系统,因此能形成稳定的分子离子。由于芳香族化合物非常稳定,所以常常容易在离子源中失去第二个电子,形成双电荷离子。芳香族化合物的质谱峰有如下特点:

①芳香族化合物有 π 电子共轭体系,因而容易形成稳定的分子离子。在 MS 谱图上,它们的分子离子峰有时为基峰。

②常出现符合 $C_n^+H_n^+$ 系列的峰(m/z=78,65,52,39);有时会丢失 1 个 H 甚至 2 个 H,得到 m/z 符合 $C_n^+H_{n-1}^+$、$C_n^+H_{n-2}^+$系列的峰,其 m/z 为 $77-13n$(较常见)、$76-13n$。

第3章　红外光谱

3.1　红外光谱概述

红外光谱又称分子振动转动光谱，属分子吸收光谱。样品受到频率连续变化的红外光照射时，分子吸收其中一些频率的辐射，分子振动或转动引起偶极矩的净变化，使振-转能级从基态跃迁到激发态，相应于这些区域的透射光强减弱，记录百分透过率 $T\%$ 对波数或波长的曲线，即为红外光谱(图3.1)。红外光谱在化学领域中的应用，主要包括分子结构表征以及化学组成的分析，亦可用于定量分析。

$$\text{连续}h\nu\ (I_0)+M \xrightarrow{\text{分子振动转动}} \Delta\mu \xrightarrow{\text{跃迁}} M^* \longrightarrow I_t$$

图3.1　红外光谱产生示意图

按照红外线波长，红外光谱可分为三个区域，之所以这样分类，是由于在测定这些区域的光谱时，所用的仪器不同，各个区域所得到的信息也不相同。这三个区域所包含的波长(波数)范围以及能级跃迁类型如表3.1所示。其中，中红外区是研究应用最多的区域，本章主要讨论中红外光谱。

表3.1　红外光谱区的分类

名称	$\lambda/\mu m$	σ/cm^{-1}	能级跃迁类型
近红外(泛频区)	0.75~2.5	12 820~4 000	O—H,N—H,S—H 及 C—H 键的倍频和合频吸收
中红外(基本振动区)	2.5~25	4 000~400	分子中基团振动，分子转动
远红外(转动区)	25~1 000	400~10	分子转动，晶格振动

3.2 红外光谱的产生条件

红外光谱是由于分子振动能级的跃迁(同时伴随转动能级跃迁)产生的。现代量子物理学认为,原子和分子等微粒具有确定的内部能量状态,称为能级(或能态),分子的能级包括电子能级、振动能级和转动能级,每一个电子能级上包含多个振动能级,每一个振动能级包含多个转动能级。当微粒处于最低能量状态时,称为基态,其他能态称为激发态。微粒可以从外界吸收能量或者把能量传递给外界,同时在不同的能级之间移动,称为跃迁。物质在吸收入射光的过程中,光子消失,其能量传递给物质的分子,分子被激发后,发生了电子从较低能级到较高能级的跃迁,这一跃迁过程经历的时间约为 10~15 s,跃迁所涉及的两个能级间的能量差,等于所吸收光子的能量。

化合物吸收红外电磁辐射应满足两个条件:

(1)照射的红外光必须满足物质振动能级跃迁时所需的能量,即光的能量 $E=h\nu$ 必须等于两振动能级间的能量差 $E(E=E_{振动激发态}-E_{振动基态})$。

(2)红外光与物质之间有耦合作用,即分子的振动必须是能引起偶极矩变化的红外活性振动。

实际上,并非所有的振动都会产生红外吸收,只有发生偶极矩变化的振动才能引起可观测的红外吸收谱带,这种振动被称为红外活性的,反之则被称为非红外活性的。

当一定频率的红外光照射分子时,如果分子中某个基团的振动频率和它一样,二者就会产生共振,此时光的能量通过分子偶极矩的变化传递给分子,这个基团就吸收一定频率的红外光,产生振动跃迁。用仪器记录分子吸收红外光的情况,就得到该化合物的红外吸收光谱图。

3.3 红外光谱及其表示方法

红外光谱图主要有两种表示方法:

(1)纵坐标为吸收强度,横坐标为波长 $\lambda(\mu m)$ 和波数 $1/\lambda$,单位 cm^{-1},可以用峰数、峰位、峰形、峰强来描述。纵坐标是吸光度 A。

(2)纵坐标是百分透过率 $T\%$。百分透过率的定义是辐射光透过样品物质的百分率,即 $T\%=I/I_0\times 100\%$,其中 I 是透过强度,I_0 为入射强度。横坐标:上方的横坐标是波长 λ,单位 μm;下方的横坐标是波数,单位 cm^{-1}。苯甲酸的红外光谱图如图 3.2 所示。

红外光谱的表示方法常采用百分透光率为纵坐标,较少采用吸光度为纵坐标。因此,T-

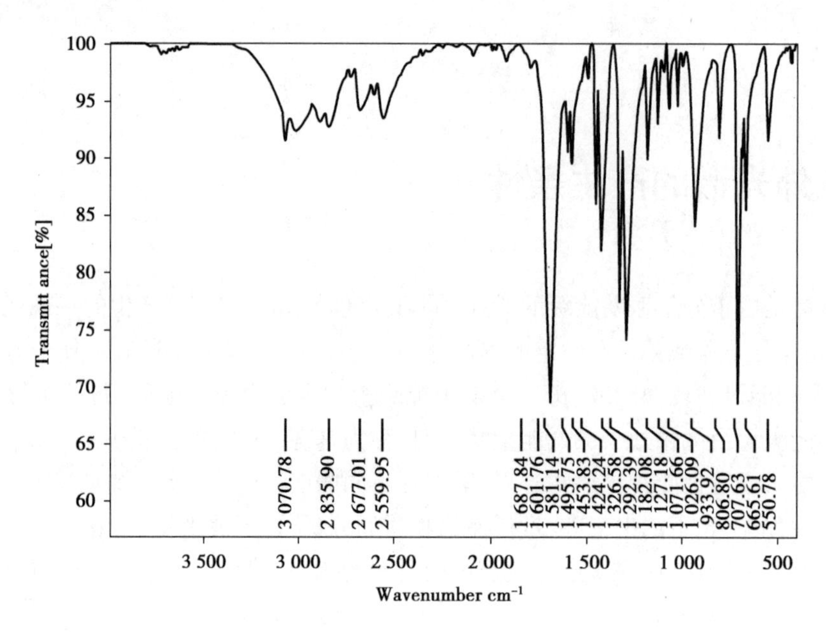

图 3.2　苯甲酸的红外光谱图

v 或 $T-\lambda$ 曲线上的“谷”即是红外光谱的吸收峰，这两种表示方法的曲线形状略有差异，$T-v$ 曲线“前疏后密”，$T-\lambda$ 曲线“前密后疏”，这是因为 $T-v$ 曲线是波数等距，$T-\lambda$ 曲线是波长等距。目前的红外光谱多采用 $T-v$ 曲线描述，即波数等距。但为了防止红外吸收曲线在高波数区过于稀疏，在低波数区又太过密集，一般横坐标会采用两种比例尺，常以 2 000 cm^{-1} 为界。

3.4　分子振动方程及振动形式

分子中的原子以平衡点为中心，以非常小的振幅（与原子核之间的距离相比）做周期性的振动，即简谐振动。这种分子振动的模型，用经典的方法可以看作两端连接着刚性小球的体系。最简单的例子是双原子分子（谐振子），可用一个弹簧两端连着两个刚性小球来模拟，如图 3.3 所示。

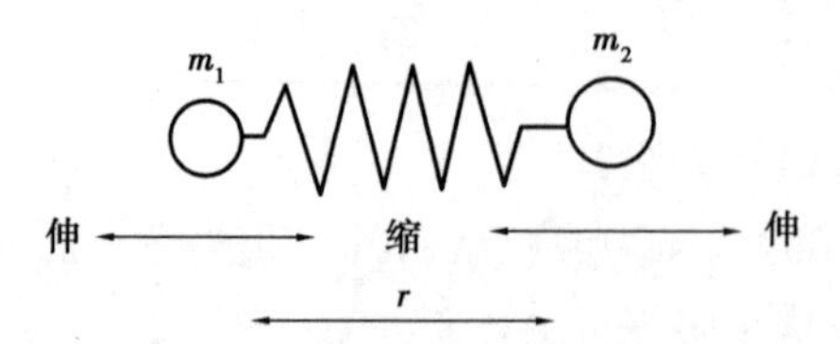

图 3.3　谐振子振动示意图

图 3.3 中，m_1、m_2 代表两个小球的质量（原子质量），弹簧的长度 r 就是分子化学键的长度。这个体系的振动频率 σ（以波数表示），用经典力学（虎克定律）可导出如下公式：

$$\sigma = \frac{1}{2\pi c}\sqrt{\frac{k}{\mu}} \tag{3.1}$$

这个公式即分子振动方程。式中 c 为光速（$2.998\times10^{10}\,\mathrm{cm\cdot s^{-1}}$）；$k$ 是弹簧的力常数，即连接原子的化学键的力常数（单位为 $\mathrm{N\cdot cm^{-1}}$），与键能和键长有关；μ 是两个小球（即两个原子）的折合质量，$\mu=m_1m_2/(m_1+m_2)$（单位为 g）。

发生振动能级跃迁所需能量的大小取决于键两端原子的折合质量和化学键的力常数，即取决于分子的结构特征。

分子中的基本振动形式（理论数）：双原子分子的振动是最简单的，它的振动只能发生在连续两个原子的直线方向上，并且只有一种振动形式即两原子的相对伸缩振动。在多原子分子中情况相对复杂，可以将它的振动分解为许多简单的振动。

对于非线性分子有（$3n-6$）个基本振动（即简正振动）形式，线性分子有（$3n-5$）个基本振动形式（n 为分子中原子数目），实际上大多数化合物在红外光谱图上出现的吸收峰数目比理论数要少。

分子的振动形式可分为两类：伸缩振动（对称和非对称伸缩振动）和弯曲（或变形）振动。伸缩振动是沿原子核之间的轴线作振动，键长有变化而键角不变，用字母 v 来表示，分为对称伸缩振动 v_s 和反对称伸缩振动 v_{as}。

变形或弯曲振动是键长不变而键角改变的振动方式，用字母 δ 表示。弯曲振动分为面内弯曲振动和面外弯曲振动，面内弯曲振动又分为剪式振动和面内摇摆振动两种形式；面外弯曲振动分为面外摇摆振动和扭曲振动两种形式。

红外光谱的每种振动形式都具有其特定的振动频率，即有相应的红外吸收峰。有机化合物一般由多原子分子组成，因此红外吸收光谱的谱峰一般较多。

3.5 红外光谱的吸收强度，特征性，基团频率

分子振动时偶极矩的变化不仅决定该分子能否吸收红外光，而且还关系到吸收峰的强度。量子理论中，红外光谱的强度与分子振动时偶极矩变化的平方成正比。对于同一类型的化学键，偶极矩的变化与结构的对称性有关。对于同一化合物，在不同的溶剂中或在不同浓度的同一溶剂中，由于氢键的影响以及氢键强弱的不同，原子间的距离增大，偶极距变化增大，吸收增强。谱带的强度还与振动形式有关。红外光谱的吸收强度常定性地用 vs（极强）、s（强）、m（中等）、w（弱）、vw（极弱）等来表示。

红外光谱的最大特点是具有特征性，即复杂分子中存在许多原子基团，各个原子基团（化学键）在分子被激发后，都会产生特征的振动。

基团频率主要是一些伸缩振动引起的，常用于鉴定某官能团是否存在。基团不同，基团频率不同。这种与一定的结构单元相联系的振动频率称为基团频率。

按照红外吸收光谱与分子结构的关系可将红外吸收光谱分为基团频率区（或特征区）

(4 000~1 300 cm^{-1})和指纹区(1 300~670 cm^{-1})两大区域。

基团频率区包括:①X—H 伸缩振动区(4 000~2 500 cm^{-1}),主要包括 C—H,O—H,N—H,S—H 键伸缩振动频率区;②三键及积累双键区(2 500~1 900 cm^{-1}),主要包括 C≡C, C≡N键伸缩振动及累积双键的不对称伸缩振动频率区;③双键伸缩振动区(1 900~1 500 cm^{-1}),主要包括 C═O(1 900~1 650 cm^{-1})和 C═C(1 680~1 500 cm^{-1})伸缩振动频率区。

指纹区包括:①1 300~900 cm^{-1}振动区,主要包括 C—O,C—N,C—F,C—P,C—S,P—O,Si—O 等单键和 C═S,S═O 等双键的伸缩振动频率区以及一些弯曲振动频率区,如 C—O 的伸缩振动(1 300~1 000 cm^{-1})和甲基的弯曲振动(约 1 380 cm^{-1});②900 cm^{-1}以下振动区,主要包括一些重原子伸缩振动和一些弯曲振动频率区,C—H 在这一区域的吸收峰可用来确定苯环的取代类型,某些吸收峰还可用来判定化合物的顺反构型。

基团频率区的每一红外吸收峰都和一定的官能团相对应,此区域被称为官能团区(表 3.2)。官能团区的每个吸收峰都表示某一官能团的存在,原则上每个吸收峰均可以找到归属。指纹区的吸收峰数目较多,往往大部分不能找到归属,但大量的吸收峰表示了有机化合物的具体特征。不同的条件也可以引起不同的指纹吸收的变化。指纹区中 910~650 cm^{-1}区域又称为苯环取代区,苯环的不同取代会在这个区域内有所反映。指纹区和官能团区对红外谱图的分析有所帮助。从官能团区可以找出该化合物存在的官能团;指纹区的吸收则用来和标准谱图进行分析,得出未知的结构和已知结构相同或不同的确切结论。官能团区和指纹区的功用正好相互补充。

表 3.2　红外光谱特征峰的具体分区情况

O—H、N—H 伸缩振动区(3 750~3 000 cm^{-1})

基团类型 ν	波数/cm^{-1}	峰的强度
ν_{O-H}	3 700~3 200	vs
游离 ν_{O-H}	3 700~3 500	vs,尖锐吸收带
分子间氢键	500	
多分子缔合	3 550~3 450	s,宽吸收带
羧基 ν_{O-H}	3 500~3 200	vs,宽吸收带
分子内氢键	3 500~2 500	vs,尖锐吸收带
ν_{N-H}	3 570~3 450	
游离	3 500~3 300	w,尖锐吸收带
缔合	3 500~3 100	w,尖锐吸收带
酰胺	3 500~3 300	可变

C—H 伸缩振动区(3 000~2 700 cm^{-1})

基团类型 ν	波数/cm^{-1}	峰的强度
—C≡C—H	~3 300	vs
—C=C—H	3 100~3 000	m
Ar—H	3 050~3 010	m

C—H 伸缩振动区(3 000~2 700 cm^{-1})

基团类型 ν	波数/cm^{-1}	峰的强度
$—CH_3$	2 960 及 2 870	vs
$—CH_2—$	2 930 及 2 850	vs
≡C—H	2 890	w
—CHO	2 720	w

三键和累积双键区(2400~2100 cm^{-1})

基团类型 ν	波数/cm^{-1}	峰的强度
R—C≡N—H	2 140~2 100	m
RC≡CR	2 260~2 190	可变
R—C≡N	2 260~2 120	s
R—N=N=N	2 160~2 120	s
R—N=C=N—R	2 155~2 130	s
—C=C=C—	~1 950	s
—C=C=O	~2 150	
—C=C=N	~2 000	
O=C=O	~2 349	
R—N=C=O	2 275~2 250	s

羧基的伸缩振动区(1 900~1 650 cm^{-1})

基团类型 ν	波数/cm^{-1}	峰的强度
饱和脂肪醛	1 740~1 720	s
α,β-不饱和脂肪醛	1 705~1 680	s
芳香醛	1 715~1 690	s

续表

基团类型 ν	波数/cm^{-1}	峰的强度
饱和脂肪酮	1 725~1 705	s
α,β-不饱和脂肪酮	1 685~1 665	s
α-卤代酮	1 745~1 725	s
芳香酮	1 700~1 680	s
脂环酮(四元环)	1 800~1 750	s
脂环酮(五元环)	1 780~1 700	s
脂环酮(六元环)	1 760~1 680	s
酯(非环状)	1 740~1 710	s
六及七元环内酯	1 750~1 730	s
五元环内酯	1 780~1 750	s
酰卤	1 815~1 720	s
酰酐	1 850~1 800	s
酰胺	1 780~1 740 1 700~1 680(游离) 1 660~1 640(缔合)	

双键的伸缩振动区(1 690~1 500 cm^{-1})

基团类型 ν	波数/cm^{-1}	峰的强度
—C=C—	1 680~1 620	不定
苯环骨架	1 620~1 450	
—C=N	1 690~1 640	不定
—N=N—	1 630~1 575	不定
$—NO_2$	1 615~1 510	S
	1 390~1 320	S

X-H 面内弯曲振动及 X-Y 伸缩振动区(1 475~1 000 cm^{-1})

基团类型 ν	波数/cm^{-1}	峰的强度
烷基 δas	1 460	
$—CH_3$	1 380	

续表

基团类型 ν	波数/cm^{-1}	峰的强度
$—CH(CH_3)_2$	1 385 及 1 375 双峰	双峰强度约相等(1∶1)
$—C(CH_3)_3$	1 395 及 1 365 双峰	峰强度比 1∶2
醇 $\nu_{C—O}$	1 200~1 000	s
伯醇	1 065~1 015	s
仲醇	1 100~1 010 1 150~1 100	s
叔醇	1 300~1 200	s
酚 $\nu_{C—O}$	1 220~1 130	s
醚 $\nu_{C—O}$	1 275~1 060	s
脂肪醚	1 150~1 060	s
芳香醚	1 275~1 210	s
乙烯醚	1 225~1 200	s
酯	1 300~1 050	s
胺 $\nu_{C—N}$	1 360~1 020	s

C—H 面外弯曲振动区(1 000~650 cm^{-1})

基团类型 ν	波数/cm^{-1}	峰的强度
($\sigma_{C—H}$)	1 000~650	不定
苯环邻二取代	770~735	
苯环间二取代	710~690 810~750	不定
苯环对二取代	830~810	不定

分子中化学键的振动并不是孤立的，而是受分子中其他部分，特别是相邻基团的影响，有时还会受到溶剂等因素影响，因此在分析中不仅要知道红外特征谱带出现的频率和强度，还应了解影响它的因素，这样才能正确进行分析。

引起基团频率位移的因素大致可分成两类：一类是外部因素，包括样品状态、测定条件的不同以及溶剂极性的影响等，同一化合物的气态、液态和固态光谱有较大的差异，因此在查阅标准图谱时要注意样品状态及制样方法等；另一类是内部因素，包括电效应(如诱导效应、共轭效应、偶极场效应等)、氢键、振动的耦合、费米共振、立体空间障碍、环的张力等因素。

3.6 红外光谱定性定量分析

3.6.1 定性分析

红外光谱是物质定性的重要方法之一。它的解析能够提供许多关于官能团的信息，可以帮助确定部分乃至全部分子类型及结构。其定性分析有特征性高、分析时间短、需要的试样量少、不破坏试样、测定方便等优点。

传统的利用红外光谱法鉴定物质通常采用比较法，即与标准物质对照和查阅标准谱图的方法，但是该方法对样品的要求较高并且依赖于谱图库的大小。如果在谱图库中无法检索到一致的谱图，则可用人工解谱的方法进行分析，这就需要有大量的红外知识及经验积累。大多数化合物的红外谱图是复杂的，即便是有经验的专家，也不能保证从一张孤立的红外谱图上得到全部分子结构信息，如果需要确定分子结构信息，就要借助其他的分析测试手段，如核磁、质谱、紫外光谱等。

采用红外光谱法对药品进行定性鉴别时，主要着眼于供试品光谱图与对照光谱图全谱的比较，即首先是谱带吸收峰的数目（即峰数）是否一致，其次是谱带的位置（即峰位）是否一致，然后是各谱带的相对强弱（即峰强）是否一致，最后是谱带的形状（即峰形）是否一致。若供试品光谱图的峰数、峰位、峰强和峰形与对照图谱一致，则认为供试品的光谱图与对照光谱图一致，通常可判定两个化合物为同一物质，若两个光谱图不同，则可判定两个化合物不同。但下此结论时，需考虑供试品是否存在多晶型现象、纯度如何、仪器的性能如何，以及有无其他外界因素的干扰。

一般情况下，二氧化碳、水蒸气、有机溶剂蒸气及样品的纯度和仪器的分辨率等因素均会影响吸收峰的峰数，仪器的分辨率和波数精度等会影响吸收峰的峰位，样品和溴化钾的研磨程度、片子的均匀性、样品在片子中的浓度及环境湿度等因素会影响吸收峰的峰强或峰形。进行光谱比对时，应综合考虑上述各种因素可能造成的影响。此外，采用固体样品制备法，若遇到多晶型现象造成实测光谱图与对照光谱图有差异，一般可按照《药品红外光谱集》中所记载的重结晶处理法或与对照品平行处理后测定。

需要特别指出的是，对于采用糊剂法、薄膜法和溶液法制样的样品，要扣除相应的溶剂吸收峰后再进行比对（即溶剂吸收峰所在的位置不比对）。如液状石蜡，要扣除 2 960~2 850 cm^{-1}、1 461 cm^{-1}、1 377 cm^{-1} 和 722 cm^{-1} 等处的吸收峰；四氯化碳，要扣除 3 600~2 800 cm^{-1}、1 600~1 500 cm^{-1}、1 280~1 200 cm^{-1}、1 100~980 cm^{-1} 和 850~730 cm^{-1} 等处的吸收峰；二硫化碳，要扣除 2 220~2 120 cm^{-1} 和 1 630~1 420 cm^{-1} 等处的吸收峰；三氯甲烷，要扣除 3 020~2 970 cm^{-1}、1 400~1 200 cm^{-1} 和 760~620 cm^{-1} 等处的吸收峰等。

3.6.2 定量分析

红外光谱定量分析法的依据是朗伯-比尔(Lambert-Beer)定律。红外光谱定量分析法与其他定量分析方法相比,存在一些缺点,因此只在特殊的情况下使用。

它要求所选择的定量分析峰应有足够的强度,即摩尔吸光系数大的峰,且不与其他峰相重叠。红外光谱的定量方法主要有直接计算法、工作曲线法、吸收度比法和内标法等,常常用于异构体的分析。

随着化学计量学以及计算机技术等的发展,利用各种方法对红外光谱进行定量分析也取得了较好的结果,如最小二乘回归、相关分析、因子分析、遗传算法、人工神经网络等的引入,使得红外光谱对于复杂多组分体系的定量分析成为可能。

3.7 红外光谱仪

红外光谱仪是利用物质对不同波长的红外辐射的吸收特性,进行分子结构和化学组成分析的仪器。红外光谱仪通常由光源、单色器、探测器和计算机处理信息系统组成。根据分光装置的不同,红外光谱仪分为色散型和干涉型。对色散型双光路光学零位平衡红外分光光度计而言,当样品吸收了一定频率的红外辐射后,分子的振动能级发生跃迁,透过的光束中相应频率的光被减弱,造成参比光路与样品光路相应辐射的强度差,从而得到所测样品的红外光谱。

红外光谱仪中所用的光源通常是一种惰性固体,用电加热使之发射高强度连续红外辐射。常用的有能斯特灯和碳硅棒两种。

红外单色器由一个或几个色散元件(棱镜或光栅,目前主要使用的是光栅)、可变的入射和出射狭缝,以及用于聚焦和反射光束的反射镜构成。由于大多数红外光学材料易吸湿,因此使用时应注意防潮除湿。

3.8 傅里叶变换红外光谱仪

傅里叶变换红外光谱仪(Fourier Transform Infrared Spectrometer,FTIR),简称傅里叶红外光谱仪。傅里叶变换红外光谱仪是利用干涉仪干涉调频的工作原理,把光源发出的光经迈克尔逊干涉仪变成干涉光,再让干涉光照射样品,通过傅里叶变换将干涉图转换为光谱图。它不同于色散型红外分光的原理,是基于对干涉后的红外光进行傅里叶变换的原理开发的红外光谱仪,主要由红外光源、光阑、干涉仪(分束器、动镜、定镜)、样品室、检测器以及各种红外反射镜、激光器、控制电路板和电源组成(图 3.4)。可以对样品进行定性和定量分析。

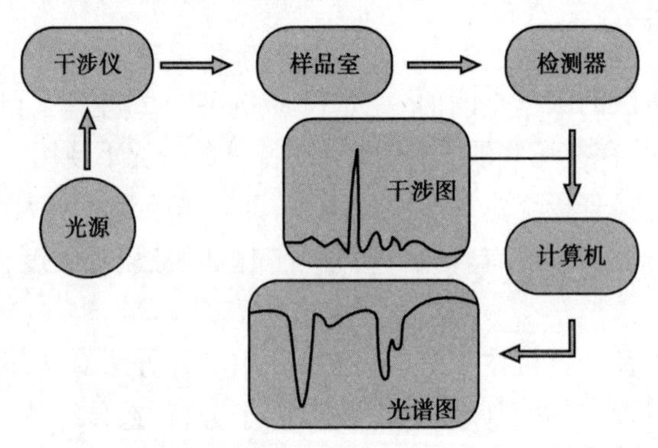

图 3.4　傅里叶变换红外光谱仪的结构示意图

傅里叶变换红外光谱仪的主要优点是:①多通道测量使信噪比提高;②没有入射和出射狭缝限制,因而光通量高,提高了仪器的灵敏度;③以氦、氖激光波长为标准,波数值的精确度可达 0.01 cm^{-1};④增加动镜移动距离就可使分辨本领提高;⑤工作波段可从可见区延伸到毫米区,使远红外光谱的测定得以实现。

与色散型红外光谱仪相比,FTIR 仪器扫描速度极快,能在很短的时间内(<1 s)获得全频域光谱响应,由于采用激光干涉条纹准确测定光程差,因此 FTIR 测定的波数更为准确。自 20 世纪 80 年代中后期,计算机的微型化和通用机的发展,使 FTIR 的整机性能大大提高,而价格有所下降,这就促进了 FTIR 的应用和普及。而色散型光栅红外光谱仪器也由于配置的微机对仪器的操作、控制、谱图的处理以及定量分析、谱图检索等均比较完善,目前虽已进入 FTIR 仪器时代,但仍有大量色散型仪器在使用。

第4章　荧光分析法

有些物质受到光照射时,除吸收某种波长的光之外还会发射出比原来所吸收光的波长更长的光,这种现象称为光致发光,最常见的光致发光现象是荧光和磷光。荧光(Fluorescence)是物质分子接受光子能量被激发后,从激发态的最低振动能级返回基态时发射出的光。荧光分析法(Fluorometry)是根据物质的荧光谱线位置及其强度进行物质鉴定和含量测定的方法。荧光分析法的主要优点是灵敏度高,选择性好,其检测限达 10^{-10} g/mL,甚至可达 10^{-12} g/mL,比紫外-可见分光光度法低3个数量级以上。如果待测物质是分子,则称为分子荧光,如果待测物质是原子,则称为原子荧光。根据激发光的波长范围又可分为紫外-可见荧光、红外荧光和X射线荧光。本章仅介绍分子荧光分析法(Molecular Fluorometry)。

4.1　荧光分析法的基本原理

4.1.1　分子荧光产生

(1)分子的电子能级与激发过程物质的分子体系中存在着电子能级、振动能级和转动能级,在室温时,大多数分子处在电子基态的最低振动能级,当受到一定的辐射能的作用时,就会发生能级之间的跃迁。

在基态时,分子中的电子成对地填充在能量最低的各轨道中。根据Pauli不相容原理,一个给定轨道中的两个电子,必定具有相反方向的自旋,即自旋量子数分别为1/2和-1/2,其总自旋量子数 s 等于0,即基态没有净自旋。电子能级的多重性可用 $M=2s+1$ 表示,当 $s=0$ 时,分子的多重性 $M=1$,此时分子所处的电子能态称为单重态(Singlet State),用符号 S 表示。当 $s=1$ 时,分子的多重性 $M=3$,此时分子所处的电子能态称为三重态(Triplet State),用符号 T 表示。可见,基态的多重性 $2s+1=1$。

当基态的一个电子吸收光辐射被激发而跃迁至较高的电子能态时,通常电子不发生自旋方向的改变,即两个电子的自旋方向仍相反,总自旋量子数 s 仍等于0,这时分子处于激发单重态($2s+1=1$)。在某些情况下,电子在跃迁过程中还伴随着自旋方向的改变,这时分子的两个电子的自旋方向相同,自旋量子数都为1/2,总自旋量子数 s 等于1,这时分子处于激发三重态($2s+1=3$)。激发单重态与相应三重态的区别在于电子自旋方向不同及三重态的能级稍低一些。

(2)荧光的产生根据 Boltzmann 分布分子在室温时基本上处于电子能级的基态。当吸收了紫外-可见光后,基态分子中的电子只能跃迁到激发单重态的各个不同振动-转动能级,根据自旋禁阻选律,不能直接跃迁到激发三重态的各个振动-转动能级。处于激发态的分子是不稳定的,通常以辐射跃迁和无辐射跃迁等方式释放多余的能量面返回至基态,发射荧光是其中的一条途径。

振动弛豫是处于激发态各振动能级的分子通过与溶剂分子的碰撞而将部分振动能量传递给溶剂分子,其电子则返回到同一电子激发态的最低振动能级的过程。由于能量不是以光辐射的形式放出,故振动弛豫属于无辐射跃迁。振动弛豫只能在同一电子能级内进行,发生振动弛豫的时间约为 10^{-12} s 数量级。

内部能量转换简称内转换,是当两个电子激发态之间的能量相差较小以致其振动能级有重叠时,受激分子常由高电子能级以无辐射方式转移至低电子能级的过程。

荧光发射无论分子最初处于哪一个激发单重态,通过内转换及振动弛豫,均可返回到第一激发单重态的最低振动能级,然后再以辐射形式发射光量子而返回至基态的任一振动能级上,这时发射的光量子称为荧光。由于振动弛豫和内转换损失了部分能量,故荧光的波长总比激发光波长要长。发射荧光的过程约为 $10^{-9}\sim10^{-7}$ s。由于电子返回基态时可以停留在基态的任一振动能级上,因此得到的荧光谱线有时呈现几个非常靠近的峰。通过进一步振动弛豫,这些电子都很快地回到基态的最低振动能级。

外部能量转换简称外转换,是溶液中的激发态分子与溶剂分子或与其他溶质分子之间相互碰撞而失去能量,并以热能的形式释放能量的过程。外转换常发生在第一激发单重态或激发三重态的最低振动能级向基态转换的过程中。外转换会降低荧光强度。

体系间跨越是处于激发态分子的电子发生自旋反转而使分子的多重性发生变化的过程。分子由激发单重态跨越到激发三重态后,荧光强度减弱甚至熄灭。含有重原子如碘、溴等的分子时,体系间跨越最为常见,原因是在高原子序数的原子中,电子的自旋与轨道运动之间的相互作用较大,有利于电子自旋反转的发生。另外,在溶液中存在氧分子等顺磁性物质也容易发生体系间跨越,从而使荧光减弱。

磷光发射是经过体系间跨越的分子再通过振动弛豫降至激发三重态的最低振动能级,分子在激发三重态的最低振动能级可以存活一段时间,然后返回至基态的各个振动能级而发出光辐射,这种光辐射称为磷光。由于激发三重态的能级比激发单重态的最低振动能级能量低,以磷光辐射的能量比荧光更小,即磷光的波长比荧光更长。因为分子在激发三重态的寿命较长,所以磷光发射比荧光更迟,要 $10^{-4}\sim10$ s 或更长的时间。由于荧光物质分子与溶剂分子间相互碰撞等因素的影响,处于激发三重态的分子常常通过无辐射过程失活回到基态,因此在室温下很少呈现磷光,只有通过冷冻或固定化而减少外转换才能检测到磷光,所以磷光法不如荧光分析法普遍。

4.1.2 荧光的激发光谱和发射光谱

荧光物质分子都具有两个特征光谱,即激发光谱(Excitation Spectrum)和发射光谱

(Emission Spectrum)或称荧光光谱(Fluorescence Spectrum)。

激发光谱表示不同激发波长的辐射引起物质发射某一波长荧光的相对效率。绘制激发光谱曲线时,固定发射单色器在某一波长,通过激发单色器扫描,以不同波长的入射光激发荧光物质,记录荧光强度(F)对激发波长(λ_{ex})的关系曲线,即激发光谱,其形状与吸收光谱极为相似。

发射光谱表示在所发射的荧光中各种波长组分的相对强度。绘制发射光谱时,使激发光的波长和强度保持不变,通过发射单色器扫描以检测各种波长下相应的荧光强度,记录荧光强度(F)对发射波长(λ_{em})的关系曲线,即发射光谱。

激发光谱和发射光谱可用来鉴别荧光物质,而且是选择测定波长的依据。溶液发射光谱通常具有如下特征。

(1)斯托克斯位移(Stokes Shift)是荧光发射波长总是大于激发光波长的现象。因斯托克斯在1852年首次观察到而得名。激发态分子通过内转换和振动弛豫过程而迅速到达第一激发单重态 S_1^* 的最低振动能级,是产生斯托克斯位移的主要原因。荧光发射可能使激发态分子返回到基态的各个不同振动能级,然后进一步损失能量,这也产生斯托克斯位移。此外,激发态分子与溶剂分子的相互作用,也会加大斯托克斯位移。

(2)荧光光谱的形状与激发波长无关。虽然分子的电子吸收光谱可能含有几个吸收带,但其荧光光谱却只有一个发射带,因为即使分子被激发到高于 S_1^* 的电子激发态的各个振动能级,然而由于内转换和振动弛豫的速度很快,都会下降至 S_1^* 的最低振动能级,然后才发射荧光,所以荧光发射光谱只有一个发射带,而且荧光光谱的形状与激发波长无关。

4.2　荧光分光光度计

荧光分光光度计是一种用于扫描液相荧光标志物所发出的荧光光谱的仪器。其能提供包括激发光谱、发射光谱以及荧光强度、量子产率、荧光寿命、荧光偏振等许多物理参数,从各个角度反映了分子的成键和结构情况。通过对这些参数的测定,不但可以做一般的定量分析,而且还可以推断分子在各种环境下的构象变化,从而阐明分子结构与功能之间的关系。荧光分光光度计的激发波长扫描范围一般是190~650 nm,发射波长扫描范围是200~800 nm,可用于液体、固体样品(如凝胶条)的光谱扫描。

荧光分光光度计的发展经历了手控式荧光分光光度计、自动记录式荧光分光光度计、计算机控制式荧光分光光度计三个阶段。荧光分光光度计还可分为单光束式荧光分光光度计和双光束式荧光分光光度计两大系列。其他的还有低温激光荧光分光光度计,配有寿命和相分辨测定的荧光分光光度计等。

4.2.1　荧光分光光度计组成

荧光分光光度计的基础部件如图4.1所示。

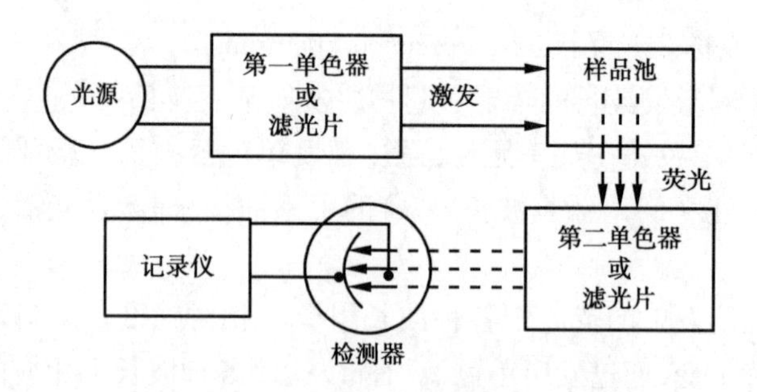

图 4.1　荧光分光光度计基础部件示意图

4.2.1.1　光源

对激发光源主要考虑其稳定性和强度，因为光源的稳定性直接影响测量的重复性和精确度，强度直接影响测定的灵敏度。荧光测量中常用的光源包括高压汞灯或氙灯。氙灯能发射出强度较大的连续光谱，其波长范围为 250~700 nm，且在 300~400 nm 范围内强度几乎相等，故较常用。高压汞灯发射 365 nm，405 nm，436 nm，546 nm，579 nm，690 nm 和 734 nm 的线状谱线，测量中常用 365 nm，405 nm，436 nm 三条谱线。目前大部分荧光分光光度计都采用 150 W 和 500 W 的氙灯作光源，现代荧光仪器也有采用 12 V 50 W 的新型溴钨灯作光源，在 300~700 nm 波段发射连续光谱。

此外，20 世纪 70 年代开始用激光作为激发光源，激光光源单色性好、光强度大、脉冲激光的光照时间短，可以避免某些感光物质的分解。

4.2.1.2　单色器

荧光分析仪器有两个单色器，激发单色器（第一单色器）和荧光单色器（第二单色器）。第一个单色器的作用是将不需要的光除去，使需要的激发光透过而照射到样品池；第二个单色器将由激发光所发生的反射光、瑞利散射光、拉曼散射光和由溶液中杂质所发生大多数的荧光滤去。滤光片荧光计采用滤光片做单色器，结构简单，价格便宜，用于已知组分样品的定量分析，不能提供激发光谱或荧光光谱。荧光分光光度计都采用光栅分光，可以获得单色性好的激发光，并能分出某一波长的荧光，以减少干扰，而且可以扫描激发光谱或荧光光谱。

4.2.1.3　样品池

荧光分析用的样品池须用低荧光材料制成，通常由石英池（液体样品用）或固体样品架（粉末或片状样品）组成，通常用石英，四面均透光，形状有正方形、长方形或圆形，但常用正方形样品池，因其散射干扰较少。测量液体时，光源与检测器成直角安排，测量固体时，光源与检测器成锐角安排。

4.2.1.4　检测器

荧光分光光度计中的检测器有较高的灵敏度，一般用光电倍增管（Photomultiplier Tube，PMT）做检测器，可将光信号放大并转为电信号。为了消除激发光对荧光测量的干扰，在仪器中，检测光路与激发光路相互垂直。

4.2.2　荧光分光光度计原理

由高压汞灯或氙灯发出的紫外光和蓝紫光经滤光片照射到样品池中，激发样品中的荧光物质发出荧光，荧光经过滤过和反射后，被光电倍增管所接收，然后以图或数字的形式显示出来。物质荧光的产生是由在通常状况下处于基态的物质分子吸收激发光后变为激发态，这些处于激发态的分子是不稳定的，在返回基态的过程中将一部分的能量又以光的形式放出，从而产生荧光。不同物质由于分子结构的不同，其激发态能级的分布具有各自不同的特征，这种特征反映在荧光上表现为各种物质都有其特征荧光激发和发射光谱，因此可以用荧光激发和发射光谱的不同来进行物质的鉴定。

荧光光谱已应用于很多不同领域，特别是需要无损、显微、化学分析、成像分析的场合。无论是需要定性还是定量的数据，荧光分析都能快速、简便地提供。荧光分析的优点包括灵敏度高、选择性强、试样量少、方法简单、提供较多的物理参数。但是也存在应用范围不够广泛、对环境敏感(干扰因素多)等缺点。

在低浓度时，溶液的荧光强度与荧光物质的浓度成正比：$F=kc$。其中，F 为荧光强度，c 为荧光物质浓度，k 为比例系数。这就是荧光光谱定量分析的依据。

上述关系不适用于荧光物质浓度过高时，荧光物质浓度过高，其荧光强度反而降低。原因有以下几个方面。

(1)内滤效应。一是当溶液浓度过高时，溶液中杂质对入射光的吸收作用增大，相当于降低了激发光的强度。二是浓度过高时，入射光被液池前部的荧光物质强烈吸收，处于液池中、后部的荧光物质，则因受到入射光大大减弱而使荧光强度大大降低，而仪器的探测窗口通常对准液池中部，从而导致检测到的荧光强度大大降低。

(2)相互作用。较高浓度溶液中，可发生溶质间的相互作用，产生荧光物质的激发态分子与其基态分子的二聚物或其他溶质分子的复合物，从而导致荧光光谱的改变和/或荧光强度下降。当浓度更大时，甚至会形成荧光物质的基态分子聚集体，导致荧光强度更严重下降。

(3)自淬灭。荧光物质的发射光谱与其吸收光谱呈现重叠，便可能发生所发射的荧光被部分再吸收的现象，导致荧光强度下降。溶液浓度增大时会促使再吸收现象加剧。

当然，荧光强度的影响因素还有溶剂、温度、pH 值、散射光等，在定量分析中需要加以考虑。荧光光谱定量分析的计算与其他光谱类似，包括标准曲线法、比例法等。

4.3　酶标仪

酶联免疫吸附试验方法简称酶标法，是标记技术中的一种，是从荧光抗体技术、同位素免疫技术发展而来的一种敏感、特异、快速并且能自动化的现代技术。

酶标法的基本原理是将抗原或抗体与酶用胶联剂结合为酶标抗原或抗体，此酶标抗原或抗体可与固相载体上或组织内相应抗原或抗体发生特异反应，并牢固地结合形成仍保持活性的免疫复合物。当加入相应底物时，底物被酶催化而呈现出相应反应颜色，颜色深浅与相应抗原或抗体含量成正比。

由于此技术是建立在抗原-抗体反应和酶的高效催化作用的基础上，因此其具有高度的灵敏性和特异性，是一种极富生命力的免疫学试验技术。

4.3.1 酶标仪原理

酶标仪即酶联免疫检测仪，是酶联免疫吸附试验的专用仪器，又被称为微孔板检测器。可简单地分成半自动和全自动两大类，但其工作原理基本上都是一致的，其核心都是一个比色计，即用比色法来进行分析。测定一般要求测试液的最终体积在 250 μL 以下，用一般光电比色计无法完成测试，因此对酶标仪中的光电比色计有特殊要求。

酶标仪实际上就是一台变相光电比色计或分光光度计，其基本工作原理与主要结构和光电比色计基本相同。光源灯发出的光波经过滤光片或单色器变成一束单色光，进入塑料微孔极中的待测标本。该单色光一部分被标本吸收，另一部分则透过标本照射到光电检测器上，光电检测器将这一待测标本不同而强弱不同的光信号转换成相应的电信号，电信号经前置放大，对数放大，模数转换等信号处理后送入微处理器进行数据处理和计算，最后由显示器和打印机显示结果。微处理机还通过控制电路控制机械驱动机构 x 方向和 y 方向的运动来移动微孔板，从而实现自动进样检测过程。另一些酶标仪则是采用手动移动微孔板进行检测，因此省去了 x，y 方向的机械驱动机构和控制电路，从而使仪器更小巧，结构也更简单。

微孔板是一种经事先包埋专用于放置待测样本的塑料板，板上有多排大小均匀一致的小孔，孔内都包埋着相应的抗原或抗体，微孔板上每个小孔可盛放零点几毫升的溶液。酶标仪所用的单色光既可通过相干滤光片来获得，也可用分光光度计相同的单色器来得到。在使用滤光片作滤波装置时与普通比色计一样，滤光片既可放在微孔板的前面，也可放在微孔板的后面，其效果是相同的。

4.3.2 酶标仪结构

常用的酶标仪结构一般包括光源、反光镜、聚光镜、光栏、微孔板、滤光片、光电管、检测器等部件。光源灯发出的光经过聚光镜、光栏后到达反射镜，经反射镜作 90°反射后垂直通过比色溶液，然后再经滤光片送到光电管。

酶标仪从原理上可以分为光栅型酶标仪和滤光片型酶标仪。光栅型酶标仪可以截取光源波长范围内的任意波长，而滤光片型酶标仪则根据选配的滤光片，只能截取特定波长进行检测。

仪器会自动对酶标孔进行中心定位，中心定位是要消除酶标孔底的凸凹引起的厚薄不均带来检测的不准确。光源配备有参照通道，参照通道是用来校准由于电压不稳或灯泡磨损带来的影响。

随着检测方式的发展，科研人员逐渐研发出拥有多种检测模式的单体台式酶标仪即多功能酶标仪，可检测吸光度（Abs）、荧光强度（FI）、时间分辨荧光（TRF）、荧光偏振（FP）和化学发光（Lum）等。

酶标仪和普通的光电比色计有以下几点差异：

（1）盛装待测比色液的容器不再使用比色皿，而是使用塑料微孔板，微孔板常用透明的聚乙烯材料制成,对抗原抗体有较强的吸附作用,故用它作为固相载体。

(2)由于盛样本的塑料微孔板是多排多孔的,光线只能垂直穿过,因此酶标仪的光束都是垂直通过待测溶液和微孔板的,光束既可是从上到下,也可以是从下到上穿过比色液。

(3)酶标仪通常不仅用A值表示吸光度,有时也使用光密度OD值来表示。

塑料微孔板的规格有24孔板、48孔板、96孔板等多种,不同的仪器选用不同规格的孔板,对其可进行一孔一孔地检测或一排一排地检测。

酶标仪所用的单色光既可通过相关滤光片来获得,也可用分光光度计相同的单色器来得到。在使用滤光片作滤波装置时与普通比色计一样,滤光片可放在微孔板的前面,也可放在微孔板的后面。

酶标仪可分为单通道和多通道2种类型,单通道又有自动和手动2种之分。自动型的仪器有x,y方向的机械驱动机构,可将微孔板的小孔一个个依次送入光束下面测试,手动型则靠手工移动微孔板来进行测量。

在单通道酶标仪的基础上又发展了多通道酶标仪,此类酶标仪一般都是自动化型的,它设有多个光束和多个光电检测器,如12个通道的仪器设有12条光束或12个光源,12个检测器和12个放大器,在x方向的机械驱动装置的作用下,样品12个为一排被检测。多通道酶标仪的检测速度快,但其结构较复杂价格也较高。

4.3.3　酶标仪用途

酶标仪可广泛应用于低紫外区的DNA、RNA定量及纯度分析(A260/A280)和蛋白定量(A280/BCA/Braford/Lowry),酶活、酶动力学检测,酶联免疫测定(ELISA),细胞增殖与毒性分析,细胞凋亡检测(MTT),报告基因检测及G蛋白偶联受体分析(GPCR)等领域。

4.3.4　酶标仪校准

在外观上,校准酶标仪时应检查其机身上有仪器名称、型号、编号、生产厂家、出厂日期和电源电压,各调节旋钮、按键和开关均能正常工作,外表面无明显机械损伤,显示文字应清楚完整。

酶标仪的稳定性校准,可以通过以下方法进行测定:选用492 nm波长,在吸光度0.0 A处,测定标称值为1.0 A的光谱中性滤光片(测定操作按仪器说明进行),记录仪器示值或均值,10 min后再次记录仪器示值或均值,前后两次测定值之差不应超过±0.005 A。

校准酶标仪吸光度测试的准确度,可选用405、492和620 nm波长,以空气为参比,分别测定标称值为0.5 A和1.0 A的光谱中性玻璃滤光片,用专用测试板代替酶标板,按仪器说明连续测定3次,按下式计算准确度:$\Delta A = 1/3(A_1+A_2+A_3)-A$(A为标准值)。

酶标仪重复性测定的校准,波长选用405、492和620 nm波长,在酶标板第一排加注空白溶液,第二排加入浓度为200 μg/mL的重铬酸钾溶液,重复测定5次。记录每次测定的第二排吸光度值,取第二排任一孔吸光度值与各次对应孔吸光度值,计算重复性。

酶标仪线性的测定方法校准,选用540 nm波长,将标称值0.5 A、1.0 A中性滤光片分别放入专用测试板样本位置中,以空气为参比,各重复测定3次;然后将以上两片中性滤光片叠加后置于专用测试板的同一孔位中,重复测定3次。

酶标仪测定速度的检定校准，选用 492 nm 波长，放入 96 孔酶标板进行测定，用秒表计测仪器打印出全部数据的时间。

酶标仪除了在选购时，应尽可能自检外，在使用中也应定期检定，以保证酶标仪测定的准确性。

4.3.5 酶标仪工作环境

酶标仪是一种精密的光学仪器，因此良好的工作环境不仅能确保其准确性和稳定性，还能够延长其使用寿命。

仪器应放置在无磁场和干扰电压的位置，低于 40 分贝的环境。为延缓光学部件的老化，应避免阳光直射。操作时环境温度应在 15~40 ℃，环境湿度为 15%~85%。操作电压应保持稳定，操作环境空气清洁，避免水汽、烟尘。保持干燥、干净、水平的工作台面，以及足够的操作空间。

4.3.6 酶标仪操作注意事项

酶标仪的功能是用来读取酶联免疫试剂盒的反应结果，因此要得到准确结果，试剂盒的使用必须规范。许多科研院所在使用酶标仪之前是通过目测判断结果，操作过程随意性较大，在使用酶标仪后如果不能及时纠正操作习惯，会造成较大误差。

在酶标仪的操作中应注意以下事项：使用加液器加液，加液头不能混用；洗板要洗干净，如果条件允许，应使用洗板机洗板，避免交叉污染；严格按照试剂盒的说明书操作，反应时间准确；在测量过程中，勿碰酶标板，以防酶标板传送时挤伤操作人员的手；勿将样品或试剂洒到仪器表面或内部，操作完成后洗手，如果使用的样品或试剂具有污染性、毒性和生物学危害，须严格按照试剂盒的操作说明，以防对操作人员造成损害；如果仪器接触过污染性或传染性物品，须进行清洗和消毒；不要在测量过程中关闭电源；对于因试剂盒问题造成的测量结果的偏差，应根据实际情况及时修改参数，以达到最佳效果；使用后盖好防尘罩。

第5章　显微成像

显微成像技术是生物学研究领域中一项常规的、不可缺少的技术手段。从英国物理学家罗伯特·虎克(Robert Hooke)创制了第一台具有科学研究价值的显微镜,到现今光、机、电一体化的各种高档显微镜已有350多年的历史。为适应不同需要,目前有各种类型的显微镜,如可直接进行解剖及观察并具有立体感的体视显微镜;能观察活细胞的相差显微镜、微分干涉显微镜;对于双折射物质进行结构研究的偏光显微镜;既能作形态观察,又能作定位、定性分析的荧光显微镜;组织培养不可缺少的长工作距离的倒置显微镜;具有高分辨率、可进行显微断层扫描的激光扫描共聚焦显微镜等。

本章概述了几种常用的光学显微镜、相差显微镜、暗视野显微镜、荧光显微镜、激光扫描共聚焦显微镜和超高分辨率显微镜的原理、结构特点、应用及获得最佳观察和采集图像效果的实践要点。

5.1　普通光学显微镜

普通光学显微镜是引领人们进入微观世界的第一代视觉扩展工具。17世纪末,列文·虎克成功研制了第一台光学显微镜。显微镜是利用凸透镜的放大成像原理,将人眼不能分辨的微小物体放大到人眼能分辨的尺寸,其主要是增大近处微小物体对眼睛的张角(视角大的物体在视网膜上成像大),用角放大率 M 表示它们的放大本领。因同一件物体对眼睛的张角与物体离眼睛的距离有关,所以一般规定像离眼睛距离为25 cm(明视距离)处的放大率为仪器的放大率。显微镜观察物体时通常视角甚小,因此视角之比可用其正切之比代替。

显微镜由两个会聚透镜组成,物体AB经物镜成放大倒立的实像 A_1B_1,A_1B_1 位于目镜的物方焦距的内侧,经目镜后成放大的虚像 A_2B_2 于明视距离处。但由于光波经透镜组合要产生衍射效应,普通光学显微镜即使没有任何像差,它的分辨本领也受到衍射的限制,使得普通光学显微镜的分辨率只能达到 10^{-7} m。根据测量得知,由于光的衍射,视场中被观察物体的表面会产生许多艾里斑,一个艾里斑的中心与另一个艾里斑的第一级暗环重合时,恰好能够分辨被观察物点;但若物点之间的距离小于光波长的一半,两个艾里斑交叠程度增大,被观察物点的细节变得模糊不清,从而无法分辨。因此需要依据瑞利判据(英国物理学家瑞利提出的判据）处理好透镜成像系统的孔径与光波长之间的相互制约关系。另外，普通光学显微镜主要依据可见光工作，可见光中紫光的波长最短，为 400 nm，因此普通光学显微镜最小可分辨的两点间距不应小于 200 nm，其最大放大倍数约为 2 000。这就是普通光学显微镜的观察极限。

生物显微镜按物镜朝向可分为正置显微镜和倒置显微镜。简单地说，正置显微镜的物镜从标本的上方观察标本，而倒置显微镜的物镜则从标本的下面往上观察标本。正置显微镜属于常见的显微镜。但有些悬浮在组织液的活体细胞、在玻璃器皿底部培养的沉淀等，物镜只能在其下面透过容器底部观察，这就要求物镜有较大的工作距离，倒置显微镜的最大特点是物镜工作距离长。与正置镜相比，倒置镜其他结构只做相应改变，例如光源就置于标本上方往下照明。两者的主要区别为：

（1）物镜与载物台的相对位置不同：正置显微镜物镜转换盘朝向是向下的，载物台在物镜下方；倒置显微镜的物镜是向上的，载物台在物镜上方。

（2）适用条件不同：正置显微镜物镜适合观察切片等；倒置显微镜适合观察到培养皿里面的活体细胞。

（3）工作距离不同：正置显微镜物镜工作距离比较短；倒置显微镜工作距离长。

5.1.1 正置显微镜

5.1.1.1 光学系统

正置显微镜（图 5.1）的光学系统主要包括物镜、目镜、反光镜和聚光器四个部件。广义地说也包括照明光源、滤光器、盖玻片和载玻片等。

（1）物镜。物镜（图 5.2）是决定显微镜性能的最重要部件，安装在物镜转换器上，接近被观察的物体，故叫作物镜或接物镜。物镜的放大倍数与其长度成正比。物镜放大倍数越大，物镜越长。

图 5.1 正置显微镜

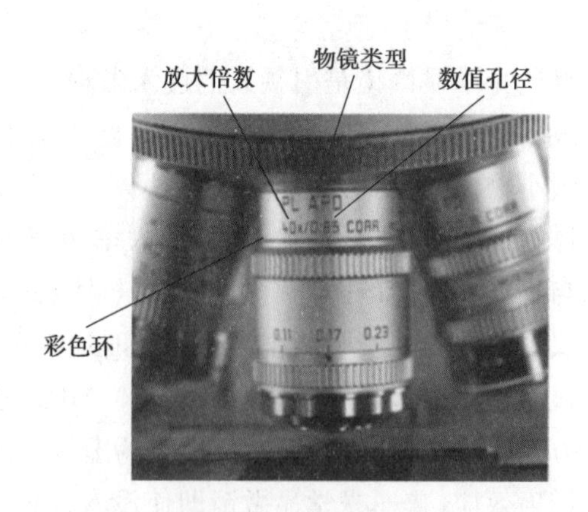

图 5.2 物镜

物镜根据使用条件的不同可分为干燥物镜和浸液物镜，其中浸液物镜又可分为水浸物镜和油浸物镜（常用放大倍数为 90~100 倍）。根据放大倍数的不同可分为低倍物镜（10 倍以下）、中倍物镜（20 倍左右）、高倍物镜（40~100 倍）。根据像差矫正情况，分为消色差物镜

(常用,能矫正光谱中两种色光的色差的物镜)和复色差物镜(能矫正光谱中三种色光的色差的物镜,价格贵,使用少)。

物镜主要参数包括放大倍数、数值孔径和工作距离。

放大倍数是指眼睛看到像的大小与对应标本大小的比值。它是指长度的比值而不是面积的比值。例如放大倍数为100×,指的是长度是1 μm的标本,放大后像的长度是100 μm,要是以面积计算,则放大了10 000倍。数值孔径也叫镜口率(Numerical Aperture,NA或A),是物镜和聚光器的主要参数,与显微镜的分辨力数值成反比。干燥物镜的数值孔径为0.05~0.95,油浸物镜(香柏油)的数值孔径一般大于1.25。

工作距离是指当所观察的标本最清楚时物镜的前端透镜下面到标本的盖玻片上面的距离。物镜的工作距离与物镜的焦距有关,物镜的焦距越长,放大倍数越低,其工作距离越长。例如10倍物镜上标有10/0.25和160/0.17,其中10为物镜的放大倍数,0.25为数值孔径,160为镜筒长度(单位mm),0.17为盖玻片的标准厚度(单位mm)。10倍物镜有效工作距离为6.5 mm,40倍物镜有效工作距离为0.48 mm。

物镜的作用是将标本作第一次放大,它是决定显微镜性能的最重要的部件,即分辨力的高低。分辨力也叫分辨率或分辨本领。分辨力的大小是用分辨距离(所能分辨开的两个物点间的最小距离)的数值来表示的。在明视距离(25 cm)之处,正常人眼所能看清相距0.073 mm的两个物点,这个0.073 mm的数值,即为正常人眼的分辨距离。显微镜的分辨距离越小,即表示它的分辨力越高,也就是表示它的性能越好。显微镜的分辨力大小由物镜的分辨力决定,而物镜的分辨力又是由它的数值孔径和照明光线的波长决定的。当用普通的中央照明法(使光线均匀地透过标本的明视照明法)时,显微镜的分辨距离为:

$$\mathrm{Res} = 0.61 \times \frac{\lambda}{\mathrm{NA}}$$

式中,Res为物镜的分辨距离, nm;λ为照明光线波长, nm;NA为物镜的数值孔径。例如油浸物镜的数值孔径为1.4,可见光波长范围为400~700 nm,取其平均波长550 nm,则d=240 nm。一般地,用可见光照明的显微镜分辨力的极限是0.2 μm。

(2)目镜。因为目镜靠近观察者的眼睛,因此也叫接目镜(图5.3)。安装在镜筒的上端。

图5.3　目镜图

通常目镜由上下两组透镜组成,上面的透镜叫作接目透镜,下面的透镜叫作会聚透镜或场镜。上下透镜之间或场镜下面装有一个光阑(它的大小决定了视场的大小),因为标本正好在光阑面上成像,可在这个光阑上粘一小段毛发作为指针,用来指示某个特点的目标。也可在其上面放置目镜测微尺,用来测量所观察标本的大小。目镜的长度越短,放大倍数越大(目镜的放大倍数与目镜的焦距成反比)。

目镜是将已被物镜放大的、分辨清晰的实像进一步放大,达到人眼容易分辨清楚的程度。常用目镜的放大倍数为5~16倍。

物镜已经分辨清楚的细微结构,假如没有经过目镜的再放大,达不到人眼所能分辨的大小,那就看不清楚;但物镜所不能分辨的细微结构,虽然经过高倍目镜的再放大,也还是看不清楚,所以目镜只能起放大作用,不会提高显微镜的分辨率。有时虽然物镜能分辨开两个靠得很近的物点,但由于这两个物点的像的距离小于眼睛的分辨距离,还是无法看清。所以,目镜和物镜既相互联系,又彼此制约。

(3)聚光器。聚光器也叫集光器。位于标本下方的聚光器支架上。它主要由聚光镜和可变光阑组成。其中,聚光镜可分为明视场聚光镜(普通显微镜配置)和暗视场聚光镜。

可变光阑也叫光圈,位于聚光镜的下方,由十几张金属薄片组成,中心部分形成圆孔。其作用是调节光强度和使聚光镜的数值孔径与物镜的数值孔径相适应。可变光阑开得越大,数值孔径越大(观察完毕后,应将光圈调至最大)。在可变光阑下面,还有一个圆形的滤光片托架。

数值孔径是聚光镜的主要参数,最大数值孔径一般是1.2~1.4,数值孔径有一定的可变范围,通常刻在上方透镜边框上的数字是代表最大的数值孔径,通过调节下部可变光阑的开放程度,可得到此数字以下的各种不同的数值孔径,以适应不同物镜的需要。有的聚光镜由几组透镜组成,最上面的一组透镜可以卸掉或移出光路,使聚光镜的数值孔径变小,以适应低倍物镜观察时的照明。

聚光镜的作用相当于凸透镜,起会聚光线的作用,以增强标本的照明。一般地把聚光镜的聚光焦点设计在它上端透镜平面上方约1.25 mm处。聚光焦点正在所要观察的标本上,载玻片的厚度为1.1 mm左右。

(4)反光镜。反光镜是一个可以随意转动的双面镜,直径为50 mm,一面为平面,一面为凹面,装在聚光器下面,可以在水平与垂直两个方向上任意旋转,其作用是将从任何方向射来的光线经通光孔反射上来。平面镜反射光线的能力较弱,在光线较强时使用;凹面镜反射光线的能力较强,在光线较弱时使用。观察完毕后,应将反光镜垂直放置。

(5)照明光源。显微镜的照明可以用天然光源或人工光源。天然光源的光线来自天空,最好是由白云反射来的,不可利用直接照来的太阳光。而人工光源要有足够的发光强度,且光源发热不能过多。常用的人工光源是显微镜灯和日光灯。

(6)滤光器。滤光器安装在光源和聚光器之间,其作用是让所选择的某一波段的光线通过,而吸收掉其他的光线,即为了改变光线的光谱成分或削弱光的强度。可分为滤光片和液体滤光器两大类。

(7)盖玻片和载玻片。盖玻片和载玻片的表面应相当平坦,无气泡,无划痕。最好选用无色,透明度好的材料,使用前应洗净。

盖玻片的标准厚度是0.17±0.02 mm。不用盖玻片或盖玻片厚度不合适,都会影响成像质量。

载玻片的标准厚度是 1.1±0.04 mm，一般可用范围是 1.0~1.2 mm，若太厚则会影响聚光器效能，太薄则容易破裂。

5.1.1.2 折叠机械装置

机械装置是显微镜的重要组成部分，其作用是固定与调节光学镜头，固定与移动标本等。显微镜的机械装置主要有镜座、镜臂、载物台、镜筒、物镜转换器与调焦装置组成。

（1）镜座和镜臂。镜座的作用是支撑整个显微镜，装有反光镜，有的还装有照明光源。镜臂的作用是支撑镜筒和载物台，分固定、可倾斜两种。

（2）载物台。载物台又称工作台、镜台。载物台分为固定式与移动式两种，形状有圆形和方形两种，其中方形的面积为 120 mm×110 mm。载物台中心有一个通光孔，通光孔后方左右两侧各有一个安装压片夹用的小孔。载物台的作用是安放载玻片。有的载物台的纵横坐标上都装有游标尺，一般读数为 0.1 mm，游标尺可用来测定标本的大小，也可用来对被检部分做标记。

（3）镜筒。镜筒上端放置目镜，下端连接物镜转换器。镜筒分为固定式和可调节式两种。机械筒长（从目镜管上缘到物镜转换器螺旋口下端的距离称为镜筒长度或机械筒长）不能变更的叫作固定式镜筒，能变更的叫作调节式镜筒，新式显微镜大多采用固定式镜筒，国产显微镜也大多采用固定式镜筒，国产显微镜的机械筒长通常是 160 mm。

安装目镜的镜筒，实验室常见的有双目筒和三目筒两种（图 5.4）。双目筒都是倾斜式的。其中双筒显微镜，两眼可同时观察，以减轻眼睛的疲劳。双筒之间的距离可以调节，而且其中有一个目镜有屈光度调节（即视力调节）装置，便于两眼视力不同的观察者使用。

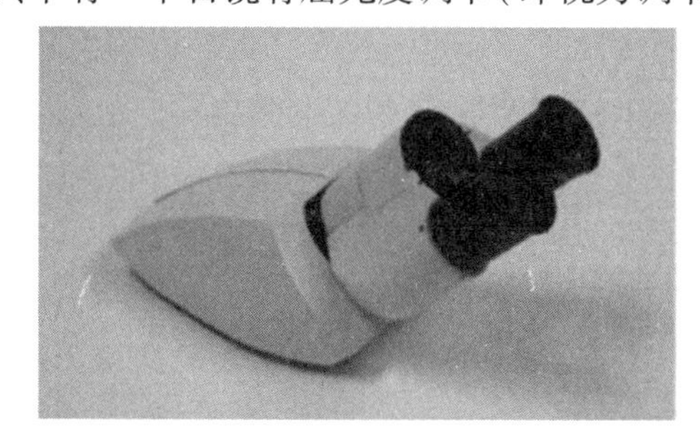

图 5.4 双目筒和三目筒镜

（4）物镜转换器。物镜转换器固定在镜筒下端，有 3~4 个物镜螺旋口，物镜应按放大倍数高低顺序排列。旋转物镜转换器时，应用手指捏住旋转碟旋转，不要用手指推动物镜，因时间长容易使光轴歪斜，使成像质量变差。

（5）调焦装置。显微镜上装有粗准焦螺旋和细准焦螺旋。有的显微镜粗准焦螺旋与细准焦螺旋装在同一轴上，大螺旋为粗准焦螺旋，小螺旋为细准焦螺旋；有的则分开安置手柄控制器（Smart Move），调动粗准焦螺旋，其转动一周，载物台上升或下降 10 mm；调动细准焦螺旋，其转动一周，载物台升降值为 0.1 mm，细准焦螺旋调焦范围不小于 1.8 mm。

5.1.2 倒置显微镜

倒置显微镜从用途分为生物倒置显微镜、金相倒置显微镜、偏光倒置显微镜、荧光倒置显微镜等。医药相关专业中最常用的就是荧光倒置显微镜。

5.1.2.1　倒置显微镜结构

倒置显微镜(图5.5)主要分为三部分:机械部分、照明部分和光学部分。倒置显微镜某些部分的结构与正置显微镜类似,可参照正置显微镜结构知识。

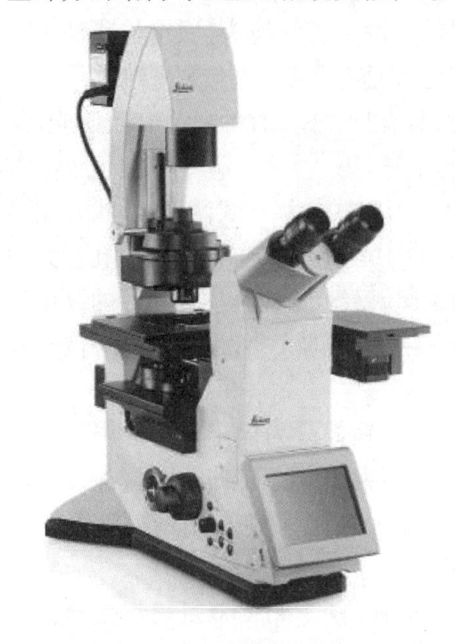

图5.5　倒置显微镜

(1)机械部分:镜座是显微镜的底座,用以支持整个镜体。镜柱是镜座上面直立的部分,用以连接镜座和镜臂。镜臂的一端连于镜柱,一端连于镜筒,是取放显微镜时手握部位。镜筒连在镜臂的前上方,镜筒上端装有目镜,下端装有物镜转换器。物镜转换器(旋转器)接于载物台的下方,可自由转动,盘上有3~5个圆孔,是安装物镜部位,转动转换器,可以调换不同倍数的物镜,当听到碰叩声时,方可进行观察,此时物镜光轴恰好对准通光孔中心,光路接通。镜台(载物台)在镜筒下方,形状有方、圆两种,用以放置玻片标本,中央有一通光孔,常用的显微镜其镜台上装有玻片标本推进器(推片器),推进器左侧有弹簧夹,用以夹持玻片标本,镜台下有推进器调节轮,可使玻片标本作前后左右(xy轴)方向的移动。调节器是装在镜柱上的大小两种螺旋,调节时使镜台作上下(z轴)方向的移动。大螺旋称粗调节器(粗螺旋),移动时可使镜台作快速和较大幅度的升降,所以能迅速调节物镜和标本之间的距离使物像呈现于视野中,通常在使用低倍镜时,先用粗调节器迅速找到样品焦面;小螺旋称细调节器(细螺旋),移动时可使镜台缓慢地升降,多在运用高倍镜时使用,从而得到更清晰的物像,并借以观察标本的不同层次和不同深度的结构。

(2)照明部分:装在镜台下方,包括反光镜和集光器。反光镜装在镜座上面,可向任意方向转动,它有平、凹两面,其作用是将光源光线反射到聚光器上,再经通光孔照明标本,凹面镜聚光作用强,适于光线较弱的时候使用,平面镜聚光作用弱,适于光线较强时使用。集光器(聚光器)位于镜台下方的集光器架上,由聚光镜和光圈组成,其作用是把光线集中到所要观察的标本上。聚光镜由一片或数片透镜组成,起汇聚光线的作用,加强对标本的照明,并使光线射入物镜内,镜柱旁有一调节螺旋,转动它可升降聚光器,以调节视野中光亮度的强弱。光圈(虹彩光圈)在聚光镜下方,由十几张金属薄片组成,其外侧伸出一柄,推动它可调节其开孔的大小,以调节光量。

(3)光学部分:包括目镜和物镜。目镜装在镜筒的上端,通常备有2~3个,上面刻有5×、10×或15×符号以表示其放大倍数,一般装的是10×的目镜。物镜装在载物台正下方的旋转器上,一般有3~5个物镜,其中最短的刻有“5×”符号的为低倍镜,较长的刻有“40×”符号的为高倍镜,最长的刻有“63×”或者“100×”符号的为油镜。此外,在高倍镜和油镜上还常加有一圈不同颜色的线,以示区别。

显微镜的放大倍数是物镜的放大倍数与目镜的放大倍数的乘积,如物镜为10×,目镜为10×,其放大倍数就为10×10=100。

5.1.2.2 倒置显微镜操作步骤

(1)开机。接连电源,打开仪器的电控开关。

(2)使用。

①准备:将待观察对象置于载物台上。旋转三孔转换器,选择较小的物镜。观察,并调节铰链式双目目镜,舒适为宜。

②调节光源:推拉调节镜体下端的亮度调节器至适宜。通过调节聚光镜下面的光栅来调节光源的大小。

③调节像距:转三孔转换器,选择合适倍数的物镜;更换并选择合适的目镜;同时调节升降,以消除或减小图像周围的光晕,提高图像的衬度。

④观察:通过目镜进行观察;调整载物台,选择观察视野。

(3)关机。取下观察对象,调节光源亮度调节器至最暗。关闭镜体下端的开关,并断开电源。旋转三孔转换器,使物镜镜片置于载物台下侧,防止灰尘的沉降。

5.2 相差显微镜

相差显微镜(Phase Contrast Microscope)是在普通显微镜的基础上应用相位差法的显微镜,与普通正倒置显微镜的区别在于多一些附加硬件和配件,多一种拍摄功能。具有相差功能的显微镜是荷兰科学家泽尼克(Zernike)于1935年发明的,用于观察未染色标本的显微镜。相差是一种光学对比度技术,用在显微镜上可以使生物样本细胞中未染色的结构显示出来。细胞结构在明场照明下显得透明,使用相差方法后能够具有高对比度和丰富的细节。细胞中不同结构之间的光密度不同,光与这些结构相互作用后相位就会发生变化。这个现象就是相差方法的基础。光密度高的细胞结构看起来就会比光密度低的结构更暗。活细胞和未染色的生物标本,因细胞各部细微结构的折射率和厚度的不同,光波通过时,波长和振幅并不发生变化,仅相位发生变化(振幅差),这种振幅差人眼无法观察。而相差显微镜通过改变这种相位差,并利用光的衍射和干涉现象,把相差变为振幅差来观察活细胞和未染色的标本。相差显微镜和普通显微镜的区别是:用环状光阑代替可变光阑,用带相板的物镜代替普通物镜,并带有一个合轴用的望远镜。倒置显微镜中最常用的观察方法就是相差。由于这种方法不要求染色,是观察活细胞和微生物的理想方法,因此可以提供各种聚光器来满足不同需要,使用这种方法能提供带有自然背景色的、高对比度的、高清晰度的图像。

人们在显微镜下观察被检标本时,只能靠颜色(光波的波长)和亮度(光波的振幅)的差别看到被检物的结构。活细胞近于无色透明,当光波通过它时颜色和亮度变化不大。因此在普通光学显微镜下,细致观察活细胞的结构是很难的。一般对于明暗对比很小的样品,多将样品染色,然后在显微镜下观察。但有些样品一经染色就会引起变形,染色也可以使有生命的样品死亡。对这些明暗对比很小而又不能染色的样品,用一般光学显微镜是看不到其细节的。但是只要样品的细节与其周围物质的折射率或厚度不同,就可以利用相差显微镜来进行观察。相差显微镜利用了光的干涉现象,将人眼不可分辨的相位差变为可分辨的振幅差,因此相差显微镜是一种应用在染色困难或不能染色的新鲜标本中,从而获得高对比图像的显微镜。

5.2.1 成像原理

相差显微镜的光路图如图 5.6 所示,光线从聚光镜下的环状光阑的圆形缝隙射入直射光,照射到被检物体上,产生直射光和衍射光两种光波。在物镜的后焦面上,设有相差板,直射光通过共轭面,衍射光通过补偿面。背景为直射光,成像为直射光和衍射光的合成波。从光源射出的光通过标本时,如果标本是完全均质透明的物体,光将继续前进,即直射光;若遇到折射率不同的物质时,光的衍射现象则向周围侧方分散前进,这种光振幅较小,相位延后,称为衍射光。当直射光和衍射两个光波同时达一点时,则相互干涉,形成合成波。合成波的大小取决于两个光波的振幅和相位差。如果振幅相等,相差为零,其合成波则有两倍的振幅,产生相长干涉,最为明亮;若一个光的相位推迟,其合成波振幅减小,光长渐暗;当一个光波恰好推迟半个波长时,两个光波的振幅互相抵消,产生相消干涉,成为黑暗状态。如果合成波的振幅比背景光的振幅大,则称为明反差(负反差);如果合成波的振幅比背景光的振幅小,则称为暗反差(正反差)。光线的相位差并不为肉眼所识别,通过光的干涉和衍射现象,相位差变成了振幅差,即明暗之差,肉眼因此得以识别。

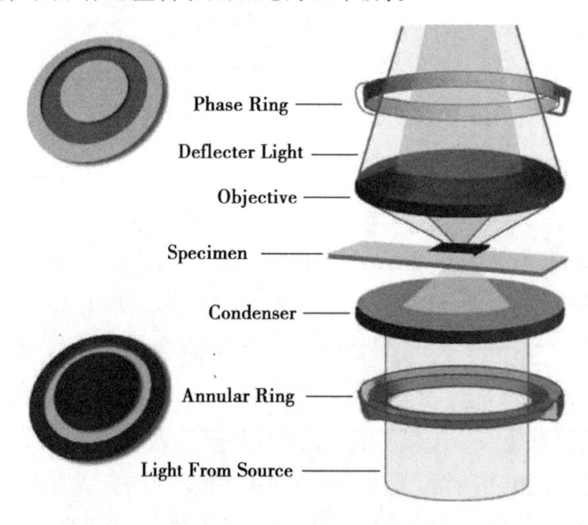

图 5.6 相差显微镜主要原理图

5.2.2 特殊装置

相差显微镜,是应用相位差法的显微镜。因此,比通常的显微镜要增加下列附件:①装有相位板(相位环形板)的物镜,相位差物镜;②附有相位环(环形缝板)的聚光镜,相位差聚光镜;③单色滤光镜(绿)。

各种元件的性能说明:

(1)相位板使直接光的相位移动 90°,并且吸收减弱光的强度,在物镜后焦平面的适当位置装置相位板,相位板必须确保亮度,为使衍射光的影响小一些,相位板做成环状。

(2)相位环(环状光圈)是根据每种物镜的倍率,而有大小不同,可用转盘器更换。相位环是相差显微镜的中心部件,通常由灰色过滤器和保持板组成。通过试样而不经衍射的光部分通过相位环。灰色滤光片使光线变暗以避免辐射。保持板延迟非衍射光的相位,以允许通过使样本经相移和衍射的光波干涉。

(3)单色滤光镜是中心波长为 546 nm(毫微米)的绿色滤光镜,通常用单色滤光镜插入观察。相位板用特定的波长,移动 90°看直接光的相位。当需要特定波长时,必须选择适当的滤光镜,滤光镜插入后对比度就提高。此外,相位环形缝的中心,必须调整到正确方位后方能操作,对中望远镜就是起这个作用部件。

5.2.3　操作步骤

(1)将环状光圈完全打开,选择并放置合适的滤色片。

(2)将标本像调到聚焦点位置。

(3)转动相位环,和所需物镜匹配。

(4)后续操作和普通正、倒置显微镜一样。

5.3　暗视野显微镜

暗视野显微镜(Dark Field Microscope),简称暗场显微镜,是光学显微镜的一种,也叫超显微镜。暗视野显微镜的聚光镜中央有挡光片,使照明光线不直接进入物镜,只允许被标本反射和衍射的光线进入物镜,因而视野的背景是黑的,物体的边缘是亮的。利用这种显微镜能观察到小至 4~200 nm 的微粒子,分辨率比普通显微镜高 50 倍。

暗视野显微镜和相差显微镜同理,在普通正、倒置显微镜的基础上添加一些固定的硬件和配件,多一种拍摄功能(图 5.7)。其中暗场聚光镜是最重要的光学元件,它是一种外围透光中间遮暗的结构,当由光源发出的直射光通过暗场聚光镜后,会改变入射光的方向,从而以一定的角度斜向照射到待观测物体。当载物台上空置时,因为聚光镜的数值孔径比物镜的还要大,此时物镜不会采集到斜向照射的光线,从而导致视野呈黑色背景,因此称这种技术为暗场显微成像技术。而当载物台上有标本存在时,通过聚光镜斜向照射到待观测标本的光因为标本的散射效应能够被反射到物镜上,并被物镜所收集,此时显微镜呈现出的是明亮的图像。

暗视野显微镜和明视野显微镜的区别只在于暗视野显微镜的聚光镜,产生暗视野效果的是暗视野聚光镜,暗视野聚光镜有油浸的,也有干式的,它要保证经过聚光镜的环形光束照射标本后,在盖玻片内全反射而不能进入物镜,产生暗的背景,而微粒由于受光照所散射的光线才能进入物镜。

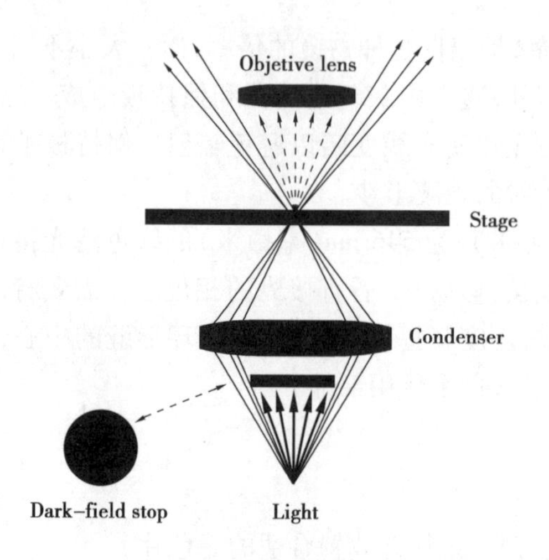

图 5.7 暗视野显微镜主要原理图

5.3.1 应用原理

暗视野显微镜的基本原理是丁达尔效应。当一束光线透过黑暗的房间,从垂直于入射光的方向可以观察到空气里出现的一条光亮的灰尘"通路",这种现象即丁达尔效应。暗视野显微镜在普通的光学显微镜上换装暗视野聚光镜后,由于该聚光器内部抛物面结构的遮挡,照射在待检物体表面的光线不能直接进入物镜和目镜,仅散射光能通过,因而视野是黑暗的。暗视野显微镜由于不将透明光射入直接观察系统,无物体时,视野暗黑,不可能观察到任何物体;当有物体时,以物体衍射回的光与散射光等在暗的背景中明亮可见。在暗视野观察物体,照明光大部分被折回,由于物体(标本)所在的位置结构、厚度不同,光的散射性、折光等都有很大的变化。

5.3.2 结构与改装

暗视野显微镜基本结构是将普通显微镜光学组加上挡光片。普通显微镜只要聚光器是可以拆卸的,支架的口径适于安装暗视野聚光器,即可改装成暗视野显微镜。在无暗视野聚光时,可用厚黑纸片制作一个中央遮光板,放在普通显微镜的聚光器下方的滤光片框上,也能得到暗视野效果。挡光片是用来挡住光源中间的光线,让光线只能从周围射入标本,大小约和光圈大小相同。不同倍率用不同的光圈,所以要制作不同的挡光片。

5.3.3 实际应用

临床上,暗视野显微镜常用于检查苍白螺旋体。这是一种病原体检查,对早期梅毒的诊断有十分重要的意义。

此外,暗视野显微镜常用来观察未染色的透明样品。这些样品因为具有和周围环境相似的折射率,不易在一般明视野之下看得清楚,于是利用暗视野提高样品本身与背景之间的对比。这种显微镜能见到小至4~200 nm的微粒子,只能看到物体的存在、运动和表面特征,不能辨清物体的细微结构。

5.3.4 使用方法

(1)把暗视野聚光器装在显微镜的聚光器支架上。

(2)选用强的光源,但又要防止直射光线进入物镜,所以一般用显微镜灯照明。

(3)在聚光器和标本片之间要加一滴香柏油,目的是不使照明光线于聚光镜上面进行全反射,达不到被检物体,而得不到暗视野照明。

(4)升降集光器,将集光镜的焦点对准被检物体,即以圆锥光束的顶点照射被检物。如果聚光器能水平移动并附有中心调节装置,则应首先进行中心调节,使聚光器的光轴与显微镜的光轴严格位于一条直线上。

(5)选用与聚光器相应的物镜,调节焦距,找到所需观察的物像。

5.4 荧光显微镜

多数的荧光显微镜(Fluorescence Microscope)是以高压汞灯为光源,用以照射被检物体,使之发出荧光,然后在显微镜下观察物体的形状及其所在位置。荧光显微镜用于研究细胞内物质的吸收、运输、化学物质的分布及定位等。细胞中有些物质,如叶绿素等,受紫外线照射后可发荧光;另有一些物质本身虽不能发荧光,但如果用荧光染料或荧光抗体染色后,经紫外线照射亦可发荧光,荧光显微镜就是对这类物质进行定性和定量研究的工具之一。

荧光显微镜与普通显微镜的区别主要体现在:

(1)荧光显微镜照明方式通常为落射式,即光源通过物镜投射于样品上。

(2)荧光显微镜有两个特殊的滤光片,光源前的用以滤除可见光,目镜和物镜之间的用于滤除紫外线,用以保护人眼。

荧光显微镜也是光学显微镜的一种,主要的区别是二者的激发波长不同。由此决定了荧光显微镜与普通光学显微镜结构和使用方法上的不同。

5.4.1 组成结构

荧光显微镜是免疫荧光细胞化学的基本工具,它由光源、滤板系统和光学系统等主要部件组成,是利用一定波长的光激发标本发射荧光,通过物镜和目镜系统放大以观察标本的荧光图像。

(1)光源。多采用200 W的超高压汞灯作光源,它是用石英玻璃制作,中间呈球形,内充一定数量的汞,工作时由两个电极间放电,引起水银蒸发,球内气压迅速升高,当水银完全蒸发时,可达50~70个标准大气压力,这一过程一般需5~15 min。超高压汞灯的发光是电极间放电使水银分子不断解离和还原过程中发射光量子的结果。它发射很强的紫外和蓝紫光,足以激发各类荧光物质,因此,为荧光显微镜普遍采用。超高压汞灯也散发大量热能,所以灯室必须有良好的散热条件,工作环境温度不宜太高。

（2）滤色系统。滤色系统是荧光显微镜的重要部位，由激发滤板和压制滤板组成。

激发滤板根据光源和荧光色素的特点，可选用以下三类激发滤板，提供一定波长范围的激发光。①紫外光激发滤板：滤板可使 400 nm 以下的紫外光透过，阻挡 400 nm 以上的可见光通过。②紫外蓝光激发滤板：滤板可使 300~450 nm 范围内的光通过。③紫蓝光激发滤板：它可使 350~490 nm 的光通过。最大吸收峰在 500 nm 以上者的荧光素（如罗丹明色素）可用蓝绿滤板激发。此外，激发滤板分薄厚两种，一般暗视野选用薄滤板，亮视野荧光显微镜可选用厚一些，基本要求是以获得最明亮的荧光和最好的背景为准。

压制滤板的作用是完全阻挡激发光通过，提供相应波长范围的荧光。与激发滤板相对应，常用以下三种压制滤板：①紫外光压制滤板：可通过可见光、阻挡紫外光通过。②紫蓝光压制滤板：能通过 510 nm 以上波长的光（绿到红）。③紫外紫光压制滤板：能通过 460 nm 以上波长的光（蓝到红）。

（3）反光镜。反光镜的反光层一般是镀铝的，因为铝对紫外光和可见光的蓝紫区吸收少，反射达 90%以上，而银的反射只有 70%；一般使用平面反光镜。

（4）聚光器。专为荧光显微镜设计制作的聚光器用石英玻璃或其他透紫外光的玻璃制成。一般分明视野聚光器和暗视野聚光器两种，此外还有相差荧光聚光器。

①明视野聚光器：在一般荧光显微镜上多用明视野聚光器，它具有聚光力强、使用方便的优点，特别适于低、中倍放大的标本观察。

②暗视野聚光器：暗视野聚光器在荧光显微镜中的应用日益广泛。因为激发光不直接进入物镜，因而除散射光外，激发光也不进入目镜，可以使用薄的激发滤板，增强激发光的强度，压制滤板也可以很薄，因紫外光激发时，可用无色滤板（不透过紫外）而仍然产生黑暗的背景。从而增强了荧光图像的亮度和反衬度，提高了图像的质量，观察舒适，可能发现亮视野难以分辨的细微荧光颗粒。

③相差荧光聚光器：相差聚光器与相差物镜配合使用，可同时进行相差和荧光联合观察，既能看到荧光图像，又能看到相差图像，有助于荧光的定位准确。一般荧光观察很少需要这种聚光器。

（5）物镜。各种物镜均可应用，但最好用消色差的物镜，因其自体荧光极微且透光性能（波长范围）适合于荧光。由于图像在显微镜视野中的荧光亮度与物镜镜口率的平方成正比，而与其放大倍数成反比，所以为了提高荧光图像的亮度，应使用镜口率大的物镜。尤其在高倍放大时其影响非常明显。因此对荧光不够强的标本，应使用镜口率大的物镜，配合以尽可能低的目镜（4×，5×，10×等）。

（6）目镜。在荧光显微镜中多用低倍目镜，如 5×和 10×。过去多用单筒目镜，因为其亮度比双筒目镜高一倍以上，但研究型荧光显微镜多用双筒目镜，观察很方便。

（7）落射光装置。新型的落射光装置是从光源来的光射到干涉分光滤镜后，波长短的部分（紫外和紫蓝）由于滤镜上镀膜的性质而反射，当滤镜对向光源呈 45°倾斜时，则垂直射向物镜，经物镜射向标本，使标本受到激发，这时物镜直接起聚光器的作用。同时，波长长的部分（绿、黄、红等），对滤镜是可透的，因此，不向物镜方向反射，滤镜起了激发滤板作用，由于标本的荧光处在可见光长波区，可透过滤镜而到达目镜观察，荧光图像的亮度随着放大倍数增大而提高，在高放大时比透射光源强。它除具有透射式光源的功能外，更适用于不透明及半透明标本,如厚片、滤膜、菌落、组织培养标本等的直接观察。

5.4.2　使用方法

(1)打开灯源,超高压汞灯要预热 15 min 才能达到最亮点。

(2)透射式荧光显微镜需在光源与暗视野聚光器之间装上所要求的激发滤片,在物镜的后面装上相应的压制滤片。落射式荧光显微镜需在光路的插槽中插入所要求的激发滤片、双色束分离器、压制滤片的插块。

(3)用低倍镜观察,根据不同型号荧光显微镜的调节装置,调整光源中心,使其位于整个照明光斑的中央。

(4)放置标本片,调焦后即可观察。使用中应注意:未装滤光片不要用眼直接观察,以免引起眼的损伤;用油镜观察标本时,必须用无荧光的特殊镜油;高压汞灯关闭后不能立即重新打开,需待汞灯完全冷却后才能再启动,否则会不稳定,影响汞灯寿命。

(5)观察。例如在荧光显微镜下用蓝紫光滤光片,观察到经 0.01%吖啶橙荧光染料染色的细胞,细胞核和细胞质被激发产生两种不同颜色的荧光(暗绿色和橙红色)。

5.5　激光扫描共聚焦显微镜(双光子)

激光共聚焦断层扫描显微镜,也称为激光扫描共聚焦显微镜(Confocal Laser Scanning Microscope,CLSM),是 20 世纪 80 年代末发展起来的一种高精度显微镜系统。CLSM 是光学显微镜的一种,但具有其他光学仪器所无法比拟的优点,如分辨率高、样品制备简单、可以对活细胞进行无损伤性动态记录、通过断层扫描和三维重建可以得到样品的立体图像,并对样品中的观察目标进行空间定位等,目前已广泛应用于几乎所有涉及细胞研究的医学和生物学研究领域。

5.5.1　基本结构

激光扫描共聚焦显微镜(图 5.8)构成的主要系统包括激光光源、自动显微镜、扫描模块(包括共聚焦光路通道和针孔、扫描镜、检测器)、检测器、普通荧光光源、数字信号、处理器、计算机以及图像输出设备(显示器、彩色打印机)等。辅以各类荧光探针或荧光染料与被测物质特异性结合,即在荧光成像基础上加装激光扫描装置,利用计算机进行图像处理,使用紫外光或可见光激发荧光探针,从而得到细胞或组织内部微细结构的荧光图像。

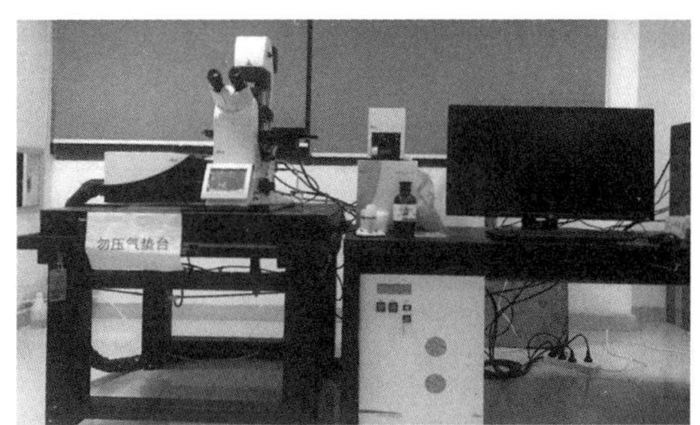

图 5.8　激光扫描共聚焦显微镜图

5.5.2 成像原理

CLSM 采用激光作为光源，激光通过一个照明针孔到达样品，样品被一个具有精密几何形状的光点照射在焦平面上，被照射到的特定点所发射的荧光通过探测针孔到达检测器，该点以外的任何发射荧光均被该针孔阻挡。照明针孔与探测针孔对被照射点或被探测点来说是共轭的，这就是激光共聚焦扫描显微镜系统中共聚焦的真正含义。因此，在成像过程中针孔起着关键作用，针孔直径的大小不仅决定是以共聚焦扫描方式成像还是以普通光学显微镜扫描方式成像，而且对图像的对比度和分辨率有重要的影响。CLSM 利用计算机采集和处理光信号，并利用光电倍增管放大信号，使灵敏度大大提高。计算机采用点扫描技术逐点扫描样品，针孔后的光电倍增管也逐点获得对应光点的共聚焦图像，并将之转化为数字信号传输至计算机，最终在屏幕上聚合成清晰的整个焦平面的共聚焦图像。一个微动步进电机控制载物台的升降，使焦平面依次位于标本的不同层面上，可以逐层获得标本相应的光学横断面的图像，从而得到样品不同层面连续的光切图像。因此，学者们将从共聚焦显微镜系统获得的连续光切图像比喻为显微 CT。最后利用计算机图像处理及三维重建软件模拟出样品真实的立体结构。

普通荧光显微镜和激光扫描共聚焦显微镜的区别如图 5.9 和表 5.1 所示。

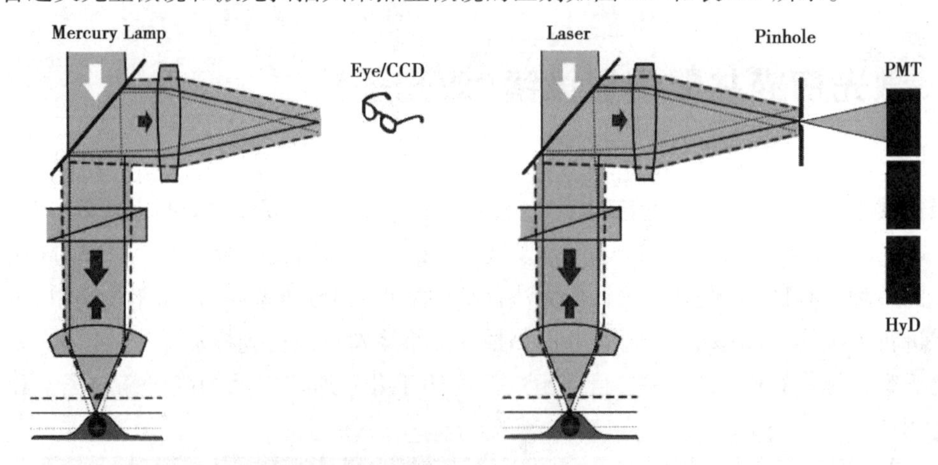

图 5.9　普通荧光显微镜和激光扫描共聚焦显微镜原理的区别

表 5.1　普通荧光显微镜与激光扫描共聚焦显微镜主要硬件的不同

名称	普通荧光显微镜	激光扫描共聚焦显微镜	优缺点
光源	超高压汞灯	固体激光/白激光等	①汞灯能力低，不容易使样品淬灭，但是激发效率不高； ②固体激光激发效率高，但是容易使样品淬灭
针孔	无	受到激发后发出的荧光经探测针孔时只有在焦平面的光才能穿过探测针孔，非焦平面光线在探测小孔平面是离焦的，不能通过小孔	①没有针孔的截断，到达检测器的光更多，但是分辨率降低； ②有针孔时阻隔了非焦面光的干扰，提高分辨率

续表

名称	普通荧光显微镜	激光扫描共聚焦显微镜	优缺点
检测器	电荷耦合元件，可以称为CCD图像传感器。CCD是一种半导体器件，能够把光学影像转化为数字信号	①光电倍增管(PMT)是光电效应通过放大而发射的电子，用以实现高灵敏度的光传感器；②砷化镓光谱检测器(HyD)每秒可记录数百个光子的光子流	PMT和HyD具有高量子效率、低暗噪声的优点

5.5.3　应用与发展

CLSM已经成为生物学研究中不可缺少的研究手段。它不仅可用于观察固定的细胞、组织切片，还可对活细胞的结构、分子、离子进行实时动态的观察、检测及三维重建。利用CLSM，可以对样品进行断层扫描和成像，进行定性、定量、定时和定位研究，可以无损伤地观察和分析细胞、组织的三维空间结构。同时，CLSM也是活细胞的动态观察、多重免疫荧光标记、离子荧光标记、直接荧光标记观察的有力工具，为实验研究提供了更加灵活、多样的手段和方法。因此，CLSM是普通光学显微镜质的飞跃，是电子显微镜的补充。

激光扫描共聚焦显微镜是在荧光显微镜基础上，以激光作为光源，采用共轭聚焦技术与光扫描技术，通过针孔排除非焦平面信息，获取细胞的“光切片”图像，实现多重荧光同时观察从而形成清晰的三维图像。但受其光毒害、光降解、光漂白等原因限制，无法进行深度活体扫描。1990年登克(Denk)等将双光子激发现象应用到CLSM中，并制造出第一台双光子激光共聚焦显微镜(Two-photon Laser Scanning Microscope，TPLSM)。

双光子显微镜是结合了激光扫描共聚焦显微镜和双光子激发技术的一种新技术。在CLSM基础上，双光子显微成像在共聚焦的基础上，以长波长红外飞秒激光作为激发光源，使用高能量锁模脉冲激光器，发出具有高峰值能量和低平均能量的激光，脉冲宽度仅100 fs，可深入组织内部非线性地激发荧光。双光子成像能减小激光对生物体的损伤，光漂白小，扫描速度快，具有高空间分辨率，适合长时间观察，具有穿透深度大、光毒性小，散射低、检测效率高等优势，非常适合生物样品的深层成像及活体样品的长时间观察成像。采用双光子显微成像技术，既有共聚焦的高分辨优点，又能够弥补共聚焦及宽场荧光显微镜深度的不足，其独特的优势已成为生命科学各个领域的重要研究工具，可在细胞甚至亚细胞水平对活体细胞的形态结构、细胞运动、代谢水平等生理现象进行长时间成像监测，还能进行常见模式生物，如果蝇、线虫、小鼠、大鼠甚至猴子等大型动物的活体深度成像观察，广泛应用于神经科学、免疫学、肿瘤学、发育学等生命科学相关学科。特别是在神经科学方面，双光子显微镜结合动物行为学研究也深受学者欢迎。

5.5.4　激光扫描共聚焦显微镜常用技术

(1)组织和细胞中的定位或半定量。激光扫描共聚焦显微镜可以将固定和荧光染色的标本以单波长、双波长或多波长模式，对单标记或多标记的细胞及组织标本的共聚焦荧光进行数据采集和半定量分析，同时还可以利用沿 z 轴上移动标本进行多个光学切片的叠加，形成组织或细胞中荧光标记结构的总体图像，以显示荧光在形态结构上的精确定位。还可以利用 xy 轴移动标本进行多个视野的大图拼接，也可形成样本的全部图像。常用于共定位分析，细胞凋亡观察、细胞荧光吞噬的辅助观察、单个活细胞水平的 DNA 损伤及修复等分析。

（2）时间序列扫描（XYT 模式）。时间序列扫描多用于活细胞的拍摄，记录动态过程。比如细胞内离子荧光标记，单标记或多标记，检测细胞内如 pH 值和多种离子（Ca^{2+}、K^{+}、Na^{+}、Mg^{2+}）等离子浓度的比率测定及动态变化，其中亚细胞结构中钙离子浓度动态变化的图像，这对于研究钙等离子细胞内动力学有意义。荧光标记探头标记的活细胞或切片标本的活细胞生物物质，膜标记、免疫物质、免疫反应、受体或配体，核酸等观察；可以在同一样品上同时多重物质标记，同时观察。能达到细胞检测无损伤、精确、准确、可靠和优良重复性；数据图像可及时输出或长期储存。

（3）三维图像（3D）的重建。传统的显微镜只能形成二维图像，激光扫描共聚焦显微镜通过对同一样品不同层面（z 轴）的实时扫描成像，进行图像叠加可构成样品的三维结构图像。可以对样品的立体结构分析，能十分直观地进行形态学观察，并观察细胞亚显微结构的空间关系。

（4）荧光漂白恢复技术（Fluorescence Recovery After Photobleaching，FRAP）。该技术是细胞内的荧光分子被高强度的激光直接照射，使该区域的荧光分子直接被漂白或淬灭，失去发光能力，而该区域周围未被漂白细胞中的荧光分子可通过缝隙连接扩散或流动到已被漂白的区域中，荧光可逐渐恢复。可通过观察已发生荧光漂白细胞其荧光恢复过程的变化量来分析细胞内蛋白质运输、受体在细胞膜上的流动和大分子组装等细胞生物学过程。

（5）荧光共振能量转移技术（Fluorescence Resonance Energy Transfer，FRET）。荧光共振能量转移是指两个荧光发色基团在足够靠近时，当供体分子吸收一定频率的光子后被激发到更高的电子能态，在该电子回到基态前，通过偶极子相互作用，实现了能量向邻近的受体分子转移（即发生能量共振转移）。FRET 是一种非辐射能量跃迁，通过分子间的电偶极相互作用，将供体激发态能量转移到受体激发态的过程，使供体荧光强度降低，而受体可以发射更强于本身的特征荧光（敏化荧光），也可以不发荧光（荧光猝灭），同时也伴随着荧光寿命的相应缩短或延长。能量转移的效率和供体的发射光谱与受体的吸收光谱的重叠程度、供体与受体的跃迁偶极的相对取向、供体与受体之间的距离等因素有关。作为共振能量转移供体、受体对，荧光物质必须满足以下条件：①受体、供体的激发光要足够分得开；②供体的发射光谱和受体的激发光谱要足够重叠。

5.6 超分辨率显微镜

2014 年，诺贝尔化学奖授予了德国马克斯·普朗克生物物理化学研究所的史蒂芬·赫尔(Stefan W. Hell)、美国霍华德·休斯医学研究所的埃里克·本茨格(Eric Betzig)和美国斯坦福大学的威廉·莫尔纳(William E. Moerner),以表彰他们在超分辨率荧光显微技术方面的贡献。人眼一般能看见的最小物体的尺大约在0.1 mm。通常生物体的基本单元——细胞的平均尺度约为20 μm,因此,对生物微观世界的观察需要使用光学显微镜。那么光学显微镜是否可以观测到任何微小的物体,19世纪末,德国的显微技术专家恩斯特·阿贝(Ernst Abbe)发现传统光学显微镜的分辨率将不可能超过0.2 μm,这意味着科学家们可以辨别完整的细胞以及其中一些被称为细胞器的组成部分,但却无法分辨比细胞更小的病毒或者单个蛋白质分子。这远远不能满足人们对微观世界探索的需要。史蒂芬·赫尔、埃里克·本茨格和威廉·莫尔纳借助荧光分子的帮助,巧妙地突破了传统光学显微镜的这一"束缚",使光学显微技术能够窥探纳米世界。如今,纳米级分辨率的光学显微技术在各个领域得到了广泛的运用,为人们探索微观世界的奥秘提供了强有力的技术支持。

5.6.1　光学显微镜与阿贝极限

由于光的衍射现象,点光源通过光学孔径后不能生成点像,而是生成一个称为夫琅禾费衍射图的光斑。夫琅禾费衍射图样的中央亮纹称为衍射像,也叫艾里斑(Airy Disk)。当两个发光点距离较近时,其衍射像会发生部分重叠,两者的中央最亮处靠得越近,把这两个点分辨出来就越难,这样就限制了仪器的分辨能力。通常用分辨率来衡量显微镜的分辨能力。光学显微镜的分辨率是指显微镜可以分辨出来的两个同等亮度的点光源之间的距离。

那么当两个点光源的衍射像重叠到何种程度时就不能分辨呢?衡量两个点光源能分辨与不能分辨的临界点通常采用瑞利判据进行判断。根据瑞利判据,如果一个点光源的衍射图像的中央最亮处刚好与另一个点光源的衍射图像第一个暗环的最暗处相重合,则说这两个点光源恰好能被光学显微镜所分辨。也就是说,当两个衍射图像靠得更近时,将不再能分辨。这样就存在一个分辨率极限。1873年德国显微技术专家恩斯特·阿贝(Ernst Abbe)揭示了光学显微镜由于光的衍射效应和有限孔径分辨率存在极限的原理。根据点扩散函数(Point Spread Function,PSF,是一个无限小物点通过光学系统在像平面处的光强分布函数,也可以理解为艾里斑的光强分布函数),艾里斑的大小可以用其半高宽/半宽度(Full Width at Half Maximum,FWHM)来表示。在垂直于光传播方向的平面上(xy平面),其半高宽大约为$(\Delta x,\Delta y)=\lambda/2n\ \sin\sigma=\lambda/2\mathrm{NA}$,在光传播的方向上($z$轴),其半高宽大约为$\Delta z=2\lambda/2n\ \sin 2n$。其中是$\lambda$入射光的波长,$n$是介质的折射率,$\sigma$是物镜的半孔径角度,NA是物镜的数值孔径。而分辨率不仅与光斑的半高宽相关,还与成像的对比度有关。对比度是指当两个点光源光斑亮度相同时,存在于单个点光源光斑中心的亮度最大值与存在于这两个点光源光斑于中间亮度最小值的差与亮度最大值的比值。当两个点光源光斑距离靠近时,对比度下降,当距离分开时,对比度上升,其分布范围在0~1之间。在瑞利判据中,两个光斑恰可分辨时,两个点光源光斑的对比度为26.4%。据此可以得出光学显微镜的分辨率极限。该极限也可以用$\lambda 2n$来进行近似计算(此时只考虑xy平面的分辨率极限),若以波长为500 nm的光成像,水折射率为1.33,得到分辨率极限约为200 nm,即前文提到的0.2 μm,这就是所谓的传统光学显微镜中的"阿贝极限"(图5.10)。

随着人类对微观世界的探索逐步深入,需要观测的微观尺度越来越小,传统光学显微镜

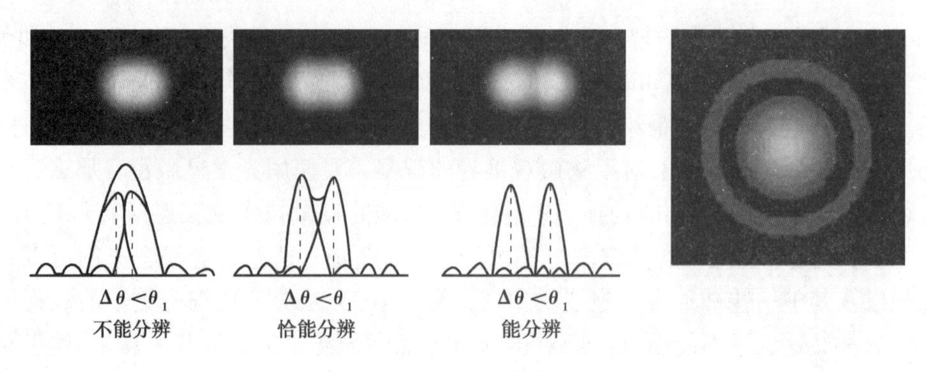

图 5.10　阿贝极限

的分辨率受到阿贝极限的限制远不能满足科学研究的需要，人们迫切需要分辨率更高的显微技术。于是在人们不断的探索努力中，一些更高分辨率的显微技术应运而生，例如 X 射线显微镜、电子透射显微镜、原子力显微镜、近场扫描光学显微镜等，然而它们大都无法用于活细胞的观测，而且有些只能观测到样品近表面区域的信息，这有很大的局限性。

在突破阿贝极限的方案中，有两种各自独立发展出来的技术方法，分别是史蒂芬·赫尔于 2000 年开发出受激发射损耗（Stimulated Emission Depletion，STED）显微技术和埃里克·本茨格与威廉·莫尔纳各自独立发展的单分子荧光显微技术。

史蒂芬·赫尔在芬兰图尔库大学提出专攻荧光显微技术，这是一种借助荧光分子对细胞的局部进行观测的技术。例如，可以利用结合荧光抗体的方法来观察 DNA 分子。利用短暂的闪光激发该抗体，使其在短时间内发光；若抗体与 DNA 结合，则细胞的中心部位就会发光，因为那里正是存储 DNA 的细胞核的位置。科学家们可以由此判断某一特定分子的位置，但这样也仅能确定大团分子如缠绕纠缠的 DNA 分子的位置，难以区分出特定的 DNA 链。就如同看到缠绕的纱线，而看不清单根纱线的场景。史蒂芬·赫尔了解到有关受激发射的现象后，受到了极大的启发。1994 年，他发表了一篇理论文章，第一次提出并描述了"受激发射损耗（STED）技术方案"，但是这篇理论文章在当时并没有引起学术界的关注，但却让史蒂芬·赫尔在德国马克斯·普朗克生物物理化学研究所获得一个职位。在接下来的数年里，他将自己的设想逐渐变成现实。2000 年他应用该技术对大肠杆菌进行了摄像分辨率是传统光学显微镜的 3 倍，证明了该技术方法在实际工作中的可行性，至此，STED 显微镜正式问世（图 5.11）。

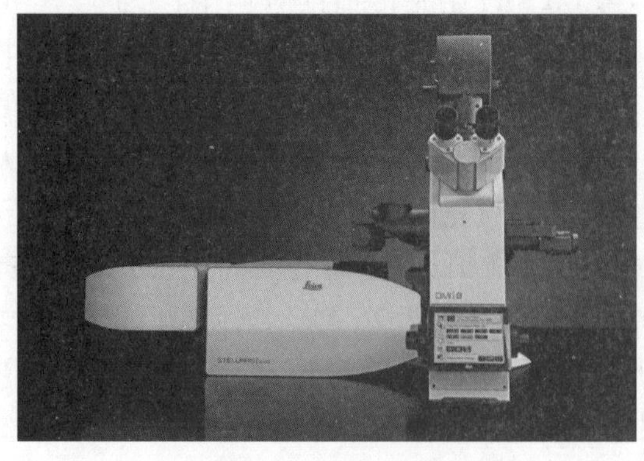

图 5.11　STED 显微镜

STED显微镜的基本原理是通过物理过程来减少激发光的光斑大小,从而直接降低点扩散函数的半高宽来提高分辨率。当特定的荧光分子被比激发波长长的激光照射时,可以被强行猝灭回基态(Ground State)。而STED技术正是利用了这个特性。其基本过程就是用一束激发光使荧光物质(化学合成荧光染料或荧光蛋白)发光的同时,用另外的高能量脉冲激光器发射一束紧挨着的、环型的、波长较长的激光,将第一束光斑中大部分的荧光物质通过受激发射亏蚀过程猝灭,形成类似甜甜圈的环状光斑,只留下位于中部位置上纳米尺度的区域,从而减少荧光光点的衍射面积,大大提高了分辨率。让这一套光束扫过整个样品表面,并连续记录光强信息,就能得到整个样品完整的图像。每次允许发出荧光的空间区域越小,得到的图像分辨率越高。于是,从理论上讲,光学显微技术的分辨率极限将不复存在(图5.12)。

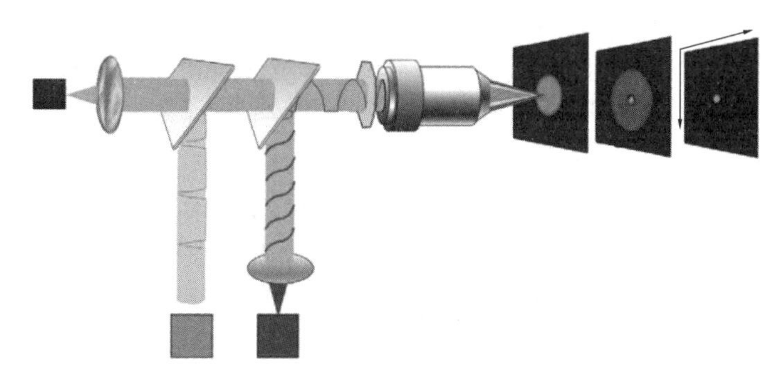

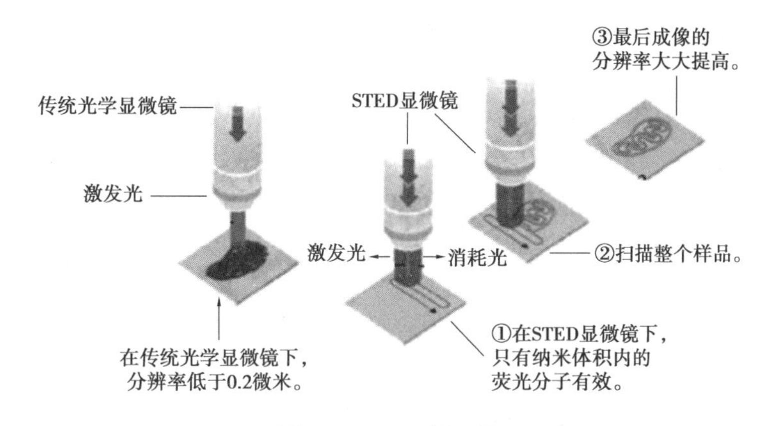

图5.12 STED原理图

注:激发激光和用来受激发射亏蚀(损耗)的激光经过时间空间调制后同时照射在样本上。由图中可以看出,激发光光斑经STED激光的调制后极大地减小了激发的荧光分子的光斑,其半高宽可以达到66 nm。

5.6.2 特性

超分辨率显微技术的优点是样品处理与普通荧光标记样品处理相同,不足之处是成像分辨率有限,较共聚焦显微镜提高两倍。PALM和STORM成像技术的优点是分辨率有很大的提高,不足之处是成像过程中需要用到特殊的图像缓冲器(Image Buffer),样品前处理较为复杂,对系统稳定性要求高。STED技术最大的优点是可以快速地观察活细胞内部实时变化的过程,在生命科学中应用更为广泛,其主要缺陷是设备昂贵,对系统稳定性要求高。

5.6.3 应用范围

超分辨率显微镜的出现拓展了新的研究内容,已逐渐应用于观察蛋白质之间的组合关系来了解它们之间的相互作用,为后续的细胞功能实验研究打下基础;也有利于研究分子之间的差异;还能用于在单分子水平上研究蛋白动态组装的过程,揭示新的发现,有助发现更多的生命奥秘。

5.6.4 超分辨率荧光显微技术的应用

现代医学、生物技术和材料科学等领域的快速发展,以及纳米技术的广泛应用,使得超分辨率荧光显微技术在科学研究中显示出越来越高的应用价值。特别是在生命科学领域,为了更好地理解人体生命的作用过程和疾病的产生机制需要观察细胞(细胞内器官)、病毒等在细胞内的三维空间位置和分布,精确定位细胞内特定的蛋白质以研究其位置与功能的关系。另外,后基因组时代蛋白质科学的研究也要求阐明蛋白质结构、定位与功能的关系以及蛋白质与蛋白质之间发生相互作用的时空顺序等。反映这些体系性质的特征尺度都在纳米量级。超分辨率荧光显微技术,既可以达到亚微米甚至纳米尺度的光学分辨率,又可探测到样品内部,能够连续监测生物大分子和细胞器微小结构的演化,而并不影响生物体系的生物活性,使得科学家实时动态观察生物有机体内的生化反应过程成为可能,为深刻认识复杂生命现象的本质打开了一扇明窗。应用和进一步完善超分辨率显微技术,将使得人们可以直观地从基因表达、蛋白质相互作用、信号网络、细胞功能等多层面、多视角观察研究有机体个体发育、遗传进化、重大疾病、环境对生命个体影响等生命现象的发生、发展过程,对阐释生命活动的基本规律、揭示疾病发生机理、建立疾病预警系统、提高医疗诊治水平、探寻发现新药物等具有重大作用。

第 6 章　流式细胞术

6.1　流式细胞术概述

流式细胞术(Flow Cytometry,FCM)是一种在液流系统中,快速测定单个细胞或细胞器的生物学性质,并把特定的细胞或细胞器从群体中加以分类收集的技术。流式细胞术能通过快速测定库尔特电阻、荧光、光散射和光吸收来定量测定细胞 DNA 含量、细胞体积、蛋白质含量、酶活性、细胞膜受体和表面抗原等许多重要参数。根据这些参数将不同性质的细胞分开,以获得供生物学和医学研究用的纯细胞群体。流式细胞术有以下三大特点:

(1)测定细胞的散射光、染色荧光及自发荧光。流式细胞术可以同时分析单个细胞的多种特征,如果用不同荧光素标记的不同单克隆抗体对细胞进行多种荧光染色,可获得一种细胞的多种信息,使细胞亚群的识别、计数和功能分析更为准确。通过荧光染色对细胞内成分如 DNA 含量、抗原、受体表达量、离子浓度、酶活性等均可进行单细胞水平的定性与定量分析。

(2)分析速度快,储存信息量大。每秒测定 $1\times10^3\sim5\times10^4$ 个细胞,极短时间内可分析大量细胞。只要样本中的细胞数量足够,流式细胞仪就能以每秒数千、数万个细胞的速率进行分析,储存信息量可达数亿。

(3)挑选出目标细胞。这是流式细胞术最核心也是最与众不同之处,在短时间内从大量细胞群体中挑选出目标细胞。

流式细胞术不仅已经广泛地应用于免疫学、细胞生物学、发育生物学、细胞动力学、生理学、分子生物学等生物学和医学研究的各个领域,也在临床医学领域成为疾病诊断和治疗的必要工具,而且在农林畜牧养殖、药品食品检验、环境检测等领域中也得到了广泛的应用。

6.2 流式细胞仪简介

流式细胞仪是对细胞进行自动分析和分选的装置。它可以快速测量、存贮、显示悬浮在液体中的分散细胞的一系列重要的生物物理、生物化学方面的特征参量,并可以根据预选的参量范围把指定的细胞亚群从中分选出来。多数流式细胞仪是一种零分辨率的仪器,它只能测量一个细胞的总核酸量、总蛋白量等指标,而不能鉴别和测出某一特定部位的核酸或蛋白的多少。也就是说,它的细节分辨率为零。流式细胞仪根据其作业可以分为分析型流式细胞仪及分选型流式细胞仪。

6.3 流式细胞术原理

流式细胞术是一种对处在液流中的细胞或其他微粒进行多参数快速分析或分选的技术。它的工作程序是:在一定压力下,鞘液带着细胞通过喷嘴中心进入流式照射室,在流式照射室的分析点,激光照射到细胞发生散射和折射,发射出散射光;同时,细胞所携带的荧光物质被激光激发并发射出荧光(图 6.1)。前向散射光(Forward Scatter,FSC)和侧向散射光(Side Scatter,SSC)检测器把散射光转换成电信号。荧光则被聚光器收集,不同颜色的荧光被双色反光镜转向不同的光电倍增管检测器,把荧光信号转换成电信号。散射光信号和荧光信号经过放大后,再经过数据化处理输入电脑并储存,后根据细胞的散射光和荧光进行分析或分选。

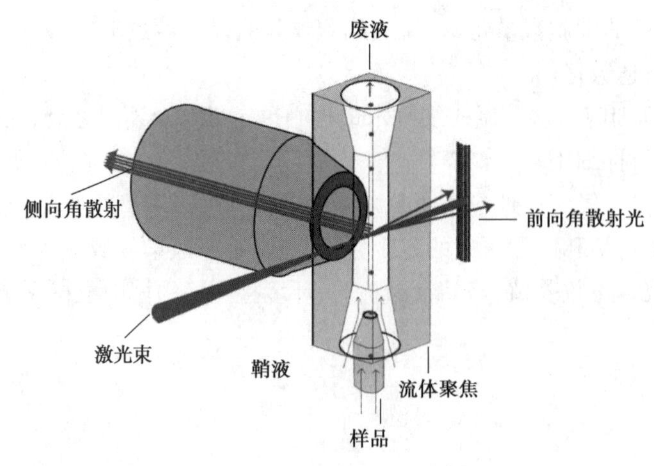

图 6.1　流式细胞术工作原理

根据工作原理,流式细胞仪可以划分成四个功能系统,分别为液流系统、光学检测系统、电子控制系统、数据储存与分析系统(图6.2)。

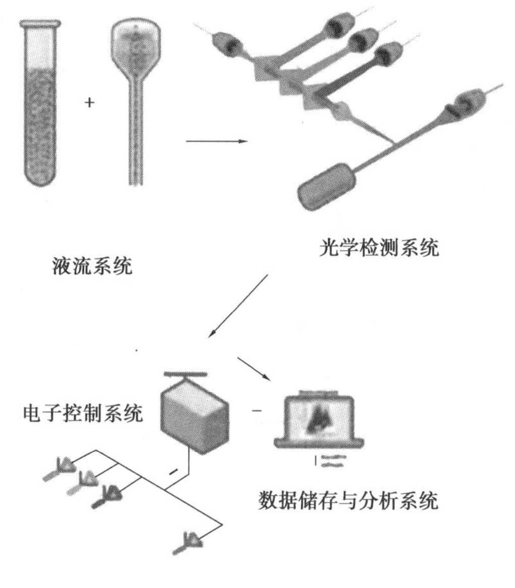

图6.2　流式细胞仪结构

6.3.1　液流系统

流动室由样品管、鞘液管和喷嘴等组成,常用光学玻璃、石英等透明、稳定的材料制作。设计和制作均很精细,是液流系统的心脏。样品管存放样品,单个细胞悬液在液流压力作用下从样品管射出;鞘液由鞘液管从四周流向喷孔,包围在样品外周后从喷嘴射出(图6.3)。为了保证液流是稳液,一般限制液流速度 $v<10$ m/s。由于鞘液的作用,被检测细胞被限制在液流的轴线上。流动室上装有压电晶体,收到振荡信号可发生振动。

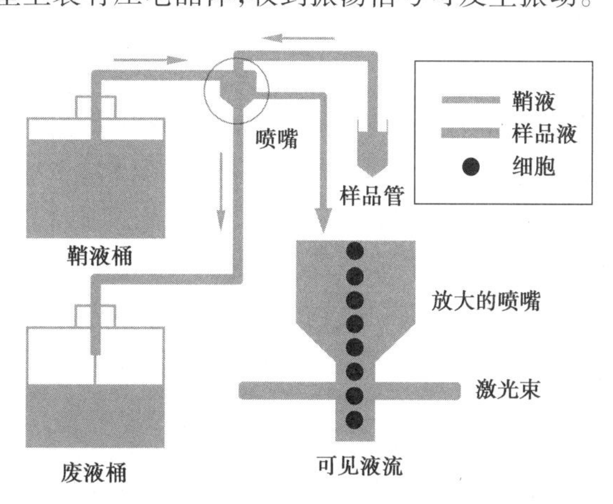

图6.3　液流系统图

(1)鞘液。液体在高压下形成一个圆柱形液流,细胞从液流的中心流入,这样,液体就像一个“鞘”样包在样品外面。因此,流式细胞仪中使用的液体被形象地称为鞘液(Sheath Fluid)。鞘液通常是缓冲液,根据不同细胞适宜的培养条件不同,鞘液的成分可以作适当的改变。在分析动物细胞时，鞘液通常使用磷酸盐缓冲溶液。鞘液装在耐高压的容器中，这种容器称为鞘液罐。由氮气或空气给鞘液罐提供压力把鞘液压出，鞘液经过滤器（0.2 μm）过滤掉里面的杂质颗粒，再通过耐压塑料管流到照射室。同时，这一压力系统也连接到装有细胞的试管（样品池）中，通过塑料管把细胞压到鞘液中心。

在流式测定中，液流保持平稳是非常重要的。这取决于两个因素：一是采用的液流系统，二是样品与鞘液之间的压力差。在这个系统中，压力差的大小将会影响细胞流过照射激光束时的准确性和稳定性（图 6.4）。压力差小，样品聚集在液流中较窄的范围内，细胞较均匀地排列于液流中心，依次被激光束照射，检测的是单个细胞的信号；如果压力差增大，样品在液流中分布变宽，细胞分布散乱，容易造成细胞之间距离太接近，甚至粘连到一起。流过激光束时，几个细胞同时被照射，测量准确性差，仪器容易被堵塞。这种现象直接反映在流式图谱中，显示出信号被不适当地放大。所以，在流式测定中应选择合适的压力差。

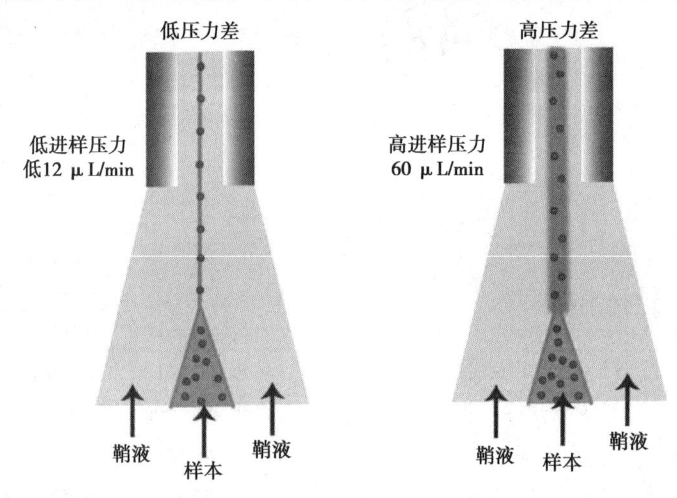

图 6.4　流体的聚焦

流式细胞仪设计的初衷是在不影响信号准确性的前提下尽可能地提高细胞分析和分选的速度。一个方法是提高鞘液的流速，另一个方法是提高样品的原始浓度。然而，细胞浓度过大会造成细胞之间的距离太近，两个细胞包含在一个液滴中，当它们通过激光束时很难分辨出各自的信号。通常情况下，每毫升 $10^5 \sim 10^7$ 个细胞的浓度较为合适。

除了样品浓度，细胞的大小不合适也会出现问题。如果细胞太小，就不能与噪声分开；如果细胞太大，则可能堵塞喷嘴，影响仪器工作。因此，样品在检测之前需用 200 目的尼龙筛将大的团块过滤除去，如果需要检测直径较大的细胞样品，可以更换不同孔径的喷嘴。

（2）喷嘴。喷嘴（Nozzle）是流式细胞仪的重要部件。流动的鞘液与细胞在喷嘴处汇合，细胞被包在鞘液中心，在喷嘴处被加速，以保证细胞精确列队依次通过激光束。在喷嘴处，细胞进入鞘液并且一直保持在中心位置，这种技术被称为流体动力学聚焦（Hydro-dynamic Focusing）。样品在鞘液中心流动形成轴流（Coaxial Flow）。样品在液流中心的精确直径与样品进入鞘液的速率有关，速率越大，轴流直径越大。一般来说，直径 100 μm 的鞘液，轴流直径为 5~20 μm。喷嘴有相对宽的出口（50~400 μm），既可以避免堵塞，又能保证细胞在较窄的轴流核心（5~ 20 μm）列队穿过激光束，这样就能保证细胞被依次地、均匀地照射。在流式分析或分选过程中，最重要的是避免喷嘴堵塞。因此，对于大多数分析工作，可选择直径较大的喷嘴(150~250 μm)。但对于分选工作,则要根据不同的细胞选择大小合适的喷嘴,太大会影响分选的准确性,太小则会影响分选的速度,甚至发生堵塞。

(3)流式照射室。不同品牌、不同型号流式细胞仪的流式照射室(Flow Chamber)的设计是不同的。一般来说,分选型仪器多数采用的是空中正结构(Jet-in-air),即鞘液包着样品从喷嘴口流出,液流在空气中被激光束正交照射。分析型仪器的照射室设计比较多样,一些结构是液流直接通过较小的透明照射室,细胞在照射室内部时被激光束照射;另一些结构是喷嘴以一定角度使液流通过玻璃盖片被照射。这些结构各有其优缺点,选择何种设计与该仪器的信号噪声、液流稳定程度和液滴形成的控制有关。

6.3.2　光路系统

光路系统的主要作用是产生激光,激光方向与待测液体垂直相交,相交点即为照射区。当携带荧光素标记的细胞和颗粒通过激光照射区时,荧光染料被激发从而产生荧光信号和散射光信号。散射光不依赖任何样品的制备技术,因此被称为颗粒的物理参数或固有参数,包括前向散射光和侧向散射光。前向散射光的荧光强度反映细胞或颗粒的尺寸大小,侧向散射光反映颗粒内部结构复杂程度、表面的光滑程度。

透镜安装在分析点周围,用于收集细胞被照射时出现的光信号,把这些信号传输给光电二极管或光电倍增管,后者再把接收的信号转换成电脉冲,电脉冲的强度与光强度成正比。

光电二极管在照射光束的正前方收集的信号,称为前向散射光(FSC)或前角光散射(Forward-angle Light Scatter,FALS)。有时也称FSC为大小或体积信号,但是这种说法不准确,FSC确实与细胞的大小和体积有关,但也与其他因素(如细胞的折射率)有关。如果是同样的折射率,大细胞比小细胞折射更多光,前向散射光信号更大。只有当收集角大于0.5°时,前向散射光与细胞的大小才有对应的关系,但是仍不能准确定量细胞的实际体积。对于球形细胞,可以根据FSC粗略地判断细胞的相对大小。而对于径向非均匀的细胞,例如圆盘状细胞或纤维细胞,很难通过FSC来判断细胞的大小和体积。

除了前向散射光,在照射光束的侧向(90°)有一个光电二极管接收细胞散射的光信号。细胞表面越粗糙、越不规则或内部颗粒越多,散射到侧向的光信号越大。侧向散射光的强度与细胞的表面结构和内部结构及其大小和形状有关。例如,粒性白细胞含有很多颗粒和不规则的核,比规则的淋巴细胞或红细胞具有更强的侧向散射光。

总之,散射光具有如下特点:

(1)散射光包括散射、反射、折射、衍射等一系列光学现象。任何细胞产生的散射光都相当复杂,一般认为,它可能与细胞的大小和粒度等形态学信息有关。

(2)FSC在小角度(0.5°)时信号最强,而在大角度时则下降几个数量级。

(3)在极小的角度时,FSC对细胞体积的变化很敏感,FSC与细胞大小成正比。

(4)散射光在一定范围的前向角度时,对细胞的结构更敏感,可以很好地区分活细胞和死细胞。

(5)SSC在90°的角度时,对细胞内部的结构及颗粒的差异非常敏感,因此,侧向散射光主要测定细胞的粒度。

(6)非球形细胞的散射光受照射方向的影响很大,即使同样的细胞,被照射的方向不同,其散射光都会产生很大的差异。

6.3.2.1　激光源

经特异荧光染色的细胞需要合适的光源照射激发才能发出荧光供收集检测。常用的光源有弧光灯和激光;激光器以氩离子激光器为普遍,也有氪离子激光器或染料激光器。光源的选择主要根据待测物质的激发光谱而定。汞灯是最常用的弧光灯,其发射光谱大部分集中于 300~400 nm,适合需要用紫外光激发的场合。氩离子激光器的发射光谱中,绿光 514 nm 和蓝光 488 nm 的谱线最强,约占总光强的 80%;氪离子激光器光谱多集中在可见光部分,以 647 nm 较强。免疫学上使用的一些荧光染料激发光波长在 550 nm 以上,可使用染料激光器。将有机染料作为激光器泵浦的一种成分,可使原激光器的光谱发生改变以适应需要即构成染料激光器。例如用氩离子激光器的绿光泵浦含有 Rhodamine 6G 水溶液的染料激光器,可得到 550~650 nm 连续可调的激光,尤其在 590 nm 处转换效率最高,约可占到一半。为使细胞得到均匀照射,并提高分辨率,照射到细胞上的激光光斑直径应与细胞直径相近。因此需将激光光束经透镜汇聚。光斑直径 d 可由下式确定:$d=4\lambda f/\pi D$,式中 λ 为激光波长;f 为透镜焦距;D 为激光束直径。色散棱镜用来选择激光的波长,调整反射镜的角度使调谐到所需要的波长 λ。为了进一步使检测的发射荧光更强,并提高荧光信号的信噪比,在光路中还使用了多种滤片。带阻或带通滤片是有选择性地使某一波长区段的光线滤除或通过。例如使用 525 nm 带通滤片只允许异硫氰荧光素(Fluorescein Isothiocyanate,FITC)发射的 525 nm 绿光通过。长波通过二向色性反射镜只允许某一波长以上的光线通过而将此波长以下的另一特定波长的光线反射。在免疫分析中常要同时探测两种以上的波长的荧光信号,就采用二向色性反射镜,或二向色性分光器,有效地将各种荧光分开。

6.3.2.2　光学信号

流式细胞仪有一个光学防震台,它提供平稳的表面来固定和支撑光源、光学检测器、流式照射室和样品池等并防止震动,因此,整个光学检测系统(图 6.5)都固定在光学防震台上。如果光学防震台、光源、光学检测器和流式照射室四者中任何一个移动,其他三者都要相应地移动。来自激光器的激光通过透镜聚焦成大约 20 μm×60 μm 的椭圆形的光束照射到液流。大约 50~150 μm 直径的液流垂直流过光束。调节光束和液流使之垂直正交,使液流的中心(细胞所在)被光束均匀地照射,这一点称为分析点或观测点。如果光束和液流不完美地正交,细胞被不规律地照射,检测器会出现不规则的信号。因此,光学防震台应相对稳定,光源、聚焦透镜、光学检测器、液流调节必须准确。

在分析点周围,光电二极管接收散射光信号,光电倍增管(Photomultiplier Tube,PMT)则用来检测从细胞发出的不同颜色的荧光信号。细胞的荧光包括它自身发出的荧光(荧光蛋白和自发荧光)和由于荧光染料染色而发出的荧光。如果荧光染色的细胞被一束激光照射,各种荧光素就可以发出不同的颜色。PMT 记录所有颜色的光,根据其强度不同按比例输出电脉冲信号,但它不能分辨不同颜色(波长)。所以,必须考虑通过某种方式,限制每一个 PMT 只接收特定波长的光,就能判断出细胞的荧光颜色。

为了从 PMT 检测细胞所发射的荧光颜色,可以在光路上安装双色反光镜,把混合的各种荧光按照一定的波长范围逐一地分开,在 PMT 前放置滤光片更进一步限制了检测的

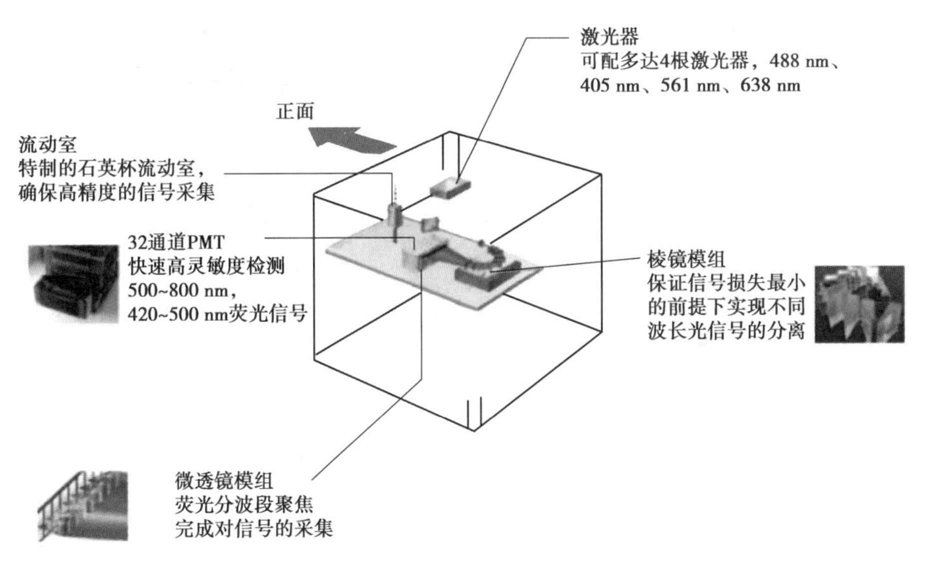

图6.5　光学检测系统示意图

颜色。例如，可以安装绿色（530 nm）、橙色（580 nm）或红色（630 nm）滤光片等。滤光片的作用是保证每一个PMT只能接收规定颜色的光。如果绿色滤光片放在第一个PMT前面，橙色放在第二个PMT前面，那么在分析点，绿色光出现，第一检测器就有电脉冲；橙色光出现，第二检测器就有电脉冲；如果白光出现，两个检测器都有脉冲；如果蓝光或红光出现，两个检测器都无脉冲。按这种方式，从PMT检测到的信号就可以知道细胞染色所使用的荧光素。

6.3.3　检测系统

6.3.3.1　直角形信号检测系统

由双色反光镜、滤光片和PMT共同组成了信号检测系统。双色镜（也称为二色分光镜）是具有镜面涂层的LP和SP滤光片形式。除了可通过特定波长以上（LP）或特定波长以下（SP）的光之外，双色镜还可以将光反射到一定方向。例如，500LP双色镜可传输波长在500 nm以上的光并将波长在500 nm以下的光反射到其他方向。525SP双色镜可传输波长在525 nm以下的所有光，并将波长在525 nm以上的所有光反射到其他方向。这些双色镜对于检测器引导和捕获光线来说至关重要。

以图6.6为例，该实例中的双色镜（或分光镜）分别与特定检测器相连。第一个双色镜可反射红光并将其引导至红色检测器，同时允许低于红色光波长的所有光通过并传输到光路中下一个双色镜。第二个双色镜可反射黄光并将其引导至第二个检测器，同时允许蓝光和绿光通过。最后一个双色镜反射绿光并将其引导至第三个检测器，并允许蓝光通过。

设计直角形信号检测系统时应注意一个问题，荧光透过双色反光镜和滤光片时，光强度会有不同程度的损失，尤其是波长较长的荧光强度损失更大，所以，设计信号检测系统时应尽量使波长较长的荧光的路径较短。

6.3.3.2　多角形信号检测系统

流式细胞仪上大多采用的是直角形的信号检测系统。除了直角形，目前也有采用多角

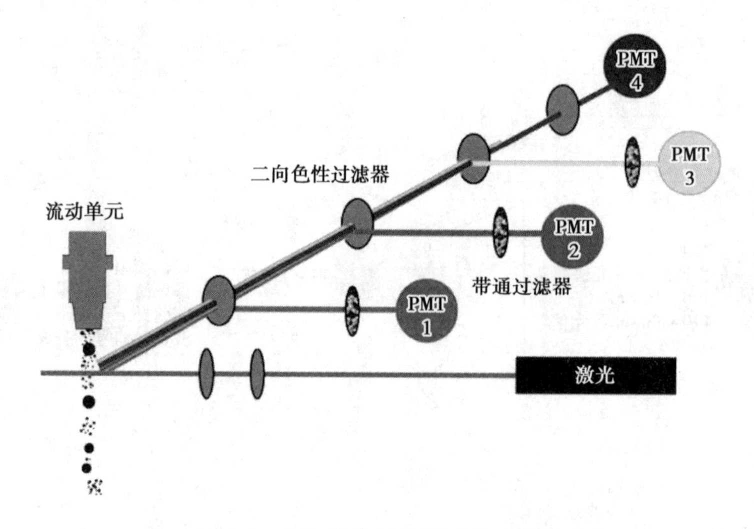

图 6.6 直角形信号检测系统示意图

形的信号检测系统。BD 公司(Becton, Dickinson and Company)在 FACSAria 和 FACSCanto 流式细胞仪上首次采用了八角形和三角形的信号检测系统,这种系统只用长通双色反光镜和带通滤光片,光路较简单,路径较短,荧光信号的损失小,因此,检测的灵敏度高。BD 公司的这两款仪器在配合多角形光路系统的基础上,对荧光信号收集系统也作了改进,采用信号接收光导纤维,代替了透镜。这两项改进大大提高了仪器的检测灵敏度。

以图 6.7 为例,简要介绍八角形信号检测系统的工作原理。光导纤维把收集到的各种荧光信号通过第一个长通双色反光镜,先将荧光中波长最长的传输到第一个 PMT 上(A),反射回来的荧光再通过第二个长通双色反光镜,把波长次长的传输到第二个 PMT 上(B),将反射回来的较短波长的荧光依次传向 C、D、E、F、G,最后到 H,按照这个次序,波长依次变小。在每一个 PMT 之前放置合适的带通滤光片,那么,通过长通双色反光镜和带通滤光片的组合就规定了各个检测器的波长范围。八角形信号检测器可以检测 488 nm 激光激发的七种荧光信号和一个侧向散射光信号。

在光学系统中,激光、光学透镜、双色反光镜和滤光片是流式细胞仪的命脉,所有的光信号都是从激光通过光学系统最后到达检测器。所以,这些部件的性能和质量决定了仪器的性能。在流式细胞分析测试过程中,应注意以下三点:

(1)正确地选择激光。一个激光只能激发有限的荧光素,即该激光的波长一定要在荧光素的激发光谱涵盖的范围之内。

(2)正确地选择光学元件,以减少光谱的重叠和信号的干扰。

(3)正确地选择染色细胞的荧光素。一旦选择了激光,就只能选择能被该激光激发的荧光素。

6.3.4 分选系统

流式细胞仪的分选功能是由细胞分选器来完成的(图 6.8)。总的过程是由喷嘴射出的液柱被分割成一连串的小水滴,根据选定的某个参数由逻辑电路判明是否将被分选,而后由充电电路对选定细胞液滴充电,带电液滴携带细胞通过静电场而发生偏转,落入收集器中;

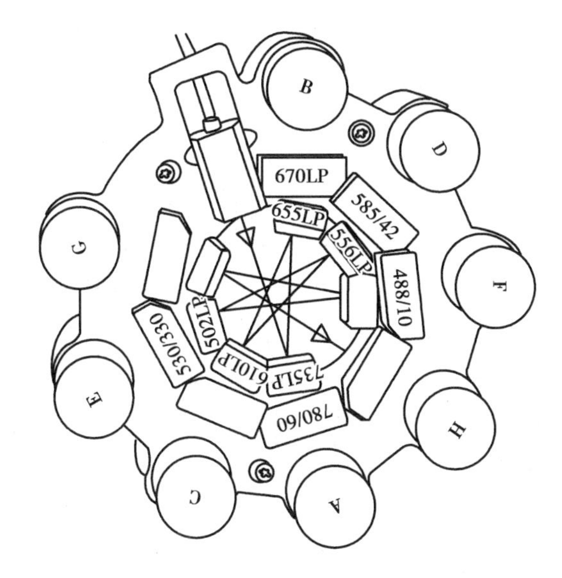

图 6.7　八角形信号检测系统的工作原理图

其他液体被当作废液抽吸掉,某些类型的仪器也有采用捕获管来进行分选的。

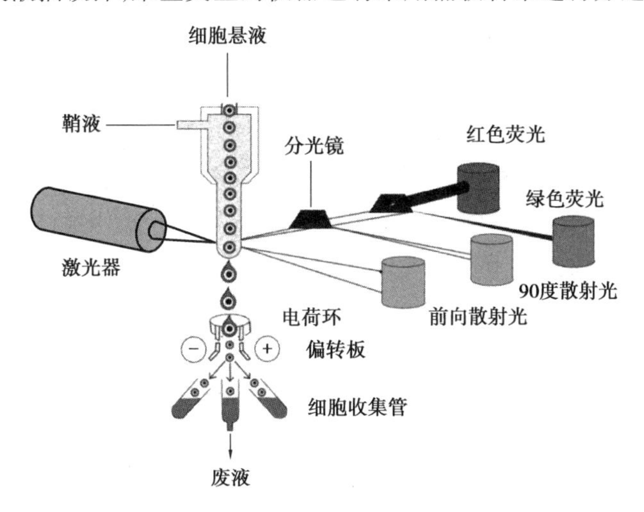

图 6.8　细胞分选原理图

6.3.4.1　液滴形成

如果液流沿着各轴振动,液流就会断开形成液滴,液滴形成的速率满足等式:

$$\vartheta = f\lambda$$

式中,ϑ 是液流的速率;f 是振动的频率;λ 是波长,这里指的是液滴之间的距离。液滴形成是有规律的。在任何条件下,液滴间平均距离大约等于液流直径的 4.5 倍。对于常见的流式细胞仪,通常使用的喷嘴孔径是 70 μm,即液流直径是 70 μm。若液滴形成波长是 315 μm。液流速率一般设定为大约 10 m/s。因为 ϑ 和 λ 已知,所以液滴形成的频率就可以计算出来:

$$f = \vartheta/\lambda = (10\ \text{m/s})/(315 \times 10^{-6}\text{m}) = 31\ 746\ \text{Hz}$$

即流式喷嘴以 31 746 Hz 的频率振动。如果样本的浓度高,以每秒 31 746 个细胞的速率流动，平均来说，每个液滴内包含有一个细胞；如果细胞浓度低，如流动速率是每秒 3 174 个细胞，那么平均每 10 个液滴中含有一个细胞。

6.3.4.2 延迟时间

在分选时，细胞首先是通过检测的激光窗口，产生信号，再继续向下，因为高频震荡的作用，液体流变为液滴。根据液滴所包含的细胞，机器对液体流施加电压，使需要的液滴在脱离液流的前一瞬间带上所要的电荷。但是由于激光检测窗口和产生液滴的部位在空间上有一定的距离，将要形成液滴的那部分液体在通过激光检测窗口和到形成液滴之间的时间差，就是延迟时间（Delay Time），如图 6.9 所示。流式分选的关键步骤是只给含有目标细胞的液滴充电，而不给其他液滴充电。为了做到这一点，需要知道分析点与液滴断点之间准确的延迟时间。

测定延迟时间有两种方法：一种方法是荧光微球试验分选法。通过设定 10 个连续的充电时间点，在载玻片上分别收集这 10 个时间点的液滴，在显微镜下检查。只有一个液滴中包含荧光微球，而其他 9 个液滴无荧光微球，找到那一个液滴相对应的充电时间，即延迟时间。另一种方法是距离测量法。测量分析点和液滴断点之间的距离，然后把距离转换成时间。具体做法是用标尺测量分析点和液滴断点之间的距离，然后再从液滴断点沿液流向下测量出相同距离，数出这个距离之间的液滴数量。已知喷嘴振动的频率，可以知道每周期的秒数，就能计算出时间，这个时间就是延迟时间。

流式细胞仪已经安装了相应的计算软件，操作者很容易设定延迟时间。准确地测定延迟时间对分选的纯度有极大的影响。只有恰好在延迟时间点的液滴才是要分选回收的，其上面和下面的液滴都不是含有目标细胞的液滴，如果错误地回收了其他的液滴，将是失败的分选活动。同时也要注意，延迟时间的测定不可能完全准确，存在一定误差。另外，在长时间的分选过程中，延迟时间也可能有微小的变化，只要在允许的范围内都是正常的。如果样本稀有，不愿意丢掉任何一个有用的细胞，可以选择给多个液滴充电。

6.3.4.3 液滴充电与偏转

在液滴断点处，对包含目标细胞的液滴充电，使其带上正或负电荷，在液流两侧放置偏转电极板。那么，带有正、负不同电荷的液滴分别偏向两侧，最后落到收集容器中。最初的流式细胞仪只能做到两通路分选，现在大多数分选仪已经能做到四通路分选了，有的仪器可以做六路分选，将来可能有更多路同时分选（图 6.10）。

6.3.4.4 液滴的收集

收集细胞的容器可以是试管、小离心管、培养皿或各种细胞培养板等。如果用试管收集大量细胞，使用硅化的玻璃试管比塑料试管好。因为玻璃试管允许电荷漏出表面，以便液滴能够直接滑落到试管底部；而塑料试管是很强的绝缘体，如果当试管继续接收相同电荷的细胞时会产生相斥作用，不利于细胞落到试管里面。另外，因为液滴的主要成分是缓冲液，细胞只占极小部分，在收集容器中应该预先添加一些培养基和（或）血清，这样细胞落到收集容器中可以保持较好的活性。

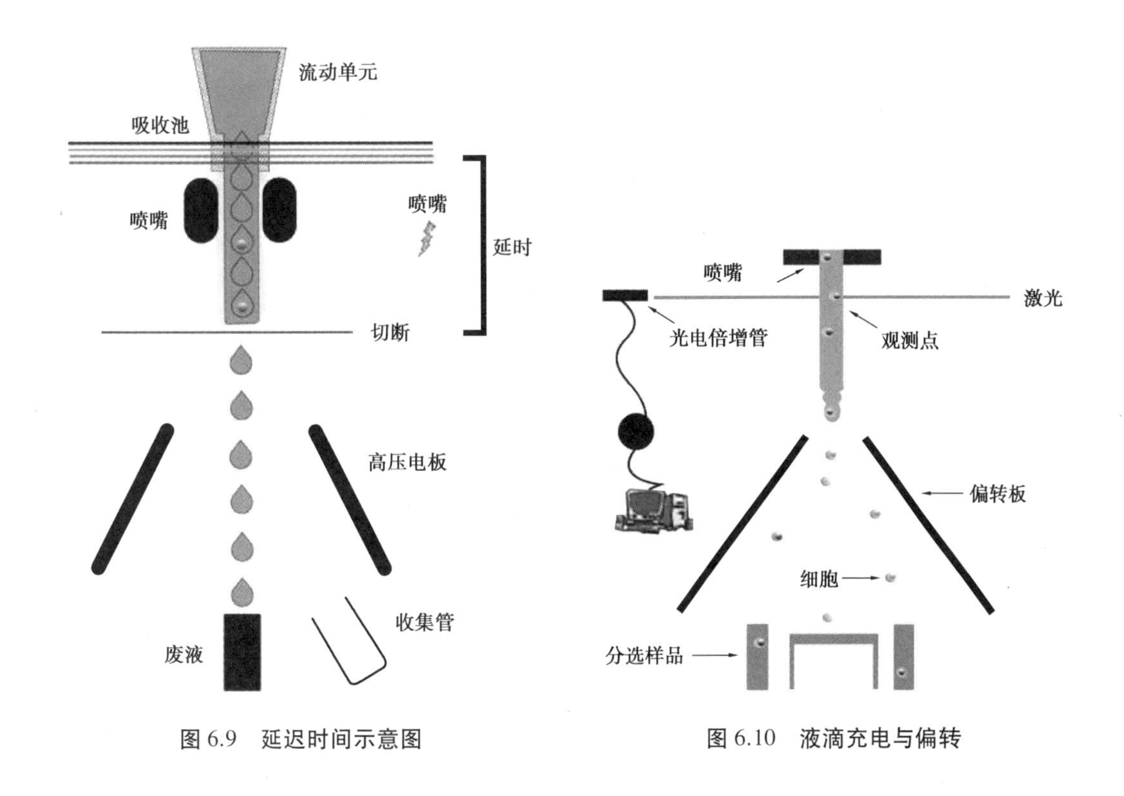

图 6.9　延迟时间示意图

图 6.10　液滴充电与偏转

6.3.5　分析系统

流式细胞术的数据处理主要包括数据的显示和分析，至于对仪器给出的结果如何解释则随所要解决的具体问题而定。

6.3.5.1　数据显示

流式细胞术的数据显示方式包括单参数直方图、二维点图、二维等高图、假三维图和列表模式等。

直方图是一维数据用得最多的图形显示形式（图 6.11），既可用于定性分析，又可用于定量分析，形同一般 xy 平面描图仪给出的曲线。根据选择放大器类型不同，横坐标可以是线性标度或对数标度，用“道数”来表示，实质上是所测的荧光或散射光的强度。纵坐标一般表示的是细胞的相对数。只能显示一个参数与细胞之间的关系是它的局限性。

二维点图能够显示两个独立参数与细胞相对数之间的关系。x 坐标和 y 坐标分别为与细胞有关的两个独立参数，平面上每一个点表示同时具有相应坐标值的细胞存在（图 6.12）。可以由二维点图得到两个一维直方图，但是由于兼并现象存在，二维点图的信息量要大于二个一维直方图的信息量。所谓兼并就是说多个细胞具有相同的二维坐标在图上只表现为一个点，这样对细胞点密集的地方就难以显示它的精细结构。

二维等高图类似于地图上的等高线表示法（图 6.13）。它是为了克服二维点图的不足而设置的显示方法。等高图上每一条连续曲线上具有相同的细胞相对或绝对数，即“等高”。曲线层次越高所代表的细胞数越多。一般层次所表示的细胞数间隔是相等的，因此等高线越密集则表示变化率越大，等高线越疏则表示变化平衡。

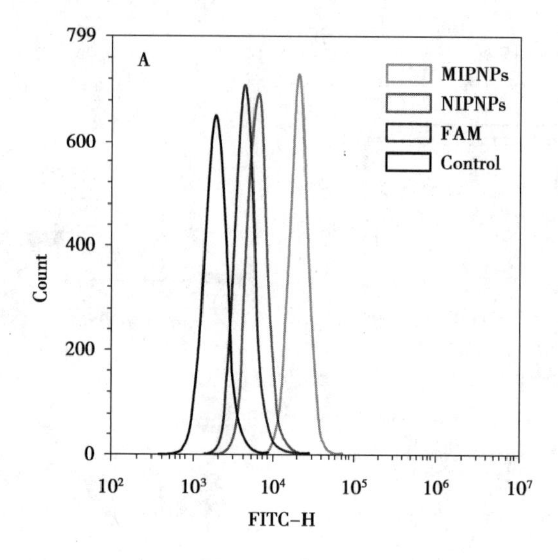

图 6.11　直方图

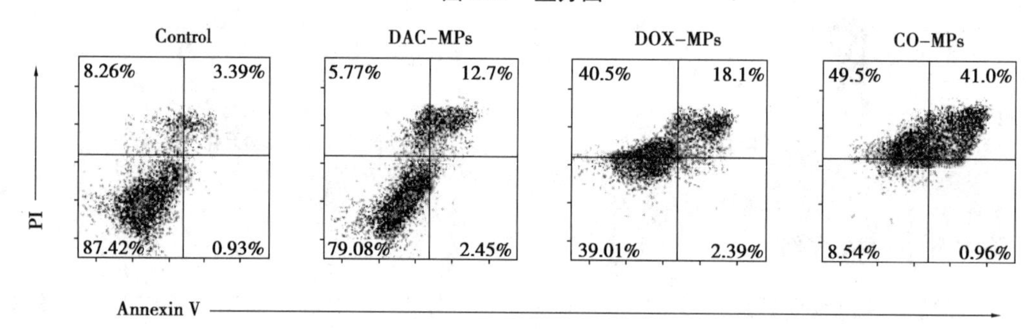

图 6.12　二维散点图

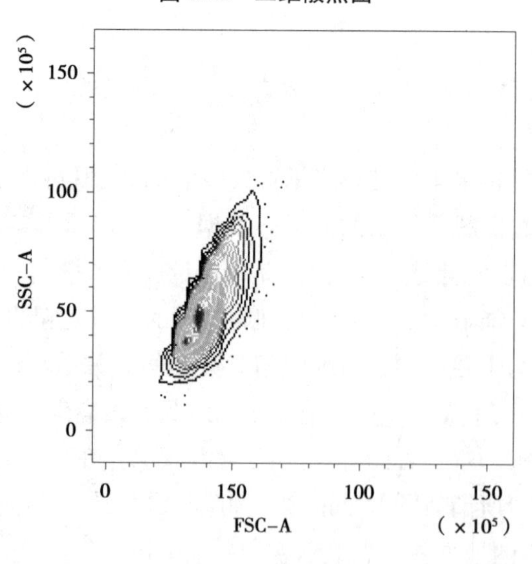

图 6.13　二维等高图

上面简要地介绍了几种数据显示形式，在实际应用中，可根据需要选择匹配，以便了解和获得尽可能多的有用信息。

6.3.5.2　数据分析

数据分析的方法总的可分为参数方法和非参数方法两大类。当被检测的生物学系统能够用某种数学模型技术时,则多使用参数方法。数学模型可以是一个方程或方程组,方程的参数产生所需要的信息来自所测的数据。例如在测定老鼠精子的 DNA 含量时,可以获取细胞频数的尖锐波形分布。如果采用正态分布函数来描述这些数据,则参数即为面积、平均值和标准偏差。方程的数据拟合则通常使用最小二乘法。而非参数分析法对测量得到的分布形状不需要做任何假设,即采用无设定参数分析法。分析程序可以很简单,只需要直观观测频数分布;也可能很复杂,要对两个或多个直方图逐道地进行比较。

逐点描图(或用手工,或用描图仪、计算机系统)是常用的数据分析的重要手段,常可以用来了解数据的特性、寻找那些不曾预料的特异征兆、选择统计分析的模型、显示最终结果等。事实上,不经过先对数据进行直观观察分析,就绝不应该对这批数据进行数值分析。从这一点来看,非参数分析是参数分析的基础。

6.4　主要技术指标

为了表征仪器性能,往往根据使用目的和要求提出几个技术参数或指标来定量说明。对于流式细胞仪常用的技术指标有荧光分辨率、荧光灵敏度、适用样品浓度、分选纯度、可分析测量参数等。

(1)荧光分辨率。强度一定的荧光在测量时是在一定道址上的一个正态分布的峰,荧光分辨率是指两相邻的峰可分辨的最小间隔。通常用变异系数(C.V 值)来表示。C.V 的定义式为:

$$C.V = \sigma/\mu$$

式中,σ 为标准偏差,μ 是平均值。在实际应用中,通常使用关系式 $\sigma = 0.423$ FWHM,其中 FWHM 为峰在峰高一半处的峰宽值。目前市场上仪器的荧光分辨率均优于 2.0%。

(2)荧光灵敏度。荧光灵敏度反映仪器所能探测的最小荧光光强的大小,一般用荧光微球上所标可测出的 FITC 的最少分子数来表示。目前市场使用仪器均可达到 1 000 左右。

(3)分析速度/分选速度。分析速度/分选速度反映仪器每秒钟可分析/分选的数目。一般分析速度为 5 000~10 000 个/秒;分选速度掌握在 1 000 个/秒以下。

(4)样品浓度。主要给出仪器工作时样品浓度的适用范围。一般在 10^5~10^7 细胞/毫升的数量级。

6.5 流式细胞术的应用领域

(1)血液疾病的诊断与治疗。流式细胞技术在血液疾病的诊断与治疗中起到了至关重要的作用。通过检测外周血细胞或骨髓细胞的抗原表达,该技术能够快速、准确地诊断出各种血液疾病,如白血病、淋巴瘤等。同时,流式细胞术还可以用于微小残留病的监测,帮助医生判断疾病的复发风险,为治疗方案的制订提供重要依据。

(2)淋巴细胞亚群分析。淋巴细胞亚群分析是流式细胞术的另一个重要应用领域。淋巴细胞作为人体免疫系统的重要组成部分,其亚群数量的变化能够反映人体的免疫状态。通过流式细胞术,我们可以检测淋巴细胞膜表面分化抗原(CD分子),对各淋巴细胞亚群进行分析,计算出淋巴细胞各亚群的百分比,从而对人体细胞免疫状态进行评估。这对免疫功能低下、自身免疫性疾病等疾病的诊断和治疗具有重要意义。

(3)肿瘤标志物检测。流式细胞术在肿瘤标志物检测方面也有着广泛的应用。肿瘤标志物是肿瘤细胞在生长、分化过程中产生的物质,通过检测肿瘤标志物可以了解肿瘤的生长情况、复发风险等信息。流式细胞术可以通过荧光染料染色后对肿瘤细胞DNA进行分析,以及检测肿瘤相关标志物,为肿瘤的诊断、治疗和预后提供重要依据。

(4)异体器官移植治疗。在异体器官移植治疗中,流式细胞术同样发挥着重要作用。同种异体器官移植会发生排斥反应,这是移植成功与否的关键因素之一。通过流式细胞术检测受者体内T淋巴细胞亚群、NK细胞及B淋巴细胞等的变化情况,可以判断移植后免疫抑制状态是否合适,从而调整治疗方案。此外,流式细胞术还可以用于CAR-T治疗(嵌合抗原受体T细胞免疫疗法)疗效评估,为免疫治疗提供有力支持。

(5)其他应用领域。除了以上几个主要领域外,流式细胞术还有许多其他应用。例如,在免疫功能研究中,流式细胞术可以检测T细胞活化、凋亡等过程,了解免疫系统的动态变化;在细胞功能及代谢动力学研究中,流式细胞术可以检测细胞内代谢产物的变化,了解细胞代谢状态;在血小板分析(心血管疾病)中,流式细胞术可以检测血小板数量、功能等指标,为心血管疾病的诊断和治疗提供重要依据;在流式细胞术与分子生物学研究中,流式细胞术可以结合分子生物学技术如PCR、基因测序等,对细胞进行更深入的分析和研究。

第7章　动物活体光学成像

动物模型是现代生物医学研究中重要的实验方法与手段，有助于更方便、更有效地认识人类疾病的发生、发展规律和研究防治措施，同时大鼠、天竺鼠、小鼠等小动物由于具有诸多优势，在生命科学、医学研究及药物开发等多个领域应用日益增多。近年来各种影像技术在动物研究中发挥着越来越重要的作用，涌现出各种小动物成像的专业设备，为科学研究提供了强有力的工具。

动物活体成像技术是指应用影像学方法，对活体状态下的生物过程进行组织、细胞和分子水平的定性和定量研究的技术。动物活体成像技术主要分为光学成像（Optical Imaging）、核素成像（包括 PET、SPECT）、核磁共振成像（Magnetic Resonance Imaging，MRI）、计算机断层成像（Computed Tomography，CT）和超声成像（Ultrasound）五大类。

动物活体成像技术是在不损伤动物的前提下对其进行长期纵向研究的技术之一。成像技术可以提供的数据有绝对定量和相对定量两种。检测信号不随其在样本中的位置而改变，这类技术提供的为绝对定量信息，如 CT、MRI 和 PET 提供的为绝对定量信息；图像数据信号为样本位置依赖性的，如可见光成像中的生物发光、荧光、多光子显微镜技术属于相对定量范畴，但可以通过严格设计实验来定量。其中可见光成像和核素成像特别适合研究分子、代谢和生理学事件，称为功能成像；超声成像和 CT 则适合于解剖学成像，称为结构成像；MRI 介于两者之间。

本章主要介绍动物活体光学成像技术，该技术主要采用生物发光与荧光发光两种技术。生物发光是用萤光素酶（Luciferase）基因标记细胞或 DNA，而荧光技术则采用绿色荧光蛋白、红色荧光蛋白等荧光报告基因（萤光素酶报告基因）和 FITC、Cy5、Cy7 等荧光素及量子点（Quantum Dot，QD）进行标记。

动物活体成像技术是利用一套非常灵敏的光学检测仪器，对活体状态下的生物过程进行细胞和分子水平的定性和定量研究，跟踪同一观察目标（标记细胞及基因）的移动及变化，使得可以直接监控活体生物体内的细胞活动和基因行为。实验者借此可以观测活体动物体内肿瘤的生长及转移、感染性疾病发展过程、特定基因的表达等生物学过程。传统的动物实验方法需要在不同的时间点宰杀实验动物以获得数据，得到多个时间点的实验结果。相比之下，在不同时间点对动物活体体内成像进行记录，跟踪同一观察目标（标记细胞及基因）的移动及变化，所得的数据更加真实可信。同时，活体动物体内光学成像技术具有越来越高的灵敏度，对肿瘤微小转移灶的检测灵敏度极高；另外，该技术不涉及放射性物质和方法，非常安全。因其操作极其简单、所得结果直观、灵敏度高、实验成本低等特点，在刚刚发展起来的几年时间内,已广泛应用于生命科学、医学研究及药物开发等方面。

活体动物体内光学成像主要采用生物发光与荧光发光两种技术。生物发光是用萤光素酶(Luciferase)基因标记细胞或 DNA,而荧光技术则采用绿色荧光蛋白、红色荧光蛋白等萤光报告基因(萤光素酶报告基因)和 FITC、Cy5、Cy7 等荧光素及量子点(Quantum Dot,QD)进行标记。

动物活体成像技术是采用高灵敏度制冷 CCD 配合特制的成像暗箱和图像处理软件,对活体状态下的生物过程进行细胞和分子水平的定性和定量研究在不同时间点进行记录,跟踪同一观察目标(标记细胞及基因)的移动及变化,使得可以直接监控活体生物体内的细胞活动和基因行为。实验者借此可以观测活体动物体内肿瘤的生长及转移、感染性疾病发展过程、特定基因的表达等生物学过程。

由于具有更高量子效率 CCD 的问世,活体动物体内光学成像技术具有越来越高的灵敏度,对肿瘤微小转移灶的检测灵敏度极高;另外,该技术不涉及放射性物质和方法,非常安全。因其操作极其简单、所得结果直观、灵敏度高、实验成本低等特点,在刚刚发展起来的几年时间内,已广泛应用于生命科学、医学研究及药物开发等方面。

7.1 光学分子成像概述

光学分子成像是在基因组学、蛋白质组学和现代光学成像技术的基础上发展起来的新兴研究领域。

传统的光学成像方法依托于可见光成像,如内镜成像技术。内镜(胃镜、肠镜等)成像技术是利用具有韧性的导管通过人工切口或天然的开口进入体内进行检查。内镜成像技术简便、易行,但只能观察到内部结构的表面部分,而且光线在穿透组织的过程中,会在组织的表面发生广泛的反射和散射现象,导致处在阴影部分的结构模糊不清,不能识别。

新型的光学分子成像技术则依托于非可见光成像,通过向体内引入荧光物质或基因,可以检测到在组织表面之下一定范围内的区域,使显像深度更进一步。

光学分子成像的突出特点就是非侵入性地对活体内参与生理和病理过程的分子事件进行定性或定量可视化观察,是目前国际上公认的开展活体内分子事件研究的主流手段之一,在生命科学研究中具有重大应用前景。

作为分子影像学的重要成像手段之一,光学分子成像的技术相对稳定(如应用 GFP 基因是分子生物学已成熟的技术)。可应用不同影像探针发出不同波长的荧光来研究不同基因的同时表达,相对于 MR 分子成像、核素分子成像,光学分子成像要求的设备造价不高,因而有较广的应用前景,也是目前分子影像学研究的热点。

在发展多功能光学分子探针的同时,光学分子成像技术也正向多元化方向发展:建立和发展时间、空间分辨率更高,测量范围更大(从微米到几厘米),检测深度更深(实现小鼠的整体成像)的在体光学层析分子成像技术。充分发掘和利用光学信息(强度、光谱、寿命、偏振），直接记录和显示分子事件及其动力学过程，将是光学成像技术的主要发展方向。

目前，活体动物体内光学成像（Optical in vivo Imaging）主要采用生物发光（Bioluminescence，BLT）与荧光（Fluorescence Molecular，FMT）两种技术。

生物发光是用萤光素酶基因标记细胞或DNA。目前应用较多的报告基因是萤火虫萤光素酶（Firefly Luciferase）基因，其基因表达产物萤火虫萤光素酶可以与从体外导入的萤火虫素（萤光素）（Luciferin）发生反应而发出近红外荧光，并可被仪器捕获。

荧光技术则采用荧光报告基团（如GFP、RFP、dyes、Cyt等）标记细胞或DNA。目前应用较多的报告基因是绿色荧光蛋白（Green Fluorescent Protein，GFP）基因，其表达后产生的绿色荧光蛋白，在体外激发光激发下发出荧光，也可被仪器捕获。

7.1.1 生物发光成像原理

活体成像系统生物发光成像是指在小的哺乳动物体内利用报告基因——萤光素酶基因表达所产生的萤光素酶蛋白与其小分子底物萤光素在氧、Mg^{2+}离子存在的条件下消耗ATP发生氧化反应，将部分化学能转变为可见光能释放。然后在体外利用敏感的仪器形成图像。萤光素酶基因可以被插入多种基因的启动子，成为某种基因的报告基因，通过监测报告基因从而实现对目标基因的监测。

生物发光实质是一种化学荧光，萤火虫萤光素酶在氧化其特有底物萤光素的过程中可以释放波长广泛的可见光光子，其平均波长为560 nm（460~630 nm），其中包括重要的波长超过600 nm的红光成分（图7.1）。在哺乳动物体内血红蛋白是吸收可见光的主要成分，能吸收中蓝绿光波段的大部分可见光；水和脂质主要吸收红外线，但其均对波长为590~800 nm的红光至近红外线吸收能力较差，因此波长超过600 nm的红光虽然有部分散射消耗但大部分可以穿透哺乳动物组织被高灵敏的仪器检测到。

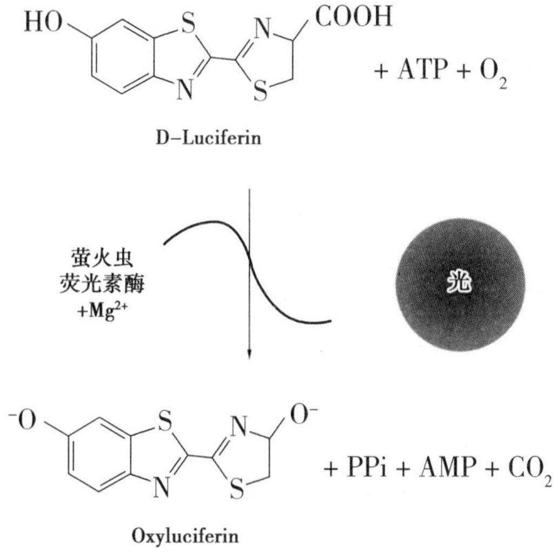

图7.1 生物发光原理

活体成像系统生物发光成像的优点是：可以非侵入性，实时连续动态监测体内的各种生物学过程，从而减少实验动物数量，降低个体间差异的影响；由于背景噪声低，所以具有较高的敏感性;不需要外源性激发光,避免对体内正常细胞造成损伤,有利于长期观察;此外还有无放射性等其他优点。

然而生物发光也有自身的不足之处。例如波长依赖性的组织穿透能力,光在哺乳动物组织内传播时会被散射和吸收,光子遇到细胞膜和细胞质时会发生折射,而且不同类型的细胞和组织吸收光子的特性也不尽相同,其中血红蛋白是吸收光子的主要物质;由于是在体外检测体内发出的信号,因而受到体内发光源位置及深度影响;另外还需要外源性提供各种萤光素酶的底物,且底物在体内的分布与药动力学也会影响信号的产生;由于萤光素酶催化的生化反应需要氧气、Mg^{2+}及 ATP 等物质的参与,受到体内环境状态的影响。

7.1.2 荧光成像原理

荧光发光是通过激发光激发荧光基团到达高能量状态,而后产生发射光。同生物发光在动物体内的穿透性相似,红光的穿透性在动物体内比蓝绿光的穿透性要好得多,随着发光信号在体内深度的增加,波长越接近 900 nm 的光线穿透能力越强,同时可消减背景噪声的干扰,近红外荧光为观测生理指标的最佳选择。在实验条件允许的条件下,应尽量选择发射波长较长的荧光蛋白或染料。

活体成像系统荧光成像的标记对象较为广泛,可以是动物、细胞、微生物、基因,也可以是抗体、药物、纳米材料等。常用的有绿色荧光蛋白(GFP)、红色荧光蛋白(DsRed)及其他荧光报告基团,标记方法与体外荧光成像相似,主要有标记方法有以下三种:

(1)荧光蛋白标记:荧光蛋白适用于标记细胞、病毒、基因等,通常使用的是 GFP、EGFP、RFP(DsRed)等。

(2)荧光染料标记:荧光染料标记和体外标记方法相同,常用的有 Cy3、Cy5、Cy5.5 及 Cy7,可以标记抗体、多肽、小分子药物等。

(3)量子点标记:量子点是一种能发射荧光的半导体纳米微晶体,是由数百到数万个原子组成的原子簇,尺寸在 100 nm 以下,外观恰似一极小的点状物。量子点作为一类新型的荧光标记材料,其在长时间生命活动监测及活体示踪方面具有独特的应用优势。与传统的有机荧光试剂相比较,量子点荧光比有机荧光染料的发射光强 20 倍,稳定性强 100 倍以上,具有荧光发光光谱较窄、量子产率高、不易漂白、激发光谱宽、颜色可调,并且光化学稳定性高,不易分解等诸多优点。主要应用在活细胞实时动态荧光观察与成像,可以在长达数天内进行细胞的分化和世系观察,以及细胞间、细胞内及细胞器间的各种相互作用的原位实时动态示踪。不但如此,量子点还可以标记在其他需要研究的物质上,如药物、特定的生物分子等,示踪其活动及作用。

虽然荧光信号远远强于生物发光,但非特异性荧光产生的背景噪声使其信噪比远远低于生物发光。虽然可以采用不同的技术分离背景光,但是受到荧光特性的限制,很难完全消除背景噪声。这些背景噪声造成活体成像系统的灵敏度较低。

活体成像系统荧光成像有其方便、直观、标记靶点多样和易于被大多数研究人员接受的优点,在一些植物分子生物学研究和观察小分子体内代谢方面也得到应用。例如利用绿色荧光蛋白和萤光素酶对细胞或动物进行双重标记,用成熟的荧光成像技术进行体外检测,进行分子生物学和细胞生物学研究,然后利用生物发光技术进行动物体内检测,进行活体动物体内研究。

7.2　光学成像系统

7.2.1　光学成像系统结构及性能

一般的活体成像光学成像系统包括光源、二维成像部分(三维成像部分)、图像获取及分析软件、气体麻醉系统。通常具备高灵敏度的生物发光成像功能,高性能的荧光成像功能和高品质滤光片及光谱分离算法,可实现自发荧光及多探针成像。以 IVIS 成像系统为例,具有以下几个特点:

(1)采用背照射、背部薄化科学一级图像传感器(CCD)。采用的芯片是在光信号到达CCD 芯片之间的光路上去掉多硅层和二氧化硅层,可大大提高 CCD 的量子效率,量子效率越高,代表 CCD 获取光信号的能力越强,因此检测灵敏度越高。

(2)CCD 的工作温度为绝对-90 ℃(环境温度低达-120 ℃左右)。CCD 噪声主要包括暗电流和读出噪声,而 CCD 工作发热是暗电流和读数噪声的主要来源,工作温度越低,暗电流越小,读数噪声越小,信噪比越高。

(3)采用定焦镜头,可实现最大程度光的透过性,使获得高感光效率成为可能。

(4)感光的动态范围大于 11 个数量级。动态范围越广,强弱信号处理能力越强,如果动力学范围较窄,则同时成像强信号及弱信号时,强信号会将弱信号覆盖,无法成像弱信号。

(5)发光专利技术利用萤光素酶(Luciferase)与萤光素(Luciferin)作用的生物发光原理,而不是利用激发光与反射光的荧光成像。酶和底物的特异性要远远超过荧光物质发光的特异性,可以形成极高的信噪比。所以生物发光的灵敏度要高出荧光的灵敏度大约一万倍,并且有更高的特异性。

(6)对外界光线绝对封闭的暗箱设计,包括屏蔽宇宙射线等,使其技术在正常实验室光线下即可成像,灵敏到可以检测到无任何标记动物体内自发的微弱可见光。

7.2.2　典型的成像过程

IVIS 系统生物发光和荧光单张图像获取操作步骤如下:

(1)将预麻醉的小鼠放入成像箱,小鼠头部置于麻醉玻璃面罩内,轻轻关闭成像箱。

(2)在软件上选择成像模式:Luminescent(生物发光)或 Fluorescent(荧光),选择曝光参数,选择成像视野大小,选择小鼠成像高度。

(3)对于生物发光成像,Excitation Filter 默认为 Block,Emission Filter 默认为 Open;对于荧光成像,需依据目标荧光染料或探针选择合适的激发(Excitation Filter)和发射(Emission Filter)滤光片,获取成像图片。

(4)利用软件完成图像分析过程。使用者可以方便地选取感兴趣的区域进行测量和数据处理及保存工作。当选定需要测量的区域后,软件可以计算出此区域的定量数值,获得实验数据。

7.2.3 实验影响因素

原则上,如预实验时拍摄出图片的非特异性杂点多,则需降低曝光时间;反之,如信号过弱则可适当延长曝光时间。但曝光时间的延长,不仅增加了目的信号,对于背景噪声也存在一个放大效应。同一批实验应保持一致的曝光时间,同时还应保持标本相对位置和形态的一致,从而减少实验误差。

进行荧光成像时,实验者可选择背景荧光低、不容易反光的黑纸放在动物标本身下,减少金属载物台的反射干扰。动物体内很多物质在受到激发光激发后,会发出荧光,产生的非特异性荧光会影响到检测灵敏度。背景荧光主要是来源于皮毛和血液的自发荧光,皮毛中的黑色素是皮毛中主要的自发荧光源,其发光光线波长峰值在 500~520 nm,在利用绿色荧光作为成像对象时,影响最为严重。其产生的非特异性荧光会影响到检测灵敏度和特异性。动物尿液或其他杂质如没有及时清除,成像中也会出现非特异性信号。

由于各厂商的图像分析软件不同,实验数据分析方法也有区别。活体成像系统使用时,实验者考虑到非特异性杂信号,以及成像图片美观等方面,可能会调节信号的阈值,因此在分析信号光子数或信号面积时,应考虑阈值的改变对实验结果的影响。正确选择感兴趣区域(Region of Interest,ROI),可提高分析实验数据的准确性。

7.3 活体光学成像技术应用领域

活体成像技术是一项在某些领域有不可替代优势的技术,比如肿瘤转移研究、药物开发、基因治疗、干细胞示踪等方面。

7.3.1 肿瘤领域研究

活体成像技术可以在近无创条件下对活体组织或小动物体内的生物学行为进行成像跟踪,已被广泛应用于肿瘤研究中。

活体生物发光成像技术能够让研究人员直接快速地测量各种癌症模型中肿瘤的生长、转移以及对药物的反应。其特点是:①极高的灵敏度使微小的肿瘤病灶(少到几百个细胞)也可以被检测到,比传统方法的灵敏度大大提高了,非常适合用于肿瘤体内生长的定量分析;②避免由于宰杀动物而造成的组间差异;③节省动物成本。由于以上特点,基于转移模型、原位模型、自发肿瘤模型等方面的肿瘤学研究得到发展。

活体荧光成像技术同样也可应用于肿瘤领域研究(图 7.2)。相对于生物发光成像技术,其检测时间较快,只需要不到 1 s 的时间,同时不需要注射底物,节约了检测成本。但是需要选择近红外荧光检测深部组织,目前此波段的荧光蛋白种类有限,精确定量较难。实际应用中,可根据情况对成像方法进行选择。

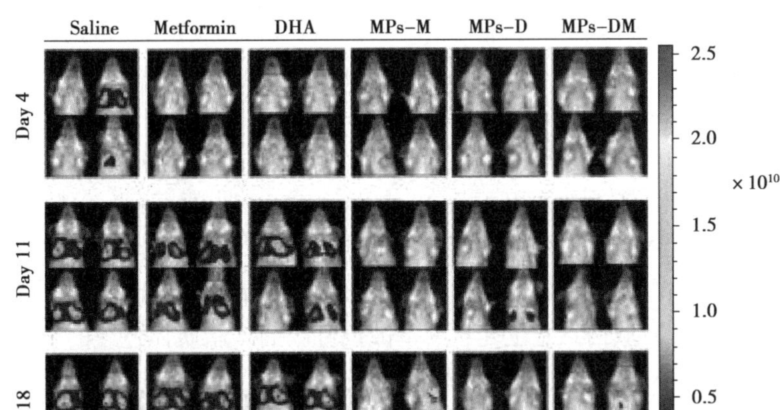

图 7.2　肿瘤领域研究

7.3.2　药物研究

活体成像技术可应用于药效评价、药物靶向作用及药物代谢等研究中。

在抗肿瘤药物的药效研究方面,活体成像的方法比传统技术有更高的灵敏度。当用传统的方法还不能检测到肿块时,用该技术已经可以检测到很强的信号。同时该技术只是检测活细胞,不能检测已经凋亡的细胞,而用传统的方法不能区别正常细胞与凋亡细胞。因此,该技术可以比传统技术更早更灵敏地发现药物的疗效。此外,通过给予肿瘤接种的小鼠不同剂量、不同给药时间、不同给药途径,可观察抗肿瘤药物的最佳给药剂量、给药时间及给药途径,从而制订合适的剂型与服药时间。

在药剂学研究方面,可以通过把萤光素酶报告基因的质粒直接装载在药物载体中,或设计用合适的荧光染料标记装载的药物,以此观察药物载体的靶向脏器、体内分布及药物释放规律。

在药理学方面,通过标记与药物代谢有关的基因,研究不同药物对该基因表达的影响,从而间接了解相关药物在体内代谢的情况。

7.3.3　基因相关研究

活体成像技术可以从影响基因表达的各个不同层面进行基因研究,可用于某种疾病的基因表达、转基因动物试验以及基因治疗等。

(1)基因表达模式与基因功能研究。为研究目的基因是在何时、何种刺激下表达,将萤光素酶基因插入目的基因启动子的下游,并稳定整合于实验动物染色体中,形成转基因动物模型。通过这种方法实现萤光素酶和目的基因的平行表达,从而可以直接观察目的基因的表达模式,包括数量、时间、部位及影响其表达和功能的因素等。也可用于研究动物发育过程中特定基因的时空表达情况,观察药物诱导特定基因表达,以及其他生物学事件引起的相应基因表达或关闭。

(2)转基因动物模型。研究者根据研究目的,将靶基因、靶细胞、病毒及细菌进行萤光素酶标记,同时转入动物体内形成所需的疾病模型,包括肿瘤、免疫系统疾病、感染疾病等。可提供靶基因在体内的实时表达和对候选药物的准确反应,还可以用来评估候选药物和其他化合物的毒性。

(3)基因治疗。基因治疗是将正常基因或有治疗作用的基因通过一定方式导入靶细胞,以纠正基因的缺陷或者发挥治疗作用。目前,基因治疗主要是以病毒做载体,可应用萤光素酶基因作为报告基因加入载体,观察目的基因是否到达动物体内的特异组织和是否持续高效表达,这种非侵入方式具有低毒性及免疫反应轻微等优点,且可以直接实时观察、了解病毒或载体侵染的部位和时域信息。萤光素酶基因也可以插入脂质体包裹的DNA分子中,来观察脂质体为载体的DNA运输和基因治疗情况;也可以表达萤光素酶基因的质粒裸DNA为模型DNA,直接注入动物体内,利用生物发光成像分析不同载体、不同注射位点、不同注射量对萤光素酶基因表达的影响,同时也可时空量化分析基因表达的分布水平和持续时间。这种可视的方法直观地评价DNA的转染效率和表达效率,在基因治疗研究中具有重要的指导作用。

7.3.4 细胞标记示踪

活体成像系统在标记、示踪细胞方面运用了生物发光和荧光两种技术。其中荧光对标记细胞数量大于300个/视野较敏感,而生物发光对标记少量细胞(5~300个/视野)较敏感,利用生物发光技术检测到细胞数量至少可达3个/视野。采用活体成像技术对细胞标记后,可进行更深层次的研究。如用萤光素酶标记干细胞后,将其移植到动物体内,可以用活体生物发光成像技术示踪干细胞在体内的增殖、分化及迁徙的过程,可研究其修复、治疗损伤或缺陷部分的效果,进一步探讨其机制;通过标记免疫细胞,可观察免疫细胞对肿瘤细胞等的识别和杀死功能,评价免疫细胞的免疫特异性、增殖、迁移及功能等;通过标记异体细胞,观察异体细胞对器官移植影响,也可进行一些关于免疫因子的研究等。

示踪细胞指在不同时间点对细胞存活状态及分布走向进行观察。据报道,活体成像技术可示踪的细胞包括造血干细胞、心肌干细胞、神经干细胞、细胞因子诱导的杀伤细胞等。

7.3.5 蛋白质相互作用

可利用活体成像系统中的生物发光成像技术,研究活体动物体内蛋白与蛋白的相互作用。其原理是将分开时都不单独发光的荧光酶的C端和N端分别连接在两个不同的蛋白质上。若是这两个蛋白质之间有相互作用,萤光酶的C端和N端就会被连接到一起,激活萤光素酶的转录表达,在有底物存在时出现生物发光。在活体条件下研究药物对蛋白质相互作用的影响,可以观察到在体外实验中无法模拟的活体环境对蛋白质相互作用的影响。

综上,活体成像技术能够实现将分子生物学技术从体外研究转移到动物体内研究,观测活体动物内的基因表达和细胞活动,并且具有检测灵敏度高,操作简单等优势,广泛地应用于医学及生物学研究领域。

第 8 章　实时荧光定量 PCR

8.1　聚合酶链式反应

聚合酶链式反应(Polymerase Chain Reaction,PCR)是一种用于放大扩增特定的 DNA 片段的分子生物学技术,它可看作是生物体外的特殊 DNA 复制,PCR 的最大特点是能将微量的 DNA 大幅增加。PCR 是利用 DNA 在体外 95 ℃高温时变性会变成单链,低温(通常是 60 ℃左右)时引物与单链按碱基互补配对的原则结合,再调温度至 DNA 聚合酶最适反应温度(72 ℃左右),DNA 聚合酶沿着磷酸到五碳糖(5′-3′)的方向合成互补链。基于聚合酶制造的 PCR 仪实际就是一个温控设备,能在变性温度、复性温度、延伸温度之间很好地进行控制。

8.1.1　PCR 的原理

DNA 的半保留复制是生物进化和传代的重要途径。双链 DNA 在多种酶的作用下可以变性解旋成单链,在 DNA 聚合酶的参与下,根据碱基互补配对原则复制成同样的两分子拷贝。在实验中发现,DNA 在高温时也可以发生变性解链,当温度降低后又可以复性成为双链。因此,通过温度变化控制 DNA 的变性和复性,加入设计引物,DNA 聚合酶、dNTP 就可以完成特定基因的体外复制。

但是,DNA 聚合酶在高温时会失活,因此,每次循环都得加入新的 DNA 聚合酶,不仅操作烦琐,而且价格昂贵,制约了 PCR 技术的应用和发展。耐热 DNA 聚合酶——*Taq* DNA 聚合酶的发现对于 PCR 的应用具有里程碑的意义,该酶可以耐受 90 ℃以上的高温而不失活,不需要每个循环加酶,使 PCR 技术变得非常便捷、同时也大大降低了成本,使 PCR 技术得以大量应用,并逐步应用于临床。

PCR 技术的基本原理类似于 DNA 的天然复制过程,其特异性依赖于与靶序列两端互补的寡核苷酸引物。PCR 由变性—退火—延伸三个基本反应步骤构成:①模板 DNA 的变性:模板 DNA 经加热至 93 ℃左右一定时间后,使模板 DNA 双链或经 PCR 扩增形成的双链 DNA 解离,使之成为单链,以便它与引物结合,为下一轮反应作准备;②模板 DNA 与引物的退火(复性):模板 DNA 经加热变性成单链后,温度降至 55 ℃左右,引物与模板 DNA 单链的互补序列配对结合;③引物的延伸:DNA 模板(引物结合物)在 72 ℃、DNA 聚合酶(如 *Taq* DNA 聚合酶)的作用下,以 dNTP 为反应原料,靶序列为模板,按碱基互补配对与半保留复制原理,合成一条新的与模板 DNA 链互补的半保留复制链,重复循环变性—退火—延伸三个过程就可获得更多的"半保留复制链",而且这种新链又可成为下次循环的模板。每完成一个循环需 2~4 分钟,2~3 小时就能将待扩目的基因扩增放大几百万倍。

PCR 技术具有如下特点:

(1)特异性强。PCR 反应的特异性决定因素包括:①引物与模板 DNA 特异正确的结合;②碱基配对原则;③*Taq* DNA 聚合酶合成反应的忠实性;④靶基因的特异性与保守性。其中引物与模板的正确结合是关键。引物与模板的结合及引物链的延伸遵循碱基配对原则。聚合酶合成反应的忠实性及 *Taq* DNA 聚合酶耐高温性,使反应中模板与引物的结合(复性)可以在较高的温度下进行,结合的特异性大大增加,被扩增的靶基因片段也就能保持很高的正确度。再通过选择特异性和保守性高的靶基因区,其特异性程度就更高。

(2)灵敏度高。PCR 产物的生成量是以指数方式增加的,能将皮克量级的起始待测模板扩增到微克水平。能从 100 万个细胞中检出一个靶细胞;在病毒的检测中,PCR 的灵敏度可达 3 个空斑形成单位(Plaque-forming Units,PFU);在细菌学中最小检出率为 3 个细菌。

(3)简便、快速。PCR 反应用耐高温的 *Taq* DNA 聚合酶,一次性地将反应液加好后,即在 DNA 扩增液和水浴锅上进行变性—退火—延伸反应,一般在 2~4 小时完成扩增反应。扩增产物一般用电泳分析,不一定要用同位素,无放射性污染、易推广。

(4)纯度要求低。不需要分离病毒或细菌及培养细胞,DNA 粗制品及 RNA 均可作为扩增模板。可直接用临床标本如血液、体腔液、洗漱液、毛发、细胞、活组织等 DNA 扩增检测。

8.1.2 PCR 反应体系

PCR 反应五要素,即参加 PCR 反应的物质主要有五种,包括引物、酶、dNTP、模板和缓冲液(其中需要 Mg^{2+})。

8.1.2.1 引物

PCR 反应中有两条引物,即 5′端引物和 3′端引物。引物有多种设计方法,由 PCR 在实验中的目的决定,但基本原则相同。PCR 所用的酶主要有两种来源,即 *Taq* 和 *Pfu*,分别来自两种不同的嗜热菌。其中 *Taq* 扩增效率高但易发生错配。*Pfu* 扩增效率低但有纠错功能。所以实际使用时根据需要必须做不同的选择。设计引物时以一条 DNA 单链为基准(常以信息链为基准),5′端引物与位于待扩增片段 5′端上的一小段 DNA 序列相同;3′端引物与位于待扩增片段 3′端的一小段 DNA 序列互补。

引物设计的基本原则:

(1)引物长度:15~30 bp,常用为 20 bp 左右。

(2)引物碱基:G+C 含量以 40%~60%为宜,G+C 太少扩增效果不佳,G+C 过多易出现非特异条带。ATGC 最好随机分布,避免 5 个以上的嘌呤或嘧啶核苷酸的成串排列参照。

(3)引物内部不应出现互补序列。

(4)两个引物之间不应存在互补序列,尤其是避免 3′端的互补重叠。

(5)引物与非特异扩增区的序列的同源性不要超过 70%,引物 3′末端连续 8 个碱基在待扩增区以外不能有完全互补序列,否则易导致非特异性扩增。

(6)引物 3′端的碱基,特别是最末及倒数第二个碱基,应严格要求配对,最佳选择是 G 和 C。

(7)引物的 5′端可以修饰。如附加限制酶位点,引入突变位点,用生物素、荧光物质、地高辛标记,加入其他短序列,包括起始密码子、终止密码子等。

8.1.2.2　模板

模板即扩增用的核酸,PCR 的模板可以是 DNA,也可以是 RNA。可以是任何来源,但有两个原则,第一纯度必须较高,第二浓度不能太高以免抑制。

模板的取材主要依据 PCR 的扩增对象,可以是病原体标本如病毒、细菌、真菌等,也可以是病理生理标本如细胞、血液、羊水细胞等,法医学标本有血斑、精斑、毛发等。标本处理的基本要求是除去杂质,并部分纯化标本中的核酸。多数样品需要经过 SDS 和蛋白酶 K 处理。难以破碎的细菌,可用溶菌酶加 EDTA 处理。所得到的粗制 DNA,经酚、氯仿抽提纯化,再用乙醇沉淀后用作 PCR 反应模板。

8.1.2.3　缓冲液

缓冲液的成分最为复杂,除水外一般包括四个有效成分:①缓冲体系,一般使用 HEPES 或 MOPS 缓冲体系;②一价阳离子,一般采用钾离子,但在特殊情况下也可使用铵根离子;③二价阳离子,即镁离子,根据反应体系确定,除特殊情况外不需调整;④辅助成分,常见的有 DMSO、甘油等,主要用来保持酶的活性和帮助 DNA 解除缠绕结构。

8.1.2.4　DNA 聚合酶

PCR 中使用的 DNA 聚合酶为 *Taq* DNA 聚合酶,是第一个被发现的热稳定 DNA 聚合酶,分子量 65 kDa,最初由赛基(Saiki)等从温泉中分离的一株水生嗜热杆菌(*thermus aquaticus*)中提取获得。此酶能耐高温,在 70 ℃反应 2 h 后其残留活性大于原来的 90%,在 93 ℃下反应 2 h 后其残留活性是原来的 60%,在 95 ℃下反应 2 h 后其残留活性是原来的 40%;与 PCR 中的高温相适应。

8.1.2.5　dNTP

dNTP 即代表脱氧核糖核苷酸三磷酸,既是复制的原料,又为链延长的过程提供能量。

8.2　实时荧光定量 PCR 概述

聚合酶链式反应可对特定核苷酸片段进行指数级的扩增。在扩增反应结束之后,可以通过凝胶电泳的方法对扩增产物进行定性的分析,也可以通过放射性核素掺入标记后的光密度扫描来进行定量的分析。无论定性还是定量分析,分析的都是 PCR 终产物。但是在许多情况下,研究所感兴趣的是未经 PCR 信号放大之前的起始模板量。例如,想知道某一转基因动植物转基因的拷贝数或者某一特定基因在特定组织中的表达量。在这种需求下荧光定量 PCR 技术应运而生。

实时荧光定量 PCR 技术(Real-time Quantitative Polymerase Chain Reaction,简称 Real-time PCR)是在定性 PCR 技术基础上发展起来的核酸定量技术。实时荧光定量 PCR 技术于 1996 年由美国 Applied Biosystems 公司推出,在 PCR 反应体系中加入荧光基团,利用荧光信号积累实时监测整个 PCR 进程,使每一个循环变得“可见”,最后通过 C_t 值和标准曲线对样品中的 DNA(或 cDNA)的起始浓度进行定量的方法。实时荧光定量 PCR 是目前确定样品中 DNA(或 cDNA)拷贝数最敏感、最准确的方法。如果用于 RNA 检测,则被称为逆转录实时 PCR(Real-time RT-PCR),它是指对 DNA 或经过反转录(RT-PCR)的 RNA 通过聚合酶链式反应并实时监测 DNA 的放大过程,在扩增的指数增长期就测量扩增产物,由于在 PCR 扩增的指数时期,模板的 C_t 值和该模板的起始拷贝数存在线性关系,所以成为定量的依据。

Real-time PCR 的基本目标是精确测量和鉴别非常微量的特异性核酸,从而可通过监测 C_t 值实现对原始目标基因的含量定量。实时荧光定量 PCR 法最大的优点是克服了终点 PCR 法进入平台期或称饱和期后定量的较大误差,实现 DNA/RNA 的精确定量。该技术不仅实现了对 DNA/RNA 模板的定量,还具有灵敏度和特异性高、能实现多重反应、自动化程度高、无污染、实时和准确等特点,该技术在医学临床检验及临床医学研究方面具有重要意义。

8.2.1 实时荧光定量 PCR 原理

荧光定量检测系统由实时荧光定量 PCR 仪、实时荧光定量试剂、通用电脑、自动分析软件等构成。设备由荧光定量系统和计算机组成,用来监测循环过程的荧光。

与实时设备相连的计算机收集荧光数据,数据通过开发的实时分析软件以图表的形式显示,原始数据被绘制成荧光强度相对于循环数的图表,原始数据收集后可以开始分析,实时设备的软件能使收集到的数据进行正常化处理来弥补背景荧光的差异,正常化后可以设定域值水平,这就是分析荧光数据的水平。

8.2.1.1 荧光探针

将标记有荧光素的 TaqMan 探针与模板 DNA 混合后,完成高温变性,低温复性,适温延伸的热循环,并遵守聚合酶链反应规律,与模板 DNA 互补配对的 TaqMan 探针被切断,荧光素游离于反应体系中,在特定光激发下发出荧光,随着循环次数的增加,被扩增的目的基因片段呈指数规律增长,通过实时检测与之对应的随扩增而变化荧光信号强度,求得 C_t 值,如果同时扩增的还有标有相应浓度的标准品,线性回归分析将产生一条标准曲线,可以用来计算未知样品的浓度。

检测方法主要有 SYBR Green Ⅰ法和 TaqMan 探针法两种:

(1)SYBR Green Ⅰ法:在 PCR 反应体系中,加入过量 SYBR 荧光染料,SYBR 荧光染料特异性地掺入 DNA 双链后,发射荧光信号,而不掺入链中的 SYBR 染料分子不会发射任何荧光信号,从而保证荧光信号的增加与 PCR 产物的增加完全同步。

(2)TaqMan 探针法:探针完整时,报告基团发射的荧光信号被淬灭基团吸收;PCR 扩增时,*Taq* 酶的 5′-3′外切酶活性将探针酶切降解,使报告荧光基团和淬灭荧光基团分离,从而荧光监测系统可接收到荧光信号,即每扩增一条 DNA 链,就有一个荧光分子形成,实现了荧光信号的累积与 PCR 产物的形成完全同步(图 8.1)。

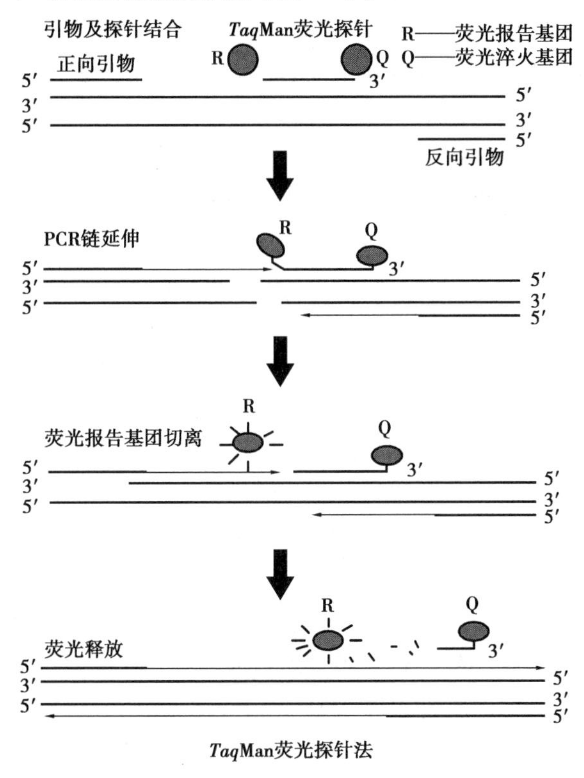

图 8.1　*Taq*Man 探针法图

C_t 值(Cycle Threshold,循环阈值)的含义为每个反应管内的荧光信号到达设定阈值时所经历的循环数。

荧光阈值(Threshold)通过荧光信号计算,PCR 反应的前 15 个循环的荧光信号作为荧光本底信号,荧光阈值的缺省(默认)设置是 3~15 个循环的荧光信号的标准偏差的 10 倍,即 $\text{threshold}=10\times SD_{\text{cycle }3\sim15}$。

每个模板的 C_t 值与该模板的起始拷贝数的对数存在线性关系,公式如下:

$$C_t=-1/\lg(1+E_x)\times\lg X_0+\lg N/\lg(1+E_x)$$

式中,X_0 为初始模板量,E_x 为扩增效率,N 为荧光扩增信号达到阈值强度时扩增产物的量。

起始拷贝数越多,C_t 值越小。利用已知起始拷贝数的标准品可作出标准曲线,其中横坐标代表起始拷贝数的对数,纵坐标代表 C_t 值。因此,只要获得未知样品的 C_t 值,即可从标准曲线上计算出该样品的起始拷贝数。

8.2.1.2　荧光染料

在 PCR 反应体系中,加入过量 SYBR 荧光染料,SYBR 荧光染料非特异性地掺入 DNA 双链后,它可立即与样品中的双链 DNA 进行结合。发射荧光信号,而不掺入链中的 SYBR 染料分子不会发射任何荧光信号,从而保证荧光信号的增加与 PCR 产物的增加完全同步。当 SYBR Green Ⅰ染料被加入到样品中后,在 PCR 过程中,DNA 聚合酶可对目标序列进行扩增,以产生 PCR 产物,即“扩增子”。随后,SYBR Green Ⅰ染料会与每一个新产生的双链

DNA 分子进行结合。随着 PCR 的进行,越来越多的扩增子被生成。由于 SYBR Green Ⅰ染料可与所有的双链 DNA 结合,因此荧光强度也会随着 PCR 产物的增加而增加。

SYBR 仅与双链 DNA 进行结合,因此可以通过熔解曲线,确定 PCR 反应是否特异。

一般将可与双链 DNA 发生结合的小分子分为嵌入剂和小沟结合物两类。无论哪种结合方法,用于 PCR 实时检测的 DNA 结合染料都需要满足两个条件:①结合至双链 DNA 时,会有增强的荧光;②对 PCR 不会产生抑制。

SYBR Green Ⅰ染料法的优点是可用于监测任何双链 DNA 序列的扩增,并且无需探针,降低了检测的设置和运行成本。其最大缺点在于可能会产生假阳性信号,即因为 SYBR Green Ⅰ染料可与任何的双链 DNA 发生结合,所以也会与非特异性的双链 DNA 序列发生结合。

8.2.1.3 分子信标

分子信标是一种在 5′和 3′末端自身形成一个 8 个碱基左右的发夹结构的茎环双标记寡核苷酸探针,两端的核酸序列互补配对,导致荧光基团与淬灭基团紧紧靠近,不会产生荧光。PCR 产物生成后,退火过程中,分子信标中间部分与特定 DNA 序列配对,荧光基因与淬灭基因分离产生荧光。

8.2.2 实时荧光定量 PCR 技术的应用领域

实时荧光定量 PCR 技术是 DNA 定量技术的一次飞跃。运用该项技术可以对 DNA、RNA 样品进行定量和定性分析。定量分析包括绝对定量分析和相对定量分析。前者可以得到某个样本中基因的拷贝数和浓度;后者可以对不同方式处理的两个样本中的基因表达水平进行比较。除此之外,还可以对 PCR 产物或样品进行定性分析。例如利用熔解曲线分析识别扩增产物和引物二聚体,以区分非特异扩增;利用特异性探针进行基因型分析及 SNP 检测等。目前实时荧光 PCR 技术已经被广泛应用于基础科学研究、临床诊断、疾病研究及药物研发等领域。其中最主要的应用集中在以下几个方面:

(1)DNA 或 RNA 的绝对定量分析:包括病原微生物或病毒含量的检测,转基因动植物拷贝数的检测,RNAi 基因失活率的检测等。

(2)基因表达差异分析:例如,比较经过不同处理样本之间特定基因的表达差异(如药物处理、物理处理、化学处理等),特定基因在不同时相的表达差异以及 cDNA 或差显结果的确证。

(3)基因分型:例如 SNP 检测、甲基化检测等。

(4)免疫方面检测:通过荧光定量 PCR 检测出 B27、HLA 等来帮助诊断免疫性疾病,如强直性脊柱炎、类风湿性关节炎、器官移植排异反应等。

8.2.2.1 实时荧光定量 PCR 技术在药物研究方面的应用

(1)新药开发研究。

人用药物及其他药物:针对一些感染性疾病的药物,如各种病毒病、细菌病等,在新药的开发过程中,快速了解药物对疾病进程的影响可以为新药开发节约大量的人力、时间和资金,与以前所用的 ELISA 等方法相比,实时荧光定量 PCR 技术可以快速、准确、定量、灵敏地测定血液或组织中病原体的含量,因此有利于分析药物的作用效果,为比较不同配方的疗效、用药量、用药时间等提供快速、定量的评价。

超早期感染用药物及疗法的研究与开发:实时荧光定量PCR方法可测定血液中病毒核酸的含量,因此不必等到病人体内产生抗体,同时,由于其灵敏度远高于ELISA,在病毒感染的早期,即血液中病毒含量很低时就可以测定。因此就出现了一个新的领域,即在病毒或细菌含量很低时如何用药、用什么药以及用药量等进行研究,为将疾病消灭在超早期作出贡献。

(2)药物疗效研究。

对于一些已经上市的新药或是应用了很长时间的老药,其用药的效果以及用药量、用药时间都可以进行进一步的研究,为更加合理地用这些药物为人类造福进行进一步研究。以前所用的方法由于不能准确定量,灵敏度也不够,因此有很多需要研究的内容没有完成。这一方面需要研究内容很多,意义也很大。

(3)新的预后指标研究。

对于感染性疾病,在药物作用至一定程度后,就认为可以停药了,但是应该在什么时间停药,现在大都没有明确的指标。由于受到检测方法的灵敏度及准确性限制,现在所用的指标也未必合理,因此有必要对治愈的指标、指标与复发率及转化为其他疾病之间的关系等进行进一步的研究,从而为彻底治愈疾病打下坚实的理论基础。

(4)新诊断及检验试剂的开发。

现有的很多诊断及检验方法都不能同时满足快速、灵敏、定量的要求,如现有培养法、ELISA法等,而荧光定量PCR方法则可以做到这一点,从而为临床疾病、商品检验、粮油检验、食品检验、血液检验等开发新的试剂,并提高检验的灵敏度、速度及准确性等。此类试剂的种类非常多,所开发试剂也有巨大的社会效益及经济效益。

8.2.2.2　实时荧光定量PCR技术在医疗方面的应用

(1)病原体检测。

目前,采用荧光定量PCR检测技术可以对淋球菌、沙眼衣原体、解脲支原体、人类乳头瘤病毒、单纯疱疹病毒、肝炎病毒、结核杆菌、细小病毒B19、EB病毒和人巨细胞病毒等病原体进行定量测定。与传统的检测方法相比,荧光定量PCR检测技术具有灵敏度高、取样少、快速简便等优点。

(2)遗传及优生优育诊断。

通过产前监测减少病婴出生,以防止各类遗传性疾病的发生,如为减少X连锁遗传病患儿的出生,从孕妇的外周血中分离胎儿DNA,用实时荧光定量PCR检测其Y性别决定区基因是一种无创伤性的方法,易为孕妇所接受。另外还可以通过实时荧光定量PCR对孕妇弓形虫、梅毒等检测,可为找出不明原因流产和习惯性流产的病因提供有力的帮助,大大提高优生优育。

(3)指导治疗。

通过对病原体定量分析显示病原体量与某些药物的疗效关系。如HCV高水平表达,干扰素治疗作用不敏感,而HCV低滴度,干扰素作用敏感;在拉米夫定治疗过程中,HBV DNA的血清含量曾有下降,随后若再度上升或超出以前水平,则提示病毒发生变异等。

(4)肿瘤基因检测。

尽管肿瘤发病的机制尚未清楚,但相关基因发生突变是致癌性转变的根本原因已被广泛接受。p53 癌基因的表达增加和突变,在许多肿瘤早期就可以出现。实时荧光定量 PCR 不但能有效地检测到基因的突变,而且可以准确检测癌基因的表达量。随着与肿瘤相关的新基因的不断发现,荧光定量 PCR 技术将会在肿瘤的研究中发挥更大的作用。

(5)免疫方面检测。

通过荧光定量 PCR 检测出 B27、HLA 等来帮助诊断免疫性疾病,如强直性脊柱炎、类风湿性关节炎、器官移植排异反应等。

8.3 实时荧光定量 PCR 特点及方法

8.3.1 传统定量 PCR 方法

传统定量 PCR 的方法主要有三种,分别是内参法、竞争法、PCR-ELISA 法。

内参照法是指在不同的 PCR 反应管中加入已定量的内标和引物,内标用基因工程方法合成。上游引物用荧光标记,下游引物不标记。在模板扩增的同时,内标也被扩增。在 PCR 产物中,由于内标与靶模板的长度不同,二者的扩增产物可用电泳或高效液相分离开来,分别测定其荧光强度,以内标为对照定量待检测模板。

竞争法是指选择由突变克隆产生的含有一个新内切位点的外源竞争性模板。在同一反应管中,待测样品与竞争模板用同一对引物同时扩增(其中一个引物为荧光标记)。扩增后用内切酶消化 PCR 产物,竞争性模板的产物被酶解为两个片段,而待测模板不被酶切,可通过电泳或高效液相将两种产物分开,分别测定荧光强度,根据已知模板推测未知模板的起始拷贝数。

PCR-ELISA 法是指利用地高辛或生物素等标记引物,扩增产物被固相板上特异的探针所结合,再加入抗地高辛或生物素酶标抗体——辣根过氧化物酶结合物,最终酶使底物显色。常规的 PCR-ELISA 法只是定性实验,若加入内标,作出标准曲线,也可实现定量检测的目的。

内标在传统定量中十分重要,由于传统定量方法都是终点检测,即 PCR 到达平台期后进行检测,而 PCR 经过对数期扩增到达平台期时,检测重现性极差。同一个模板在 96 孔 PCR 仪上做 96 次重复实验,所得结果有很大差异,因此无法直接从终点产物量推算出起始模板量。加入内标后,可部分消除终产物定量所造成的不准确性。但即使如此,传统的定量方法也都只能算作半定量、粗略定量的方法。

内标对定量 PCR 会产生影响,若在待测样品中加入已知起始拷贝数的内标,则 PCR 反应变为双重 PCR,双重 PCR 反应中存在两种模板之间的干扰和竞争,尤其是当两种模板的起始拷贝数相差比较大时,这种竞争会表现得更为显著。但由于待测样品的起始拷贝数是未知的，所以无法加入合适数量的已知模板作为内标。也正是这个原因，传统定量方法虽然加入了内标，但仍然只是一种半定量的方法。

8.3.2　实时荧光定量 PCR 方法

在 PCR 的起始循环中，荧光信号几乎不发生变化，从而定义为扩增曲线中的基线。而超出基线部分的荧光的增加，则为对累计目标分子的检测。固定的荧光阈值线，可设置在基线之上。荧光超过固定阈值时的循环数则为参数 C_t（阈值循环）。

实时荧光定量 PCR 技术有效地解决了传统定量只能终点检测的局限，实现了每一轮循环均检测一次荧光信号的强度，并记录在电脑软件之中，通过对每个样品 C_t 值的计算，根据标准曲线获得定量结果。因此，实时荧光定量 PCR 不需要内标是建立在两个基础之上的：

（1）Ct 值的重现性：PCR 循环在到达 C_t 值所在的循环数时，刚刚进入真正的指数扩增期（对数期），此时微小误差尚未放大，因此 C_t 值的重现性极好，即同一模板不同时间扩增或同一时间不同管内扩增，得到的 C_t 值是恒定的。

（2）C_t 值与起始模板的线性关系：由于 C_t 值与起始模板的对数存在线性关系，可利用标准曲线对未知样品进行定量测定，因此实时荧光定量 PCR 是一种采用外标准曲线定量的方法。

8.3.3　定量分析常见术语

扩增子：PCR 过程产生的 DNA 短片段。

扩增曲线：根据荧光信号相对于循环数而制作的曲线。

基线：PCR 起始时，荧光信号还未发生变化的几个循环。

C_t（阈值循环）：荧光信号超过 NTC（无模板对照样品）固定阈值时的循环数。用于对扩增质量进行验证。

核酸目标：也称为“目标模板”，需要扩增的 DNA 或 RNA 序列。

惰性参比染料：一种可作为内部对照，以用于在数据分析时对报告基团染料信号进行均一化的染料。均一化是对因浓度或体积变化而随之引起波动进行的必要校正。所有的 SDS PCR 试剂盒都提供了参比荧光对照。

Rn（均一化报告基团）：报告基团染料释放的荧光强度除以惰性参比染料释放的荧光强度。

Rn+：一次反应的 Rn 值包含所有的组分，包括模板。

Rn-：未反应样品的 Rn 值。

Rn 值的获取方式：实时荧光定量 PCR（quantitative，PCR）运行的早期循环（产生可被检测的荧光信号之前的循环），或不含有任何模板的反应。

ΔRn（delta Rn）：在特定 PCR 条件设置下所产生的信号量级。通过使用不同浓度的标准品，可以构建用于未知样品定量分析的标准曲线。

阈值：早期 PCR 循环时 Rn 值的平均标准差，乘以相应的校正系数。阈值应当设定在 PCR 指数扩增时的相关区域。

未知：具有未知模板量的样品，即需要进行检测的样品。

8.3.4 绝对定量和相对定量

外标准曲线的定量方法相比内标法是一种准确的、值得信赖的科学方法。利用外标准曲线的实时荧光定量 PCR 是迄今为止定量最准确、重现性最好的定量方法，已得到全世界的公认，广泛用于基因表达研究、转基因研究、药物疗效考核，以及病原体检测等诸多领域。当对定量检测的结果进行计算时，可以采用绝对或相对定量。

绝对定量检测是根据标准曲线对未知样品进行的定量。例如，绝对定量可根据病毒的拷贝数，监控疾病状态。研究者须知道特定生物学样品中目标 RNA 分子的准确拷贝数，以对疾病的进展进行监测。绝对定量可通过从所有 SDS 仪器获取的数据进行，但注意标准品的绝对定量则须首先通过其他方法获取。

相对定量用于分析特定样品相对于参照样品（如未处理的对照组）某个基因表达量的变化。例如，相对定量可用于检测化合物（药物）引起的基因表达改变。经化学处理样品中的特定目标基因的表达水平可与相对未处理样品中的基因表达水平进行比较。可根据从所有 SDS 仪器获取的数据进行相对定量。用于相对定量的计算方法有标准曲线法和比较 C_t 法。

所有方法都可产生同等的结果，但选择方法时需要注意：

（1）在不同的反应管中进行目标分子和内源性对照的扩增时，采用标准曲线法进行分析，所需优化和验证操作最少。

（2）采用比较 C_t 法时，则须进行验证实验，以表明目标分子和内源性对照扩增的效率基本相同。比较 C_t 法的优势在于无需标准曲线，从而可以实现通量提高（因为无需额外的孔用于标准曲线的绘制）；并消除在进行标准曲线绘制时因稀释错误所带来的不利结果。

（3）如需将靶标和内源性对照品在同一管内进行扩增，则须优化并限制引物的浓度以避免对 C_t 值产生影响。当在一管中进行双重反应时，可以提高通量并减少移液失误所带来的不利影响。

绝对和相对定量中常用术语如下：

标准：用于构建标准曲线的已知浓度样品。

参考：用于对实验结果进行均一化的阴性或阳性信号。内源性和外源性对照是常见的阳性对照。

阳性对照：指的是因 PCR 扩增而产生的信号。阳性对照具有自己的引物和探针组合。

内源性对照：指的是在每个样品进行提取时便已存在于样品中的 RNA 或 DNA。当采用内源性对照作为阳性对照时，可通过对信使 RNA（Messenger RNA，mRNA）的均一化定量来消除每次反应中加入的总 RNA 量的差异。

外源性对照：指的是在每个样品中加入的具有已知浓度的特殊 RNA 或 DNA。外源性阳性对照通常是来自可以作为内部阳性对照（Internal Positive Control，IPC）的体外成分，可区分真正的目标阴性和 PCR 抑制。此外，外源性对照还可均一化样品提取或逆转录中互补 DNA（Complementary DNA，cDNA）合成的效率差异。无论是否使用阳性对照，使用含有 ROX 染料的参比荧光对照都是十分重要的，因为它可以对非 PCR 相关的荧光信号波动进行均一化。

目标分子的均一化量：一个可以用于比较不同样品中目标分子相对量的无单位数字。

校准品:可以用作比较结果基础的样品。

用于相对定量的标准曲线一般都比较容易绘制,这是因为采用的是相对于基础样品的表达量,例如校准品。对于所有的实验样品,其目标分子的量均是从标准曲线获取,然后除以校准品的目标分子量而确定的。因此,校准品便成为1×样品,而所有其他的量则都以n倍校准品来表示。例如,在研究药物对表达产生的影响时,未处理的对照样品便是合理恰当的校准品。

RNA或DNA储存液的准确稀释十分重要,但与表达稀释的单位无关。如果对来自对照细胞系的总RNA进行了2倍的稀释后进行标准曲线的绘制,则单位应该是稀释值1、0.5、0.25、0.125等。如果使用相同的RNA或DNA储存液进行不同板上的标准曲线绘制,则可在不同板之间比较确定的相对定量。

此外,也可使用DNA标准曲线进行RNA的相对定量。此时需要假设目标分子在所有样品中的逆转录效率都是相同的,但并不需要知道效率的绝对值。

在采用内源性对照进行定量均一化时,应该对目标分子和内源性对照都进行标准曲线的绘制。对于每一个实验样品,目标分子和内源性对照的量都是根据合适的标准曲线而确定的。因此,目标分子的量除以内源性对照的量便是均一化后的目标分子值。同样的,其中的一个实验样品便是校准品,或1×样品。每一个均一化的目标分子值除以校准品的均一化值后便是相对的表达水平。

对于内源性对照进行扩增可用于对加入至反应的样品RNA或DNA的量进行标准化。对于基因表达定量,研究者采用过β-肌动蛋白、甘油醛—3—磷酸脱氢酶(GAPDH)、核糖体RNA(Ribosomal RNA,rRNA)或其他RNA作为内源性对照。

由于样品量会除以校准品的量,标准曲线中的单位便被去除了。因此,对于标准品来说所有需要知道的只是它们的相对稀释比。对于相对定量,任何含有合适目标分子的RNA或DNA储存液都可用作标准品。

用于相对定量的比较C_t法与标准曲线法相似,只是它利用的是算术公式$2^{-\Delta C_t}$来获取相同的相对定量结果。为了有效地利用比较C_t法,目标分子(基因)和对照(内源性对照)的扩增效率应当近似相同。

用于绝对定量的标准曲线法与用于相对定量的标准曲线法类似,只是标准品的绝对量必须首先通过其他独立方法获取。质粒DNA和体外转录的RNA通常用于制备绝对标准品。浓度可在A260处被测量得到,并通过使用DNA或RNA的分子量转化成拷贝数。

绝对定量中标准曲线的获取具有一定条件。首先,来自单一、纯净物种的DNA或RNA十分重要。例如,从大肠杆菌制备的质粒DNA通常都会存在RNA的污染,这会增加A260的读数而增加质粒的拷贝数计算结果。其次,必须准确的移液,因为标准品需要经过不同的数量级的顺序稀释。质粒DNA或体外转录的RNA必须被浓缩以便获取准确的A260测量值。浓缩的DNA或RNA随后必须被稀释106~1 012倍,以获得与生物学样品中目标分子相似的浓度。最后,稀释的标准品的稳定性也很重要,特别是对于RNA。将稀释的标准品分装至多份,储存在-80 ℃,并仅在使用前才进行解冻。另外,DNA不能作为RNA绝对定量的标准品,因为对于逆转录过程的效率没有对照。

第二部分

基础实验篇

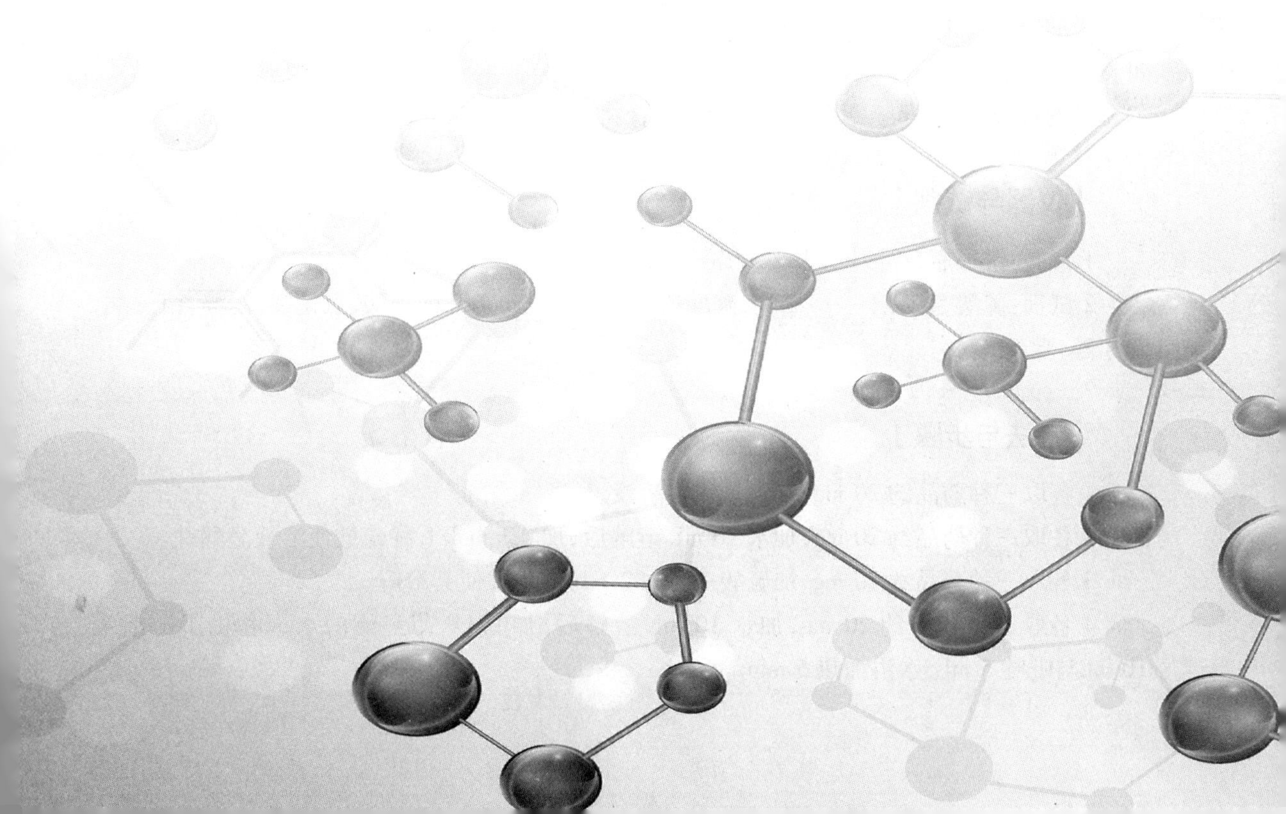

第9章　原料药鉴别

实验1　荧光反应鉴别硫酸奎宁、十一酸睾酮、硫酸依替米星

【实验目的】

1.掌握荧光反应鉴别法的基本原理。

2.通过荧光反应鉴别法鉴定三种药物。

【实验原理】

硫酸奎宁和硫酸依替米星都是硫酸盐，故其水溶液都显硫酸盐鉴别反应，而十一酸睾酮则无此反应；硫酸奎宁加水溶解后，加 0.1 mol/L 稀硫酸使溶液呈酸性，即显蓝色荧光，而硫酸依替米星无此特性。

硫酸奎宁属生物碱类抗心律失常药，其分子具有喹啉环结构，可产生较强的荧光；甾体母核与强酸有呈色反应。硫酸依替米星属氨基糖苷类抗生素，这类抗生素具羟基胺类和 α-氨基酸的性质，可与茚三酮缩合成蓝紫色化合物。

【仪器与试剂】

1.仪器：锥形瓶，移液枪，天平，水浴锅。

2.试剂：硫酸奎宁，十一酸睾酮，硫酸依替米星，0.1 mol/L 稀硫酸，氯化钡，乙醇，茚三酮，正丁醇，吡啶。

【方法与步骤】

1.各取三种药品约 20 mg，加入氯化钡溶液。

2.各取三种药品约 20 mg，加水 20 mL 溶解后，加 0.1 mol/L 稀硫酸使溶液呈酸性。

3.各取三种药品约 20 mg，加硫酸-乙醇(2∶1)10 mL 使其溶解。

4.各取三种药品约 20 mg，加水 10 mL 溶解后，加 0.1%茚三酮的水饱和正丁醇溶液 10 mL与吡啶 5 mL，水浴加热 5 min。

【结果与分析】

操作1中无白色沉淀的为十一酸睾酮,操作2中肉眼即可见有较弱蓝色荧光的为硫酸奎宁;操作3中显黄色并带有黄绿色荧光的为十一酸睾酮,操作4中显青紫色的为硫酸依替米星。

通过荧光反应法对三者进行鉴别,鉴别反应结果能够区分这三种药品。

【注意事项】

1.每一组实验器材,都要注意标签,切勿混淆,以保证实验结果的准确性。

2.浓硫酸具有强烈的腐蚀性,与水混合时会释放出大量的热,故实验中需十分关注实验安全。

【思考题】

1.制剂鉴别的方法有哪些?

2.荧光反应鉴别法有几种类型?

实验2　去甲肾上腺素与稀土铽离子的荧光反应鉴定

【实验目的】

1.掌握荧光反应鉴定去甲肾上腺素的实验原理和基本方法。

2.掌握原料药荧光反应鉴别的基本理论。

【实验原理】

物质的基态分子受激发光源的照射,被激发至激发态后,在返回基态时,产生波长与入射光相同或较长的荧光。通常所说的分子荧光是指紫外可见光荧光,即利用某些物质受到紫外光照射后,发射出比吸收的紫外光波长更长或相等的荧光。

去甲肾上腺素又称"正肾上腺素",是肾上腺素去掉N-甲基后形成的产物,在化学结构上属于儿茶酚胺类原料药。它是一种神经递质,主要由交感节后神经元和脑内去甲肾上腺素能神经元合成和分泌,是脑内去甲肾上腺素能神经元释放的主要递质。它也是一种激素,由肾上腺髓质合成和分泌,含量较少。去甲肾上腺素主要用于治疗急性心肌梗死、嗜铬细胞瘤切除等引起的低血压,对血容量不足所致的低血压,可将去甲肾上腺素作为急救时补充血容量的辅助治疗,以使血压回升暂时维持脑与冠状动脉灌注,直到补足血容量。

去甲肾上腺素本身无法发出荧光,检测方法有限,且通常检测效率较低。本实验利用稀土铽离子能与去甲肾上腺素发生络合反应的特点,把稀土离子荧光探针法引入去甲肾上腺素的检测,可实现该类药物的荧光反应测定。

【仪器与试剂】

1.仪器:日立F-7000型荧光分光光度计,酸度计,超声清洗机,电子天平,比色管等。

2.试剂:去甲肾上腺素标准品,冰醋酸,二次蒸馏水,光谱纯Tb_4O_7,盐酸与纯水1∶1混合溶液,六次甲基四胺(HMTA)等。

【方法与步骤】

1.去甲肾上腺素溶液:准确称取0.1 g去甲肾上腺素标准品于小烧杯中,加入少量二次蒸馏水,滴加3~5滴浓醋酸辅助溶解样品,然后用二次蒸馏水定容至100 mL,超声5 min得到浓度为1.0 g/L的去甲肾上腺素溶液。

2.铽离子(Ⅲ)标准溶液:准确称取0.747 7 g的Tb_4O_7固体,逐滴滴加1∶1盐酸,小心缓慢加热溶解,持续滴加到全部溶解,将溶液继续加热蒸发,直到接近干燥。用蒸馏水定容至100 mL,超声5 min制得1.0×10^{-2} mol/L的$TbCl_3$溶液。

3.缓冲溶液:准确称取50 g六次甲基四胺(HMTA)固体,溶于500 mL二次蒸馏水中,超声5 min,用盐酸调节pH值至6.8左右,制得10%HMTA缓冲溶液待用。

4.铽离子(Ⅲ)能与去甲肾上腺素发生络合反应,并发射出铽离子(Ⅲ)的特征荧光。实验中在25 mL比色管内分别加1 mL去甲肾上腺素溶液,1 mL铽离子(Ⅲ)标准溶液以及1 mL 10%HMTA缓冲溶液,然后用蒸馏水稀释定容至10 mL,摇匀并放置20~30 min。

5.在激发波长为300 nm,发射波长545 nm处,用1 cm比色池测定荧光强度,狭缝宽度设置为10 nm,对$TbCl_3$溶液和混合溶液分别进行荧光光谱检测。

【结果与分析】

荧光反应后混合溶液体系颜色发生明显变化,比色管中可肉眼观察其变化,且铽离子(Ⅲ)-去甲肾上腺素体系可检测得到荧光光谱。

实验过程中发现,用激发波长300 nm,发射波长545 nm直接激发$TbCl_3$水溶液时,不能检测到铽离子(Ⅲ)的特征荧光,表明体系的发光是由于荧光反应形成络合物后,配体将吸收的能量转移给中心离子铽离子(Ⅲ)的结果。

【注意事项】

1.注意实验过程中加热盐酸时的安全操作。

2.溶液配制完毕后应该尽快进行检测,避免样品变质。

【思考题】

1.简述荧光法鉴定去甲肾上腺素的基本原理和方法。

2.总结原料药荧光鉴定的主要特征。

实验3　番泻叶和大青叶药材的鉴别实验

【实验目的】

1.掌握荧光鉴定中药的实验原理和基本方法。

2.掌握常用中药荧光鉴别的特征。

3.掌握番泻叶、大青叶药材及其提取液的荧光检查。

【实验原理】

物质的基态分子受激发光源的照射，被激发至激发态后，在返回基态时，产生波长与入射光相同或较长的荧光。叶类药材因在采收、加工、运输、储存的过程中较易皱缩破碎，性状鉴别较为困难，又因叶类药材含有较多的鞣质、叶绿素等成分，一般理化鉴别也较为困难。

番泻叶为豆科植物狭叶番泻或尖叶番泻的干燥小叶，含有蒽醌衍生物以及刺激性较强的番泻苷A、番泻苷B，并含有芦荟大黄素。大青叶为十字花科植物菘蓝的干燥叶，大青叶化学成分以生物碱为主，活性成分以生物碱类化合物为主，此外还有黄酮类、甾醇类、蒽醌类、三萜类等。两种药材中都具有荧光特性的原料药化学物质。

随着中医药事业的不断发展，荧光分析法在中药材鉴别上的优势逐渐显现。中药材中含有多种具有荧光特性的化学物质，如具有苯环、双键共轭体系等不同，所吸收的紫外光波长不同，在返回基态时，所发射的荧光波长也不同，可以通过荧光法简便快速鉴别。

【仪器与试剂】

1.仪器：超声清洗机，离心机，紫外光灯，高速万能粉碎机，电子天平，40目筛网，圆底烧瓶，移液枪等。

2.试剂：二次蒸馏水，氯仿，无水乙醇，甲醇，2.0 mol/L盐酸，2.0 mol/L氢氧化钠等。

3.材料：大青叶药材，番泻叶药材。

【方法与步骤】

1.将大青叶药材进行粉碎，随后过40目筛。准确称取6份大青叶粉末，每份2.0 g，置于6个洁净的圆底烧瓶中，分别加入10 mL水、10 mL无水乙醇、10 mL甲醇、10 mL稀盐酸溶液、10 mL氢氧化钠溶液和10 mL氯仿，将6只圆底烧瓶密封并静置两小时后，取适量提取液的上清液滴在试纸上，待试纸风干后置于紫外光灯（254 nm、302 nm、365 nm）下进行观察。

2.将番泻叶药材进行粉碎，随后经过以上步骤的相同操作，取适量提取液的上清液滴于试纸上，待试纸风干后置于紫外光灯（365 nm）下观察。

3.将番泻叶和大青叶药材粉碎，随后过40目筛。分别取原药材和药材粉末适量，直接放在紫外光灯（365 nm）下进行观察。

【结果与分析】

虽然两种药材的六种溶剂提取液的上清液，在各个紫外波长下呈现的荧光强度不同，但在紫外波长为 365 nm 时，它们的荧光显色最明显，因此选择在 365 nm 紫外波长下观察并确定实验结果。

对大青叶与番泻叶药材和粉末的荧光鉴别观察可得结论：大青叶药材断面和粉末为深褐色，药材断面可观察到荧光；番泻叶药材断面和粉末为黄褐色，但无明显荧光。

大青叶的水提取上清液为蓝色，氯仿上清液呈现橘粉色，盐酸上清液呈现灰蓝色，氢氧化钠上清液内有褐色斑点，但边缘可观察到明显的亮蓝色荧光，甲醇上清液为灰色，乙醇上清液为蓝色。

番泻叶水提取上清液为浅褐色，边缘呈现蓝色荧光，氯仿上清液呈现明显的橘红色荧光，稀盐酸上清液无明显荧光，内有褐色斑点，氢氧化钠上清液为黄褐色，边缘可见轻微荧光，甲醇上清液为淡粉色，乙醇上清液为橘色。

大青叶上清液的荧光强度整体优于番泻叶；粉末的溶剂提取液的荧光显色效果明显优于药材断面及粉末的直接荧光显色。

【思考题】

1.简述荧光法鉴定大青叶和番泻叶的基本原理和方法。

2.总结常用药材性状鉴别、荧光鉴定的主要特征。

实验 4　有机合成原料药阿司匹林的红外光谱鉴别

【实验目的】

1.掌握红外光谱法的基本原理。

2.能够利用红外光谱鉴别官能团，并根据官能团确定未知组分的主要结构。

3.掌握傅里叶变换红外光谱仪的结构和工作原理。

【实验原理】

阿司匹林（$C_9H_8O_4$，又名乙酰水杨酸）是一种历史悠久的解热镇痛药，主要用于治疗感冒、发热、头痛、牙痛、关节痛、风湿病，还能抑制血小板聚集，也是非甾体抗炎药，用于预防和治疗缺血性心脏病、心绞痛、心肺梗死、脑血栓形成，应用于血管形成术及旁路移植术也有效。与阿司匹林有关的制剂有阿司匹林片、阿司匹林肠溶片、阿司匹林肠溶胶囊、阿司匹林泡腾片、阿司匹林栓。阿司匹林是白色结晶或结晶性粉末，无臭或微带酸臭，遇湿气即缓慢水解。阿司匹林在乙醇中易溶，在三氯甲烷或乙醚中溶解，在水或无水乙醚中微溶，应置于密封干燥处保存。

红外光谱的基团频率根据分子振动方程式,可以计算各种基团振动时红外吸收的电磁波波数,同一官能团的红外特征吸收峰位在不同的化合物中变化不大,因此可以利用红外光谱对化合物的结构进行分析。由于红外光谱法专属性强、准确度高,供试品可为气体、固体、液体,应用较为广泛,几乎没有两种化合物(光学异构体及长链烷烃同系物除外)具有完全相同的红外吸收光谱,因此各国药典均采用红外光谱法对药物进行鉴别。在进行药物鉴别实验时,《中华人民共和国药典》采用与对照图谱比较法,要求按规定条件绘制供试品的红外光吸收图谱,与相应的标准红外图谱进行比较,核对是否一致(峰位、峰形、相对强度),如果两图谱一致时,即为同一种药物。

【仪器与试剂】

1.仪器:傅里叶变换红外光谱仪(Bruker TENSOR 27),压片机,玛瑙研钵。

2.试剂:溴化钾(分析纯),合成阿司匹林样品。

【方法与步骤】

1.开机及启动软件(先开主机,再开计算机),开机后仪器预热 20 min 以上。

2.样品制备(KBr 压片法):取合成样品约 1 mg,置于玛瑙研钵中,加入干燥的溴化钾细粉约 150 mg,充分研磨混匀,移置于直径为 13 mm 的压模中,使样品分布均匀,压模放置在压片机中心处,上下压动手柄将压力加至 10~15 MPa,停留约 10 s 后,除去真空,取出制成的供试片,目视检查应均匀透明,无明显颗粒。

3.利用 OPUS 软件测试合成样品。查询标准谱图库,初步判断化合物结构。

【结果与分析】

与标准的乙酰水杨酸红外谱图对照,指出相似度。

根据乙酰水杨酸红外谱图进行图谱分析,指出 3 300~2 500 cm^{-1}处的宽带、1 754 cm^{-1}、1 691 cm^{-1}、1 606 cm^{-1}、1 574 cm^{-1}、1 485 cm^{-1}、1 308 cm^{-1}、1 189 cm^{-1}以及 756 cm^{-1}等吸收峰的归属。

【注意事项】

1.采集红外光谱时,必须对仪器进行校正,以确保测定波数的准确性和仪器的分辨率符合要求。

2.可采用其他直径的压模制片。

3.供压片用的溴化钾如无光谱纯品,可用分析纯试剂重结晶,如无明显吸收,则不需精制可直接使用。

【思考题】

1.傅里叶变换红外光谱仪采用干涉仪有何好处?

2.傅里叶变换红外光谱仪可以做液体、气体以及薄膜样品吗? 需要哪些附件?

实验5 高效液相色谱紫外检测法鉴别阿霉素

【实验目的】

1.掌握高效液相色谱仪的使用。

2.采用反相高效液相色谱法鉴别供试品药物是否为阿霉素。

【实验原理】

阿霉素是一种抗肿瘤广谱、活性强、临床上广泛使用的蒽环类细胞毒抗生素,本身具有荧光,可通过反相高效液相色谱紫外检测进行鉴别。

一般规定按供试品含量测定项下的高效液相色谱条件进行试验,供试品和对照品色谱峰的保留时间一致。含量测定方法为内标法,供试品溶液和对照品溶液色谱图中药物峰的保留时间与内标物峰的保留时间的比值一致。

【仪器与试剂】

1.仪器:高效液相色谱系统(紫外检测器),纯水器,分析天平。

2.试剂:甲醇,磷酸氢二钾,冰醋酸,纯水。

【方法与步骤】

1.色谱条件为 Hypersil ODS 柱(4.5 nm×200 nm,10 μm);流动相:有机相为甲醇,水相为0.01 mol/mL 磷酸氢二钾-冰醋酸(pH=4.5);有机相∶水相=85∶15;流速 1 mL/min;检测波长 254 nm;进样量 10 μL。

2.对照品溶液及内标溶液的配制。精密称取阿霉素 5 mg 于 10 mL 烧杯中,用甲醇溶解并稀释至刻度,摇匀,精密量取 0.2 mL 于 10 mL 烧杯中,以甲醇溶解并稀释至刻度,配制10 μg/mL阿霉素对照品溶液。甲醇作为溶剂进一步稀释,制得不同浓度系列对照品溶液。精密称取内标柔红霉素约 10 mg,置于 100 mL 烧杯中,用甲醇溶解并稀释至刻度,摇匀,取1 mL储备液于 10 mL 烧杯中,用甲醇稀释至刻度,摇匀,配制 10 μg/mL 内标溶液。以上溶液均置于 4 ℃保存。

3.供试品溶液的配制。供试品药物通过上述对照品的配制方法配制不同浓度的供试品溶液,并置于 4 ℃保存。

【结果与分析】

供试品溶液和对照品溶液色谱图中药物峰的保留时间与内标物峰的保留时间的比值一

致时，证明供试品为阿霉素；如果保留时间的比值不一致，则证明供试品药物不是阿霉素。

【注意事项】

1.流动相必须用高效液相色谱级（HPLC Grade）的试剂，使用前过滤除去其中的颗粒性杂质和其他物质（使用0.45 μm或更细的膜过滤）。

2.流动相过滤后要用超声波脱气，脱气后应该恢复到室温后使用。

3.使用缓冲溶液时，做完样品后应立即用去离子水冲洗管路及柱子1 h，然后用甲醇（或甲醇水溶液）冲洗40 min以上，以充分洗去离子。对于柱塞杆外部，做完样品后也必须用去离子水冲洗20 min以上。

4.长时间不用仪器，应该将柱子取下用堵头封好保存，注意不能用纯水保存柱子，而应该用有机相（如甲醇等），因为纯水易长霉。

5.每次做完样品后应该用溶解样品的溶剂清洗进样器。

【思考题】

1.流动相为什么要脱气，常用的脱气方法有哪几种？

2.简述液相色谱中引起色谱峰扩展的主要因素。

实验6 高效液相色谱-电喷雾质谱法鉴定葡萄籽低聚原花青素

【实验目的】

采用高效液相色谱-电喷雾质谱法（High Performance Liquid Chromatography-Electrospray Mass Spectrometry，HPLC-ESI-MS）对葡萄籽提取物中的多种低聚原花青素进行分析鉴定。

【实验原理】

原花青素（Proanthocyanidin，PC）也称缩合单宁，是一类由黄烷-3-醇缩合而成的聚多酚类极性化合物，由于其具有显著的抗氧化活性和抗肿瘤、抗突变等功能，在医药、食品、保健品和化妆品领域具有广泛的用途。葡萄籽原花青素主要由黄烷醇中的单体（+）-儿茶素［（+）-catechin，C］、（-）-表儿茶素［（-）-epi-catechin，EC］和（-）-表儿茶素没食子酸酯［（-）-epi-catechin-3-O-gallate，ECG］聚合而成，其最高平均聚合度达十五聚体。通常将二至四聚体称为低聚体（Procyanidolicoligomers，OPC），将五聚体以上的称为高聚体（procyanidolicpolymers，PPC），各聚合体中二聚体抗氧化活性最高，三聚体、单体次之。PC各单元间连接主要有C4→C6和C4→C8两种方式，由于单体的构象或键合位置的不同，可有多种异构体。电喷雾质谱(ESI-MS)可以提供化合物的结构信息,可与液相色谱联用,作为一种软电离技术,可以根据产生的准分子离子直接定性。本实验采用反相高效液相色谱-电喷雾质谱法联用,分离得到多种异构体,明确低聚体的化学组成。

【仪器与试剂】

1.仪器:高效液相色谱-质谱联用仪,包括四元泵、在线真空脱气机、DAD 检测器、柱温箱、自动进样器和 ESI 源(美国 Agilent 公司);标样:(+)-儿茶素;(-)-表儿茶素,分别用无水甲醇溶解制成标准溶液;聚酰胺、丙酮、甲醇、乙醇、乙酸乙酯、石油醚均为分析纯,乙腈、冰醋酸为 HPLC 级;实验用水均来自 Milli-Q 纯水系统。

2.试剂:50 g 干葡萄籽粉碎过筛后用 150 mL 石油醚脱脂 48 h,风干后用体积分数 60%乙醇 30 ℃下提取 3 次,过滤,合并滤液,减压蒸馏,浓缩液分别用 5 倍体积乙醇沉淀,3 倍体积乙酸乙酯萃取,萃取相浓缩后用蒸馏水重新溶解过聚酰胺柱,依次用不同浓度丙酮洗脱,收集体积分数 40%丙酮洗脱组分 F 后浓缩得纯度为 92.3%的原花青素,用乙酸乙酯溶解,4 倍体积石油醚沉淀 2 次,干燥后得纯度为 98.1%的原花青素,用无水甲醇溶解,0.45 μm 膜过滤后用 HPLC-ESI-MS 分析。

【方法与步骤】

1.色谱条件。色谱柱 ZORBAX SB-C18 柱(2.1 mm×150 mm,5μm);流动相 A:乙腈,流动相 B:质量分数 1%冰醋酸水溶液;梯度洗脱:0~8 min,5%A;8~15 min,5%A→20%A;15~30 min,20%A→50%A;30~40 min,50%A→70%A;40~45 min,100%A;柱温 35 ℃,流速 0.2 mL/min,进样量 10 μL,检测波长 280 nm。

2.质谱条件。离子源:ESI(-);扫描范围(m/z):50~1500;雾化气温度:350 ℃;雾化气流速:9.0 L/min;雾化气压力 35.0 psi;毛细管电压 4 000 V;锥孔电压:-40.0 V,毛细管出口电压:-135 V。

【结果与分析】

葡萄籽原花青素各低聚体分子质量在负离子模式下形成准分子离子[M-H],根据 *m/z* 判断其化学式。

HPLC 与 ESI-MS 联用能够检测出葡萄籽提取物中的 3 种单体、12 种二聚体(其中 4 种为二聚单酯)、4 种三聚体。

【思考题】

1.在使用 ESI 离子源时如何判断该使用正离子还是负离子模式?

2.如何判断 ESI 电离模式下的准分子离子峰?

实验7　核磁共振波谱法定性鉴别低分子量肝素

【实验目的】

1.熟悉核磁共振波谱的原理。

2.了解核磁共振波谱法鉴别化合物的优缺点。

3.学习^{13}C核磁共振谱图的解析方法，熟悉低分子肝素的特征碳信号，提高谱图解析能力。

【实验原理】

肝素是一种抗凝剂，是由葡萄糖胺、L—艾杜糖醛苷、N—乙酰葡萄糖胺和D—葡萄糖醛酸交替组成的黏多糖硫酸酯，在体内外都有抗凝血作用。肝素的主要不良反应是易引起自发性出血、诱导血小板减少症及骨质疏松。为了减少以上副作用，20世纪80年代末，欧洲首先研发出了低分子量肝素（Low Molecular Weight Herparin，LMWH）。经大量临床研究证实，低分子量肝素的活性/抗凝血活性的比值为1.5~4.0，而普通的肝素为1，既保持了肝素的抗血栓作用，又降低了出血的危险。

目前国内外已有10多种不同类型的低分子量肝素产品，按生产工艺不同常见的有：依诺肝素钠（Enoxaparin Sodium）、那曲肝素钙（Nadroparin Calcium）、达肝素钠（Dalteparin Sodium）、帕肝素钠（Parnaparin Sodium）和亭扎肝素钠（Tinzaparin Sodium）等。目前《欧洲药典》（European Pharmacopoeia，EP）已收录上述5种低分子量肝素产品，《美国药典》（US Pharmacopoeia，USP）也收录了依诺肝素钠。低分子量肝素的制备是以肝素为原料，用物理、化学或生物的方法将其分级或降解，得到具有较低分子量的组分或片段。例如，依诺肝素钠为肝素苄酯碱性β-裂解制得；帕肝素为肝素被Cu^{2+}与过氧化氢氧化解聚制得；亭扎肝素为肝素经肝素酶酶解制得；达肝素和那曲肝素为亚硝酸控制解聚降解制得。

通过比较类似工艺制备低分子量肝素产品（例如达肝素和那曲肝素之间），发现其具有更多的相似性，然而，依诺肝素和亭扎肝素的比较表明其物理、化学和生物学特性彼此相差很大。肝素解聚过程的微小变化可能会造成低分子量肝素结构或组成的巨大变化，因此，通过不同方法制备得到的低分子量肝素产品具有不同的物理、化学和生物学特性。由于不同生产工艺低分子量肝素产品在分子结构、理化和生物学特性等方面的确定和潜在差异性，美国食品药品管理局（Food and Drug Administration，FDA）、欧洲药品管理局（European Medicines Agency，EMA）和世界卫生组织（World Health Organization，WHO）等机构，把不同低分子量肝素作为单独的产品，不将其视为临床等效。根据国际标准，低分子量肝素产品的选择应基于其各自成熟的临床安全性和有效性数据。

USP和EP收录的低分子量肝素质量标准中，主要包括重均分子量、抗Ⅹa效价、抗Ⅹa/抗Ⅱa、钠盐与钙盐的鉴别、重金属的限量、核酸类杂质、杂蛋白的测定及安全性检查项等。此外，还增加了核磁共振一维碳谱定性鉴别低分子量肝素类型的方法，要求样品与标准物质的^{13}C-NMR 谱相似。

核磁共振技术已成为一种日益成熟的分析方法,与传统仪器分析方法相比具有独特的优势:样品前处理简单,无须对待测化合物进行预分离,对样品无破坏性;仪器操作简单,分析速度快,测量时间少;分析方法过程简单且明确,容易分析影响测定结果的因素。目前核磁共振法能很好地鉴别不同类型的低分子肝素,美国药典 USP 和欧洲药典 EP 低分子量肝素标准品的^{13}C-NMR 图谱,发现不同类型的低分子量肝素都有其特征的碳谱信号,从而可以区分不同类型的低分子量肝素。核磁共振一维碳谱定性鉴别低分子肝素的方法专属性强,简单方便,是鉴别低分子量肝素较好的方法。

【仪器与试剂】

1.仪器:Agilent DD2 600 MHz 超导傅里叶变换核磁共振仪,纯水仪,5 mm 核磁共振样品管。

2.试剂:氘代甲醇,重水;EP 标准品:依诺肝素钠,code 号 E0180000;那曲肝素钙,code 号 N0025000;达肝素钠,code 号 D0070000;帕肝素钠,code 号 P0305000;亭扎肝素钠,code 号 T1490000。USP 标准品:依诺肝素钠,批号 GOL137。

【方法与步骤】

1.供试品溶液配制。按照 USP 和 EP 收录的方法配制溶液,称取低分子量肝素约 200 mg,加入纯水、重水、氘代甲醇的混合溶剂(体积比例为 8∶2∶0.5)1 mL,使其完全溶解,转移到 5 mm 核磁管中采集数据。

2.仪器参数设置。一维^{13}C-NMR 实验是在装配 5 mm BBO 探头的 Agilent DD2 600 MHz 核磁共振谱仪上采集。采样时间(AQ)1.1 s,弛豫延长时间(D1)1 s,测量温度(T)40 ℃,谱宽(SW)δ236.6,采样点数(Data Point)64 k,扫描次数(NS)5 000 次,线展宽因子(Line-broadening Factor)0.3 Hz。

3.样品测试。在上述实验条件下,调整仪器参数、调谐、锁场、匀场、采样,得到^{13}C-NMR 谱,分别测定标准品和待测样品的^{13}C-NMR 谱。

4.数据处理。核磁处理软件进行基线和相位调整。用氘代甲醇定标,甲醇中碳的化学位移定为 δ 50.0(USP 和 EP 收录方法)。

【结果与分析】

1.待测样品与标准品的^{13}C-NMR 谱比对,谱图相似即可鉴别为与标准品相同的低分子肝素钠。

2.比较样品与标准品的^{13}C-NMR 谱,如化学位移、峰形、相对强度。

【注意事项】

1.进入实验室前,应将可磁化物如机械手表、磁卡、银行卡、锁匙、硬币、铁具等放到实验室内指定位置,不得将其带入或靠近核磁共振谱仪,尤其是探头区。

2.核磁样品的制备及数据采集参数可能会对^{13}C-NMR谱图产生一定的影响，样品与标准品按相同的方法进行配制和数据采集。

【思考题】

1.核磁^{13}C-NMR谱测试时哪些参数对测试结果有影响?

2.对比《美国药典》和《中华人民共和国药典》中低分子肝素钠检测方法的区别。

实验8　核磁共振法鉴别吡喃并[2,3-c]吡唑类化合物

【实验目的】

1.学习核磁共振波谱的原理。

2.了解核磁共振谱仪的工作原理及基本操作方法。

3.学习^{1}H和^{13}C-NMR核磁共振谱图的解析方法，提高谱图解析能力。

【实验原理】

核磁共振波谱能快速、准确地鉴定有机化合物结构和构象，其在有机化学研究中得到广泛运用，已经成为有机合成化合物、天然药物分析鉴定等强有力的工具。

^{1}H为I=1/2核，天然丰度为99.99 %，$\gamma=26.75(\text{rad}\cdot\text{T}^{-1}\cdot\text{s}^{-1})\times10^{7}$。无外磁场时，自旋核产生的核磁矩的取向是任意的，不产生能级分裂，处于简并状态。当自旋核处于磁场强度为B_0的外磁场中时，核磁矩就会与外加磁场平行或反平行，且平行方向要多于反平行方向，即处于较低能级上的质子稍多一些。因此，在外磁场B_0的作用下，平行和反平行于B_0的核磁矩之间就产生了能级差。

NMR测试要用氘代溶剂，一方面减少溶剂中质子的干扰，另一方面是锁场的需要。以氘代氯仿为溶剂，TMS为内标，不同基团上的质子的化学位移一般出现在0~15 ppm范围内。

吡喃并吡唑环系统具有多种生物活性，包括止痛、抗炎、抗微生物、杀真菌和细胞毒活性的作用。同时，其还作为生物可降解的农用化学品广泛应用在农业领域。

【仪器与试剂】

1.仪器：核磁共振谱仪，干净的样品管(直径5 mm)，核磁帽。

2.试剂：2-(1-(4-氯苯基)-3-甲基-6-氧代-1,6-二氢吡喃并[2,3-c]吡唑-4-基)乙酸甲酯，氘代氯仿(含0.03% TMS)，NMR样品吸液管，移液枪，振荡器，标签纸，记号笔，封口膜，口罩，手套，鞋套。

【方法与步骤】

1.样品的准备。用 NMR 样品吸液管向 5 mm 样品管中加入 5 mg 的未知有机化合物,用移液枪加入约 0.6 mL 的氘代氯仿溶液,盖上样品管帽,用封口膜密封样品管口,用标签纸标记样品名及溶剂,用振荡器将样品摇匀。

2.试样测试。

(1)自动进样器:

①打开软件 topspin3.5pl5,输入命令"ICON",单击 Automation,进入 ICON NMR 程序;

②将样品管擦拭干净后插入转子中,放入量规中量好高度,放入自动进样器中选定位置。

③软件中双击选定位置,编辑实验名称为"日期+姓名大写缩写"、溶剂为 $CDCl_3$、实验序列号为 1、实验方法为 PROTON;

④点击 Submit 提交实验,点击 Start 开始实验。

(2)手动测试:

①输入命令 sx 空格 X(样品所在位置),进入样品;

②输入命令 ed 新建实验,分别在 name 栏目中填入实验名,expno 为实验序号,一般为数字,procno 为处理序号,默认设定为 1,solvent 为所用氘代试剂,勾选" excute getprosol"选项,Experiment 为实验名 PROTON,dir 为硬盘符,默认存为 d:\NMR\XX,title 为备注信息可不填,单击 o 即可;

③输入命令 lock 锁场,显示"lock done"锁场结束;

④输入命令 atma 自动调谐,显示"atma finished"调谐结束;

⑤输入命令 topshim 匀场,显示"topshim completed"匀场结束;

⑥输入命令 rga 自动调节增益值;

⑦输入命令 zgefp 采样及傅里叶变换;

⑧输入命令 apk 相位校正及 abs 基线校正,即得到一维氢谱谱图;

⑨输入命令 sx 空格 ej 弹出样品。

3.谱图解析。谱图解析是结合已知化合物或者推测化合物的分子式,参照测定出的谱图逐一归属,理论结合实践,实践论证理论。解谱过程主要分为以下几步:

(1)计算化合物的不饱和度。

(2)归属谱图中各峰组所对应的各原子的数目。

(3)考虑分子对称性。

(4)对每个峰组的化学位移及耦合常数进行分析。

(5)验证已知结构是否正确或组合可能的结构式

(6)验证已知结构是否正确或对推出的结构进行核实,并且指出杂质峰、溶剂峰、旋转边峰等非样品峰 。

如图 9.1 所示,氢谱中化学位移 δ 7.26 ppm 处为溶剂氘代氯仿产生的溶剂峰,其余共有 6 种峰分别代表 6 种不同化学环境下的 H 质子,其积分值从右至左依次为 2∶2∶1∶3∶2∶3,即质子数比为 2∶2∶1∶3∶2∶3,在化学位移 δ 为 2.47 ppm 处,积分值为 3,可推断有甲基存在，该峰为单重峰，可推断甲基相隔的化学键上无质子未被裂分，推测与甲基直接相连C—N键为饱和双键。在化学位移δ为3.74 ppm处，积分值为2，可推断有亚甲基存在，该峰为双重峰，推断是烯烃H与亚甲基相互耦合裂分的结果。在化学位移δ为3.79 ppm处，积分值为3，通常情况下甲基的化学位移为1~2 ppm，由于受到电负性较强的O影响，甲基的化学位移向低场偏移，因此可推断有甲氧基存在。该峰为单峰，推断是直接与羰基碳相连。在化学位移δ为5.96 ppm处，积分值为1，通常CH的化学位移为1.5~2 ppm，由于受到双键产生感应磁场的各向异性效应，化学位移向低场偏移。该峰为单峰，推断是直接与双键碳相连的质子H。在化学位移δ为7.90~7.00 ppm处，出现芳环上的H质子化学位移信号，积分值为4，推断是一取代的苯基，化学位移δ为7.84 ppm处，积分值为2，双重峰；δ为7.44 ppm处，积分值为2，双重峰，这四个氢质子两两互为等价质子，可推测苯环的对位被取代。通过对每个峰组的化学位移及积分面积进行分析，推测测试物的结构为2-(1-(4-氯苯基)-3-甲基-6-氧代-1,6-二氢吡喃并[2,3-c]吡唑-4-基)乙酸甲酯。

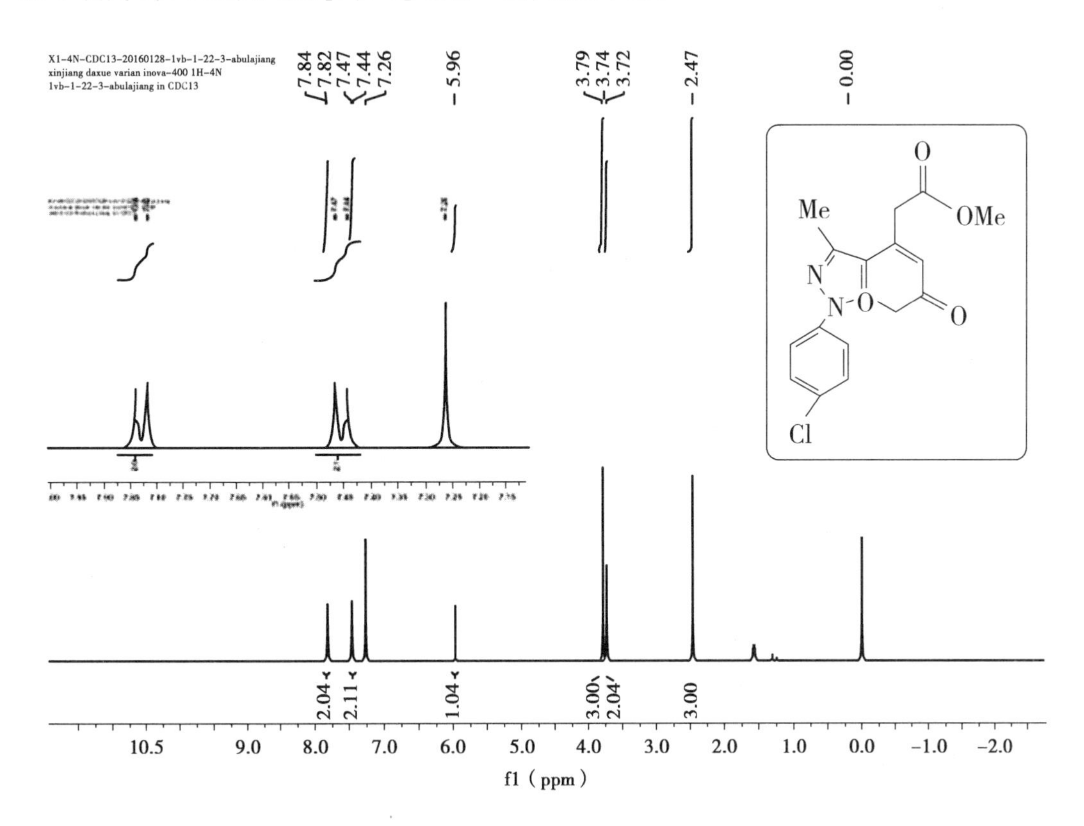

图9.1 2-(1-(4-氯苯基)-3-甲基-6-氧代-1,6-二氢吡喃并[2,3-c]吡唑-4-基)乙酸甲酯氢谱图

如图9.2所示，从碳谱上看该化合物有14种碳，碳谱不可积分，因为测试碳谱使用的宽带去耦方法，峰强度和碳数目不成正比，化学位移δ为170~150 ppm的两个峰，可能为结构中两个羰基碳的信号。该化合物从氢谱中的芳基氢区域可以推测出分子骨架为对位双取代的苯环，碳谱化学位移δ为150~135 ppm的4个峰分别就是2组对称碳，δ 150.3 ppm和δ 147.9 ppm为对位双取代基所连的2个碳，结合苯环碳δ 150.3 ppm和δ 147.9 ppm的2个芳

香碳化学位移较低场的移动可以认为是1个吸电子基连在了苯环上,该取代基为卤素。碳谱化学位移δ 130~100 ppm的4个峰是不饱和碳的信号峰,高场区化学位移值δ为50~10 ppm的3个峰分别为甲氧基、亚甲基、甲基的3个信号峰,根据对碳原子结构片段化学位移及数量的归属,可推测该化合物的结构为2-(1-(4-氯苯基)-3-甲基-6-氧代-1,6-二氢吡喃并[2,3-c]吡唑-4-基)乙酸甲酯。

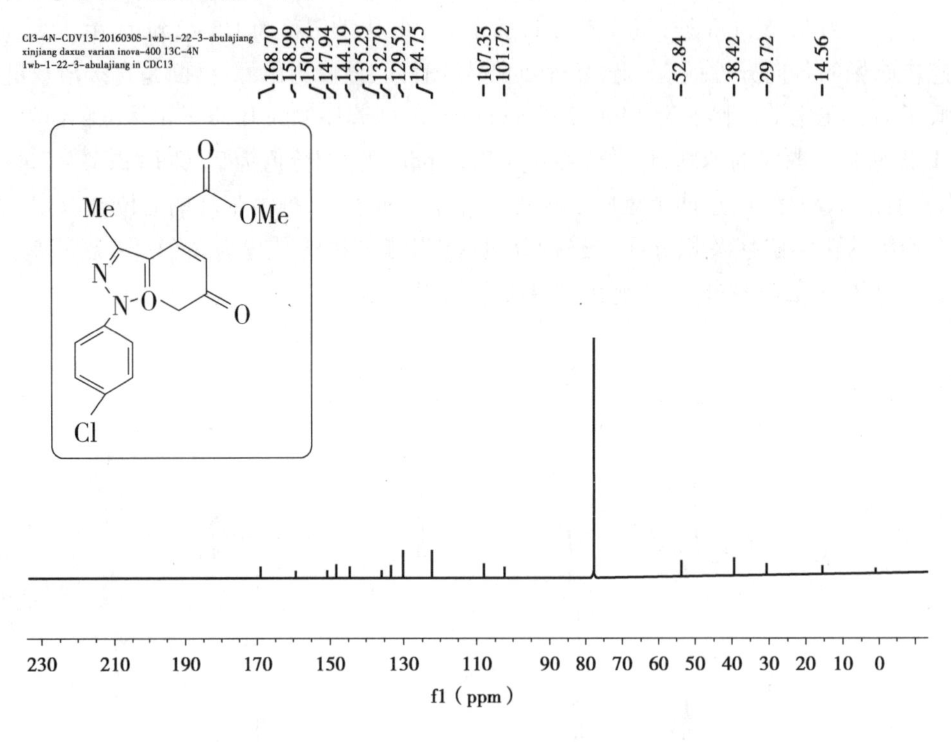

图9.2 2-(1-(4-氯苯基)-3-甲基-6-氧代-1,6-二氢吡喃并[2,3-c]吡唑-4-基)乙酸甲酯碳谱

【结果与分析】

通过解析化合物谱图,推断出化合物结构,并与标准品的氢谱、碳谱谱图比对,证明供试品为2-(1-(4-氯苯基)-3-甲基-6-氧代-1,6-二氢吡喃并[2,3-c]吡唑-4-基)乙酸甲酯。

【注意事项】

1.进入实验室前,应将可磁化物如机械手表、磁卡、银行卡、锁匙、硬币、铁具等放到实验室内指定位置,不得将其带入或靠近核磁共振谱仪,尤其是探头区。

2.不得使用有缺口、有裂纹的样品管,以免测试时损坏仪器。

3.清洗样品管要使用专用样品管刷小心刷洗,使用前要在恒温干燥箱中烘干。

4.选择适当的溶剂溶解样品,溶解时如遇到不溶问题,在不破坏样品结构的前提下,可适当加热或使用超声震荡促进溶解。

【思考题】

1.在此实验中,为什么要使用氘代试剂?

2.核磁共振波谱仪上,除了氢碳谱,还能做哪些元素的谱图?

第10章　原料药分析

实验9　咖啡因与肌红蛋白相互作用的荧光光谱法实验

【实验目的】

1.掌握荧光光谱法的基本原理和实验方法。

2.了解咖啡因能使肌红蛋白的构象发生改变的原理和特征。

3.掌握荧光分光光度计的仪器结构和使用方法。

【实验原理】

荧光分光光度计可以扫描物质所发出的荧光光谱,由于不同物质的分子结构不同,其激发态能级的分布也各不相同,产生的激发光谱和荧光光谱也各不相同,因此可用来对不同的物质进行定性鉴别。荧光光谱鉴别法具有灵敏度高、用样量少、方法简便、选择性强、线性范围宽等优点,被广泛应用于生命科学、医药、化学等领域。

日常生活中,咖啡因在大量饮料中被作为主要成分使用;在医药行业,咖啡因是重要的天然黄嘌呤类生物碱,被作为原料药广泛应用;药理学上,咖啡因具有刺激中枢神经系统使其兴奋、松弛平滑肌、利尿等重要的功能。大剂量长期使用咖啡因会对人体造成伤害。本实验利用荧光分光光度计检测咖啡因对肌红蛋白产生的作用。

【仪器与试剂】

1.仪器:日立F-7000型荧光分光光度计,超声清洗机,离心机,电子天平,微量进样器,移液枪等。

2.试剂:咖啡因标准品,马心肌红蛋白标准品,二次蒸馏水,pH值7.4的磷酸盐缓冲溶液。

马心肌红蛋白溶液(用pH值为7.4的磷酸盐缓冲溶液进行配制),配制浓度为7.8 μmol/L;咖啡因标准品用二次蒸馏水溶解,配制成浓度为1.0 mmol/L的母溶液,放置在棕色瓶中避光保存。

【方法与步骤】

由于色氨酸、酪氨酸的存在，蛋白质具有内源荧光。将肌红蛋白的浓度固定，逐渐加入咖啡因，以280 nm为激发波长，扫描该体系的荧光光谱。实验过程中是利用微量进样器每次加入15 μL咖啡因水溶液至3.0 mL肌红蛋白溶液中。

肌红蛋白溶液浓度为7.8 μmol/L，咖啡因浓度选取14个点，分别测试对应浓度下肌红蛋白的荧光光谱。14个点的咖啡因浓度分别为：0，5，10，15，20，25，30，35，40，45，50，55，60，65 μmol/L。

荧光光谱用1 cm光程石英比色皿测定，激发波长设置为280 nm，发射波长设置为330 nm，在仪器控温为18 ℃和36 ℃两种温度条件下分别进行实验。

【结果与分析】

荧光光谱显示，随着咖啡因浓度升高，肌红蛋白内源荧光的强度逐渐降低，说明咖啡因对肌红蛋白的内源荧光有猝灭作用，它们之间有某种相互作用。并且，随着咖啡因浓度的增加，两者的相互作用接近饱和，荧光强度降低程度减弱。在18 ℃和36 ℃两种温度条件分别测试下，得到相似的结果。

实验结果表明，咖啡因对肌红蛋白能产生荧光猝灭。这一猝灭过程是二者形成配合物引起的静态过程。通过对热力学参数的测定，发现二者以静电力和疏水力进行结合。咖啡因能够使肌红蛋白的构象发生改变，导致蛋白质中自发内源荧光的氨基酸残基所处的微环境出现明显的变化，由原先的疏水环境向亲水环境转变。另外，咖啡因与蛋白质中色氨酸残基作用的能量大于其与酪氨酸残基之间的作用。因此，可采用荧光光谱法研究药物咖啡因与肌红蛋白分子间的相互作用。

【思考题】

1.引起肌红蛋白荧光猝灭的原因可能有哪些？

2.日常生活中及使用药品时如何更好地控制咖啡因的摄入？本实验中咖啡因-肌红蛋白荧光光谱实验对保持身体健康方面有何启发？

实验10　反相高效液相色谱法测定6种氟喹诺酮类药物

【实验目的】

1.掌握高效液相色谱用于药品成分含量测定的原理及一般操作。

2.培养学生独立思考和实验操作能力，提高分析问题和解决问题的能力。

【实验原理】

氟喹诺酮类药物(FQs)是喹诺酮类药物,属于化学合成的抗菌药。由于其抗菌作用强、抗菌谱广、组织分布广、毒副作用小等特点,在临床上常被用于治疗肠道、呼吸道、皮肤软组织、腹腔感染等疾病,应用广泛。

由于FQs结构上的相似性,对他们的检测多限于单组分的测定或多组分梯度洗脱分离。本实验采用反相高效液相色谱检测法,用一种流动相,测定6种FQs,并利用保留时间定性原理,对供试品进行鉴别,分析是否为FQs。

【仪器与试剂】

1.仪器:Agilent 1260高效液相色谱仪,色谱柱,柱层析用硅胶,薄层板,薄层层析用硅胶,精密酸度计,离心机,移液枪等。

2.试剂:供试品,色谱纯乙腈,色谱纯甲醇,二次蒸馏水。

氟罗沙星、培氟沙星、洛美沙星、环丙沙星、氧氟沙星、诺氟沙星对照品。6种对照品分别用甲醇配成400 mg/L的母液,实验中分别稀释成其他质量浓度的对照样品溶液和混合溶液。

Britton-Robinson缓冲溶液(BR缓冲液)配制方法为:取100 mL三酸混合液(乙酸、磷酸、硼酸,三者浓度均为0.04 mol/L),缓慢滴加0.2 mol/L的NaOH溶液,用酸度计监测pH值。

【方法与步骤】

色谱柱使用Chira Dex柱(色谱柱型号为5 μm×250 mm×4.6 mm),流动相使用甲醇—乙腈—BR缓冲液混合溶剂(体积比为7∶73∶20,缓冲液pH值控制在5.0~6.0),流动相在使用前进行过滤、脱气处理;流速设置为0.5 mL/min;仪器温度设置为37 ℃;荧光检测器的激发波长设置为283 nm、发射波长设置为448 nm;进样量设置为20 μL。

对照品实验:取0.2 mL空白血浆,置于离心管内,分别加入50,100,150,200,250 mg/L质量浓度的混合标准溶液,摇匀。在对照品中依次加入1 mL pH值为7.0的BR缓冲溶液及5 mL二氯甲烷,离心15 min,转速设置为2 000 r/min。去除水层,取4 mL二氯甲烷萃取液置于离心管中,室温条件下,用氮气吹干溶剂得到残留物。取2 mL流动相将残留物溶解,完全溶解后置于自动进样器内,进样量设置为20 μL,进行对照品液相色谱实验,平行测定5次,绘制标准曲线,计算线性方程和相关系数。

对照品回收率实验:取1 mL空白血浆,依次加入6种FQs,每种FQs分别按3种质量浓度120,23,5.3 mg/L加入,配成3种浓度的混合溶液样品,然后进行回收率实验。按对照品的实验方法对回收率样品进行处理和色谱分析,平行测定5次,得到工作曲线,采用外标法计算回收率。

供试品实验:取0.2 mL空白血浆,置于离心管,加入0.5 mg供试品粉末,溶解摇匀。在供试品中依次加入1 mL pH值为7.0的BR缓冲溶液及5 mL二氯甲烷,离心15 min,转速设置为2 000 r/min。去除水层,取4 mL二氯甲烷萃取液置于离心管中,室温条件下,用氮气吹干溶剂得到残留物。取2 mL流动相将残留物溶解,完全溶解后置于自动进样器内,进样量设置为20 μL,进行液相色谱实验。

【结果与分析】

在实验中所用的色谱条件下,6种FQs的浓度与峰面积成良好的线性关系;加标回收率达到90%以上。

供试品和对照品色谱图中药物峰的保留时间与标准品峰保留时间一致时,证明供试品为FQs,如果保留时间不一致则证明供试品不是FQs。

【思考题】

1.如何进行高效液相色谱法测定条件的设定和优化?

2.实验结束后,如何清洗色谱柱?

实验11　多种氨基酸原料药的红外图谱分析

【实验目的】

1.掌握红外光谱法的原理。

2.利用红外光谱分析官能团,并根据官能团确定未知组分的主要结构。学会分析比较不同来源的氨基酸产品红外图谱的差异。

【实验原理】

氨基酸原料药属于大宗原料药,一直是我国化学原料药的主要产品类别。随着现代生物医药的迅猛发展,氨基酸这一生命基础营养物质也越来越多地展现出对人体独特的生化特点和医学作用。

现行国家标准中收载了多种药品的红外光谱图,其中氨基酸原料药23副,包括甘氨酸、甲硫氨酸、丙氨酸、缬氨酸、门冬氨酸、色氨酸、异亮氨酸、苏氨酸、谷氨酸、苯丙氨酸、亮氨酸、胱氨酸、脯氨酸、酪氨酸、丝氨酸、组氨酸、半胱氨酸、盐酸半胱氨酸、盐酸组氨酸、盐酸精氨酸、盐酸赖氨酸、醋酸赖氨酸,其中仅盐酸半胱氨酸收载了糊法和KBr压片法的两张图谱,其余种类均只收载一张图谱,精氨酸图谱没有收载。

由于红外吸收光谱可带来吸光物质分子振动或转动能级的信息,物质分子的组成与结构的差别在红外光谱上有极敏感的反应,因此利用红外图谱可对物质(主要是有机物)作定性分析,很多氨基酸原料药采购企业都把红外图谱分析结果作为判定产品是否合格的一项主要指标。

【仪器与试剂】

1.仪器:傅里叶变换红外光谱仪(Bruker TENSOR 27),压片机,玛瑙研钵。

2.试剂:市售谷氨酸(白色结晶和结晶性粉末)、门冬氨酸、亮氨酸、缬氨酸、甘氨酸、L-胱氨酸、DL-胱氨酸、DL-盐酸赖氨酸、L-盐酸赖氨酸、L-甲硫氨酸、DL-甲硫氨酸、脯氨酸等 12 种氨基酸,溴化钾(光学纯)。

【方法与步骤】

1.开机及启动软件(先开主机,再双击打开软件)。

2.样品制备(KBr 压片法):分别取 12 种氨基酸样品各约 1 mg,置于玛瑙研钵中,加入干燥的溴化钾细粉约 200 mg,充分研磨混匀,移至直径为 13 mm 的压模中,使样品分布均匀,压模放置在压片机中心处,将压力加至 10~15 MPa,停留约 10 s 后,除去真空,取出制成的供试片,用目视检查应均匀透明,无明显颗粒。

3.利用 OPUS 软件测定氨基酸样品:与药典中收录的氨基酸药物红外谱图对照,并根据参考文献具体分析所有氨基酸的红外谱图。

【结果与分析】

不同性状的氨基酸(结晶型及粉末型)红外图谱不同,有些氨基酸的不同晶型肉眼难以分辨,但红外图谱有所差异。

DL-甲硫氨酸的红外图谱与标准图谱一致,L-甲硫氨酸与标准图谱不一致;L-胱氨酸与标准图谱一致,DL-胱氨酸与标准图谱不一致。除甘氨酸外,其余氨基酸均有旋光性,有 D 型和 L 型,DL 型氨基酸是其外消旋体。在分析比较的图谱中,不同的光学异构体其红外图谱的差异随不同的产品而异。因此,原料药生产和使用企业均不能仅以红外图谱为唯一依据,应对产品进行定性分析。

【注意事项】

1.各个样品应充分干燥,与 KBr 压片时在红外灯下充分研磨均匀。

2.仪器使用前必须检查干燥剂,若变色硅胶变红应及时更换。

3.实验应在空气湿度小于 70% 的条件下进行,应在仪器开启过程中随时观察除湿机状态。

【思考题】

1.傅里叶变换红外光谱仪采用干涉仪有什么好处?

2.傅里叶变换红外光谱仪可以做液体、气体以及薄膜样品吗?需要哪些附件?

实验12　酶标仪测定谷胱甘肽的含量

【实验目的】

1.了解谷胱甘肽在医药领域的作用。

2.掌握酶标仪的原理并学习酶标仪的使用方法。

【实验原理】

谷胱甘肽(Glutathione,GSH)是由谷氨酸、半胱氨酸、甘氨酸缩合而成的一种含γ-谷氨酰基和巯基的三肽类化合物,具有清除自由基、延缓衰老、解毒等多种生理功能,在临床上可以用来肝脏保护、治疗肿瘤和治疗内分泌紊乱等疾病,同时还广泛应用于食品、医药等相关领域。

目前,对谷胱甘肽的测定方法有分光光度法、高效液相色谱法、高效毛细管电泳法、酶循环法等。酶标仪常用于酶联免疫的测定,测定物质含量服从朗伯-比尔定律,即物质在一定波长处的吸光度和浓度之间存在线性关系,目的是实现对化合物定量的检测。酶标仪影响因素多,但速度快,效率高,试剂用量少,适用于大批量样品的快速检测。

酶标仪DTBN法测定GSH的原理是:还原型谷胱甘肽和5,5′-二硫代双(2-硝基苯甲酸)反应生成黄色的5-硫代-2-硝基苯甲酸,在pH值为8.0,测定波长为412 nm处有最大吸收峰。

【仪器与试剂】

1.仪器:酶标仪,离心机,单道手动可调移液器等。

2.试剂:还原型谷胱甘肽(分析纯),甲醛(分析纯),盐酸(分析纯),Tris-HCl缓冲液(pH值8.0),2-硝基苯甲酸(DTNB)标准品(生化试剂)。

【方法与步骤】

1.样液:用蒸馏水将谷胱甘肽配制成200 mg/L的谷胱甘肽标准品溶液。

2.0.1 mmol/L DTNB溶液:在0.05 mol/L磷酸盐缓冲液中溶解0.396 4 g DTNB,定容至100 mL,低温保存于棕色瓶储存备用。

3.DTNB分析液:0.01 mol/L DTNB和0.25mol/L Tris-HCl体积比为1∶100混合而成,现用现配。

4.吸取样液0.5 mL,依次添加1.5 mL Tris-HCl缓冲液、2.5 mL DTNB分析液,摇匀,25 ℃水浴5 min,将其全部转移到96孔板中,用酶标仪在412 nm测定OD值。分别取1.0,2.0,4.0,6.0,8.0 mL的DTNB分析液,测定这5种浓度体系的OD值。

5.甲醛对照组测定方法:吸取样液0.5 mL,依次添加0.25 mol/L pH值为8.0的Tris-HCl

缓冲液 1.5 mL、3%甲醛 0.5 mL、0.1 mmol/L DTNB 分析液 2.5 mL，摇匀，25 ℃水浴 5 min，将其全部转移到 96 孔板中，用酶标仪在 412 nm 测定 OD 值。对 DTNB 分析液的取值分别为 1.0，2.0，4.0，6.0，8.0mL，测定这 5 种浓度下的 OD 值。

【结果与分析】

1.甲醛对实验结果的影响：添加甲醛的实验组测得的 OD 值更稳定，原因是甲醛起到掩蔽剂的作用，掩蔽含巯基的化合物，可以极大地提高测定方法的稳定性与准确性。

2.绘制标准曲线：标准曲线的建立采用蒸馏水和谷胱甘肽标准液混合配制标样。精确配制 200 mg/L 标准液。按照优化后的方法在 412 nm 下酶标仪和可见分光光度计分别测定，并对其测定值绘制标准曲线。

【注意事项】

甲醛添加量过多会影响 DTNB 反应，因此，3%甲醛的添加量为 0.5 mL，不得随意添加。

实验 13　高效液相色谱-串联质谱法测定盐酸诺氟沙星原料药有关物质

【实验目的】

采用高效液相色谱-串联质谱法（HPLC-MS）法测定盐酸诺氟沙星原料药有关物质。

【实验原理】

盐酸诺氟沙星为喹诺酮类药物，是一种人工合成的、抗菌谱广泛的高效抗菌药。盐酸诺氟沙星作用于细菌 DNA 旋转酶和拓扑异构酶Ⅳ与其形成复合物，抑制细菌 DNA 的合成与复制而导致细菌死亡。主要用于治疗敏感细菌（葡萄球菌、肺炎球菌、肠球菌）引起的泌尿道、呼吸道及胃肠道感染。本实验为有效控制盐酸诺氟沙星的质量，对含量大于 0.1%的杂质运用 HPLC-MS 联用进行定量分析，并使用质谱对杂质进行定性分析。

【仪器与试剂】

1.仪器：高效液相色谱仪（Agilent），SQD 电喷雾质谱仪（Waters），电子天平。

2.试剂：盐酸诺氟沙星原料药，诺氟沙星杂质 A，诺氟沙星杂质 B，乙腈为色谱纯，其余试剂为分析纯，水为去离子水。

【方法与步骤】

1.各溶液配制：精密称取盐酸诺氟沙星原料药 10 mg，置 100 mL 量瓶中，加适量流动相进行溶解并稀释至刻度，摇匀，精密量取 5 mL，置于 25 mL 量瓶中，用流动相稀释至刻度，摇匀，用 0.22 μm 滤膜滤过，作为供试品溶液；精密量取上述溶液 1 mL，置 100 mL 量瓶中，加流动相稀释至刻度，摇匀，作为对照溶液；采用自身对照法，利用诺氟沙星的峰对杂质进行含量计算，其中有 A 和 B 的含量大于 0.1%。另精密称取杂质 A 和杂质 B 对照品适量，置于 200 mL量瓶中，加流动相溶解并稀释至刻度，摇匀，精密量取适量，用流动相定量稀释制成质量浓度分别为 20.0 μg/mL 的杂质 A 和 B 混合对照品溶液。

2.仪器检测条件：高效液相色谱仪（Agilent），色谱柱：ODS 柱（250 mm×4.6 mm，5 μm），流动相：0.025 mol/L 磷酸（用三乙胺调节 pH 值至 3.0）-乙腈（84∶16），流速为 1 mL/min，样温为室温，进样方式为自动进样。电喷雾质谱仪（Waters），ESI 离子源，正离子扫描，3.0 kV 的毛细管电压，电喷雾接口干燥气（N_2）流速为 540 L/h，离子源温度为 100 ℃；锥孔电压为 30 V，脱溶剂气温为 130 ℃；质量数扫描范围 m/z：100～800。

【结果与分析】

线性关系考察：精密量取混合对照品溶液，按稀释倍数为 1，1.2，1.5，2，3，6 依次逐级稀释，定容，制得 6 个浓度梯度的系列混合对照品溶液，按照上述质谱条件测定，以峰面积对进样量浓度进行线性回归，绘制标准曲线，求得各成分回归方程、r、线性范围。

【思考题】

1.得到合格的线性关系图需要哪些数据和条件？

2.根据质谱定性结果判断，两种杂质分别可能是通过什么途径引入或形成的？

实验 14　超高效液相色谱-串联质谱法检测中兽药散剂中 4 种喹诺酮药物

【实验目的】

利用超高效液相色谱-串联质谱技术检测中的兽药散剂中是否存在非法添加的喹诺酮类药物。

【实验原理】

喹诺酮又称喹诺酮类、吡酮酸类或吡啶酮酸类，是一类人工合成的含 4-喹诺酮基本结构，对细菌 DNA 螺旋酶具有选择性抑制的抗菌剂。喹诺酮类药物具有抗菌谱广、杀菌力强、不良反应小等特点。临床上喹诺酮抗菌药物的广泛使用，特别是滥用和误用使病原菌的耐药性问题日趋严重，引起全世界的广泛关注。本实验使用超高效液相色谱-串联质谱法同时测定 4 种喹诺酮类禁用药物。

【仪器与试剂】

1.仪器:超高压液相色谱串联四极杆质谱联用仪,高速低温冷冻离心机,涡流混匀器、电子分析天平(感量 0.000 1 g),纯水机,离心机。

2.试剂:原料药烟酸诺氟沙星、甲磺酸培氟沙星、盐酸左氧氟沙星、盐酸洛美沙星,相对百分含量分别为 98.0%,96.4%,89.5%,89.2%;中兽药散剂,甲酸(色谱纯)、乙腈(色谱纯)。

【方法与步骤】

1.溶液的配制。0.2%甲酸溶液:2 mL 甲酸用水稀释至 1 000 mL 混匀,分别准确称取适量的喹诺酮原料药,用乙腈配制成 100 μg/mL,作为标准储备溶液;用乙腈稀释喹诺酮类标准储备溶液至 10 μg/mL,作为标准中间溶液,4 ℃保存;取标准中间溶液,用甲酸乙腈溶液(流动相)配制成浓度系列为 1 ng/mL,5 ng/mL,10 ng/mL,25 ng/mL,50 ng/mL,100 ng/mL,作为混合标准工作溶液。

2.样品的处理。

提取:称取兽药试样 5 g(精确到 0.01 g)置于 50 mL 离心管中,加入 0.2%甲酸乙腈溶液 10 mL,充分涡旋提取约 2 min,4 000 r/min 离心 5 min,转移上清液至 50 mL 的刻度管中,残余物用 0.2%甲酸乙腈溶液再提取 1 次,每次 10 mL,合并 2 次上清液作为提取液。

净化:将上清液置于 50 ℃水浴中,蒸发至近干,准确加入 1 mL 甲酸乙腈溶解残渣,涡流混匀,用一次性注射式滤器过滤至样品瓶中,供测定。

3.超高效液相色谱-串联质谱条件。

色谱条件:ACQUITY UPLC C18 色谱柱(2.1 mm×100 mm),流动相为乙腈(A)和 0.2%甲酸溶液(B),柱温为 35 ℃,流速为 0.4 mL/min,进样量为 10 μL。

梯度洗脱程序:0~4.0 min,A 从 90%线性变化到 80%;4.0~5.0 min,A 从 80%线性变化到 20%;5.0~6.0 min,A 从 20%直接变化到 80%,保持 1 min。

质谱条件:电喷雾离子源(ESI+)温度为 100 ℃,检测方式为 MRM 模式,毛细管电压为 3.0 kV,萃取锥孔电压为 5 V,射频透镜电压为 0.5 V,脱溶剂气温度为 350 ℃,锥孔气流量为 50 L/h。

【结果与分析】

1.标准曲线的绘制。用混合标准溶液分别进样,以峰面积为纵坐标、浓度为横坐标绘制标准曲线。信噪比(S/N)>3 确定方法的检测限(LOD),信噪比(S/N) >10 确定方法的定量限(LOQ)。

2.回收率计算。5 ng/mL,50 ng/mL,100 ng/mL 的低、中、高 3 个浓度药物添加到空白中兽药散剂中,计算诺氟沙星、培氟沙星、洛美沙星、氧氟沙星 4 种药物的回收率。

3.实际样品的测量。供试品的处理及超高效液相色谱-串联质谱条件按照上述实验方法操作。数据的处理根据公式:$X=c\times\frac{V}{m}\times\frac{1\ 000}{1\ 000}$,式中 X 为试样中被测组分的残留浓度,c 为标准工作曲线中被测组分浓度，V 为试样溶液定容体积，m 为试样溶液所代表的质量。检测到的浓度相当于实际样品浓度的 5 倍。由于药物发生药效所需要的可能添加浓度为 0.5 mg/mL，检测限和定量限均足以满足要求。以此判断样品中是否检出喹诺酮类药物残留。

【思考题】

1.多反应检测模式和单离子检测模式的区别是什么？

2.计算回收率的统计学原理是什么？其目的是什么？

实验 15 气相色谱串联质谱法测定盐酸氯哌丁原料药中 2-氯乙醇的残留量

【实验目的】

采用气相色谱-三重四极杆质谱仪，以多反应检测模式（MRM）检测盐酸氯哌丁原料药中的基因毒性杂质 2-氯乙醇残留量。

【实验原理】

盐酸氯哌丁（咳平）的一步合成反应需用 2-氯乙醇作为原料参与，2-氯乙醇具有基因毒性。为保证盐酸氯哌丁制剂的安全性，有必要控制及分析盐酸氯哌丁原料及制剂中的 2-氯乙醇残留量。以《基因毒性杂质限度指南（草案）》为依据，所需定量限 2-氯乙醇质量浓度需达到 100 ng/mL 水平。本实验采用气相色谱-三重四极杆串联质谱法进行分析，以多反应监测模式（MRM）进行监测，其采用母离子-子离子的离子对形式能降低基线噪声干扰，提高灵敏度，保证准确测定盐酸氯哌丁原料中的 2-氯乙醇残留量。

【仪器与试剂】

1.仪器：7890A-5975C 气相质谱仪（安捷伦科技公司）。

2.试剂：乙腈（色谱纯）。

【方法与步骤】

1.仪器条件。色谱柱：HP-INNOWAX（30 m×0.32 mm×25 μm）石英毛细管柱。

2.测定条件。柱温：70 ℃保持 1 min，以 10 ℃/min 升温至 250 ℃保持 3 min；进样口温度：250 ℃；恒流流速：2.0 mL/min；不分流进样；进样量：1 μL。

3.质谱条件。EI 源温度：230 ℃；电子能量：70 eV；溶剂延迟时间：7 min；步长：0.1 amu；碰撞气：高纯氮气；碰撞气流速：1.5 mL/min；MS1 温度：150 ℃；MS2 温度：150 ℃。

4.对照品溶液的制备。精密称取0.105 0 g的2-氯乙醇对照品于100 mL容量瓶中,加乙腈溶解并稀释至刻度,精密量取1 mL于100 mL容量瓶中,用乙腈稀释至刻度,作为对照品储备液(10.5 μg/mL),精密量取0.5,1,2,4,6,8 mL分别置于100 mL容量瓶中,用乙腈稀释至刻度,制得系列浓度为5,105,210,420,630,840 ng/mL的对照品溶液。

5.供试品溶液的制备。精密称取盐酸氯哌丁100 mg,置于10 mL容量瓶中,加乙腈适量,超声使其溶解,放冷后用乙腈稀释至刻度,过滤,取续滤液即得。

【结果与分析】

1.母离子与碎片离子的确定。在全扫描测定与选择离子测定条件下,EI源温度:230 ℃;电子能量:70 eV;溶剂延迟时间:7 min;步长:0.1 amu。全扫描测定质量范围:10~125;扫描时间:200 ms。

结果显示,2-氯乙醇经EI离子源电离后主要生成分子离子($Cl—CH_2—CH_2—OH^+$,分子量81);碎片离子($Cl—CH_2—CH_2^+$,分子量63);碎片离子($Cl—CH_2^+$,分子量49)及碎片离子($CH_2—CH_2—OH^+$,分子量44)。

2.MRM反应监测中定量离子对的确定。EI源温度:230 ℃;电子能量:70 eV;溶剂延迟时间:7 min;步长:0.1 amu;碰撞气:高纯氮气;碰撞气流速:1.5 mL/min;MS1温度:150 ℃;MS2温度:150 ℃。选用对照品溶液质量浓度为200 ng/mL。

结果显示,离子对81→43丰度最大,选定为定量离子对;81→63,81→27为定性离子对。

3.线性关系计算结果。精密量取系列质量浓度的对照溶液1 μL,注入气相质谱仪,记录离子谱图,以2-氯乙醇质量浓度为横坐标,以对照溶液定量离子丰度为纵坐标绘制标准曲线。

4.回收率计算结果。精密称取盐酸氯哌丁6份(测得含2-氯乙醇残留量为12.653 μg/g)于10 mL容量瓶中,分别精密量取对照储备液(1.003 μg/mL)1.5,1.5,1.5,2.5,2.5,2.5,5.0,5.0,5.0 mL,用乙腈稀释至刻度,作为1—9号回收样品。精密量取回收样品1 μL,分别注入气相质谱仪,记录离子谱图。

5.以《基因毒性杂质限度指南(草案)》为依据,采用毒性学关注阈值(Threshold of Toxicological Concern,TTC)限度(1.5 μg/d)作为基因毒性杂质的可接受限度。盐酸氯哌丁片说明书中的用法用量显示,盐酸氯哌丁日口服用量为60 mg,按1.5μg/d基因毒性杂质限度计算,2-氯乙醇含量应不得过0.002 5%。故以0.002 5%作为此次探索性研究试验中盐酸氯哌丁原料及片剂中2-氯乙醇残留量的限度。根据结果判断检测原料药样品中的2-氯乙醇残留是否超标。

【思考题】

1.基于三重四极杆质谱应用的多反应监测模式的特异性原理是什么?

2.在待检原料药测试之前,需要做哪些统计学意义上的实验步骤?

实验16　顶空气相色谱法测定黄体酮原料药中的残留溶剂

【实验目的】

1.掌握气相色谱的基本原理和操作应用。

2.测定黄体酮原料药中的残留溶剂甲醇、乙醇、正己烷、甲苯。

【实验原理】

黄体酮是由卵巢黄体分泌的一种天然孕激素,在体内对雌激素激发过的子宫内膜有显著形态学影响,为维持妊娠所必需。黄体酮临床用于先兆性流产、习惯性流产等闭经或闭经原因的反应性诊断等。药品在合成的过程中使用甲醇、乙醇、正己烷及甲苯4种二三类有机溶剂。本实验使用气相色谱仪和顶空进样器,建立同时测定黄体酮原料药中甲醇、乙醇、正己烷、甲苯的分析方法。

【仪器与试剂】

1.仪器:配备火焰离子化检测仪(Flame Ionization Detector,FID)检测器的气相色谱仪(含顶空进样器),电子分析天平。

2.试剂:黄体酮原料药,甲醇、乙醇、甲苯、正己烷(分析纯),N,N-二甲基甲酰胺(色谱纯)。

【方法与步骤】

1.色谱条件。DB-624型毛细管柱(30.0 m×0.32 mm×1.8 μm);程序升温:40 ℃保持6 min,然后以20 ℃/min的速率升温至200 ℃,保持5 min;FID检测器,检测器温度为250 ℃;分流进样,分流比为10∶1,进样口温度为200 ℃;载气为氮气,流速为3.0 mL/min;顶空进样,顶空平衡温度为90 ℃,顶空平衡时间为30 min,定量环温度为100 ℃,转移管温度为110 ℃;进样体积为1 000 L。

2.溶液的制备。对照储备溶液配制精密量取甲醇2.988 4 g,乙醇5.020 5 g,正己烷0.284 9 g,甲苯0.893 8 g分别置于已有N,N-二甲基甲酰胺(DMF)20 mL的100 mL量瓶中,以DMF稀释至刻度,分别取上述溶液10 mL置于不同100 mL量瓶中,以DMF稀释至刻度,混匀,即得单一储备液;分别取上述溶液10 mL置于同一个100 mL量瓶中,以DMF稀释至刻度,混匀,即得对照储备液。

3.供试品溶液的配制。取样品1.0 g于10 mL顶空瓶中,加入DMF 3.0 mL,混匀,密封即得。

【结果与分析】

1.线性关系考察。取对照储备液0.02,0.1,0.4,0.7,1.0,1.3 mL各2份,分别置于12个顶空瓶,并补加DMF使体积达到3 mL,封闭,进行色谱分析。将结果以浓度为横坐标、峰面积为纵坐标做线性回归,得回归方程。

2.精密度实验。精密量取对照储备液1.0 mL置于10 mL顶空瓶中,加入DMF 2.0 mL,混匀,密封,按上述条件顶空进样6次,结果测得甲醇、乙醇、正己烷、甲苯的相对标准偏差(Relative Standard Deviation,RSD)。

3.重复性实验。精密称取黄体酮6份,每份1.0 g,置于6个顶空瓶中,并加入对照溶液1 mL和DMF 2.0 mL,混匀,密封后进样。结果测得甲醇、乙醇、正己烷、甲苯的RSD值。

4.准确度。取已知含量的同一批样品,精密称取9份,每份1.0 g,置于10 mL顶空瓶中。分为3组,分别加入对照储备液0.8 mL(80%)、1.0 mL(100%)、1.2 mL(120%),再分别加入DMF稀释至3.0 mL,密封,混匀;再配制不含样品的对照溶液两份,计算80%,100%及120%浓度下各组分的回收率。

5.检测限。当信噪比约为3时,甲醇、乙醇、正己烷和甲苯的浓度为各自残留溶剂的检测限。

6.样品测定。精密称取3批样品1.0 g置10 mL顶空瓶中,加入DMF 3.0 mL,混匀,密封;精密称取3批样品1.0 g置顶空瓶中,分别加入对照储备液1.0 mL,加入DMF 2.0 mL,混匀,密封,分别再按上述条件顶空进样,记录色谱图和峰面积,按下列公式计算样品中残留溶剂的浓度:$C_{样}=C_{加入}/(A_{对}/A_{样}-1)$,判断3批样品中的残留溶剂含量是否均在限度之下。

【思考题】

1.精密度、重复性、准确度、检出限各自的统计学原理是什么?

2.顶空进样器的作用是什么?

实验17　高效液相色谱-荧光法测定贝伐珠单抗注射液中聚山梨醇酯20的含量

【实验目的】

1.了解高效液相色谱-荧光法在药物制剂中的应用原理。

2.掌握高效液相色谱-荧光法在药物制剂辅料含量中的测定方法。

【实验原理】

聚山梨醇酯20是贝伐珠单抗注射液中一种重要的辅料成分,其对蛋白分子的高级结构起保护作用。由于聚山梨醇酯在进行静脉注射给药时存在一定的副作用,且与使用剂量有关，因此，必须对聚山梨醇酯20的含量进行严格的监控。高效液相色谱-荧光法（HPLC-FLD）采用液相系统内衍生反应，无须进行样品处理，且整个检测过程简单高效，适合生物制品中聚山梨酯含量的测定。苯基-1-萘胺（NPN）是一种疏水荧光染料，在pH值大于6时不带电荷，微溶于水，易溶于非极性环境（pH值6~8），可与聚山梨酯胶束的非极性疏水内核结合。NPN水溶液的荧光强度较低，而在非极性环境中荧光强度增加，并且聚山梨酯胶束-NPN复合物的荧光强度与聚山梨酯胶束浓度呈正相关，因此可以实现对其定量测定。HPLC-FLD测定抗体制剂中聚山梨酯的出发点是基于其作为一系列聚合度不确定的环氧乙烷聚合物，可将不同聚合度的聚山梨酯作为一个总的组分从制剂中分离出来进行分析，且抗体制剂中其他组分不干扰测定，具有一定实用性。

【仪器与试剂】

1.仪器：Agilent HPLC1200（配有FLD）购自安捷伦科技（中国）有限公司；Reactor Coil（5 m×0.25 mm）购自美国Agilent公司。

2.试剂：聚氧乙烯月桂酰醚（Brij® 35）、聚山梨醇酯20（药用级）、Tris（≥99.9%）、α，α-双羧海藻糖、NPN（98%）购自美国Sigma公司；25 mg/mL重组抗VEGF人源化单克隆抗体。

【方法与步骤】

1.色谱条件。流动相：0.15 mol/L氯化钠，0.05 mol/L Tris（pH值8.0），2.5 μmol/L NPN，10.0 ppm Brij® 35，经0.45 μm滤膜过滤；流速：1.0 mL/min；反应线圈：Reactor Coil（5 m×0.25 mm）；柱温箱温度：35 ℃；检测器参数：激发波长350 nm，发射波长420 nm；进样体积：10 μL。

2.色谱条件的优化。流动相中NPN的含量是色谱条件最重要的影响因素，其参数的确定可以通过进样体积的不同来间接考察。以0.40 mg/mL的聚山梨醇酯20为供试品，分别进样5，10，15，20，25，30 μL，以准确度（测定值/理论值，理论值为0.40 mg/mL）为衡量标准。确定准确度较高的进样体积为最佳体积。

【结果与分析】

1.方法的验证。

专属性：取贝伐珠单抗注射液进行HPLC检测，以不含聚山梨醇酯20的辅料溶液（175 mmol/L，双羧海藻糖，42 mmol/L磷酸缓冲盐，25.0 mg/mL重组抗VEGF人源化单克隆抗体）为空白对照。

线性：分别取0.20，0.30，0.40，0.50和0.60 mg/mL的聚山梨醇酯20溶液各3份，每份测定1次。计算每个浓度水平下色谱峰面积的RSD。对聚山梨醇酯20含量和色谱峰面积的平均值进行线性回归，计算线性拟合度R^2。

准确度：分别制备0.20，0.40和0.60 mg/mL的聚山梨醇酯20溶液各3份，每份测定1次。计算不同浓度水平下聚山梨醇酯20含量的平均准确度及RSD。

2.精密度。

仪器精密度:取1份贝伐珠单抗注射液,连续测定6次,计算6次贝伐珠单抗注射液中聚山梨醇酯20含量的RSD。

样品重复性:取6份贝伐珠单抗注射液,各测定1次,计算6份贝伐珠单抗注射液中聚山梨醇酯20含量的RSD。

中间精密度:各取贝伐珠单抗注射液1份,由3名实验人员在不同时间使用不同仪器进行检测,每份贝伐珠单抗注射液检测2次,计算3名实验人员测定6次贝伐珠单抗注射液中聚山梨醇酯20含量的总RSD。

检测限:分别测定浓度为0.200 0,0.100 0,0.050 0,0.025 0,0.012 5,0.006 0,0.003 0和0.002 0 mg/mL的聚山梨醇酯20溶液,检测结果采用Agilent Chemstation工作站设置system adaptablity选项中的set noise range参数,分别选取0.2~0.6 min,1.4~1.8 min为噪声信号区段,根据工作站报告中信噪比(S/N)为3∶1时的浓度确定为该方法的检测限。

耐用性:分析流动相NPN浓度变化±0.5 μmol/L、Brij® 35浓度变化±0.5 ppm和pH值变化±0.5条件下的色谱情况。取1份贝伐珠单抗注射液,每个条件下进样2针。与初始条件(pH值8.0,2.5 μmol/L NPN,10.0 ppm Brij® 35)测得的结果比较,计算百分比。

系统适应性:根据方法验证数据,确定0.40 mg/mL聚山梨醇酯20质控样品系统适应性范围。

方法的初步应用:按照优化后的色谱条件,检测各批次或不同厂家贝伐珠单抗注射液中聚山梨醇酯20含量,按照面积归一法计算各批次中聚山梨醇酯20含量。

【思考题】

1.如果待测样品中含有相同检测波长的干扰物质,需要采取什么措施?

2.HPLC-FLD在药物制剂分析中的优缺点有哪些?

实验18　反相高效液相色谱-荧光检测法测定6种氟喹诺酮类药物

【实验目的】

1.掌握高效液相色谱用于药品成分含量测定的原理及一般操作。

2.培养独立思考和实验操作能力,提高分析问题和解决问题的能力。

【实验原理】

氟喹诺酮类药物(FQs)是喹诺酮类药物,属于化学合成的抗菌药。由于其抗菌作用强、抗菌谱广、组织分布广、毒副作用小等特点,在临床上常被用于治疗肠道、呼吸道、皮肤软组织、腹腔感染等疾病,应用广泛。

由于 FQs 结构上的相似性,对他们的检测多限于单组分的测定或多组分梯度洗脱分离。本实验采用反相高效液相色谱-荧光检测法,用一种流动相,测定 6 种 FQs,并利用保留时间定性原理,对供试品进行鉴别,判断是否为 FQs。

【仪器与试剂】

1.仪器:Agilent1260 高效液相色谱仪,荧光检测器,色谱柱,柱层析用硅胶,薄层板,薄层层析用硅胶,精密酸度计,离心机,移液枪等。

2.试剂:供试品,乙腈(色谱纯),甲醇(色谱纯),二次蒸馏水。氟罗沙星、培氟沙星、洛美沙星、环丙沙星、氧氟沙星、诺氟沙星对照品。6 种对照品分别用甲醇配成 400 mg/L 的母液,实验中分别稀释成其他质量浓度的对照样品溶液和混合溶液。

Britton-Robinson 缓冲溶液(BR 缓冲液)配制方法为:取 100 mL 三酸混合液(乙酸、磷酸、硼酸,三者浓度均为 0.04 mol/L),缓慢滴加 0.2 mol/L 的 NaOH 溶液,用酸度计监测 pH 值。

【方法与步骤】

1.色谱条件。色谱柱使用 Chira Dex 柱(色谱柱型号为 5 μm×250 mm×4.6mm),流动相使用甲醇-乙腈-BR 缓冲液混合溶剂(体积比为 7∶73∶20,缓冲液 pH 值控制在 5.0~6.0),流动相在使用前进行过滤、脱气处理;流速设置为 0.5 mL/min;仪器温度设置为 37 ℃;荧光检测器的激发波长设置为 283 nm、发射波长设置为 448 nm;进样量设置为 20 μL。

2.对照品实验。取 0.2 mL 空白血浆,置于离心管,分别加入 50,100,150,200,250 mg/L 质量浓度的混合标准溶液,摇匀。在对照品中依次加入 1 mL pH 值 7.0 的 BR 缓冲溶液及 5 mL二氯甲烷,离心 15 min,转速设置为 2 000 r/min。去除水层,取 4 mL 二氯甲烷萃取液置于离心管中,室温条件下,用氮气吹干溶剂得到残留物。取 2 mL 流动相将残留物溶解,完全溶解后置于自动进样器内,进样量设置为 20 μL,进行对照品液相色谱实验,平行测定 5 次,绘制标准曲线,计算线性方程和相关系数。

3.对照品回收率实验。取 1 mL 空白血浆,依次加入 6 种 FQs,每种 FQs 分别按 3 种质量浓度 120,23,5.3 mg/L 加入,配成 3 种浓度的混合溶液样品,然后进行回收率实验。按对照品的实验方法对回收率样品进行处理和色谱分析,平行测定 5 次,得到工作曲线,采用外标法计算回收率。

4.供试品实验。取 0.2 mL 空白血浆,置于离心管,加入 0.5 mg 供试品粉末,溶解摇匀。在供试品中依次加入 1 mL pH 值 7.0 的 BR 缓冲溶液及 5 mL 二氯甲烷,离心 15 min,转速设置为 2 000 r/min。去除水层,取 4 mL 二氯甲烷萃取液置于离心管中,室温条件下,用氮气吹干溶剂得到残留物。取 2 mL 流动相将残留物溶解,完全溶解后置于自动进样器内,进样量设置为 20 μL,进行液相色谱实验。

【结果与分析】

在实验中所用的色谱条件下,6 种 FQs 的浓度与峰面积呈良好的线性关系;加标回收率达到90%以上。

供试品和对照品色谱图中药物峰的保留时间与标准品峰保留时间一致时，证明供试品为FQs，如果保留时间不一致则证明供试品不是FQs。

【思考题】

1.如何进行高效液相色谱法测定条件的设定和优化？

2.实验结束后，色谱柱如何进行清洗？

实验19 高效液相色谱法测定阿司匹林药物

【实验目的】

1.了解高效液相色谱法分离有机化合物的基本原理及操作条件。

2.掌握高效液相色谱仪的基本结构及作用。

3.了解高效液相色谱法测定阿司匹林药片中水杨酸的方法。

【实验原理】

液相色谱法是指流动相为液体的色谱技术。高效液相色谱法具有以下几个突出的特点：

（1）分离效能高由于新型高效微粒固体相填充剂的使用，液相色谱填充柱的柱效可达5 000~30 000块/米理论塔板数，远远高于气相色谱填充柱的1 000块/米理论塔板数的柱效。

（2）选择性高由于液相色谱，具有高柱效，并且流动相可以控制和改善分离过程的选择性，因此高效液相色谱不仅可以分析不同类型的有机化合物及其同分异构体，还可以分析在性质上极为相似的旋光异构体。

（3）检测灵敏度高。高效液相色谱法使用的检测器大多数都具有较高的灵敏度，紫外检测器灵敏度可达10^{-9} g，荧光检测器灵敏度可达10^{-12} g；

（4）分析速度快。由于高压泵的使用，相对于经典液相（柱）色谱法其分析时间大大缩短。

高效液相色谱仪器系统的主要部件包括储液罐、高压输液泵、进样装置、色谱柱、检测器、记录仪和数据处理装置（色谱工作站）。

（1）输液系统。输液系统要为HPLC仪器提供流量恒定、准确、无脉冲的流动相，流量的精度和长期的重复性要好，同时还要提供精度好、准确度高、重现性好的多元溶剂梯度。流量的范围要宽，既能满足微柱（内径1~2 mm）分析，也能满足常规柱（内径4 mm）分析，甚至还可满足半制备柱（内径10 mm）的需求。目前HPLC常用的是双泵头往复式柱塞泵，流速范围一般为0.001~10 mL/min。

(2)色谱柱。色谱柱通常为不锈钢柱,内装各种填充剂。常用的填充剂为硅胶,可用于反相色谱;化学键合固定相,根据键合的基团不同,可用于反相或正相色谱,其中最常用的是十八烷基键合硅胶,即ODS柱,可用于反相色谱或离子对色谱。

(3)检测器。检测器用于连续检测色谱柱流出的物质,进行定性定量分析。要求其灵敏度高、噪声小、基线稳定、响应值的线性范围宽等。近年来各国都在研究开发新的检测技术,进一步扩大了HPLC的应用。常用的检测器有紫外检测器(Ultraviolet Detector,UVD)、示差折光检测器(Refractive Index Detector,RID)、电化学检测器(Electron Capture Detector,ECD)、荧光检测器(Fluorescence Detector, FLD)等。

阿司匹林(乙酰水杨酸)为常用的解热抗炎药,并被广泛用于防治心脑血管病。市售的阿司匹林泡腾片的成分主要为乙酰水杨酸,辅料有玉米淀粉、碳酸钙、胶体二氧化硅、糖精钠、香精等。由于乙酰水杨酸很容易降解为水杨酸,药物中水杨酸含量测定常被用于阿司匹林药物的质量检测。用液相色谱法可以很好地分离乙酰水杨酸和水杨酸,乙酰水杨酸和水杨酸的含量可以用外标法或标准曲线法进行定量测定。

【仪器与试剂】

1.仪器:Agilent 1260高效液相色谱仪,固定相C_{18}键和多孔硅胶小球,自动进样器,津腾过滤装置,变色龙色谱工作站。

2.试剂:超纯水,甲醇(色谱纯),阿司匹林泡腾片(乙酰水杨酸,成品药),乙酰水杨酸(分析纯),冰醋酸。

【方法与步骤】

1.仪器的准备工作。

(1)泵:①确保流动相的充足,一般应在所预计的消耗量之上加150 mL,以保证仪器正常运行。②流动相要新鲜,一般情况下一次制得的纯水应在连续的24 h内用完,未用完应弃掉。

(2)溶剂管道:仪器开机前,更换流动相后,管路中会有一些气体,而这些气体会对柱、泵及检测器产生不同程度的影响,因此要求开机时每次都要对管路进行脱气。

(3)自动进样器:当连续使用中需要更换样品类型或流动相黏度较大时,应每次进样完成后进行洗针。

(4)柱温箱:柱温箱应在打开电源且柱连接好后,及时设置为方法要求的温度。

(5)检测器:为减少灯能量浪费,检测器应在样品准备好完成后或基本完成时,且仪器系统按要求流动相及流速平衡30 min以上后再打开,在完成自检20 min以后方可开始样品的分析。

2.标准溶液的配制。称取乙酰水杨酸标准品0.1g,精确称量,置于10 mL量瓶中,加0.6%冰醋酸的甲醇水溶液强烈振摇使溶解,并用0.6%冰醋酸的甲醇水溶液稀释至刻度,摇匀。然后分别取30 μL,50 μL,100 μL,150 μL,200 μL于5 mL量瓶中,用0.6%冰醋酸的甲醇水溶液稀释至刻度,摇匀,用有机相滤膜(孔径0.45 μm)滤过,将适量的滤液放入样品瓶中待测。

3.阿司匹林溶液的配制。取阿司匹林泡腾片 10 片,精密称定,充分研细,精密称取细粉适量(约相当于阿司匹林 50 mg),置于 10 mL 量瓶中,加 0.6%冰醋酸的甲醇水溶液强烈振摇使溶解,并用 0.6%冰醋酸的甲醇水溶液稀释至刻度,摇匀,用有机相滤膜(孔径 0.45 μm)滤过,将适量的滤液放入样品瓶中待测。

4.色谱条件的选择。固定相:硅胶 C_{18};流动相:甲醇:水:冰醋酸=70:30:0.6,流量为 0.5 mL/min;紫外检测波长为 280 nm,柱温为 30 ℃。

5.样品的测定。自动进样器会精密量取样品滤液 1 μL,注射到管路系统中,同时开始计时并记录色谱图,色谱工作站会保存并处理所得的色谱数据。

6.实验结束。按操作流程关闭仪器,整理打扫实验台。

【结果与分析】

1.根据标准品色谱图的数据,以标准品浓度为横坐标,以峰面积为纵坐标,绘制标准曲线。

2.根据色谱图的数据,分析样品峰的归属并利用标准曲线法计算相应的百分含量。

【注意事项】

1.实验步骤应按照戴安液相色谱的具体操作方法进行,不同的色谱仪器在操作指令上会有所不同。

2.实验所用到流动相必须用微孔滤膜进行过滤,样品进样前同样需要过滤。

3.实验结束后,要充分地冲洗色谱柱。

【思考题】

1.高效液相色谱的基本组成有哪几部分?

2.色谱定性、定量分析的方法有哪些?

实验 20　核磁共振扩散序谱技术分析复方乙酰水杨酸片中有效成分

【实验目的】

1.熟悉核磁共振波谱的原理。

2.了解核磁共振扩散序谱技术的原理和优缺点。

【实验原理】

复方乙酰水杨酸片是临床常用的解热镇痛药物,具有镇痛、解热及消炎等作用,其有效成分为阿司匹林、咖啡因和非那西丁。阿司匹林和非那西丁均具有解热镇痛作用;咖啡因则是一种中枢神经兴奋药,能使大脑皮质兴奋从而提高对外界的感应性,并具有收缩脑血管、加强前两种药物缓解头痛的效果。对于复方乙酰水杨酸片中有效成分的分析,《中华人民共和国药典》规定:用氯仿对复方乙酰水杨酸片进行提取分离,然后再用重氮化法分析测定三种有效成分。其他用于分析测定上述三种有效成分的方法有高效液相色谱法、胶束薄层色谱法及分光光度法等,以上方法均存在操作烦琐、分析速度慢等不足。

近年来,核磁共振技术已越来越多地应用于化学、生物学及医学等领域中混合物的分析。在众多 NMR 技术中,二维扩散序谱技术以其独特特点而成为国内外学者研究的热点。

核磁共振扩散序谱(Diffusion Ordered Spectroscopy,DOSY)是目前测量液体样品的自扩散系数(D,简称"扩散系数")的一个重要的方法,它通过脉冲梯度场(Pulsed Field Gradient,PFG)对溶液中分子的平移运动进行空间编码,在分子的扩散运动(扩散系数 D)与梯度场强度 g 之间建立起明确的数学关系。

一维谱中的谱峰产生于溶液中相同或不同的分子,通过谱峰积分面积随梯度场强变化拟合出的 D 值就是其对应的分子在该溶液体系中的扩散系数,与分别拟合出各个谱峰的 D 值不同,另一种呈现 D 拟合值的方式是二维 DOSY。二维 DOSY 图谱中的其中一维是普通的化学位移轴,另一维则是扩散系数轴,相关峰所对应的扩散系数则是从该谱峰的最高点在扩散系数维的投影值($\lg D$) 读出并换算而得,相关峰的产生首先是通过对其化学位移轴上相应数据点的峰强度变化拟合出,再对 D 值在一个预设的范围内进行反拉普拉斯变换后模拟生成的。

通过 DOSY 技术,可测得混合溶液中各组分分子的自扩散系数(D),依据自扩散系数的不同可实现不同组分 NMR 信号的分离。对自扩散系数相差不大的混合物的 DOSY 分析,则可以借助于虚拟色谱固定相(Virtual Stationary Phase,VSP)来不同程度地改变各组分分子的自扩散系数,从而达到信号分离的目的。二甲基硅油(PDMS)是一种具有广泛适用性的 VSP,它对烷烃、芳香烃、醇以及酸分析物等均具有较好的分离性能。

本实验利用 PDMS 辅助的 DOSY 技术以及扩散排序-同核相关(DOSY-COSY)联用技术实现复方乙酰水杨酸片中 3 种有效成分的快速定性分析,并进一步对其进行了相对定量分析,是一种快速有效的药物质量评价方法。

【仪器与试剂】

1.仪器:配有三共振反式超低温探头(TCI)的 Agilent DD2 600MHz 超导傅里叶核磁共振波谱仪,XS105D1 型号电子分析天平(瑞士 Mettler-toledo 公司),KQ5200E 型超声波清洗器(昆山市超声仪器有限公司),5 mm 核磁共振样品管。

2.试剂:复方乙酰水杨酸片(产品批号 1407232),PDMS(产品批号 20150227),运动黏度(25 ℃)为(500±25)mm^2/s,氘代氯仿($CDCl_3$)(纯度 99.8%,含 0.03% V/V TMS)。

【方法与步骤】

1.供试品溶液配制。取适量药品用研钵研碎,用电子分析天平称取 13 mg 置于离心管中,用移液枪移取 0.6 mL $CDCl_3$ 加入其中,混合均匀离心后,取上清液转移至 NMR 样品管中,用于 DOSY 实验;然后称取 29.5 mg PDMS 加入上述样品管中,再次混合均匀,用于 DOSY 实验。

2.NMR 实验条件。^{1}NMR 的工作频率为 600.13 MHz,谱宽为 6 648.94 Hz。二维 DOSY 谱采用标准脉冲程序 LEDBPGP2S 采集。采样温度为 298 K,时域点数为 4096,采样延迟时间为 1.5 s。扫描次数为 8,空扫次数为 4。梯度持续时间为 1.6 ms,线性梯度变化区间为 2%~95%。三维 DOSY-COSY 谱图的采样参数与二维谱图相同。所有谱图均采用 Topspin V3.1 软件处理。

【结果与分析】

1.^{1}H NMR 谱图分析,与三种成分中不同质子的化学位移相差不大,在^{1}H NMR 谱图中,尤其在芳香区,出现了信号峰重叠的现象,因此只通过^{1}H NMR 谱图很难对各成分质子进行归属分析。

2.二维 DOSY 谱图中,横坐标表示化学位移,纵坐标表示自扩散系数,通过谱图可直观地得到各物质的 D 值,并且依据各组分的 NMR 信号分布可以进行结构定性。利用了 PDMS 辅助的 DOSY 技术对复方药物的 NMR 信号进行分离分析结果发现,当溶液中加入 PDMS 后,复方乙酰水杨酸片中 3 种有效成分的 D 值均得到了不同程度的减小,从而实现了复方药物中有效成分 NMR 信号分离的目的。依据谱图中各个组分的 NMR 信号分布以及相应的分子结构特征,可以推断由上到下的组分依次为阿司匹林、咖啡因及非那西丁。

3.三维 DOSY-COSY 联用实验。通过每个组分信号的 COSY 谱图可精确推断出相应组分中不同质子之间的关联性,最终可准确确定复方药物中 3 种成分的分子结构。

4.^{1}H NMR 相对定量分析由以上定性分析结果可知,^{1}H NMR 谱图中化学位移 2.14,2.34 以及 3.42 处的信号峰分别对应非那西丁中的 H-5、阿司匹林中的 H-1 以及咖啡因中的 H-2。对上述三处的信号峰分别进行 3 次积分并求平均值,可得出该批次复方乙酰水杨酸片中咖啡因、阿司匹林及非那西丁之间的摩尔比为 1∶8.0∶4.6,根据质量与物质的量之间的换算关系,进而可计算出三者的质量比为 1∶7.4∶4.2。

【注意事项】

1.进入实验室前,应将可磁化物如机械手表、磁卡、银行卡、锁匙、硬币、铁具等放到实验室指定位置,不得将其带入或靠近核磁共振谱仪,尤其是探头区。

2.二维 DOSY 和三维 DOSY-COSY 实验时,需要较好的匀场效果。

【思考题】

1.DOSY 扩散系统法适用范围有哪些?

2.对比此方法与常规 HPLC 分析复方乙酰水杨酸片有效成分的优缺点。

实验21 核磁共振法定量测定酚氨咖敏药片中各组分

【实验目的】

1.掌握核磁共振波谱法进行定性、定量分析的原理及基本方法。

2.了解核磁共振波谱仪的工作原理及基本操作。

【实验原理】

原子核具有磁矩，如置于磁场中，则与磁场相互作用而产生核自旋能量分裂，形成不同的核自旋能级。在射频辐射的作用下，可使特定结构环境中的原子核实现共振跃迁。将共振跃迁时吸收信号的频率和强度记录下来就得到核磁共振波谱图。核磁共振波谱图上的吸收峰频率，即化学位移，是NMR谱图的最重要参数之一。对于^{1}H谱图来说，由于氢原子核的外面有电子云，因此其周围的电子起了屏蔽效应。核周围的电子云密度越大，屏蔽效应就越大，要相应增加磁场强度才能使之发生共振。核周围的电子云密度受所连基团的影响，故不同化学环境的核，它们所受的屏蔽作用各不相同，它们的核磁共振信号亦就出现在不同的地方。这种由于化学环境不同而导致的位移就称为化学位移。但屏蔽作用所造成的核感应磁场强度的变化量很小，难以精确地测出其绝对值，因此需要一个参考标准来对比，常用的标准物质是四甲基硅烷[$(CH_3)_4Si$，简写TMS]，它只有一个峰，而且屏蔽作用很强，一般质子的吸收峰都出现在它的左边——低场方向。其他峰与四甲基硅烷之间的距离就是它们的化学位移值。由于分子中各种基团都具有各自特定的化学位移范围，因此利用δ的大小可以判定谱峰所属的基团，又因为^{1}H-NMR谱峰的面积是与样品各组分所含氢核数目成正比，因此各谱峰面积之比就是氢的摩尔数之比，因此即可进行定量分析。

酚氨咖敏片是用于医治感冒、发热、头痛、神经痛及风湿痛等的常见药品，其主要成分有以下3种。

(1)氨基比林(Aminopyrine)。白色或几乎白色结晶性粉末；无臭，味微苦；遇光可变质；水溶液呈碱性反应。本品在乙醇或氯仿中易溶，在水或乙醚中溶解。分子量为231.30。

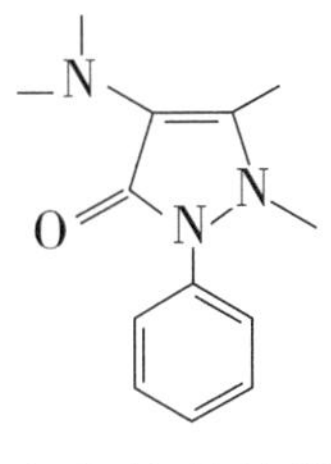

(2)对乙酰氨基酚(Paracetamol)。白色结晶性粉末，无臭，味微苦；易溶于热水或乙醇，溶于丙酮，微溶于水；有解热镇痛作用，用于感冒发热、关节痛、神经痛、偏头痛、癌痛及手术后止痛等。分子量为151.16。

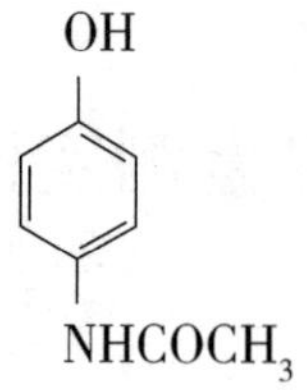

(3)咖啡因(Caffeine)。咖啡因是从茶叶、咖啡果中提炼出来的一种生物碱,白色或带极微黄绿色、有丝光的针状结晶,无臭、味苦;在热水或氯仿中易溶,略溶于水、乙醇、丙酮,微溶于石油醚。适度使用咖啡因有祛除疲劳、兴奋神经的作用,临床上用于治疗神经衰弱和昏迷复苏。分子量为194.19。

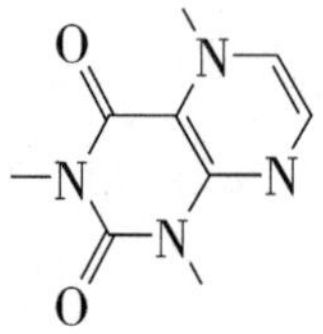

这3种组分在核磁共振谱中分别有其特征峰,如表10.1所示。

表10.1 酚氨咖敏片主要成分的特征峰

组分	化学位移(δ)	特征峰
氨基比林	2.0~3.1	氨基比林中的—CH_3
对乙酰氨基酚	2.1	对乙酰氨基酚中的—CH_3 $CH_3CH_3CH_3$
咖啡因	3.2~3.8	咖啡因中的—CH_3

内标法为NMR定量分析中常用的方法之一。在样品溶液中,直接加入一定量内标物质后,进行NMR光谱测定,将样品指定基团上的质子引起的共振峰(即吸收峰)面积与由内标物质指定基团上的质子引起的共振峰面积进行比较,即可算得样品的含量,样品中各组分的质量比分别等于其物质的量比。

本实验选取3-三甲基硅烷-1-丙磺酸钠作为内标物质,用核磁共振内标法测定酚氨咖敏片中各组分的含量。称取一定量药品(W_S)与内标(W_R)一同测量,其中各组分的含量计算式如下:

$$W_A = \frac{A_{S(2.2\sim3.1)}M_A}{12} \cdot \frac{9}{M_R A_R} \cdot W_R$$

$$W_B = \frac{A_{S(2.1)}M_B}{3} \cdot \frac{9}{M_R A_R} \cdot W_R$$

$$W_C = \frac{A_{S(3.2\sim3.8)}M_C}{9} \cdot \frac{9}{M_R A_R} \cdot W_R$$

其中,M_A、M_B、M_C、M_R 分别为氨基比林、对乙酰氨基酚、咖啡因和内标物的分子量。A_S 为样品峰面积,A_R 为内标物峰面积。

【仪器与试剂】

1.仪器：核磁共振仪，电子天平（感量为0.1 mg），离心机（≥4 000 r/min），移液枪（0.5 mL、1 mL），容量瓶（10 mL）。

2.试剂：氨基比林，对乙酰基氨基酚，咖啡因，3-三甲基硅烷-1-丙磺酸钠，重水，酚氨咖敏药片。

【方法与步骤】

1.样品溶液的配制及测定。用重水配制氨基比林、对乙酰基氨基酚、咖啡因的标准溶液，分别测定其^{1}H NMR谱。

2.混合标准样品的配制。准确称取氨基比林100.0 mg，对乙酰基氨基酚100.0 mg，咖啡因25.0 mg，内标（3-三甲基硅烷-1-丙磺酸钠）50.0 mg于10 mL容量瓶内，用重水定容，振荡溶解后备用。

3.方法回收率的测定。取上述混合标准样品溶液0.5 mL于NMR样品管中，预热数分钟后，按照仪器使用步骤进行测定。

4.样品预处理及测定。取一片酚氨咖敏药片准确称重，在研钵中将药片研成细粉状。准确称取研细的药片40.0 mg（W_S），置于5 mL离心管，加入重水0.5 mL，加入3-三甲基硅烷-1-丙磺酸钠重水溶液（20.0 mg/mL）0.2 mL。振荡摇匀，40 ℃水浴加热5 min，离心分离。取其上层清液于NMR样品管内，测定其^{1}H NMR谱。

5.数据处理。

（1）标出3个化合物的^{1}H NMR谱中主要峰的化学位移，进行结构解析并归属。

（2）对混合标准溶液和酚氨咖敏片谱图中的内标峰及样品化学位移值2.2~3.1，2.1，3.2~3.8的共振峰进行积分，记录峰面积，计算方法回收率及酚氨咖敏片各组分的含量。

【结果与分析】

在实验中所用的测试条件下，找到3个化合物的特征峰。对比用内标法测定的氨基比林、对乙酰氨基酚和咖啡因含量与其标签示值的结果是否基本一致。

【注意事项】

进入实验室前，应将可磁化物如机械手表、磁卡、银行卡、锁匙、硬币、铁具等放到实验室内指定位置，不得将其带入或靠近核磁共振谱仪，尤其是探头区。

【思考题】

1.核磁定量测试时哪些参数对含量测定因素有影响？

2.对比不同核磁定量方法的区别。

第 11 章　制剂的制备

实验 22　阿霉素脂质体的制备及形态观察

【实验目的】

1.了解脂质体的结构特点及形成原理。

2.掌握制备脂质体的方法。

3.掌握主动载药法与被动载药法的区别。

【实验原理】

脂质体是由磷脂与(或不与)附加剂为骨架膜材制成的,具有双分子层结构的封闭囊状体。常见的磷脂分子结构中有两条较长的疏水烃链和一个亲水基团。将适量的磷脂加至水或缓冲溶液中,磷脂分子定向排列,其亲水基团面向两侧的水相,疏水的烃链彼此相对缔和为双分子层,构成脂质体。

用于制备脂质体的磷脂有天然磷脂,如大豆卵磷脂、蛋黄卵磷脂等;合成磷脂,如二棕榈酰磷脂酰胆碱、二硬脂酰磷脂酰胆碱等。常用的附加剂为胆固醇。胆固醇也是两亲性物质,与磷脂混合使用,可制得稳定的脂质体,其作用是调节双分子层的流动性,降低脂质体膜的通透性。其他附加剂有十八胺、磷脂酸等,这些附加剂能改变脂质体表面的电荷性质,从而改变脂质体的包封率、体内外稳定性、体内分布等其他相关参数。脂质体的制备方法包括薄膜分散法、注入法、逆相蒸发法、冷冻干燥法等,根据药物的性质或研究需要来进行选择。其中薄膜分散法是一种经典的制备方法。

在制备含药脂质体时,根据药物被装载的机制不同,分为被动载药法与主动载药法两大类。传统上采用较多的是被动载药法,首先将药物溶于水相或有机相中,然后按适宜的方法制备含药脂质体,该法适于脂溶性强的或水溶性强的药物,所得脂质体具有较高包封率且稳定。对于两亲性药物,如某些弱酸弱碱,其油水分配系数受介质 pH 值和离子强度的影响较大,用被动载药法制得的脂质体包封率低,而主动载药法通过内外水相的不同离子或化合物梯度进行载药,对两亲性药物脂质体的包封率高、渗漏少。

【仪器与试剂】

1.仪器:旋转蒸发仪,超声清洗仪,超声波细胞粉碎机,透射电镜。

2.试剂:卵磷脂,胆固醇,阿霉素,磷酸盐缓冲液,氯仿等。

【方法与步骤】

1.薄膜分散法制备空白脂质体。称取处方量卵磷脂、胆固醇,加入适量的氯仿使之溶解,将氯仿溶液转移至茄形瓶中,在旋转蒸发仪上40 ℃减压蒸发除去氯仿,使溶液在烧瓶内壁形成均匀的薄膜层,加入磷酸盐缓冲液充分溶解,60 ℃水化2 h后得到脂质体混悬液。分别使用超声清洗仪和超声波细胞粉碎机将得到的脂质体混悬液进行粒径调整。

2.被动载药法制备阿霉素脂质体。

(1)阿霉素溶液的配制:称取适量的阿霉素,用磷酸盐缓冲液配成溶液。

(2)阿霉素脂质体的制备:制备操作基本同"空白脂质体制备"方法一致,只是将水化溶液磷酸盐缓冲液换成阿霉素溶液。

3.主动载药法制备阿霉素脂质体。

采用硫酸铵梯度法制备阿霉素脂质体:取卵磷脂和胆固醇适量,加至圆底烧瓶中,加入氯仿10 mL,40 ℃旋转减压蒸发除去氯仿,在瓶壁内形成均匀的脂质薄膜,40 ℃真空干燥,加入硫酸铵缓冲溶液(pH值5.5)将脂膜于60 ℃水化1 h。取脂质体混悬液10 mL置于透析袋中,在磷酸缓冲液(PBS,pH值7.4)2 L中进行透析,脂质体囊泡过0.45 μm微孔滤膜,形成空白脂质体。在上述空白脂质体中逐滴加入含5 mg阿霉素的溶液,混匀,水浴40 ℃孵育20 min,即得阿霉素脂质体。

4.在透射电镜下观察脂质体的形态。

【结果与分析】

通过显微镜观察发现,主动载药法制备的阿霉素脂质体比被动载药法制备的脂质体载药量高,形态好,游离的阿霉素少。

【注意事项】

1.磷脂相变温度是一个十分重要的参数,脂质体成膜温度则一定要高于磷脂的相变温度。

2.磷脂、胆固醇形成的薄膜应尽量薄。

3.水化过程中,一定要充分保证所有脂质水化,不得存在脂质块。

【思考题】

1.以脂质体作为药物载体的机制和特点是什么?

2.讨论影响脂质体形成的因素。

3.被动载药法和主动载药法的区别有哪些?

实验 23　微球的制备及正置显微镜观察

【实验目的】

1.掌握乳化交联法制备微球的原理及方法。

2.了解影响微球形成及其形态和大小的因素。

【实验原理】

微球是药物溶解或分散在高分子材料中,形成骨架型微小球形或类球形实体。其大小一般为 1~250 μm,亦有小于 1 μm 的毫微球(纳米粒)。

按载体材料的生物学性质微球可分为两类:

(1)生物降解微球,如明胶、淀粉、白蛋白和聚乳酸微球等,可口服、肌注、静注。

(2)非生物降解微球,如乙基纤维素、聚丙烯酰胺微球等,可口服给药,起缓释、长效的作用。

【仪器与试剂】

1.仪器:电动搅拌机,恒温水浴,正置显微镜,烧杯(50 mL,1 000 mL),三颈瓶,布氏漏斗,抽滤装置等。

2.试剂:液状石蜡,明胶,司盘 80(Span80),甲醛,异丙醇,乙醚,注射用水,定性滤纸,温度计等。

【方法与步骤】

1.配方。高分子载体材料:明胶,3 g;溶媒:水,15 mL;油相:液状石蜡,50 mL;W/O 乳化剂:司盘 80,10 g(1.3 mL);固化交联剂:甲醛,6 mL;脱水剂:异丙醇,50 mL。

2.明胶微球的制备。

(1)明胶溶液的配制:称取明胶 3 g,加注射用水 15 mL,浸泡溶胀后,移至 50 ℃水浴搅拌均匀即得 200 g/L 的明胶溶液。

(2)明胶微球的制备:取液状石蜡 50 mL 于三颈烧瓶中,加司盘 80 1.0 g,置于 50 ℃恒温水浴中。取 200 g/L 的明胶溶液 15 mL 在搅拌下缓慢加入,搅拌乳化 10 min,转速以不溢出为宜。移置冰浴,继续搅拌,当冷却至 5 ℃以下后,滴加 6 mL 甲醛,搅拌固化 10 min,再加入 50 mL 异丙醇搅拌 10 min,抽滤,用异丙醇溶液洗涤粉末 2 次(每次用量 15 mL),再用乙醚洗 2 次(用量同上),待有机溶剂自然挥发即得粉末状明胶微球。

3.正置显微镜法观察微球形态。取适量微球于载玻片上,加 1 滴蒸馏水分散均匀,在显微镜下观察其外观形态大小和粒度分布。

【结果与分析】

画出微球的外观形态并描述其特征。

【注意事项】

1.明胶液应预热至 50 ℃,在搅拌下滴加,使乳化均匀。

2.乳化搅拌速度增加有利于减小微球粒径,但以不产生大量泡沫和漩涡为度。

3.甲醛为固化剂,温度 5 ℃下有利于微球固化;异丙醇为脱水剂,使微球进一步固化及干燥;乙醚用于洗涤残余的液状石蜡和异丙醇。

【思考题】

1.影响微球粒径的主要因素有哪些?控制微球粒径对临床治疗有何意义?

2.微球和微囊在制备、性质及应用上有何异同?

第 12 章　制剂的表征

实验 24　粒度仪分析抗肿瘤纳米载体聚乳酸羟基乙酸纳米粒

【实验目的】

1.掌握抗肿瘤纳米载体聚乳酸羟基乙酸(PLGA)纳米粒的制备。

2.观察纳米粒的具体粒径。

3.掌握粒度仪的基本原理和操作。

【实验原理】

纳米制剂是目前肿瘤治疗领域中效果最好的先进剂型,拥有靶向功能的抗肿瘤高分子纳米制剂已逐渐成为抗肿瘤制剂的研发热点。纳米制剂的评价是纳米制剂性质、药效的重要判断依据,因此纳米粒的评价是药学研究中必不可少的实验步骤,而每一个实验步骤都离不开对应的仪器检测。因此本实验选用粒度仪检测抗肿瘤纳米载体聚乳酸羟基乙酸(PLGA)纳米粒,从纳米粒的粒径进行抗肿瘤纳米粒的表征和评价。

PLGA 纳米粒的粒径检测实验是利用 640 nm 的激光照射在悬浮液中做布朗运动的纳米粒子,纳米粒子产生的光强随时间产生波动信号,采用数字相关技术处理波动信号,得到纳米粒子运动的扩散系数 DT,最终利用 Stokes-Einstein 方程计算得出纳米粒径及其分布。

【仪器与试剂】

1.仪器:布鲁克海文粒度仪(Omni),超声细胞破碎仪,CO_2 培养箱。

2.材料:PLGA(10 000 Da),Cy5,聚乙烯醇,胎牛血清,DMEM 培养基,二氯甲烷和丙酮等。

【方法与步骤】

1.PLGA 纳米粒的制备。通过双重乳化溶剂蒸发法制备 PLGA。精密称取一定量 PLGA

于50 mL离心管中，加入5 mL有机溶剂中（丙酮：二氯甲烷=3：2）溶解PLGA得到油相；精密称取5 mg Cy5并溶解于0.5 mL纯化水中得到内水相；将配制好的内水相加入完全溶解的高分子材料溶液中，冰浴条件下超声破碎仪处理60 s（超声1 s，间隔1 s，温度25 ℃），制得初乳。随后立即将所得的初乳转移至装有10 mL PVA溶液的50 mL离心管中，以相同的条件继续超声90 s，最后倒入烧杯中并避光搅拌3 h以挥发有机溶剂。13 000 rpm离心15 min收集制得的PLGA纳米粒，并用去离子水重悬、洗涤3次。加入2 mL浓度为0.4%的冻干保护剂甘露醇溶液重悬，-80 ℃预冻，使用冷冻干燥机冻干后保存于-20 ℃冰箱备用。

2.粒度仪表征制剂。将制备好的PLGA液体稀释浓度到1.50 mg/L，加入2~3 mL溶液到粒度仪专用的四面透光的比色皿中待用。通过调节仪器检测角为90°、溶剂为水、激光波长为640 nm等多参数进行粒径检测。

【结果与分析】

根据光强与粒径的图像，运用BIC Particle Solutions软件，再根据仪器得到的自相关函数，从而得到悬浮在溶液中纳米粒子的扩散系数，最后仪器运算出粒子粒径 R_h 及其分布。

【注意事项】

1.乳化过程中加入的水相为超纯水，不要使用去离子水。
2.注意制备的PLGA纳米粒是否有聚集沉淀现象。
3.如遇样品是有机样品，盛装样品的比色皿材质必须为有机玻璃或者石英材质。

【思考题】

1.粒度仪中15°，90°，173°检测角有什么区别？
2.对比几种不同制备PLGA纳米粒的方法，它们各自的优缺点是什么？

实验25　激光共聚焦显微镜荧光漂白恢复分析制剂性质

【实验目的】

1.掌握激光共聚焦显微镜荧光漂白恢复实验原理。
2.观察制剂的分子流动性。

【实验原理】

荧光漂白恢复（Fluorescence Recovery after Photobleaching，FRAP）技术，指对细胞内某一区域的荧光漂白后，通过测定荧光分子的恢复速率，表征生物分子或者材料的动力学特征。FRAP技术首先通过低强度激发光照射细胞，使细胞或材料中标记荧光的生物分子发出荧光，然后用高强度（100%能量）的激发光照射某一区域，该区域的荧光分子瞬间被漂白。随后，周围未漂白区域的荧光分子运动到刚被漂白的区域，使用共聚焦检测该区域的荧光恢复过程，通过分析得到荧光漂白恢复曲线，因此，FRAP 技术可用于研究荧光分子在二维或三维空间的扩散，以及荧光分子在细胞内的转运等动态过程，同时也为细胞微环境中生物分子间的相互作用提供重要证据。

共聚焦显微镜以采集荧光信号为主，成像时需要对样本上的荧光基团进行激发，使其发出荧光，在这个过程中就可能发生“光漂白”。光漂白（Photobleaching）是染料或荧光基团分子在光照条件下发生化学反应或构象改变，从而导致吸收光的能力和发射荧光效率降低。

【仪器与试剂】

1.仪器：激光扫描共聚焦显微镜（Leica TCS SP8）。

2.材料：丝素蛋白（SF）、普朗尼克 F127（PF127）、香豆素-6、丙酮、二氯甲烷（DCM）、蒸馏水、无菌蛋黄乳液、黏蛋白、二乙基三胺五乙酸（DTPA）、氯化钠、氯化钾、无血清细胞冻存培养基（RPMI）。

【方法与步骤】

1.载香豆素-6/PF127 丝素蛋白纳米粒的制备。称取 100 mg 丝素蛋白溶解于 10 mL 蒸馏水中混匀作为水相，另取 5 mg 香豆素-6 溶解于 10 mL 丙酮中混匀作为油相，边涡旋边将 2 mL 水相加入油相中，将所得油包水乳化溶液用 50%功率超声 2 min（每 2 s 间隔 2 s），将超声后的溶液置于磁力搅拌器上搅拌 6 h，去除有机溶剂后，12 000 r/min 离心 20 min，去除上清液收集沉淀，用蒸馏水洗涤 3 次，冷冻干燥后得载香豆素-6 丝素蛋白纳米粒。载香豆素-6/PF127 丝素蛋白纳米粒的制备在油包水乳化溶液中加入 0.5 mL PF127 溶液（5 mg/mL，溶于 DCM），其余操作步骤同前。

2.荧光漂白/恢复实验。

模拟黏液的制备：在 50 mL 纯化水中加入 250 μL 无菌蛋黄乳液、250 mg 黏蛋白、0.295 mg DTPA、250 mg 氯化钠、110 mg 氯化钾，1 mL RPMI，搅拌 0.5 h 后用 3 500 rpm 离心 20 min，收集上清液 4 ℃保存备用。

光漂白/恢复研究：取 2 mg/mL 香豆素-6 标记的纳米粒 5 μL 与 50 μL 模拟黏液混合，然后将其置于共聚焦皿上，在共聚焦显微镜下观察。选定某个区域并用一束 50%～100%功率的 488 nm 激光照射该区域 10～50 s，使该区域的荧光猝灭，此时停止激光照射，记录 50 s 内该区域的荧光恢复情况，荧光强度恢复较快表明纳米粒在黏液中的流动性较高，再根据被漂白区域内荧光强度恢复速度计算纳米颗粒在模拟黏液中的迁移速率（香豆素-6 激发456 nm，发射 504 nm）。

【结果与分析】

1.激光驻留时间和激光能量与荧光漂白率的关系。通过调节不同的激光照射时间或者百分比能量，单因素控制变量法分析激光驻留时间和激光能量与荧光漂白率的关系。

2.对光漂白恢复曲线的绘制和分析。根据固定区域中检测到的荧光强度随时间的变化绘制荧光漂白恢复曲线。其中,$(F_{\infty}-F_0)/2$ 为荧光恢复一半时的荧光强度,对应的时间为半恢复时间 $t_{1/2}$,用于衡量某个生物分子的运动速率。FM 为已恢复的荧光强度,代表可自由移动的荧光分子数,FI 为与漂白前相比未恢复的荧光强度,代表移动受限的荧光分子数。不同的荧光漂白恢复曲线提供了有关荧光分子流动性的信息,可自由移动的荧光分子 FM 的变化,与荧光标记分子间的相互作用、细胞骨架和细胞膜的影响等因素相关。

【注意事项】

1.光漂白恢复时选择的激光能量很高,可能会损坏样品。
2.高强度地使用激光时需特别注意人员安全。

【思考题】

是否可以结合双光子做光漂白恢复以保护样品?

实验 26　^{19}F 核磁共振测定卡格列净片中卡格列净含量

【实验目的】

1.熟悉核磁共振波谱的原理。
2.了解 ^{19}F 核磁共振波谱定量分析的原理。
3.学习 ^{19}F 核磁共振谱图的处理方法和解析方法,提高谱图解析能力。

【实验原理】

核磁共振定量(qNMR)技术已经被包括《中华人民共和国药典》《美国药典》与《欧洲药典》在内的各药典收载,qNMR 法是一种绝对定量法,可以直接计算得到待测样品的含量,不受样品中含有的水分、灰分或无机盐等的干扰。qNMR 方法包括内标加入法以及外标曲线法,由于外标法对仪器以及实验环境要求更为严苛,内标加入法更为常用。理论上每种有核磁共振响应的核素都可以作为被检测核进行定量测定,但是由于 ^{13}C 及 ^{15}N 等元素的自然丰度较低,结构中不同化学环境核的弛豫时间差异大,为了满足定量的要求,需要采用特殊的门控技术,检测时间过长,实际工作中较少使用对此类元素作为观测核进行定量测定。

^{1}H 由于广泛存在于有机药物分子中,且响应较高,弛豫时间短,定量准确性好,一直是 qNMR 试验中应用最多的检测元素,但是 ^{1}H 试验中响应信号容易重叠以及易受杂质干扰,使其应用受到一定的限制。^{19}F qNMR 试验虽然仅适用于含氟的药物,但是检测灵敏度高,时间短且很少发生响应信号重叠,是除 ^{1}H 外一种很适用于 qNMR 的磁性核。^{19}F qNMR 技术检测灵敏度高,内标物质选择容易。由于常用药品辅料中不含有氟,适合复杂基质中以及含氟药物制剂中药物含量的测定。整个测定前处理简单,耗时短,抗干扰能力强,使用溶剂量少,适合大批量含氟药物制剂的高通量测定。

卡格列净片,商品名 Invokana,原研厂家为美国强生制药公司,于 2013 年获 FDA 批准在美国上市,是第 1 个被批准用于糖尿病治疗的钠-葡萄糖协同转运蛋白 2(SGLT2)药物,片剂规格为 100 mg 及 300 mg,其中含有乳糖、微晶纤维素、羟丙基纤维素、交联羧甲基纤维素钠、硬脂酸镁、聚乙烯醇、聚乙二醇及二氧化钛等辅料。卡格列净分子结构中含有 1 个分子氟,虽然辅料较多,但均不含有氟,不干扰^{19}F 测定(图 12.1)。

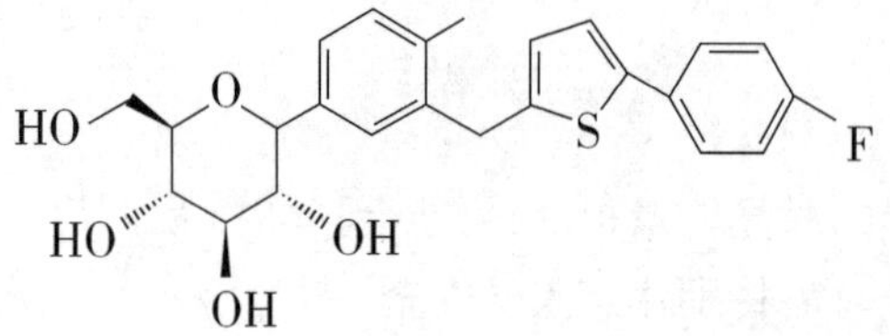

图 12.1　卡格列净分子结构图

【仪器与试剂】

1.仪器:Bruker Ascend 500 型核磁共振仪(布鲁克公司),5 mm PABBO 探头,Topspin3.2 试验控制及数据处理软件,Mettler Toledo XP205 电子天平(0.01 mg,梅特勒公司),5 mm 核磁共振样品管,纯水仪。

2.试剂:卡格列净片(300 mg 每片,美国强生),卡格列净工作对照品(99.8%,公司 A),氘代 DMSO(>99.9%,Sigma),4,4′-二氟二苯甲酮(含量 99.0%,TCI Chemicals)。

【方法与步骤】

1.核磁共振样品溶液制备。取卡格列净片 1 片,精密称定后研细,精密称取细粉约20 mg(含卡格列净约 10 mg),同时精密称取 4,4′-二氟二苯甲酮 10 mg,置于同一容器中,加 DMSO-d_6 2 mL 后漩涡震荡 1 min,使用 0.45 μm 尼龙膜滤过或在 3 000 g 离心 5 min,取澄清溶液 0.7 mL置 5 mm 核磁管中进行^{19}F 核磁共振定量测定。

2.核磁共振实验条件。采用 zgfhigqn.2 脉冲序列在恒温(25 ℃)下获取^{19}F qNMR 谱。具体实验参数设置如下:谱宽 SW = 40×10^{-6},射频中心频率 O1P 为-110×10^{-6},采样点数 TD 为 128 k,采样时间 AQ 为 3.5 s,弛豫延迟时间 D_1 为 20 s,扫描次数为 32 次,增益(RG)为 280。

3.线性关系。分别精密称取卡格列净片剂粉末 20~60 mg,与 4,4′-二氟二苯甲酮约 10 mg混合,加氘代 DMSO 使待测样品浓度为 5~15 mg · mL^{-1},在 3 000 g 下离心 5 min 后取上清液,按 2 项下实验条件测定^{19}F qNMR 谱,记录响应信号面积,以 δ-106 处样品响应信号和 δ-115 处内标响应信号比值为横坐标,样品和 4,4′-二氟二苯甲酮质量比为纵坐标做线性回归,计算得回归方程。

4.精密度及稳定性。按 1 项下方法制备供试品溶液,在 2 项下实验条件下连续测定 6 次,记录响应信号面积,其样品与内标响应信号面积比的 RSD 为 0.26%(n=6)。取同一供试品溶液在 12 h 后再次测定。

5.含量测定。按 1 项下方法平行制备 6 份样品,采用δ-106 处样品定量信号与δ-115 处内标定量信号,按下式计算片剂中卡格列净含量:

$$含量 = A_S A_r \times n_r n_s \times M_s M_r \times W_r \times m_r W_s \times 100$$

其中，A_s 为卡格列净响应信号的面积，A_r 为内标的响应信号面积，n_s 为卡格列净响应信号包含的氟原子数（$n_s=1$），n_r 为内标响应信号包含的氟原子数（$n_r=1$），M_s 为卡格列净的相对分子质量(444.5)，M_r 为内标的相对分子质量(218.2)，W_S 为卡格列净的称样量，W_r 为内标的称样量，m_r 为内标纯度(99.0%)。

【结果与分析】

1.分析标样和待测样品的^{19}F qNMR 谱图。卡格列净的单一响应信号出现在 δ-106，内标的响应信号为 δ-115，样品与内标的响应信号分离较好，相互不产生重叠干扰，也未有任何辅料产生干扰信号。

2.分析^{19}F qNMR 定量测定卡格列净方法的线性关系、精密度和稳定性。

3.根据定量公式计算片剂中卡格列净含量，判断是否有差异。

【注意事项】

1.进入实验室前，应将可磁化物如机械手表、磁卡、银行卡、锁匙、硬币、铁具等放到实验室内指定位置，不得将其带入或靠近核磁共振谱仪，尤其是探头区。

2.内标的选择要求性质稳定，不易引湿，不与待测样品及所用溶剂反应；响应信号较简单且不与待测样品信号产生重叠等。

3.弛豫延迟时间的长度应不短于纵向弛豫时间(T_1)的5倍。

【思考题】

1.^{19}F qNMR 内标如何选择？

2.^{19}F qNMR 定量方法适合检测哪些样品，方法的优缺点有哪些？

实验27 ^{31}P 核磁共振快速测定 ATP 注射液中 ATP、ADP、AMP 以及磷酸盐的含量

【实验目的】

1.熟悉核磁共振波谱的定性定量原理。

2.了解核磁共振谱仪的工作原理及基本操作方法。

3.学习^{31}P 核磁共振谱图的解析方法，提高谱图解析能力。

【实验原理】

随着核磁共振技术的不断发展，特别是超导傅里叶变换核磁共振仪的使用，使得定量分析的精密度和准确度已达到或接近高效液相色谱仪，越来越多的工作者用核磁共振来定量，

核磁共振已成为同时进行定性定量分析的重要仪器,《中华人民共和国药典》已将核磁共振法作为一种重要的药学分析方法。^{31}P NMR 只对磷原子有吸收峰,无其他元素的干扰、不破坏样品、操作简单、快速。

ATP 注射液在生产和储存过程中易混入或产生二磷酸腺苷二钠(ADP)、一磷酸腺苷二钠(AMP)、磷酸钠和焦磷酸钠。目前,分析 ATP 注射液的方法主要有色谱法、电泳法和光学分析法等。其中纸电泳法和高效液相色谱法是最主要的分析方法。纸电泳法是《中华人民共和国卫生部药品标准》指定的测定方法,但该法操作烦琐、实验周期长、专属性高。与之相比,高效液相色谱法的分离效能高,《中华人民共和国药典》推荐的测定方法是分光光度法与高效液相色谱法的结合,但高效液相色谱法的分析时间长、需要配制流动相,分析步骤较繁琐,而且紫外光度检测器要求待测物对紫外光有吸收,这就限制了对紫外光无吸收的物质(如磷酸盐)的检测。

^{31}P NMR 对同一样品中 ATP、ADP、AMP 等含磷物质进行定性定量分析,方法重现性好、准确度高。该方法精密度为 0.40%~1.30%,加样回收率为 96.9%~105.2%,得到 ATP、ADP、AMP 在 0.004~0.080 mol/L,NaH_2PO_4、$Na_4P_2O_7$ 在 0.005~0.100 mol/L 内具有很好的线性关系。采用^{31}P NMR 的方法对 ATP 注射液进行制剂分析,是一种快速、有效的分析 ATP 注射液中各种成分含量的方法。通过对比实验数据可知,用^{31}P NMR 谱测得的结果和用药典方法测定的结果很接近,且符合药典要求。^{31}P NMR 测定 ATP 注射液的方法操作简单、无须前处理、耗时短,整个测试过程只需几分钟,并且还可以同时测定 ATP 注射液中磷酸钠和焦磷酸钠的含量。

【仪器与试剂】

1.仪器:Agilent DD2 600 MHz 超导傅里叶变换核磁共振仪,5 mm 核磁共振样品管。

2.试剂:ATP、ADP、AMP 二钠盐(Amresco 公司,98%);氘代重水(D_2O,中国科学院武汉分院,99.8%);磷酸二氢钠(NaH_2PO_4,湖南师大化学试剂厂,99%);焦磷酸钠($Na_4P_2O_7$,广州化学试剂厂,99%);磷酸氢二钠(Na_2HPO_4,国药集团化学试剂有限公司,99%);无水磷酸二氢钾(KH_2PO_4,国药集团化学试剂有限公司,99%);四丁基溴化铵($C_{16}H_{36}BrN$,国药集团化学试剂有限公司,99%);ATP 注射液(规格 2 mL∶20 mg)。

【方法与步骤】

1.测试方法。^{31}P NMR 谱待测物质均在室温下采用 5 mm BBO 探头测定,参数为:谱宽 20 161.291 Hz;中心频率-3 036.85 Hz;采样时间 2 s;脉冲激发时间 11.5 μs;延迟时间 4 s;扫描次数 64;空扫次数 4。

优化确定实验参数的考察。弛豫时间对核磁定量分析非常重要,反映到具体的参数就是延迟时间(D_1)和采样时间(AQ)。

将 D1=4 s,其他条件不变,改变 AQ,使之分别为 0.1,0.3,0.5,1,1.5,2,2.5 和 3 s,测定样品溶液的^{31}P NMR 谱,发现在 0.5 s 后峰面积不随 AQ 的增大而增大,基本保持不变;将 AQ=2 s,其他条件不变,改变 D_1,使之分别为 0.1,0.3,0.5,1,2,3,4 和 5 s,测定样品溶液的^{31}P

NMR 谱,发现在 0.5 s 后峰面积不随 D_1 的增大而增大。为使本方法的适用范围更广,选取 AQ=2 s,D_1=4 s。

在实验中发现谱宽大于 120 时,得到的谱图相位校正不好,因此将谱宽频率减少到 20 161.291 Hz;对应的中心频率为-3 036.85 Hz,其他实验参数为仪器推荐参数。

2.线性范围与检出限的测定。称取 ATP、ADP、AMP、NaH_2PO_4 和 $Na_4P_2O_7$ 适量放入同一个 5 mL 量瓶中,通过稀释配成 ATP、ADP、AMP 的系列浓度均为 0.080,0.020,0.008,0.004,0.002 和 0.001 mol/L;NaH_2PO_4 与 $Na_4P_2O_7$ 的系列浓度均为 0.100,0.025,0.010,0.005,0.002 5,0.001 25 mol/L。均加入 0.500 mol/L KH_2PO_3 溶液 1.0 mL 作为内标,用含 10% D_2O 的蒸馏水定容,摇匀后制成系列标准溶液,在实验条件下测 ^{31}P NMR 谱。

3.精密度与回收率的测定。按等物质的量之比,准确称取 ATP、ADP、AMP、NaH_2PO_4、$Na_4P_2O_7$ 和 KH_2PO_3 于核磁管内,加入适量 D_2O 溶解,充分振荡摇匀后制成样品溶液,在实验条件下测 ^{31}P NMR 谱,连续采样 6 次,每次对所需的峰面积积分 5 次,作为精密度结果;将样品溶液做 3 个梯度的加样回收率,按测定质量的约 20%,50% 和 80%添加,在实验条件下测 ^{31}P NMR 谱,连续采样 5 次,每次对所需的峰面积积分 5 次,作为回收率结果。

4.样品的测定。准确移取 ATP 注射液 1.0 mL 于 5 mm 核磁管内,加入适量 D_2O 和 KH_2PO_3,充分振荡溶解后制成待测溶液,在实验条件下测定 ^{31}P NMR 谱,连续采样 5 次,每次对所需的峰面积积分 5 次。^{31}P NMR 定量原理是磷原子的峰面积与磷原子个数成正比,通过加入的内标物就可以算出含磷化合物的含量。

【结果与分析】

1.溶液的 ^{31}P NMR 谱,通过添加标准物质比较积分,可以对各个吸收峰进行定性分析,在 δ-22.625 处为 ATP 的吸收峰,在 δ-11.165 处为 ATP 与 ADP 的吸收峰发生重叠,在 δ-10.517处为 ATP、ADP 与 $Na_4P_2O_7$ 的吸收峰发生重叠,在 δ0.018 处为 NaH_2PO_4 的吸收峰,在 δ 0.249 处为 AMP 的吸收峰,在 δ 1.036,4.138 处为 KH_2PO_3 的吸收峰。

2.分析 ^{31}P NMR 定量方法的线性范围、检出限、精密度和回收率。

3.对 ATP 注射液的 ^{31}P NMR 谱进行分析,分析该注射液含有的杂质,并与药典比对该注射液是否合规。

【注意事项】

1.进入实验室前,应将可磁化物如机械手表、磁卡、银行卡、锁匙、硬币、铁具等放到实验室内指定位置,不得将其带入或靠近核磁共振谱仪,尤其是探头区。

2.小心进样操作,以免核磁管断裂损坏探头。

【思考题】

1.核磁定量测试时哪些参数对含量测定因素有影响?

2.对比几种 ATP 注射液定性定量检测方法的区别?

实验 28　高效液相色谱荧光测定药物中的氯乙酰氯

【实验目的】

1.掌握高效液相色谱荧光检测法测定药物中氯乙酰氯的分析方法。

2.学习使用高效液相色谱荧光检测法。

【实验原理】

高效液相色谱检测法的应用越发广泛，在药品检测中具有重要作用。HPLC 具有操作简便、快速、重现性好等特点，在药物检测中具有良好应用推广价值。脂肪酰氯类化合物是许多药物合成的重要原料，其分子中的酰氯官能团是遗传毒性杂质的警示结构，具有潜在的遗传毒性，需要严格控制其在药物中的残留量，由于脂肪酰氯的高反应活性，无论采用何种色谱方法，都需要在进样前进行衍生化处理，本实验采用吖啶酮乙酰肼（AHAD）为柱前荧光衍生试剂，使用 HPLC 测定药物中氯乙酰氯含量。

【仪器与试剂】

1.仪器：高效液相色谱仪（Agilent 1260），荧光检测器。

2.试剂：氯乙酰氯对照品，吖啶酮乙酰肼，乙腈（色谱纯），蒸馏水等。

【方法与步骤】

1.溶液的配制。

标准溶液：精确量取 205 μL 氯乙酰氯对照品，置于 25 mL 容量瓶中，用无水乙腈溶解并稀释到标线，摇匀，作为氯乙酰氯的标准储备液，浓度为 0.1 mol/L。低浓度氯乙酰氯工作溶液用无水乙腈稀释而得。

衍生试剂溶液：精密称取 1.34 mg 吖啶酮乙酰肼，用无水乙腈溶解后，定容至 100 mL，浓度为 5×10^{-5} mol/L。

所有溶液均密封保存于 4 ℃冰箱中。

2.衍生过程。分别将 100 μL 氯乙酰氯标准溶液或样品溶液和 120 μL 吖啶酮乙酰肼溶液，依次加入到 1.5 mL 离心管中，在室温下衍生 15 min，反应结束后，向离心管中加入 780 μL 50%乙腈溶液稀释后进样。

3.色谱条件。色谱柱：Agilent ZORBAX Eclipse XDB-C18（250 mm×4.6 mm×5 μm）；柱温：30 ℃；流动相：A 为水，B 为乙腈；梯度洗脱程序：0～20 min 时，B 由 20%升至 40%，流量为 1.0 mL/min；荧光激发波长和发射波长分别为 255 nm 和 429 nm；进样体积：10 μL。

4.样品测定。取氯乙酰氯标准储备液用无水乙腈稀释得到一系列不同浓度的标准溶液，按照前述方法衍生后进样分析。

精密称取 20 mg 氟伐他汀钠原料药于 1.5 mL 离心管中，加入 1 mL 无水乙腈，超声处理 10 min 后离心。取上清液 100 μL，按照前述方法衍生进样测定含量。

【结果与分析】

1.标准曲线的绘制。以不同浓度的标准品的峰面积作为纵坐标(y)，浓度作为横坐标(x)，进行线性回归，绘制标准曲线。

2.样品中物质含量的计算。通过峰面积和标准曲线计算出样品中物质含量。

【注意事项】

衍生剂的用量和反应时间需要注意，不能过长也不能过短。

【思考题】

为什么选择用吖啶酮乙酰肼为衍生剂，是否还有其他衍生剂?

实验 29 高效液相色谱荧光检测法测定人血清中拉呋替丁胶囊剂药物浓度

【实验目的】

1.掌握荧光鉴定去甲肾上腺素的实验原理和基本方法。

2.掌握原料药荧光鉴别的特征。

【实验原理】

拉呋替丁是一种长效组胺 H_2 受体拮抗剂，通过阻断辣椒素感受神经和非竞争性组胺 H_2 受体来减少胃酸分泌、增加胃黏膜血流量、促使胃黏膜再生以及增加胃黏液等机制发挥抗消化性溃疡的作用。这一药物首先由比利时和日本联合开发，2000 年在日本上市，一般剂型为胶囊剂。临床上主要用于治疗胃溃疡、十二指肠溃疡以及用于改善急性恶性变期的黏膜病变等疾病。本实验使用反相高效液相色谱荧光检测法检测拉呋替丁胶囊剂在人体血清样本中的血药浓度。

【仪器与试剂】

1.仪器：高效液相色谱仪(Agilent 1260)，荧光检测器，电子天平，超声清洗机，离心机等。

2.试剂：拉呋替丁胶囊，拉呋替丁对照品，内标曲马多，甲醇(色谱纯)，氢氧化钠，盐酸，冰醋酸，醋酸钠，二氯甲烷，二次超纯水等。

【方法与步骤】

1.色谱条件。色谱柱型号为 Supelcosil TMLC-18-DB（4.6 mm×250 mm×5 μm），使用甲醇：醋酸（醋酸钠缓冲液，pH 值 4.5）1∶2 作为流动相，流速设置为 1.0 mL/min，柱温 40 ℃，荧光检测波长激发波长设置为 285 nm，发射波长设置为 313 nm。

2.标准曲线绘制。准确称量拉呋替丁对照品 5 mg，置于 500 mL 定量瓶中，用甲醇稀释，得到 10 mg/L 的储备液。用甲醇将储备液继续稀释，得到质量浓度分别为 1 500，750，375，250，125，50，25，12.5 μg/L 的应用液。配制标准曲线待测液时取 0.4 mL 空白血清分别加入 0.1 mL 各质量浓度的应用液（做待测血清），使标准曲线的系列质量浓度分别为 300，150，75，50，25，10，5，2.5μg/L。

3.样品处理。准确量取 0.5 mL 的待测血清置于离心管中，加入 5 mg/L 曲马多 15 μL 作为内标，随后加入 0.1 mL 的 1 mol/L 氢氧化钠溶液和 0.4 mL 二氯甲烷，振荡混合 30 秒后离心 5 min，离心速度设置为 13 000 r/min，去除上层水相，向二氯甲烷中加入 0.1 mL 的 0.1 mol/L 盐酸溶液，振荡 30 s 后离心 5 min，离心速度设置为 13 000 r/min，取上清液 15 μL 进样分析。

4.健康人血药浓度测定。将实验方法应用到 12 名健康受试者，采用口服单剂量拉呋替丁胶囊 10 mg 后体内不同时间拉呋替丁血药浓度的测定方法。采血后，采用与待测血清相同的处理方式，在 0.5 mL 人体血清中加入 5 mg/L 曲马多 15 μL 作为内标，再加入 0.1 mL 的 1 mol/L 氢氧化钠溶液和 0.4 mL 二氯甲烷，振荡混合 30 s 后离心 5 min，离心速度设置为 13 000 r/min，去除上层水相，向二氯甲烷中加入 0.1 mL 的 0.1mol/L 盐酸溶液，振荡 30 s 后离心 5 min，离心速度设置为 13 000 r/min，取上清液 15 μL 进样分析。进样后得到不同时间的平均血药浓度-时间曲线图。

【结果与分析】

在实验所用色谱条件下，拉呋替丁和内标曲马多峰形尖锐，保留时间分别为 5.6 min 和 7.8 min，空白血清色谱图中对应处基线波动小，没有杂峰出现。

血清中拉呋替丁方法的线性范围为 2.5~300 μg/L，内峰高比与质量浓度成线性，线性方程为 $A=0.008\ 4+0.004\ 7\rho$，相关系数 $r=0.999\ 7$（$n=5$）。高效液相色谱荧光检测法测定血清中拉呋替丁的最低检测浓度为 2.5 μg/L，重现性较好，本方法操作简便、灵敏度高，能够达到药物动力学研究的要求。

健康受试者口服 10 mg 拉呋替丁胶囊剂后的平均血药浓度-时间曲线显示，服药 2 h 后血液内拉呋替丁含量达到顶峰，15 h 后血液内拉呋替丁含量接近于零。

【思考题】

1.高效液相色谱在临床试验中的潜在应用有哪些？

2.哪些类型的药物适合用荧光检测器检测？

第 13 章　原料药与制剂的稳定性

实验 30　利用紫外可见分光光度计分析原料药稳定性试验

【实验目的】

1.学会利用紫外可见分光光度计对阿霉素含药量进行直接分析。

2.掌握原料药相关的稳定性试验考察原则以及考察方法。

【实验原理】

依据《中华人民共和国药典》(2020 版)中《原料药物与制剂稳定性试验指导原则》进行相关的稳定性试验,稳定性试验的目的是考察原料药在温度、湿度、光线的影响下随时间变化的规律,为药品的生产、包装、储存、运输条件提供科学依据,同时通过试验建立药品的有效期。稳定性试验包括影响因素试验(高温试验、高湿试验、强光照射试验)、加速试验与长期试验,由于加速试验和长期试验周期长,本实验仅进行影响因素试验。

阿霉素是一种抗生素类药物,化学式为 $C_{27}H_{29}NO_{11}$,属于抗肿瘤药、细胞毒类药物、作用于 DNA 化学结构的药物,其抗癌谱广,适用于急性白血病(淋巴细胞性和粒细胞性)、恶性淋巴瘤、乳腺癌、支气管肺癌(未分化小细胞性和非小细胞性)、卵巢癌、软组织肉瘤、成骨肉瘤、横纹肌肉瘤、尤文肉瘤、母细胞瘤、神经母细胞瘤、膀胱癌、甲状腺癌、前列腺癌、头颈部鳞癌、睾丸癌、胃癌、肝癌等。阿霉素盐酸盐在盐酸溶液中大致稳定,在碱性溶液中不稳定。由于各种输液的 pH 值不同,临床产品中阿霉素的稳定性不同,因此本实验选用常见的 4 种溶剂,对阿霉素的光照稳定性做初步考察。

对阿霉素的检测方法有紫外检测法、高效液相色谱法和荧光检测法,本实验利用紫外可见分光光度计对探究光照稳定性的多个微量样品进行检测。

【仪器与试剂】

1.仪器:紫外可见分光光度计(Agilent Cary60)、pH 计、电子天平等。

2.材料:阿霉素对照品或现购其他原料药。

【方法与步骤】

1.含量的测定。精密称取阿霉素对照品适量,加溶剂蒸馏水配制成 150 μg/mL 的原液储备液。精确吸取该原液储备液,配制成浓度为 5,10,15,20,25,30 μg/mL 的不同浓度标准液,上机紫外分光光度计在 233 nm 测定吸收度,根据吸收峰积分面积绘制标准曲线,用于紫外含量测定。

2.影响因素试验。此项实验在比加速试验更激烈的条件下进行,其目的是探讨药物的固有稳定性,并了解影响其稳定性的因素及可能的降解途径与降解产物,为制剂生产工艺、包装、贮存条件和建立降解产物分析方法提供科学依据。供试品可以用阿霉素或者原料药进行,将供试品置于适宜的开口容器中(如称量瓶或培养皿),摊成≤5 mm 厚的薄层,疏松原料药摊成≤10 mm 厚的薄层,进行以下试验。当试验结果发现降解产物有明显的变化,应考虑其潜在的危害性,必要时应对降解产物进行紫外定性或定量分析。

(1)高温试验。供试品开口置适宜的洁净容器中,60 ℃温度下放置 10 天,于第 5 天和第 10 天取样,按稳定性重点考察项目进行检测。假设阿霉素含量低于规定限度则在 40 ℃条件下同法进行试验。假设 6 ℃无明显变化,不再进行 40 ℃试验。

(2)高湿度试验。供试品开口置恒湿密闭容器中,在 25 ℃分别于相对湿度 90%±5%条件下放置 10 天,于第 5 天和第 10 天取样,按稳定性重点考察项目要求检测,同时准确称量试验前后供试品的质量,以考察供试品的吸湿潮解性能。假设吸湿增重 5%以上,则在相对湿度 75%±5%条件下,同法进行试验;假设吸湿增重 5%以下,其他考察项目符合要求,则不再进行此项试验。恒湿条件可在密闭容器(如干燥器)下部放置饱和盐溶液,根据不同相对湿度的要求,可以选择 NaCl 饱和溶液(相对湿度 75%±1%,15.5~60 ℃),KNO_3 饱和溶液(相对湿度 92.5%,25℃)。

(3)强光照射试验。供试品开口放在装有日光灯的光照箱或其他适宜的光照装置内,于照度为(4500±500) lx 的条件下放置 10 天,于第 5 天和第 10 天取样,按稳定性重点考察项目进行检测,特别要注意供试品的外观变化。

关于光照装置,建议采用定型设备“可调光照箱”,也可用光橱,在箱中安装日光灯数支使到达规定照度。箱中供试品台高度可以调节,箱上方安装抽风机以排除可能产生的热量,箱上配有照度计,可随时监测箱内照度,光照箱应不受自然光的干扰,并保持照度恒定。

【结果与分析】

1.根据标准溶液得出阿霉素的含量测定方法。

2.根据不同变量观察其对原料药、pH 值和外观颜色有无影响。

【注意事项】

紫外分光光度计使用时盛装样品的比色皿内溶液以皿高的 2/3~4/5 为宜,不可过满以防液体溢出腐蚀仪器。

【思考题】

1.阿霉素的其他检测方法有哪些?

2.结合实验结果,讨论原料药的保存条件。

实验 31　基于薄层色谱-荧光法考察制剂的稳定性实验

【实验目的】

1.考察黄连与萸黄连标准制剂饮片的稳定性及其影响因素。

2.结合薄层色谱-荧光法考察粒度对标准饮片稳定性的影响。

【实验原理】

药物制剂稳定性研究,首先应查阅原料药稳定性有关资料,特别了解温度、湿度、光线对原料药稳定性的影响,并在处方筛选与工艺设计过程中,根据主药与辅料性质,参考原料药的试验方法,进行必要的稳定性影响因素试验、加速试验与长期试验。同时考察包装条件,在此基础上进行实验。

目前,化学对照品、对照药材及对照提取物在中药质量控制中起着重要的作用,然而其不足之处在于忽视了中药饮片理化性质在炮制过程中可能发生的各种变化,从而不能满足中药饮片的质量标准评判。相对于单一化学成分对照品,"标准饮片"可更为全面展现饮片属性信息,提高饮片真伪鉴别、质量优劣评价的可靠性和专属性。因此,中药标准饮片是用来评价饮片质量最合适的"标准物质",开展中药标准饮片作为中药质量评价标准体系中标准物质的基础研究具有非常重要的科学意义和实用价值。

黄连为毛茛科植物黄连 *Coptis chinensis* Franch.(味连)、三角叶黄连 *Coptis deltoidea* C.Y. Cheng et Hsiao(雅连)或云南黄连 *Coptis teeta* Wall.(云连)的干燥根茎,具有清热燥湿、泻火解毒的功效,主要药理作用为抗菌、抗炎、降血糖、调血脂等。萸黄连可抑制黄连的苦寒之性,起"以热制寒"之效,善清气分湿热,散肝胆郁火,舒肝和胃而止呕。本研究基于荧光分光光度法考察黄连、萸黄连标准饮片稳定性,依据《中华人民共和国药典》(2020 版)中《原料药物与制剂稳定性试验指导原则》进行相关的稳定性试验,考察药物制剂在温度、湿度、光线的影响下随时间变化的规律,为药品的生产、包装、储存、运输条件提供科学依据,同时通过试验建立药品的有效期。针对不同粒度标准饮片的性状、水分以及主要成分含量变化,为黄连和萸黄连标准饮片的粒度、质量稳定、包装选择及储存条件提供依据。

【仪器与试剂】

1.仪器:荧光分光光度计,干燥箱,分析天平,恒温恒湿箱,电子天平,超声波清洗器。

2.试剂:黄连、萸黄连、盐酸小檗碱、表小檗碱、黄连碱、巴马汀。

【方法与步骤】

按稳定性考察项目要求，检测考察期内不同粒度黄连与萸黄连标准饮片的性状、水分及主要成分含量。性状为外观颜色、形态等；含量测定依据参照药典荧光分析法测定样品荧光强度。

1.标准液、样品液和待测液的制备。

（1）标准液制备：精确称取黄连碱、表小檗碱、巴马汀、小檗碱对照品各2 mg，用4 mL无水乙醇超声溶解5 min（100 kHz），0 ℃储存备用。

（2）样品液制备：取黄连-70%乙醇提取浸膏6 mg（生物碱含量分别为9.21%黄连碱，3.45%表小檗碱，3.98%巴马汀，18.50%小檗碱），溶解在4 mL无水乙醇中，超声5 min（100 kHz），0 ℃储存备用。

（3）黄连生物碱待测液制备：取适量黄连总生物碱粗提物，完全溶解于充分平衡的氯仿-甲醇-0.2 mol/L HCl（4∶1.5∶2，V/V）溶剂体系中，静置分层后，取等量含有样品的上下相溶液，0 ℃储存备用。

2.薄层色谱条件。薄层板（10 cm×10 cm，厚3 mm）；展开剂为环己烷-乙酸乙酯-异丙醇-甲醇-水-三乙胺（3∶3.5∶1∶1.5∶0.5∶1，V/V）。取适量样品点于硅胶薄层板上，置于用氨水预饱和20 min的展开缸内，展开，取出晾干，置紫外灯（365 nm）下检测。

3.荧光测定。样品经薄层色谱展开后，分别画出样品对应的荧光斑点，定量刮取，置1.5 mL离心管中，加入1 mL无水乙醇，涡旋混匀后超声（100 kHz）提取20 min，再以4 000 r/min离心5 min，转移上清液于1.5 mL离心管中。吸取适量样品，加入2 mL无水乙醇，摇匀，参照药典荧光分析法测定样品荧光强度，激发光波长365 nm，荧光光谱波长409 nm，入射和出射狭缝带宽均为5 nm，环境温度25±1 ℃。

4.影响因素试验。药物制剂进行此项试验的目的是考察制剂处方的合理性与生产工艺及包装条件。供试品用一批进行，将供试品如片剂、胶囊剂、注射剂（注射用无菌粉末如为青霉素瓶装，不能打开瓶盖，以保持瓶封的完整性），除去外包装，置于适宜的开口容器中，进行高温试验，高湿度试验与强光照射试验，试验条件、方法、取样时间与原料药相同（参照实验30）。

【结果与分析】

将水分、小檗碱含量以及表小檗碱、黄连碱和巴马汀的总量导入仪器软件中，通过正交偏最小二乘法分析粒度与各指标的相关性。

【注意事项】

黄连与萸黄连标准饮片含有的主要成分如小檗碱在高温及光照条件下会被氧化，因此避免高温和光照有利于保证黄连及萸黄连标准饮片主要成分的稳定；在高湿条件下，黄连及萸黄连标准饮片容易吸湿并导致结块，甚至会霉变，故对其应该包装紧密，防止吸湿变潮。

【思考题】

1.盐酸小檗碱、表小檗碱、黄连碱、巴马汀为什么可以使用荧光法检测?

2.还有哪些可以使用荧光法进行检测的中药饮片?

第 14 章　药效学实验

实验 32　白及多糖体外抗肿瘤实验

【实验目的】

1.探讨白及多糖的体外抗肿瘤活性和抗肿瘤作用。

2.学习使用酶标仪进行 MTT 法检测。

【实验原理】

白及作为传统中药,可以用来治疗消化道黏膜损伤、溃疡、出血、挫伤和烧伤。白及多糖主要成分为由 4 分子甘露糖和 1 分子葡萄糖组成的葡配甘露聚糖,属高分子化合物,在水中溶解时受分子间氢键作用的影响,易形成亲水性凝胶,白及多糖的这一特性使其在临床上有很好的治疗作用。很多文献对中药白及进行了系列研究,证实白及提取物可作为各种血管栓塞剂的优良载体,制作的白及微球及载药微球还能通过抑制肿瘤新生血管生成及侧支循环的建立发挥抗肿瘤作用。

本实验选择白及多糖对正常和非正常的肝癌细胞用 MTT 法进行初步简单的抗肿瘤作用探究。MTT 法是一种检测细胞存活和增殖的方法,又称 MTT 比色法,其检测原理为活细胞线粒体中的琥珀酸脱氢酶能使外源性 MTT 还原为水不溶性的蓝紫色结晶甲瓒(Formazan)并沉积在细胞中,而死细胞无此功能。二甲基亚砜(DMSO)能溶解细胞中的甲瓒,用酶联免疫检测仪(酶标仪)在 540 nm 或 720 nm 波长处测定其光吸收值,可间接反映活细胞数量。在一定细胞数范围内,MTT 结晶形成的量与细胞数成正比。该方法具有灵敏度高、经济等特点,已广泛用于一些生物活性因子的活性检测、大规模的抗肿瘤药物筛选、细胞毒性试验以及肿瘤放射敏感性测定等。本实验采用 MTT 法分析药物对肿瘤细胞和正常肝细胞是否具有抑制生长增殖作用以及抑制作用的强弱。

【仪器与试剂】

1.仪器:酶标仪(Molecular Devices SpectraMax i3x),CO_2 培养箱等。

2.材料:市售白及多糖标准品,市售MTT,人肝癌细胞株HepG2,人正常肝细胞L02细胞,EDTA溶液,细胞培养液(含10%胎牛血清,100 U/mL青霉素、100 U/mL链霉素的MDEM)。

【方法与步骤】

1.HepG2、L02细胞培养。分别将冻存于液氮中的细胞株取出,放置于37 ℃水中快速解冻,800 rpm低速离心5 min,弃上清后各加入适量培养液(含10%胎牛血清,100 U/mL青霉素、100 U/mL链霉素的MDEM)制成细胞悬浮液,在37 ℃、5%CO_2饱和湿度培养箱内培养,待细胞贴壁铺满瓶底后,用0.02% EDTA清洗细胞两遍,再加入0.25%胰蛋白酶进行消化传代,传代2~3次后细胞处于对数生长期后可供实验用。

2.MTT法检测白及多糖对两种细胞的毒性。分别取对数生长期的HepG2和L02细胞经消化、计数,制成细胞浓度为1×10^4个/毫升的悬液,按每孔100 μL接种到96孔板中,置于37 ℃、5%CO_2培养箱中培养24 h。待细胞贴壁后换液加药,白及多糖用DEME培养液稀释成8个浓度,分别为320,160,80,40,20,10,5,2.5 μg/mL,每孔200 μL,每浓度设6个复孔,同时设立阴性对照组、溶媒对照组。96孔板置于37 ℃、5%CO_2培养箱中培养72 h后,每孔加入20 μL MTT(5 mg/mL),继续培养6 h。1 200 rpm离心5 min,弃上清液,每孔加入DMSO 200 μL,置摇床上振荡10 min,使结晶物充分溶解,在540 nm或720 nm双波长下用酶标仪测定每孔的OD值,各组OD值取均值后,计算抑制率。

3.数据处理。实验数据以“均数±标准差”表示,采用SPSS 13.0软件进行统计分析。进行单因素方差分析和方差齐性检验,用t检验做组间两两比较,$P<0.05$表示有显著性差异,$P<0.1$表示有极显著性差异。

【结果与分析】

1.白及多糖对肝癌细胞HepG2的增殖影响。通过结果分析白及多糖对肝癌细胞HepG2增殖的抑制作用,随白及多糖质量浓度的抑制率的变化,其抑制作用呈一定的剂量依赖性。

2.白及多糖对人正常肝细胞L02的增殖影响。通过结果分析白及多糖对人正常肝细胞L02增殖无抑制作用。

【注意事项】

MTT法只能用来检测细胞相对数和相对活力,但不能测定细胞绝对数。在用酶标仪检测时,为了保证实验结果的线性,MTT吸光度最好在0~0.7范围内。

【思考题】

1.实验过程中设置6个复孔有什么作用?

2.结合仪器还有哪些方法可以检测细胞增殖情况?

实验 33　激光共聚焦显微镜检测体内抗肿瘤效果

【实验目的】

1.了解体内抗肿瘤效果评价的方法。

2.掌握激光共聚焦显微镜检测体内抗肿瘤效果评价的方法。

【实验原理】

肿瘤细胞发生凋亡过程中,会激活 DNA 内切酶,这些酶会切断基因组 DNA。DNA 发生断裂时,暴露的 3′-OH 会在末端脱氧核苷酸转移酶的催化下加上红色荧光探针 Cy3 标记的 dUTP(Fluorescein-dUTP)片段,因此可以通过激光共聚焦显微镜进行检测。这就是 TUNEL(TdT-mediated dUTP Nick-end Labeling)法检测细胞凋亡的原理。

【仪器与试剂】

1.仪器:激光共聚焦显微镜,冷冻切片机。

2.试剂:荧光染料(Hoechst 33258),碘化丙啶(PI)等。

【方法与步骤】

1.动物模型的建立。为了研究体内的抗肿瘤效果,首先构建小鼠肿瘤模型,选择 12 只 18 g 左右的雄性 BALB/c 小鼠,每只小鼠注射含有 5×10^7 个小鼠乳腺癌细胞(4T1 细胞)的 PBS 溶液,注射 7 天后,小鼠臀部长起大小均一的肿瘤,证明动物肿瘤模型构建成功。

2.体内抗肿瘤治疗。当成功构建肿瘤小鼠模型后,随机将小鼠分成对照组和给药实验组(每组 6 只),实验组按照特定的治疗方式给药,通过安乐死方式处置小鼠,取出肿瘤组织备用。

3.肿瘤切片的凋亡染色分析。按照 TUNEL 一步法试剂盒操作进行 TUNEL 染色。取制备好的肿瘤组织切片,加 4%多聚甲醛进行固定,室温固定 20~30 min,PBS 洗涤 3 次,每次 5 min。然后加入蛋白酶 K,使得组织中的一些蛋白降解,30 min 后,用 PBS 清洗蛋白酶 K,清洗 3 次,将过量的蛋白酶 K 冲洗干净,然后加入 20 μL TUNEL 试剂将肿瘤组织淹没覆盖,置于 37 ℃条件下避光静置 2 h,结束后,用 PBS 清洗 3 次,将多余的 TUNEL 冲洗干净,此步骤操作要小心,防止将组织切片洗掉;然后用荧光染料进行细胞核染色,室温避光条件下,加入 Hoechst 33258 淹没覆盖组织切片,10 min 后,PBS 冲洗 3 次,最后用抗荧光淬灭剂封片,然后在激光共聚焦荧光显微镜下观察凋亡情况。

【结果与分析】

对照组有蓝色荧光,表明对照组没有肿瘤细胞凋亡,而实验部分未出现蓝色荧光,表明部分肿瘤细胞凋亡。

【注意事项】

1.在选择固定液时，建议使用 4%的多聚甲醛（PFA）进行固定，不建议选用乙醇和甲醇，也不能选用甲醛替代。

2.固定液的浓度不可过高，浓度过高的固定液会使组织边缘迅速固定，影响液体的穿透，影响固定效果，导致组织中心的细胞自溶、DNA 链不规则断裂等情况的发生，实验结果出现假阳性。

3.固定时间也不可过长，太长的固定时间会影响试剂的染色效率。

4.TUNEL 染色液孵育时间过长，可能会出现非特异性荧光。需要保证 TUNEL 染色孵育过程中样品能充分接触染色液并控制孵育时间。

5.注意曝光时间，在进行荧光显微镜观察时，根据显微镜的不同，具体参数曝光时间建议在 1 000 ms 以内，增益参数建议在 500%以内，或不开增益曝光时间控制在 2 000 ms 以内，过度曝光也会增加实验的假阳性概率。

【思考题】

1.染色过程中标记效率降低，难以观察到荧光的原因有哪些？

2.讨论分析实验结果出现假阳性的原因。

实验 34　流式细胞仪检测细胞周期

【实验目的】

1.以细胞为研究对象，了解细胞不同生长时期的特性。

2.掌握流式细胞仪检测细胞周期的方法。

【实验原理】

细胞周期（Cell Cycle）是指细胞从上一次分裂完成到下一次分裂结束所经历的全部过程，包括分裂间期和分裂期（M 期），其中分裂间期又可分为 DNA 合成前期（G1 期）、DNA 合成期（S 期）、DNA 合成后期（G2 期）。G0 期是静止期细胞，它们暂时脱离细胞周期，停止细胞分裂，但在一定条件的刺激下，又可重新进入细胞周期进行分裂。细胞是生命活动的基本单位，而细胞周期又与细胞的增殖和分化密切相关。因此，对于细胞周期的检测至关重要。细胞内的 DNA 含量会随细胞周期进程而发生周期性变化，通过流式细胞仪对细胞内 DNA 的相对含量进行测定，可分析细胞周期各阶段的百分比。常用于测定 DNA 含量的染料有碘化丙啶（PI）、4′,6-二脒基-2-苯基吲哚（DAPI）、7-氨基放线菌素（7-AAD）、Hoechst 33342（活细胞染色）等。

【仪器与试剂】

1.仪器:涡旋混合器,离心机,光学显微镜,流式细胞仪,200 目细胞过滤膜。

2.试剂:荧光染料(Hoechst 33342),碘化丙啶(PI)等。

【方法与步骤】

1.细胞培养及给药。取对数生长期的细胞,调整细胞浓度为 5×10^5 个/毫升的单细胞悬液,移至无菌细胞培养瓶中,在 37 ℃、5%CO_2 饱和湿度的培养箱中培养 24 h 后,设空白对照组、实验组,其中实验组加入模型纳米粒,空白组加入等量 RPMI 1640 培养基。培养 48 h 后消化收集细胞,离心,去除上清,并用 1 mL 1×PBS(不含 Ca^{2+}、Mg^{2+})清洗一次。

2.细胞周期染色。

(1)固定细胞 PI 染色法:

①用 0.5 mL 预冷的 70%乙醇重悬固定细胞,在涡旋器搅拌的同时,向细胞沉淀中逐滴加入乙醇,4 ℃固定 30 min。

②离心,去除乙醇,并用 1 mL 1×PBS 清洗三次。

③用含 50 μg/mL PI 和 200 μg/mL 核糖核酸酶(RNase)的 0.5 mL 1×PBS 重悬细胞,37 ℃孵育 30 min。

④无须洗涤,样品过 200 目细胞过滤膜后转移至流式管。

⑤上机检测,用 561 nm 的激光激发 PI,收集 610/20 nm 波段的发射光,低速上样,记录 10 000~20 000 个目的细胞。

(2)活细胞 Hoechst 33342 染色法:

①用含 10 μg/mL Hoechst 33342 的 PBS 重悬细胞,37 ℃孵育 30 min。

注:Hoechst 33342 最佳浓度和染色时间需要根据具体的细胞来确定,一般浓度在 5~20 μg/mL,孵育时间为 30~120 min。

②无须洗涤,样品过 200 目细胞过滤膜后转移至流式管,置于冰上。

③上机检测,用 355 nm 的激光激发 Hoechst 33342,收集 450/50 nm 波段的发射光,低速上样,记录 10 000~20 000 个目的细胞。

【结果与分析】

通过流式细胞仪对细胞周期进行分析,结果表明实验组纳米粒能够使细胞 S 期延长,S 期细胞增多。S 期细胞增多说明细胞群被阻滞在 S 期,没有进入 G/M 期,进而出现凋亡。细胞周期的阻滞先于细胞凋亡的发生,细胞周期的阻滞抑制了细胞增殖。纳米粒诱导细胞凋亡主要是 S 期的细胞,其次是 G/M 期。

【注意事项】

1.一定要做细胞计数,确保细胞数与固定剂量和染料的浓度相匹配。一般来说细胞浓度控制在 2×10^5~2×10^6 个/毫升。

2.贴壁细胞的消化时间要控制好，消化时间过长，细胞易成团，可边消化边观察。

3.如果使用细胞标记荧光蛋白或需要做表面标记，不能使用醇类固定剂，可以使用醛类固定剂。使用醛类固定剂时可以加 0.1% Triton X-100。

4.醇类固定后的样品可以在-20 ℃存放几个星期，短时间内使用可置 4 ℃避光保存。

5.上样速度不宜过快，细胞浓度不宜过高，一般低流速、200 个/秒为佳。

【思考题】

1.细胞周期的顺序是什么？

2.流式细胞仪检测细胞周期时，能否高速采集样本？

实验 35　流式细胞仪检测肿瘤细胞凋亡

【实验目的】

1.以体外培养的 4T1 细胞为研究对象，了解 4T1 细胞不同生长时期的特性。

2.掌握流式细胞仪检测细胞凋亡的方法。

【实验原理】

磷脂酰丝氨酸(Phosphatidylserine，PS)又称复合神经酸，位于正常细胞膜的胞质一侧，在细胞凋亡早期，PS 可从细胞膜胞质侧翻转到细胞膜外表面。基于此现象，利用 Ca^{2+} 依赖性 Annexin V 可与 PS 特异性结合，且亲和力高，适用于细胞凋亡早中期的检测。PI 为一种核酸染色剂，与细胞核结合将细胞核染为红色。PI 不可透过正常的细胞膜，可透过凋亡中晚期以及坏死细胞的细胞膜，适用于在排除细胞坏死的前提下细胞凋亡中晚期检测。将 Annexin V 与 PI 同时使用，通过分群表征出正常、坏死、凋亡和机械性损伤的细胞。在本实验中，通过对 4T1 细胞的对照组和实验诱导组进行 Annexin V-PI 双标记，经流式细胞仪检测出不同特性的细胞群。

【仪器与试剂】

1.仪器：涡旋混合器，离心机，流式细胞仪，200 目细胞过滤膜等。

2.试剂：4T1 细胞、Annexin V-Alexa Fluor™488、PI 等。

【方法与步骤】

1.细胞培养及给药。取对数生长期的 4T1 细胞，调整细胞浓度为 1×10^5 个/毫升的单细胞悬液，移至无菌细胞培养瓶中，在 37 ℃、5% CO_2 饱和湿度的培养箱中培养 24 h 后，设空白对照组、实验组，实验组加入能导致肿瘤细胞凋亡的纳米粒，空白组加入等量 RPMI 1640 培养基。然后培养 24 h 后胰蛋白酶收集细胞，用 PBS 清洗 3 次，离心收集所有细胞。

2.Annexin V/PI 染色。

(1)将收集到的细胞,用预冷 1×PBS(4 ℃)重悬一次,300 r/min 离心 5 min,弃上清液,收集细胞。加入 300 μL 的 1×缓冲液重悬细胞,调整细胞浓度至 $1×10^6$ 个/毫升。

(2)取流式管,按顺序编号空白管、单阳管和样本管。流式管中分别加入经 200 目细胞过滤膜过滤好的 100 μL 细胞悬液,单阳管中分别加入 5 μL Annexin V-Alexa Fluor™488 或 10 μL PI 轻轻混匀。

(3)样本管加入 5 μL Annexin V-Alexa Fluor™488 轻轻混匀;再加入 10 μL PI 轻轻混匀。

(4)室温避光孵育 10~20 min,加入 400 μL 1×缓冲液,随后置于冰浴中,上机检测,所选通道如下:Alexa Fluor™488:488 nm 激发,采集波段 530/30 nm;PI:561 nm 激发,采集波段 610/20 nm。

【结果与分析】

首先通过前向(FSC)和侧向(SSC),分别圈出的对照组和实验组的目标群体 4T1 细胞。再通过 FSC-H 与 FSC-A 去除目标群体中的粘连体,最后通过横坐标为 Annexin V 和纵坐标为 PI 的散点图,呈现两组的凋亡情况。

实验结果显示,对照组的 4T1 细胞处于正常状态,大部分群体应出现在散点图的第三象限(左下角),但也许会有出现在第一象限(右上角)凋亡晚期的细胞,原因是培养的 4T1 细胞浓度过高,导致培养基里的营养消耗过快,少许细胞因饥饿发生凋亡。纳米粒实验组的 4T1 细胞会在第四象限(右下角)出现了早期凋亡现象,同时也有可能在第一象限出现凋亡晚期的细胞。

双标记方法可以准确地反映凋亡过程。Annexin V 标记的单阳性细胞为凋亡早期细胞;Annexin V 与 PI 双标记的双阳性细胞为凋亡晚期细胞;PI 标记的单阳性细胞为坏死细胞;两者均未标记上的双阴性细胞为活细胞。由此将凋亡早期细胞、凋亡晚期细胞、坏死细胞与正常细胞区别开。因此,流式细胞仪可检测细胞凋亡情况。

【注意事项】

1.使用前低速离心,以免液体积存管盖和管壁。

2.如果用含 EDTA 的胰酶消化时,注意必须彻底清除 EDTA:在标记前用 1×PBS 或 1×缓冲液洗涤,清除 EDTA,以免残余的 EDTA 与 Ca^{2+} 螯合,影响 Annexin V 的结合。

3.Annexin V-Alexa Fluor™488 和 PI 是光敏物质,在操作时注意避光。在处理和标记时,尽可能在暗处进行。在孵育阶段,用铝箔包裹容器或置于抽屉中。细胞标记后,在暗室内用显微镜观察。

4.整个操作过程动作要尽量轻柔,勿用力吹打细胞,尽量在 4 ℃下操作,以免影响细胞状态。

5.在细胞洗涤的最后一步,尽量将上清液弃净,以免 PBS 残留,有可能会影响实验结果。

6.为防止荧光衰变,宜在 1 h 内进行流式检测。

7.PI 染色时间过长有可能造成检测的凋亡率偏高,建议首先进行 Annexin V-Alexa

Fluor™488 染色，最短可在上机前 5 min 再加入 PI 染色。

【思考题】

1.细胞消化时能否用含有 EDTA 的消化液？为什么？

2.Annexin V-PI 复染法能否区分晚期凋亡细胞和坏死细胞？

实验 36　卡介菌多糖核酸体外抗病毒活性试验

【实验目的】

1.掌握酶标仪和倒置显微镜的原理和使用方法。

2.探讨卡介菌多糖核酸的抗病毒效果。

【实验原理】

探讨卡介菌多糖核酸(BCG-Polysaccharide Nucleic Acid，BCG-PSN)的抗病毒效果，对离体培养的鸡胚成纤维(CEF)细胞进行水疱性口炎病毒(Vesicular Stomatitis Virus，VSV)感染，用 MTT 比色法检测 BCG-PSN 对 CEF 细胞活性的影响；用细胞病变效应(Cytopathic Effect，CPE)检测 BCG-PSN 对 VSV 的抑制作用，并在安全浓度范围内筛选 BCG-PSN 抑制 VSV 的最佳作用时间和作用剂量。

【仪器与试剂】

1.仪器：酶标仪，倒置显微镜。

2.试剂：卡介菌多糖核酸，鸡胚成纤维细胞，水疱性口炎病毒，四甲基偶氮唑盐。

【方法与步骤】

1.MTT 法测定卡介菌多糖核酸对 CEF 活性的影响。取生长良好的单层 CEF 细胞 1 瓶，用体积分数为 0.025% 的胰酶溶液消化后加入细胞生长液，接种于 96 孔细胞培养板，每孔 100 μL，置于 37 ℃、5% CO_2 培养箱中培养。细胞长满单层后，弃去培养液，用 Hank's 液洗涤 2 次。将 BCG-PSN 用含 2% 体积分数小牛血清的 RPMI Medium 1640 稀释成 100 μg/mL，200 μg/mL，400 μg/mL，625 μg/mL，800 μg/mL，1 000 μg/mL，1 250 μg/mL，1 600 μg/mL，2 500 μg/mL 和 3 200 μg/mL 共 10 个质量浓度梯度，然后将 10 个梯度的药物分别加入已长成单层的细胞板中，每孔 100 μL，每个质量浓度重复 4 孔，并设正常细胞对照。置于 5% CO_2 培养箱 37 ℃培养 48 h 后，每孔加入 20 μL 以维持液配制的 MTT(5 mg/mL)，培养继续 4 h 后中止。弃孔内液体，每孔中分别加入 150 μL 二甲基亚砜(DMSO)，轻轻震摇 10~15 min，使甲瓒充分溶解。用酶标仪测定其在 570 nm 波长处的吸收值(OD_{570nm})，计算细胞活性。以下列公式计算细胞活性：细胞活性(%) = 测定孔的平均吸收值/正常对照孔平均吸收值×100%。

2.细胞病变效应法测定BCG-PSN对VSV的抑制作用。将细胞悬液100 μL加入96孔细胞板，待细胞铺满单层后，弃培养液，分别加入用维持液配制成100 μg/mL，200 μg/mL和400 μg/mL的BCG-PSN溶液，每孔100 μL，每组设4个重复。培养24 h后弃去药物溶液，加入100倍半数细胞感染量的VSV，同时设不加药物也不加病毒的阴性对照组、不加药物只加病毒的阳性对照组以及Ⅰ型干扰素对照组。继续培养，倒置显微镜下观察细胞病变。

【结果与分析】

1.MTT法测定BCG-PSN对CEF细胞活性的影响。从MTT法测定BCG-PSN对CEF细胞活性影响的结果可以看出，BCG-PSN对CEF细胞生长具有一定的毒性作用。随着BCG-PSN质量浓度的增加，反应细胞活性的OD_{570nm}值逐渐减小。当BCG-PSN质量浓度在800 μg/mL时，其$OD_{570\ nm}$值显著小于细胞对照组($P<0.05$)，当质量浓度达到3 200 μg/mL时，结果与对照组相比差异极其显著($P<0.01$)。在800~2 500 μg/mL范围内，随着BCG-PSN质量浓度增加，其对CEF细胞生长的抑制作用没有明显变化($P>0.05$)。

2.BCG-PSN抑制VSV在CEF细胞上生长的效果。实验结果表明，只加病毒的阳性对照组明显可见细胞生长密度变稀，细胞形态由梭形逐渐变得细长，有些细胞已经发生脱落、死亡。而100 μg/mL，200 μg/mL和400 μg/mL BCG-PSN和干扰素对照组则能明显抑制VSV在CEF细胞上的生长，表明BCG-PSN具有明显的抗病毒效果。

【注意事项】

1.实验过程中，一定要做好个人防护，注意生物安全。

2.酶标仪测试时，孔板底务必保持干净，以免灰尘和液体落在检测器上面，影响实验结果。

【思考题】

1.酶标仪由哪些系统组成？

2.倒置显微镜用油镜观察时应注意哪些问题？在载玻片和镜头之间加滴什么油？起什么作用？

实验37　流式细胞仪检测抗病毒口服液药效学研究

【实验目的】

1.掌握流式细胞仪的原理和使用方法。

2.探究抗病毒口服液药效学。

【实验原理】

抗病毒口服液由黄芩、大黄、黄柏、金银花、板蓝根、连翘六味药组成,能有效抑制病毒性肺部感染。中性粒细胞是人体血液循环中最丰富的白细胞,在先天免疫中发挥重要的吞噬杀伤作用以抵御入侵的病原体,但它们在组织中激活失控会引发诸如关节炎、结肠炎、败血症等多种炎性疾病的发生。巨噬细胞是维持宿主稳定的主要细胞,通过增强免疫应答对感染做出反应。巨噬细胞暴露在病毒产物中,能诱导其发生显著的表性变化,分泌大量的炎性细胞因子和介质。炎症反应期间,巨噬细胞参与和调控局部中性粒细胞数量。

通过流式细胞仪检测中性粒细胞和巨噬细胞数量,考察抗病毒口服液对流感病毒所致的小鼠肺炎的治疗效果。

【仪器与试剂】

1.仪器:流式细胞仪。

2.试剂:乙醚,病毒唑,抗病毒口服液,胶原酶消化液,红细胞裂解液,抗体。

【方法与步骤】

1.流感病毒毒力的测定。取健康小鼠 50 只,随机分为 5 组,每组 10 只,雌雄各半。在乙醚浅度麻醉下用流感病毒 30 μL 滴鼻感染小鼠,各组小鼠感染病毒稀释度分别为 1、10^{-1}、10^{-2}、10^{-3}、10^{-4}。小鼠肺部感染流感病毒后连续观察 15 天,每天记录动物死亡数及死亡时间和表现。

2.对流感病毒所致小鼠肺炎的治疗作用。取健康小鼠 50 只,随机分为病毒唑对照组、抗病毒口服液组、低剂量组、模型对照组和正常对照组,每组 10 只,雌雄各半。取上述 10 倍 LD_{50} 量滴鼻感染小鼠肺部,正常对照组吸入生理盐水 30 μL,感染 2 h 后,分别给予每只小鼠抗病毒口服液和病毒唑,模型对照组、正常对照组均给予 0.5 mL 生理盐水,连续给药 5 天。从给药开始连续观察 15 天。每天记录小鼠感染流感病毒后的死亡数和死亡时间,以 15 天内每组动物死亡总数按以下公式计算出死亡保护率和延长生命率,并以同批号药物重复实验一次。死亡保护率(%)=(对照组死亡率-实验组死亡率)×100%,延长生命率(%)=(实验组平均生活日数-对照组平均生活日数)/对照组平均生活日数×100%。

3.流式细胞仪检测中性粒细胞和巨噬细胞数量。

(1)取治疗后的小鼠肺组织,将其置于 5 mL EP 管中,加入 500 μL 胶原酶消化液,剪碎组织,再加入 3.5 mL 消化液。

(2)将离心管水平固定在摇床中,37 ℃、200 r/min 条件下消化过夜,在消化过程中定时涡旋离心管,保证消化彻底。

(3)轻轻吹打悬液,避免产生气泡,静置 30 s。待沉淀下沉后,将上层悬液经 200 目尼龙网过滤转移至 15 mL 离心管中,然后用 1×PBS 重悬沉淀,同样过滤至上述离心管中。

(4)2 000 r/min 离心 5 min,收集管底细胞,向其中加入 2 mL 红细胞裂解液,裂解 10 min。

（5）加入 6 mL 1×PBS 终止裂解，2 000 r/min 离心 5 min，收集管底细胞，加入 5 mL 完全 RPMI 1640 重悬细胞，并取 10 μL 细胞悬液计数。

根据待检测细胞膜表面抗原结合的抗体偶联的荧光，设置单标对照组，用来调节补偿。

4.细胞外抗原抗体标记。

（1）将上述收集到的细胞调节浓度至每管 1×10^6 个/毫升，加满 1×PBS，6 000 r/min 离心 2 min 洗涤细胞，吸取上清，留取上清 20 μL，重悬细胞，向其中加入 30 μL PBS 稀释的 anti-CD16/CD32 抗体，重悬细胞，4 ℃放置 15 min 进行封闭。

（2）向其中加入单标抗体及外标抗体，4 ℃避光放置 20 min。

（3）加满 1×PBS，6 000 r/min 离心 2 min 洗涤细胞，吸取上清液，向其中加入 300 μL 1×PBS 重悬细胞，调节上样浓度为 3×10^6 ~ 5×10^6 个/毫升。

（4）细胞悬液经 200 目尼龙网过滤后去除杂质，转至流式管内，上机检测。

【结果与分析】

根据每组小鼠死亡总数，计算小鼠肺部感染的 LD_{50} 及其 95%可信限。结果表明各组小鼠肺部感染流感病毒后四肢无力，继而呼吸困难，后 4 天开始陆续死亡，后 10 天小鼠不再死亡。小鼠感染病毒后高、低剂量的抗病毒口服液均能降低小鼠死亡率，延长平均生活日。随着该药剂量增加，作用增大，而模型对照组小鼠在 4 天后明显消瘦，呼吸困难，开始死亡。与模型对照组比较，抗病毒口服液高、低剂量均能显著降低小鼠死亡率（$P<0.05$），但死亡保护率低于病毒唑。

流式细胞仪检测发现，模型组抗病毒口服液高、低剂量组与模型组比较肺组织中中性粒细胞和巨噬细胞数量降低，有显著性差异，与正常对照组肺组织中中性粒细胞和巨噬细胞数量无显著性差异。

【注意事项】

1.在实验过程中，在保证实验的科学性和准确性的基础上，应尽量减少实验工序和过程。由于间接标记法的工序多，实验过程长，如再加之操作不熟练，细胞更容易丢失和受损，造成实验结果的误差。因此，在条件允许的范围内，建议尽量做直接标记法而不做间接标记法，以保证实验的真实性和准确性。

2.送检细胞一定要足够量，一般要求达到 1×10^6 个/毫升。细胞量不要过少，如细胞太少，检测时样本流量相对会增大从而影响变异系数，结果不可信；细胞量也不宜过多，因细胞量太多加入的抗体或染料相对不足，结果也会受影响。

3.同一种细胞需同时做双标记时，须做双标记的同型对照，且两种抗体所标记的荧光颜色不同。

【思考题】

1.流式细胞仪能够检测哪些信号？分别举例说明。

2.流式细胞仪的内部结构包括哪些系统，每个系统中的重要部件和作用是什么？

实验 38　利用 PCR 和凝胶发光成像系统评价干扰素在动物体内的抗病毒状态

【实验目的】

1.掌握 PCR 仪、凝胶发光成像系统的原理和使用。

2.探究干扰素对动物机体非特异性免疫的作用。

【实验原理】

干扰素是动物机体非特异性免疫体系的重要组成部分，与特异性免疫体系的抗体相比，干扰素是更早出现的抗病毒因子，病毒感染后几个小时即可产生并发挥作用。干扰素本身对病毒没有直接的杀灭或抑制作用，而是作为一种信号分子，促使其他细胞表达抗病毒蛋白，建立起“抗病毒状态”。干扰素与相邻细胞表面上的干扰素受体（Interferon Receptors，IFNARs）结合，IFNARs 在胞质内的结构发生磷酸化以激活各种信号传递因子。在多个活化的因子结合到干扰素激活基因（Interferonstimulating Genes，ISGs）的调控区后，ISGs 会迅速表达。ISGs 的表达产物主要包括 2′-5′寡聚腺苷酸合成酶系统（2-50AS）、双链 RNA 依赖的蛋白激酶（Double-stranded-RNA-dependent Protein Kinase，PKR）和 Mx 蛋白等。一旦病毒进入细胞，病毒核酸激活 2-50AS，2-50AS 催化三磷酸腺苷（ATP）多聚化，形成长度不定的寡聚腺苷酸，寡聚腺苷酸进而活化细胞中处于潜伏状态的核酸酶 F，它可以特异性切开病毒 mRNA 并使其降解；病毒复制时形成的 dsRNA 与 ATP 能激活 PKR，活化的 PKR 可使病毒合成的“起始因子 2”（Eukaryotic Initiation Factor 2，eIf2）发生磷酸化而失去活性，从而阻断病毒蛋白的合成；Mx 蛋白可通过与病毒转录酶作用来抑制病毒基因的转录。如此，病毒在宿主细胞内的复制就受到了多环节的阻断，从而干扰了病毒的感染。

动物应用干扰素或其诱导剂后一定时间内，提取特定组织的总 RNA；根据动物 Mx 蛋白基因序列，设计合适的保守序列引物，以提取的总 RNA 为模板，进行 RT-PCR 扩增；将扩增产物进行琼脂糖凝胶电泳，扫描电泳目的条带光密度，并进行定量分析；根据 Mx 的蛋白转录水平，判断动物抗病毒状态的建立和维持时间；适用于动物在应用干扰素或其诱导剂后评价其抗病毒状态的建立及维持时间。

【仪器与试剂】

1.仪器：PCR 仪，凝胶发光成像系统。

2.试剂：干扰素诱导剂，RNA 提取试剂盒，PCR 引物，琼脂糖凝胶。

【方法与步骤】

1.取大菱鲆 10 尾，腹腔注射 Poly（I：C）（干扰素诱导剂），分别于注射药物后 0，12，48，

72,96,120 h 剖取大菱鲆脾脏(每次 1 尾),液氮保存备用。

2.从脾脏提取总 RNA,反转录合成 cDNA 作为模板,以大菱鲆 Mx 蛋白保守序列设计引物 CTGTTCTGTGCCTTTGTC 和 CATCGCCGTGATTGGAG,选择 59 ℃为退火温度,33 个循环。

3.将扩增产物用 1%含 GeneFinder 的琼脂糖凝胶电泳分离,用凝胶成像分析系统成像,并利用软件 Gene Tools 对目的条带进行分析定量。

【结果与分析】

大菱鲆腹腔注射 Poly(I:C)后,24 h 内,Mx 蛋白的转录水平没有明显变化;48~96 h,Mx 蛋白的转录水平则明显高于对照组;至第 120 h,又降低到基础水平。

【注意事项】

1.使用无 RNase 的塑料制品和枪头,玻璃器皿要消毒,避免交叉污染;配制溶液应使用无 RNase 的水;操作人员应戴一次性口罩和手套,实验过程中要勤换手套。

2.开关凝胶成像仪抽屉时防止将荧光染色剂沾在抽屉或暗箱上,如不慎沾上,擦干后用水冲洗。

【思考题】

1.PCR 引物的设计原则有哪些?

2.Mx 蛋白转录水平与实验动物抗病毒状态之间的关系是什么?

实验 39　实时定量 PCR 技术评价三种药物体外抗鸭瘟病毒效果

【实验目的】

采用实时定量 PCR 技术,对阿昔洛韦、利巴韦林及禽重组干扰素三种药物体外抗鸭瘟病毒的作用进行评价。

【实验原理】

鸭瘟病毒(Duck Plague Virus,DPV)可感染鸭、鹅等水禽而引起高度致死性传染病——鸭瘟(Duck Plague,DP),是威胁养鸭业最严重的病原之一。实时定量 PCR 由于其具有准确定量病毒核酸、快速、高通量等优点,在病毒学中有着广泛的应用。实时定量 PCR 方法可以直接测定药物作用后病毒 DNA 数量的减少情况,反映药物抗病毒效果评价的最根本机制,采用实时定量 PCR 方法对药物抗病毒的效果进行评价的结果更为准确,并且其结果为可读性的,与其他传统方法相比,减少了人为因素对结果的影响,从而增加了可靠性。对不产生细胞病变的毒株同样适用。本实验在此基础上,建立一种快速、准确的评价药物抗 DPV 效果的方法。

【仪器与试剂】

1.仪器:荧光定量 PCR 仪,CO_2 培养箱,生物安全柜,倒置显微镜 IX71,冷冻离心机,紫外分光光度计。

2.试剂:阿昔洛韦 250 毫克/支,利巴韦林 100 毫克/支,禽重组 IFN 50 万活性单位/毫升,实时定量 PCR 试剂盒,DNA 提取试剂盒,鸭胚,鸭瘟病毒标准强毒株 DPV-F34。

【方法与步骤】

1.药物对鸭胚成纤维细胞无毒浓度的测定。按常规方法,在 3 板 96 孔细胞培养板中制备鸭胚成纤维细胞(DEF),每板对应一种药物待长成单层后弃去生长液,每孔分别加入用维持液倍比稀释的 150 μL 阿昔洛韦(5 000,2 500,1 250,625,312,156,78,39,19 μg/mL)、利巴韦林(2 000,1 000,500,250,125,62.5,31.2,15.6 μg/mL)及禽重组 IFN(50 000,25 000,12 500,6 250,3 125,1 563,780,390 IU/mL),每个稀释度设 6 个重复孔,同时设置培养液空白对照,置 5%CO_2 培养箱中 37 ℃培养 3 天,每天观察细胞病变,以不引起细胞病变的药物稀释度为其对 DEF 的最大无毒浓度(TC_0)。

2.药物抗 DPV 的实时定量 PCR 评价。根据所测各药物最大无毒浓度的结果在 96 孔细胞培养板中进行。待 DEF 长成单层细胞后,按 100TCID50 的量加入病毒液,37 ℃吸附 2 h 后弃去病毒液,加入 200 μL 不同浓度的各药物,每种浓度均设置 3 个重复孔,同时设无药物病毒对照及空白培养液对照,37℃、5%CO_2 条件下培养,待病毒对照孔出现明显细胞病变时,反复冻融数次,1 000 r/min 离心 96 孔板,各取 100 μL 提取病毒 DNA 用于实时定量 PCR。

3.实时定量 PCR 方法。采用 TaqMan Real-time PCR 方法,并根据标准曲线计算其相应拷贝数。

【结果与分析】

1.IC_{50}的计算。对于实时定量 PCR 方法,病毒对药物的敏感程度采用半数抑制浓度(50% Inhibitory Entrations,IC_{50})表示,其定义为相对于无药物病毒对照,使得病毒 cDNA 拷贝数下降 50%的药物浓度。

2.各药物抗 DPV 效果评价。鸭胚成纤维细胞接种病毒后,给予不同浓度的各种药物,当病毒对照出现明显细胞病变时,测定各药物及对照孔病毒 DNA 拷贝数,并计算各药物的 IC_{50}。

【思考题】

1.与常规药物体外抗病毒活性评价方法相比,实时定量 PCR 方法具有哪些优势?

2.实验前为什么要先测定药物对鸭胚成纤维细胞的最大无毒浓度?

实验 40 肿瘤微环境内巨噬细胞极化的流式检测方法

【实验目的】

1.掌握流式细胞仪的原理及使用方法。

2.学会通过流式细胞仪检测巨噬细胞极化状态。

【实验原理】

肿瘤的发生进展及治疗预后,与其赖以生存的肿瘤微环境息息相关。免疫细胞作为机体重要的监视防御力量,在肿瘤内部可能扮演着截然不同的角色。M2 极化型的巨噬细胞呈现出免疫抑制状态,能够促进肿瘤发生,血管再生及转移;而 M1 极化型巨噬细胞对抗肿瘤免疫效应有着关键作用。肿瘤微环境内 M1/M2 巨噬细胞的极化状态,对于研究肿瘤免疫治疗及预测临床预后有着重要的指导意义。本实验旨在运用流式手段检测肿瘤微环境内巨噬细胞的极化状态。

【仪器与试剂】

1.仪器:37 ℃ CO_2 培养箱,电热恒温水槽,低温离心机,微型台式真空泵 GL-802B 型,流式细胞仪,恒温细胞培养箱,超净工作台,眼科剪及眼科镊,1 mL 移液枪及枪头,6 孔细胞培养平底板,96 孔细胞培养 U 底板,15 mL 离心管,50 mL 离心管,无菌注射器,70 μm 孔径滤网,5 mL 无菌圆底管(带滤网)。

2.试剂:胎牛血清,胶原蛋白酶Ⅰ(-20 ℃保存),脱氧核糖核酸酶Ⅰ来源于牛胰腺(-20 ℃保存)、DMEM 基础高糖培养液,5% DMEM 培养液,PBS,FACS 缓冲液,乙醇,肿瘤组织消化液,抗体等。

【方法与步骤】

1.前期准备工作。

(1)分组标记:根据实验分组需求取若干 6 孔板,标记荷瘤小鼠信息(最好用 C57BL/6 小黑鼠)。6 孔板中每孔加入 3 mL DMEM 高糖培养基,将 6 孔板置于冰上待用。

(2)配制肿瘤组织消化液:将预先配制的 100×消化液母液(含 100 mg/mL 胶原酶Ⅰ和 20 mg/mL DNA 酶Ⅰ)用含 5% FBS 的 DMEM 高糖培养基稀释 100 倍,即最终工作浓度为 1 mg/mL胶原酶Ⅰ和 200 μg/mL DNA 酶Ⅰ,将 1×消化液置于 37 ℃水浴锅预热待用。

(3)器械准备:根据实验分组需求准备适量的剪刀镊子,用双蒸水洗净后 75%乙醇消毒,烘干备用。

2.肿瘤组织的分离。采用颈椎脱臼法将荷瘤小鼠处死,喷洒 75%乙醇消毒。左手持弯镊,右手持剪刀在肿瘤右侧 1 cm 处沿肿瘤边缘剪开一长约 2 cm 口子。左手捏住剪开处的皮肤向外翻折,可清晰见到肿瘤附着于皮下。用剪刀沿肿瘤边缘轻轻剪开,将肿瘤剥离,注意肿瘤若有溃烂,则避开溃烂之处。将剥离下来的肿瘤组织放入预先准备好的 6 孔板内。

3.肿瘤组织的剪碎。待全部肿瘤剥离完毕,用移液枪吸出预留 DMEM 高糖培养基,余大约 0.1 mL,以免在剪碎过程中肿瘤组织干燥。手持剪刀小幅度高频率剪碎肿瘤组织,将肿瘤组织剪成泥浆状,肉眼无法看见清晰组织块。注意以上步骤均在冰上操作。

4.肿瘤组织的消化。将肿瘤组织剪成泥浆状后,每孔加入 2 mL 1×消化液,用 1 mL 枪头将肿瘤组织碎末打散,置于 37 ℃恒温细胞培养箱消化 30 min,每隔 10 min 将 6 孔板取出晃动混匀一次。注意严格按照时间消化,以免影响免疫细胞活性;可根据肿瘤大小调整 1×消化液的用量。

5.制备肿瘤细胞悬液。消化完毕后,将 6 孔板取出放于冰板上,每孔加入 4 mL DMEM 高糖培养基(含 5% FBS)终止消化。用巴氏吸管吸取肿瘤组织悬液至 70 μm 细胞滤网过滤,同时用 1 mL 注射器后部研磨遗留在滤网上的组织块(注意研磨时切勿用力,可能将脂肪等带入细胞悬液中),用 DMEM 高糖基础培养基冲洗滤网上的组织块,所得肿瘤悬液于 4 ℃,5 000 rpm,离心 5 min。

6.染色前封闭。由于髓系细胞表面表达较多 Fc 受体,容易对流式抗体有非特异性结合,故采用预先阻断 Fc 受体封闭。离心后弃上清液,根据沉淀多少加入适量 FACS 缓冲液混匀,取 10 μL 细胞悬液计数,将悬液细胞密度调至 2×10^7 个/毫升。取 100 μL 细胞悬液于 96 孔细胞培养 U 底板内,按 100∶3 比例加入抗 Fc 受体抗体(即每 100 μL 细胞悬液加入 3 μL 抗 Fc 受体抗体),4 ℃孵育 30 min。

7.配制流式染色抗体。配制流式抗体混合液(用 FACS 缓冲液配制),每孔加入 70 μL 流式抗体混合液,根据需要计算每个流式抗体所需体积。

8.流式染色。封闭结束后,4 ℃,5 000 r/min 离心 5 min。弃上清液,每孔加入 70 μL 流式抗体混悬液,轻柔吹打混匀,注意不要有气泡。将 96 孔细胞培养 U 底板置于 4 ℃避光染色 5 min。

9.洗涤、上机。染色结束后每孔加入 200 μL FACS 缓冲液,于 4 ℃,5 000 r/min 离心 5 min。弃上清液后,再每孔加入 200 μL FACS 缓冲液洗涤一次,于 4 ℃,5 000 r/min 离心 5 min。弃上清液,加入 30 μL FACS 缓冲液重悬细胞,将细胞悬液转移至带滤网的流式管中(同时过滤细胞悬液)。制备好的流式染色样品用 BD Fortessa 流式细胞仪进行分析,数据处理采用软件 FlowJo Version 10.0。

【结果与分析】

肿瘤相关巨噬细胞:Single cell,live,$CD45^+$Ly6C−Ly6G−$CD11b^+$$F4/80^+$。

找到 M1 巨噬细胞表面标志:MHCⅡ,PE−CD86。

找到 M2 巨噬细胞表面标志:FITC−CD206。

【注意事项】

1.流式抗体使用配色可自行调整,注意不要使用补偿过大的荧光通道。

2.注意抗体间的荧光补偿。

【思考题】

1.M1 型巨噬细胞和 M2 型巨噬细胞的功能特征是什么?

2.影响巨噬细胞极化的因素有哪些?

实验 41　激光共聚焦显微镜观察抗菌肽对细菌的抑制作用

【实验目的】

1.了解抗菌肽的抗菌活性。

2.学习使用激光共聚焦显微镜观察抗菌作用。

【实验原理】

抗菌肽(Antimicrobial peptides,AMPs)是病原微生物入侵有机体后,有机体产生的一种具有抗菌作用的小分子多肽,存在于从细菌到植物、脊椎动物和无脊椎动物的所有生命形式中,是其固有免疫防御的普遍组成部分,已经被广泛研究。由于抗菌谱广、热稳定性好、对宿主毒性小等特征,抗菌肽具有作为抗菌药物使用的潜力。从来源上分类,AMPs 可分为内源性抗菌肽和人工合成抗菌肽两类。内源性抗菌肽是从有机体中直接提取的,具有广谱抗菌能力。人工合成抗菌肽主要是为了解决内源性抗菌肽产量小、技术难度高、新陈代谢稳定率和生物药效率低等问题。有研究者根据粪肠球菌产生的肠毒素中的一段氨基酸序列,设计出含有 12 个氨基酸残基的抗菌肽 ET12,对革兰氏阳性菌,特别是表皮葡萄球菌抗菌效果较好。因此,本实验拟测试抗菌肽 ET12 的抗菌活性、抗生物膜形成能力,并在此基础上,通过激光共聚焦显微镜观察抗菌肽处理前后细菌形态和细胞膜通透性的变化。

激光扫描共聚焦显微镜是光学显微镜的一种,主要由激光光源、自动显微镜、扫描模块、数字信号、处理器、计算机以及图像输出设备等组成,辅以各类荧光探针或荧光染料与被测物质特异性结合,即在荧光成像基础上加装激光扫描装置,利用计算机进行图像处理,使用紫外光或可见光激发荧光探针,从而得到细胞或组织内部微细结构的荧光图像,目前已广泛应用于几乎所有涉及细胞研究的医学和生物学研究领域。

【仪器与试剂】

1.仪器:激光扫描共聚焦显微镜(Leica TCS SP8)。

2.材料:菌株(金黄色葡萄球菌、表皮葡萄球菌),小鼠单核巨噬细胞,DMEM 培养基,胎牛血清,琼脂平板,M-H 肉汤,TSB 培养基,异硫氰酸荧光标记的伴刀豆球蛋白 A(FITC-ConA;Sigma,C7642)。

【方法与步骤】

1.抗菌肽ET12的合成。抗菌肽ET12含有12个氨基酸残基,序列为苯丙氨酸-赖氨酸-赖氨酸-缬氨酸-异亮氨酸-缬氨酸-异亮氨酸-精氨酸-精氨酸-色氨酸-苯丙氨酸-异亮氨酸。通过芴甲氧羰基(FMOC)固相化学方法合成多肽ET12,利用高效液相色谱法进行纯化,并进行质谱鉴定。用自动氨基酸测序仪测定氨基酸序列结构。上述程序可由生物技术公司完成。

2.最低抑菌浓度(Minimum Inhibitory Concentration,MIC)测定。采用微量肉汤稀释法检测抗菌肽ET12对革兰氏阴性菌和革兰氏阳性菌的MIC。各菌株分别接种至哥伦比亚血琼脂平板上,37 ℃培养20 h后,取单菌落,并用生理盐水稀释至0.5个麦氏比浊单位,用M-H肉汤进一步稀释1 000倍备用。少量DMSO溶解抗菌肽ET12,按倍比稀释法用M-H肉汤将其稀释成512 μg/mL至1 μg/mL的浓度梯度。取100 μL各浓度的抗菌肽ET12溶液分别与100 μL稀释菌液一起加入96孔板中;取100 μL稀释菌液和100 μL M-H肉汤作为生长对照孔。37 ℃培养20 h后,读取MIC结果。

3.抗菌肽ET12对细菌生物膜形成的影响。用TSB培养基将过夜培养的表皮葡萄球菌比浊稀释至1.0×10^8 CFU/L;无菌6孔板中放入无菌盖玻片,加入2.5 mL菌液和2.5 mL的抗菌肽ET12溶液,使得抗菌肽ET12的最终浓度为1/4 MIC,以TSB培养基为阴性对照。于37 ℃培养箱中培养24 h。取出盖玻片,用PBS溶液轻柔冲洗,去除未黏附细菌,并用吸水纸吸去多余水分,加入2.5%的戊二醛溶液,固定1.5 h。PBS溶液冲洗后,加入50 mg/mL的FITC-ConA溶液,4 ℃避光染色30 min。PBS溶液冲洗后,加入5 mg/L的PI溶液,4 ℃避光染色15 min。PBS再次清洗后,晾半干,50%甘油封片。激光共聚焦显微镜定性观察标记为绿色荧光的多糖和标记为红色荧光的细菌细胞核。

【结果与分析】

1.抗菌肽ET12的合成。ET12是一种小分子多肽,由12个氨基酸残基组成,相对分子量为1 605.05,其中包括4个正电荷残基(精氨酸+赖氨酸)。高效液相色谱法鉴定其纯度为98.0%,质谱结果显示ESI-MS(m/z):803.45[$M+2H$]$^{2+}$、1605.15[$M+H$]$^{+}$,ET12的分子离子峰与合成预期结果一致。ET12全序列为FKKVIVIRRWFI,通过NCBI NR蛋白质数据库检索,未发现有与之序列相匹配的蛋白质。

2.最低抑菌浓度测定。抗菌肽ET12对革兰氏阳性菌和革兰氏阴性菌的MIC结果:抗菌肽ET12对革兰氏阴性菌几乎没有抗菌效果,MIC值大部分均大于256 μg/mL;相对而言,ET12对革兰氏阳性菌的抗菌活性良好,其中对表皮葡萄球菌的抗菌活性最好,MIC值均在16 μg/mL及以下。由于ET12对表皮葡萄球菌临床菌株50的抗菌活性最好,因此将其作为后续生物膜、细胞形态及细胞膜通透性实验的菌株。

3.抗菌肽ET12对细菌生物膜形成的影响。激光共聚焦显微镜观察亚-MIC ET12对表皮葡萄球菌生物膜形成的影响。未经抗菌肽ET12处理的空白对照组,其表皮葡萄球菌密集,所形成的生物膜结构紧密。相对而言,1/4 MIC ET12处理表皮葡萄球菌24 h后,细菌数量明显减少,细菌生物膜的形成疏散。

【注意事项】

1.接种细菌时培养基上划线尽量稀释,使得能够形成单个菌落生长。同时挑菌培养时一定要挑单个菌落进行培养。

2.在荧光染色过程,注意避光。

【思考题】

1.激光共聚焦显微镜观察细菌时,一般使用多少倍物镜比较合适?

2.抗菌肽对革兰氏阳性菌和阴性菌的抗菌效果有什么区别,为什么?

实验 42 酶标仪检测溶菌酶含量

【实验目的】

1.掌握酶标仪的原理及使用方法。

2.学会酶标仪检测溶菌酶含量的方法。

【实验原理】

溶菌酶是一种小分子蛋白质,存在于机体的泪液、唾液、痰、鼻涕、白细胞和血清中。溶菌酶为正常机体免疫防御机制的组成部分,具有溶解细菌细胞壁的作用。在人体内,它存在于中性粒细胞、单核细胞和巨噬细胞内,也存在于黏膜分泌液中,成为体表防御因素之一。正常人尿液中无溶菌酶,而某些疾病患者血清或体液内的溶菌酶活性值有显著差别,测定溶菌酶在体内或分泌物中的含量及其变动情况,可作为侧面了解机体防御功能的一个指标,故测定其活性的研究日益受到临床重视。

测定体液或分泌物中的溶菌酶活性,常用的方法有琼脂平板法、比浊法,还可以通过检查其对指定敏感菌株的裂解作用来进行测定,指定时间内将样品与菌液混合,用酶标仪观察透光度改变的数值。

【仪器与试剂】

1.仪器:酶标仪(Molecular Devices SpectraMax i3x)。

2.试剂:磷酸盐缓冲液(PBS),溶菌酶标准品,5 mol/L 氢氧化钾(氢氧化钾 56 g 加蒸馏水至 200 mL),未知浓度的溶菌酶待检品;菌液为溶壁微球菌(从空气中分离出的一种革兰氏阳性球菌,菌落呈黄色,普通培养基上生长良好,1 个月传代 1 次或冻干成菌种保存)。

【方法与步骤】

1.将溶壁微球菌接种于普通琼脂斜面上,37 ℃培养 24~36 h,用 PBS 稀释,配成混悬菌液。用分光光度计在波长450 nm下测定，将透光率稳定到30%~40%。将溶壁微球菌培养物用60倍体积蒸馏水稀释，离心沉淀弃上清液，沉积的菌体加约5倍体积的丙酮，搅匀后放入冰箱内30 min，取出上清液。按此法用丙酮浸洗3次，再用乙醚洗2次，将菌体放干燥器内过夜，即得干菌粉，用乳钵研碎备用。使用时称干菌粉50 mg，放入PBS约50 mL，调整菌液浓度为30%~40%。

2.取适当稀释的待检品200 μL放入小试管内，用37 ℃水浴箱预热5 min，再向管内加入预热的菌液1.8 mL混匀，立即记下开始时间，至2 min后加入1滴5 mol/L氢氧化钾停止反应，立即将菌液转移到96孔板内，用450 nm波长测试其透光率T_0%。每个孔设置6个复孔，同时测定透光率。

3.另取同样浓度的待检品200 μL，先加入1滴5 mol/L氢氧化钾摇匀，在37 ℃预热5 min，再加入1.8 mL预热的菌液，在同样温度下2 min后同法测定其透光率T_1%。每个孔设置6个复孔，同时测定透光率。

4.透光率差值为$T_0\%-T_1\%$，即溶菌酶所致透光率的变化，从标准曲线上可查得待检品中溶菌酶的含量。

5.称取溶菌酶标准纯品，用PBS配成1 000 μg/mL原液，放冰箱保存，临用时再稀释成100 μg/mL，50 μg/mL，25 μg/mL及10 μg/mL标准液。分别取200 μL各种浓度的溶菌酶标准液加入96孔板中，操作步骤与待检品相同。以不同浓度标准液测得的透光率差值为纵坐标（对数坐标），溶菌酶浓度为横坐标，在半对数纸上绘制标准曲线。

【结果与分析】

通过待检品的T%（2 min的读数减去0时的读数）查出其对数，由标准曲线上查出稀释的检品中溶菌酶的含量，乘以稀释倍数，即为检品中溶菌酶的含量。

【注意事项】

1.溶菌酶可能偶有较轻的过敏反应，在使用过程中应严格按照实验安全要求操作。

2.酶标仪系统对光路洁净度要求较高，应保证孔板擦拭干净。

【思考题】

溶菌酶含量的检测方法有哪些？各种方法的适用条件是什么？

实验43 纳米粒对金黄色葡萄球菌的抑菌效果检测

【实验目的】

1.掌握酶标仪、流式细胞仪的原理及使用方法。

2.学会抑菌实验的检测方法。

【实验原理】

以金黄色葡萄球菌A蛋白(Staphylococcal Protein A,SPA)为模板分子开展表面印迹,所得纳米粒的粒径均一、大小适宜,表面具有良好的模板分子吸附性能与选择识别能力。包载荧光探针后并经流式细胞术检测显示,印迹型纳米粒对金黄色葡萄球菌的结合能力显著强于非印迹型纳米粒;进一步包载药物后通过酶标仪测定OD值,表明印迹型纳米粒能抑制细菌生长。

【仪器与试剂】

1.仪器:酶标仪,流式细胞仪,离心机等。

2.试剂:金黄色葡萄球菌A蛋白印迹型纳米粒与非印迹型纳米粒,载药印迹纳米粒与非载药纳米粒等。

【方法与步骤】

1.金黄色葡萄球菌摄取实验。制备包载荧光素印迹型纳米粒和非印迹型纳米粒,参照空白纳米粒的制作方法,只需在旋蒸成膜后直接加入1 mL含有2 mg荧光素的PBS溶液溶解水化1 h即可,其他操作步骤与纳米粒制备方法相同。

包载荧光素印迹型纳米粒与非印迹型纳米粒、游离荧光素用生理盐水分别稀释5倍;金黄色葡萄球菌菌液(1×10^8 CFU/mL)稀释100倍;将前者和后者按1∶1混合,置于37 ℃恒温水箱中,相同浓度的细菌作为对照组。孵育6 h,混合液离心(7 000 r/min,10 min),除去上清液,保留沉淀,向沉淀中加入灭菌的新鲜培养基5 mL混匀,通过流式细胞仪检测其荧光强度值。

2.纳米粒对金黄色葡萄球菌的抑菌效果。按上述孵育方法,向沉淀中加入灭菌的新鲜培养基5 mL,摇匀。将样品混悬液于96孔板点样,置于恒温培养箱中培养,并分别于0,1,2,4,6,8 h用酶标仪测其OD值。

【结果与分析】

1.金黄色葡萄球菌摄取实验。金黄色葡萄球菌与不同荧光素制剂孵育6 h后,细菌结合纳米粒的量显著高于其他两组,表明印迹型纳米粒对金黄色葡萄球菌具有更强的体外结合能力。

2.纳米粒对金黄色葡萄球菌的抑菌效果。细菌与纳米粒孵育6 h后通过离心除去未结合细菌的纳米粒,重新用新鲜培养液分散,细菌内部或吸附于表面的药物发挥其抑菌作用。印迹型纳米粒组和非印迹组均扣除空白脂质体组的OD值,非给药组扣除肉汤背景组的OD值。与非印迹组相比,印迹型纳米粒组对细菌有显著生长抑制作用。

【注意事项】

1.确保使用0.2 μm过滤的培养基培养细菌,否则培养基包含大量的碎片会影响结果。

在测量之前直接用0.2 μm过滤的PBS稀释细胞培养物，或离心和洗涤。

2.流式细胞仪测定细菌时，由于细菌比常规的细胞小1 000倍，因此，需要仔细调整好前向散射光和侧向散射光阈值，以便找到目标群体。

【思考题】

1.描述细菌实验时有哪些生物安全注意事项。

2.流式细胞仪测试时，如果找不到菌体，应该怎么做？

实验44 高内涵细胞成像法观察高血压药物对大鼠动脉的影响

【实验目的】

1.了解血管紧张素Ⅱ诱导高血压的方式。

2.学习高内涵细胞成像法观察大鼠脑动脉血管切片的方法。

【实验原理】

高血压病是最常见的慢性心血管疾病，会影响重要脏器如心、脑、肾的结构与功能，最终导致这些器官的功能衰竭。在高血压病及其并发症的发生发展过程中，血管重构伴随高血压病的始终，与其互为因果，形成一种恶性循环，亦与高血压的靶器官损害密切相关。目前普遍接受的血管重构概念是在高血压病程中与之伴随的血管结构和功能改变。主要表现为血管壁增厚、壁腔比值增高、外周小动脉数量减少。早期干预血管重构对于阻止高血压血管损伤进展具有重要意义。

正常状态下平滑肌细胞（Smooth Muscle Cell，SMC）位于血管壁中层，通过细胞的收缩使血管壁维持一定的张力。平滑肌肌动蛋白（α-SM-actin）是细胞来源于平滑肌组织的标志，根据其表达比例的不同主要被分为收缩型与增殖型两种。当细胞最终分化成熟时，α-SM-actin成为细胞中含量最多的蛋白质，标志着分化的完成。但在动脉硬化、高血压等疾病情况下，可发生表型转化，在各种刺激因素和生长因子作用下，由中层迁入内膜并大量增殖，导致血管壁增厚。许多研究表明，SMC重塑与高血压等心血管疾病病程进展和预后有着重要关联。

芦荟大黄素（Aloe-emodin）为蒽醌类化合物，化学式为$C_{15}H_{10}O_5$，主要来源于蓼科大黄属植物掌叶大黄、唐古特大黄或药用大黄的干燥根和根茎。芦荟大黄素具有改善血管内皮功能，改善血管重塑的作用。

【仪器与试剂】

1.仪器：高内涵细胞成像筛选分析平台，切片机。

2.材料：芦荟大黄素，微型渗透泵，包埋盒，福尔马林固定液，二甲苯，酒精，苏木素，伊红，8 周龄雄性 SD 大鼠，α-SM-actin 免疫组化试剂盒。

【方法与步骤】

1.血管紧张素Ⅱ(AngiotensinⅡ,AngⅡ)诱导大鼠高血压模型的构建。通过给大鼠颈背部皮下埋入微型渗透泵，按 1 μg/(kg · min)持续泵入 AngⅡ2 周，诱导小鼠高血压模型。

2.分组及给药。将造模成功的大鼠随机分成 2 组。芦荟大黄素治疗组、高血压组，每组 10 只。治疗组于术后第 9 周开始用芦荟大黄素，临用前用二甲基亚砜蒸馏水配制 0.25 mg/(kg · d)灌胃，1 次/天。对照组和高血压组大鼠以 1 mL/100 g 生理盐水灌胃，连续 4 周。3 组大鼠均自由饮水，用普通颗粒性饲料喂养。

3.术后 12 周末的各组大鼠，测量血压后三溴乙醇(300 mg/kg)腹腔注射麻醉，开胸，用等于大鼠收缩压的压力灌注肝素化生理盐水，灌注 5 min，再用 4%多聚甲醛固定 30 min。快速开颅取右侧大脑中动脉中段(3 mm)，连同周围脑组织，常规制备石蜡切片，HE 染色，光镜观察。

4.每组取 8 只大鼠，每例间隔取垂直于血管纵轴的切片 4 张，片厚 5 μm。经 α-SM-actin 免疫组织化学染色法后，随机取其中一张，利用高内涵细胞成像筛选分析平台的全自动图像分析系统，在统一放大 200 倍的显微镜下作图像分析，测量中膜平滑肌外缘所围面积和直径，管腔面积和内径。

5.统计学分析。全部数据用 SPSS 统计软件处理，各组间大脑中动脉测量参数比较采用方差分析及 LSD-t 检验，以 $P \leqslant 0.05$ 为差异有显著性意义。

【结果与分析】

图像分析大脑中动脉 α-SM-actin 免疫组化染色后中膜面积的结果，高血压组面积小于正常对照组，芦荟大黄素治疗后面积较高血压组增加。

【注意事项】

1.注意实验组和对照组的大鼠饲养管理条件保持一致性。

2.试剂盒染色标准步骤和时长要严格按说明书操作。

【思考题】

1.芦荟大黄素属于哪一类有机化合物？除了抗高血压外还有哪些功能？

2.通过荧光显微镜观察大鼠脑动脉血管切片后，可以对芦荟大黄素对高血压的保护作用途径做哪些推测？

实验45 用体式显微镜观察抗血栓药物的药效

【实验目的】

1.了解抗血栓药物白芍的主要成分及作用。

2.学习体式显微镜观察斑马鱼实验动物模型的方法。

【实验原理】

白芍,中药名,为毛茛科植物芍药的干燥根,味苦、酸,性微寒;归肝、脾经;功效为养血调经,敛阴止汗,柔肝止痛,平抑肝阳;主要用于血虚萎黄,月经不调,自汗,盗汗,胁痛,腹痛,四肢挛痛,头痛眩晕等。白芍中的主要成分为单萜苷类成分,含量最高的是芍药苷和白芍苷,其中芍药苷是《中华人民共和国药典》(2020年版)中白芍含量测定的指标成分。芍药苷在心血管系统方面,具有扩张血管、保护脑缺血、抗血栓形成、抗血小板聚集等作用。但据研究表明,口服芍药苷的生物利用度偏低,吸收较差,其原因主要与肠首过效应、药物转运体外排蛋白和理化性质有关,因此真正起效的是其代谢产物。芍药苷代谢素-Ⅰ是芍药苷口服后受人体肠内菌群转化得到的主要代谢产物之一。

斑马鱼,鱼纲,鲤科,为一种性情活泼、不怕冷的热带鱼品种;体呈长菱形,身长约5 cm,尾部侧扁;是继大鼠和小鼠之后的第3种模式动物,其基因水平上87%与人类同源,拥有一套完整的吸收、分布、代谢、排泄生物学过程。斑马鱼止血系统与人类血液系统中的血小板和凝血因子有许多共同的特点,研究发现黄芪注射液、华法林钠等一些临床常用抗血栓药物对斑马鱼的药效与采用哺乳动物所得结果相符,因此,越来越多的研究选择斑马鱼作为抗血栓药物筛选的模型生物,以斑马鱼为模型动物的药物试验所得结果具有较高的参考价值。而且,斑马鱼的幼鱼通体透明,可实现显微镜下直接给药和对试验结果的观测,已有大量实验研究证明斑马鱼适用于多种人类重大疾病治疗的新药筛选、药理学和毒理学研究。斑马鱼模型具有个体小、发育快,产卵多、饲养简便、试验快速、用药量小、价格低廉以及可观察多个器官等优点。

本实验拟以TG(VEGFR2:GFP)系荧光转基因斑马鱼为模型动物,通过荧光体式显微镜观察白芍不同药用部位、主要化学成分和代谢产物的抗血栓作用。

【仪器与试剂】

1.仪器:荧光体式显微镜,旋转蒸发仪,斑马鱼养殖系统。

2.材料:白芍饮片,石油醚,乙酸乙酯,正丁醇,乙醇,DMSO,芍药苷,白芍苷,芍药苷代谢素-Ⅰ,野生型斑马鱼,转基因TG(VEGFR2:GFP)系斑马鱼。

【方法与步骤】

1.白芍不同部位的制备和溶液配制。白芍药材用70%乙醇浸泡12 h,加热回流提取3

次，每次 2 h，提取液减压浓缩至无醇味。依次用等体积的石油醚、乙酸乙酯、正丁醇萃取 3 次，萃取液合并后，减压浓缩去除溶剂，得到石油醚萃取物、乙酸乙酯萃取物、正丁醇萃取物、水层四个部分。分别将总样（白芍药材的 70% 乙醇提取物）、石油醚萃取物、乙酸乙酯萃取物、正丁醇萃取物、水层样品、芍药苷、白芍苷和芍药苷代谢素-Ⅰ分别用 DMSO 配制成储液，然后用水稀释 1 000 倍，分别配制成 25 μg/mL，50 μg/mL，100 μg/mL 三个浓度的样品溶液，备用。

2.斑马鱼腹部血管血流停止时间的测定。在受精卵发育 72 h 时，于解剖显微镜下挑选发育正常的斑马鱼幼鱼，移入 24 孔培养板中，每孔 10 枚，对照组加入 0.1% DMSO，其他实验组分别加入 10 μL 不同浓度的测试样品溶液，加培养水至 2.0 mL。然后加盖，置于光照培养箱（28 ℃）让胚胎继续发育。在 96 h 时，三氯化铁（作为血栓诱导剂）用纯净水配成1 mg/mL 的母液溶液，吸取 400 μL 分别加入到 2 mL 对照组和加样组的培养液孔中，荧光显微镜观察并记录斑马鱼腹部血管血流停止的时间，采用 PASW Statistics 18 单因素方差分析实验结果。

【结果与分析】

白芍不同部位的斑马鱼抗血栓生成活性。白芍不同萃取部位和总样分别配制成 25 μg/mL，50 μg/mL，100 μg/mL 三个浓度，观察斑马鱼腹部血液流动情况，技术评价血栓生成情况。在 25~100 μg/mL 范围内，白芍总样、石油醚萃取物、水层、芍药苷、芍内酯苷和乳酸菌芍药苷均表现出抑制血栓生成、促进血液流动的活性，但是它们产生活性的浓度不同。其中芍药苷在三个浓度下都有显著的抗血栓活性，芍药代谢素-Ⅰ和白芍苷在浓度为 25 μg/mL 时就产生一定的延长凝血时间的作用，但是随着浓度增大，毒性增加，导致斑马鱼死亡，而白芍总样、石油醚萃取物和水层样品在浓度达到 50 μg/mL 时才能产生抑制斑马鱼血栓生成的作用。

【注意事项】

1.注意实验组和对照组的斑马鱼饲养管理条件保持一致性。

2.注意正确操作荧光体式显微镜，以减少实验误差。

【思考题】

1.白芍有哪些有效成分？除了抗血栓形成，还有哪些功能？

2.斑马鱼有哪些生理学特征？选择斑马鱼作为实验动物的依据是什么？

实验 46 流式细胞仪和显微镜观察黄芪多糖对 2 型糖尿病的药效

【实验目的】

1.了解黄芪多糖的主要功能。

2.学习流式细胞仪和激光共聚焦显微镜检测、观察细胞的方法。

【实验原理】

黄芪多糖是豆科植物蒙古黄芪或膜荚黄芪的干燥根经提取、浓缩、纯化而成的水溶性杂多糖,淡黄色、粉末细腻、均匀无杂质,具引湿性。黄芪多糖由己糖醛酸、葡萄糖、果糖、鼠李糖、阿拉伯糖、半乳糖醛酸和葡萄糖醛酸等组成,可作为免疫促进剂或调节剂,同时具有抗病毒、抗肿瘤、抗衰老、抗辐射、抗应激、抗氧化等作用。有研究表明黄芪能促进正常及糖尿病条件下内皮祖细胞(Endothelial Progenitor Cells,EPCs)的增殖和分化,黄芪多糖(Astragalus Polysaccharide,APS)是黄芪的主要活性物质,具有保护胰岛 β 细胞、调节血糖及改善脂代谢和胰岛素抵抗的作用。

血管并发症是糖尿病患者过早降低生活质量、致残、致死的主要原因。内皮细胞在维系血管的正常功能中占有非常重要的地位,糖尿病血管病变时最先累及血管内皮层,所以可通过血管内皮细胞的变化来进一步解释糖尿病血管病变的发生、发展。糖尿病时高糖环境中各种代谢紊乱导致血管内皮细胞病变、内皮功能失调。因此,糖尿病血管并发症的防治,关键在于修复受损内皮,改善内皮的功能,进一步促进受损血管的再内皮化。内皮祖细胞是一类能分化为血管内皮细胞的前体细胞,EPCs 不仅参与人胚胎血管生成,也参与出生后血管新生和内皮损伤后的修复过程,EPCs 的数量及功能紊乱在糖尿病血管并发症的发生发展中起关键作用。

本实验通过激光共聚焦和流式细胞术检测和观察 APS 对 2 型糖尿病患者外周血 EPCs 增殖的影响。

【仪器与试剂】

1.仪器:激光共聚焦显微镜,流式细胞仪。

2.材料:多例 2 型糖尿病患者外周血 20 mL,黄芪多糖粉针剂,人淋巴细胞分离液,M199 培养基,胎牛血清,胰蛋白酶,PE 直标鼠抗人 CD133,F ITC 直标鼠抗人 CD34 单克隆抗体,KDR 单克隆抗体,大鼠。

【方法与步骤】

1.鼠尾胶原的制备。剪下 SD 大鼠鼠尾浸泡在 75%酒精中 30 min,在无菌双蒸水中反复冲洗 2~3 次,无菌条件下将鼠尾切成小段,抽出尾腱置于平皿中,尽可能剪碎,将剪碎的肌腱浸入 0.1%醋酸中(每 50 g 尾腱加入 100 mL 醋酸),置于 4 ℃冰箱中振摇 48~72 h,使肌腱充分溶解成为胶原溶液。再移入无菌离心管内 4 000 r/min 离心 30 min,取上清液分装入无菌小瓶,-20 ℃保存备用。

2.EPCs 的分离、培养。密度梯度离心法获取单个核细胞,用 5 mL M199 培养基(20%胎牛血清、VEGF 12 μg/L、bFGF 4 μg/L、青霉素 100 U/mL、链霉素 100 U/mL)重悬,铺在鼠尾胶原包被过夜的培养瓶内培养 4 天后换液,以后隔日换液培养至第 7 天,收集贴壁细胞供实验用。

3.EPCs 的鉴定和分析。细胞与乙酰化低密度脂蛋白(Dil-acLDL)及荆豆凝血素Ⅰ(FITC-UEA-Ⅰ)孵育后,激光共聚焦显微镜鉴定 EPCs;流式细胞仪检测 EPCs 表面抗原标志,Cell Quest 软件定量分析每管样品中 5 000 个细胞,分析 CD34、CD133 和 KDR 的阳性表达百分率。

4.共聚焦显微镜下观察黄芪多糖对 EPCs 的影响。用含不同浓度黄芪多糖组的 M199 培养基(黄芪多糖终浓度分别为 50,200,800,3 200,6 400 mg/L)干预细胞,分别培养 6 h,12 h,24 h,48 h。然后置于激光共聚焦显微镜下,观察黄芪多糖处理组和对照组中,EPCs 细胞的数量变化情况、形态差异等,拍照记录。

【结果与分析】

1.EPCs 的培养。外周血单个核细胞(Mononuclear Cells,MNCs)接种于鼠尾胶原包被的培养瓶中,细胞大多呈悬浮生长,第 2 天可见少数细胞贴壁,第 4 天可以形成从中间向外放射的细胞集落,其上常附着少量圆形细胞;以后梭形细胞逐渐增多,第 7 天时长成典型的长梭形、双极针状,并出现有的细胞首尾相连成条索状。培养第 2 周时,梭形细胞开始消失,取而代之出现的是椭圆形细胞,呈鹅卵石样,有的细胞可形成管腔状结构。

2.EPCs 的鉴定。单个核细胞培养 7 天后通过激光共聚焦显微镜鉴定,细胞对 Dil-acLDL 摄取(红色激发波长 543 nm)并与 FITC-UEA-Ⅰ结合(绿色激发波长 477 nm),Dil-acLDL 和 FITC-UEA-Ⅰ双染色(黄色)阳性细胞被认为是正在分化的 EPCs。流式细胞仪检测贴壁细胞表面标志。

3.黄芪多糖对 EPCs 的影响。用激光共聚焦显微镜观察,黄芪多糖处理组 EPCs 增值数量和形态,较对照组显著增加。

【注意事项】

1.原代细胞的培养必须严格按照标准流程进行,减少污染和材料损失。

2.荧光染色的细胞注意添加防淬灭剂,以避免荧光剂的减弱对实验观察的影响。

【思考题】

1.2 型糖尿病的发病机制是什么?

2.目前有哪些治疗 2 型糖尿病的药物?

第 15 章　药物代谢动力学

实验 47　荧光显微镜观察药物在消化道内的吸收

【实验目的】

1.了解桔梗皂苷 D 的主要吸收途径和功效。

2.学习荧光显微镜观察药物在消化道内吸收情况的方法。

【实验原理】

桔梗是多年生草本植物，茎高 20~120 cm，通常无毛，不分枝，极少数上部分枝。其根可入药，有止咳祛痰、宣肺、排脓等作用，常用于治疗慢性支气管炎等呼吸系统疾病。其活性成分为桔梗皂苷 D，是一种三萜类单体，具有抗炎、降血糖血脂、抗肿瘤及免疫调节和抗过敏等多种药理作用；此外，还对皮肤癌、人白血病、卵巢癌、乳腺癌和大肠癌等多种肿瘤细胞具有杀伤作用，但该成分脂溶性差，口服后难以透过肠细胞膜吸收入血。

肠道是人体重要的消化器官，肠是指从胃幽门至肛门的消化管，是消化管中最长的一段，也是功能最重要的一段。肠道是药物口服吸收利用的主要场所，小分子可被其直接吸收，而某些物质则需要通过特定通道或受体才能被人体吸收，其中细胞旁路转运是桔梗皂苷 D 透过肠黏膜吸收的主要途径。紧密连接是细胞旁路物质转运途径的守门人，具有选择性渗透作用；闭锁蛋白、闭合蛋白、闭合小环蛋白等是构成紧密连接结构的主要部分，其表达水平和分布可影响紧密连接的开放或闭合，改变细胞单层通透性，影响药物细胞旁路途径被动转运。

桔梗一般以水为溶剂，以汤剂形式给药，在煎制过程中能将药物有效成分充分溶入汤液，吸收快，生物利用度高。此外，汤剂的良好疗效大多归因于配伍药物的相互促进吸收，但同一提取物中各成分之间也可能会相互影响。因此，本实验通过荧光显微镜观察在体肠灌注模型研究桔梗中含量较高的多糖对桔梗皂苷 D 在体肠吸收特性的影响，并观察紧密连接蛋白(Occludin)表达水平。

【仪器与试剂】

1.仪器:荧光显微镜,液相色谱仪。

2.材料:雄性 SD 大鼠,桔梗多糖,桔梗皂苷 D,Claudin-1 兔抗鼠多克隆抗体,Occludin、ZO-1 兔抗鼠多克隆抗体,Cy3-山羊抗兔 IgG,DAPI,乙腈,甲醇。

【方法与步骤】

1.溶液制备。人工肠液(K-R 液):称取 NaCl 8 g、KCl 0.28 g、$NaHCO_3$ 1 g、NaH_2PO_4 0.05 g、$MgCl_2$ 0.1 g,溶于 500 mL 超纯水中,作为 A 液;称取 $CaCl_2$ 0.2 g、葡萄糖 1 g,溶于 500 mL超纯水中,作为 B 液,密封冷藏;用时将 A、B 液等比例混合,即得。

空白肠灌流液:将 K-R 液置于 37 ℃水浴锅中孵育至恒温,进行大鼠在体肠循环实验,收集循环液,即得。

肠灌流液:精密称取适量桔梗皂苷 D 对照品,K-R 液溶解定容至 20 μg/mL,作为对照组肠灌流液;精密称取 3 种质量的桔梗多糖,溶于对照组肠灌流液中,分别调节其质量浓度至 1 mg/mL,2 mg/mL,4 mg/mL,作为低、中、高剂量多糖组肠灌流液。

2.大鼠模型。大鼠随机分为对照组及桔梗多糖低、中、高剂量组,每组 5 只。实验前大鼠禁食 12 h,自由饮水,腹腔注射 20%乌拉坦(5 mL/kg)麻醉后固定,沿腹中线剪开腹腔,选取 10 cm 左右肠段,两端切口,插管结扎,用浸有生理盐水的纱布将伤口覆盖好(其间不停地滴加预热至 37 ℃的生理盐水),红外灯照射取暖以维持体温,用预热至 37 ℃的生理盐水排净肠内容物后,换成 K-R 液平衡肠道内环境 15 min,用排空气法将肠内液体全部排出,加入 25 mL肠灌流液进行在体肠循环灌注,体积流量 0.2 mL/min。当灌流液充满整个循环通路时,记为初始时刻,此时取灌流液 1mL 并补加相同体积空白 K-R 液,循环 90 min 后排净管路液体,读取剩余灌流液体积并取样。灌流结束后处死大鼠,剪下灌流肠段,用手术丝线附着法测定其内径和长度,并置于中性福尔马林溶液中固定,对组织进行石蜡包埋、切片。

3.免疫荧光染色检测紧密连接蛋白表达。肠组织石蜡切片常规脱蜡后梯度乙醇脱水,PBS 缓冲液漂洗,95 ℃、10 mmol/L 枸橼酸钠溶液中修复 20 min,冷却至室温,室温下过氧化物酶阻断剂孵育 10 min,PBS 缓冲液漂洗,37 ℃下山羊血清孵育 20 min,倾去血清(无须洗涤),滴加兔抗 Claudin-1、Occludin、ZO-1(均按 1 : 200 比例稀释),4 ℃下孵育过夜,PBST 缓冲液漂洗,Cy3-山羊抗兔 IgG(按 1 : 300 比例稀释),37 ℃下避光孵育 1 h,PBST 缓冲液漂洗,滴加 DAPI 染细胞核,室温下避光孵育 5 min,PBST 缓冲液漂洗,50%甘油封片,在荧光显微镜下观察。再以 PBS 缓冲液代替第一抗体(一抗),作为阴性对照。每张切片随机选取 6 个视野(×100),采图并记录光密度。

【结果与分析】

桔梗多糖对紧密连接蛋白表达的影响。通过荧光显微镜下观察和采图,并分析后,可知 Claudin-1、Occludin 主要表达于细胞膜及细胞之间的连接处,胞质中也有少量存在,沿肠上皮细胞均匀分布;ZO-1 均匀分布于小肠绒毛,多表达于胞核中,呈蜂窝或者点状聚集;与对照组比较,桔梗多糖组 Claudin-1、Occludin、ZO-1 表达下调,并呈剂量依赖性。

【注意事项】

1.在体肠灌注阶段,一定注意维持大鼠体温,保证大鼠正常生理指标。

2.取大鼠肠组织固定一定要迅速,以免肠组织发生自溶,导致组织染色细胞结构不完整。

【思考题】

1.中药剂型主要有哪些?

2.简述桔梗皂苷 D 在肠吸收的途径。

实验 48　用高效液相色谱法测定注射吸收药物在大鼠血浆中的浓度实验

【实验目的】

1.了解高效液相色谱联合荧光检测器的原理和操作方法。

2.学习药代动力学各项基础参数的计算和模型检验。

【实验原理】

奈替米星(乙基西梭霉素,Netilmicin)是一种广谱、高效的半合成氨基糖苷类抗生素,由西梭霉素(Sisomicin)衍生而来,具有良好的抗菌活性、高杀菌率。临床药理显示,该药对革兰氏阳性菌与阴性菌起到积极的作用,而且对其他的氨基糖苷类抗生素药物也起到抵抗作用,但是血浆中药物浓度过高会对耳、肾以及脑神经造成损伤,为了消除这些严重的副作用,必须对血浆中的药物浓度进行严格的监控。与其他氨基糖苷类抗生素一样,奈替米星也缺少紫外和荧光检测的发色团,因此本实验以氯甲酸 9-芴甲酯(FMOC-Cl)为衍生试剂,样品前处理用乙腈沉淀蛋白质,结合 HPLC 做荧光检测。

【仪器与试剂】

1.仪器:Agilent 1260 型高效液相色谱仪,色谱柱为 ZORBAX EclipseXDB-C8 柱(150 mm×4.6 mm,5 μm),流动相为乙腈-水(体积比为 85∶15),用 0.22 μm 微孔滤膜过滤后使用;流速为 1.0 mL/min;柱温为 25 ℃;荧光检测激发波长为 265 nm,发射波长为 315 nm。

2.材料:奈替米星标准品,FMOC-Cl,乙腈,氯化钾,氢氧化钾,硼酸。

【方法与步骤】

1.溶液的配制。

（1）奈替米星标准溶液：准确称取一定量的奈替米星标准品，溶于适量水中，配制成质量浓度为0.27 g/L的溶液作为储备液，临用时用水稀释得到其标准溶液。

（2）衍生试剂：准确称取12.95 mg FMOC-Cl于10 mL比色管中，加入5 mL乙腈溶解，得到10 mmol/L的FMOC-Cl的乙腈溶液，作为衍生试剂储备液。取2 mL 10 mmol/L的FMOC-Cl于10 mL比色管中，然后加入6 mL的乙腈溶液，得到浓度为2.5 mmol/L的衍生试剂。

（3）0.2 mol/L硼酸缓冲液（pH值8.5）：称取1.25 g硼酸和1.50 g氯化钾，加水100 mL溶解，然后用0.2 mol/L氢氧化钾溶液调pH值至8.5即得。

上述溶液均置于4 ℃冰箱中储存待用。

2.给药方法及样品处理。给药前大鼠禁食至少12 h，给予喝水。取大鼠5只，分别静脉注射硫酸奈替米星（按10 mg/kg剂量），于给药后0 h，0.25 h，0.5 h，1 h，1.5 h，2 h，4 h，6 h，8 h，10 h，12 h分别采尾静脉血，置于1.5 mL肝素化离心管中，立即离心（3 000 r/min）10 min；取30 μL血浆上清液（淡黄色），加入120 μL乙腈，涡旋50 s，放入高速离心机离心（12 000 r/min）15 min；取50 μL上清液，依次加入硼酸缓冲液和衍生试剂各50 μL，涡旋10 s，在室温下避光反应20 min，取反应液20 μL进样分析。

【结果与分析】

1.标准曲线与检出限。用水稀释奈替米星储备液得到一系列质量浓度的标准溶液，并分别加入空白血浆中，使奈替米星质量浓度分别为0.045，0.090，0.18，0.37，0.74，1.48，2.96，5.92和8.88 mg/L，按第二步方法处理后进样分析。以药物峰面积（y）与质量浓度（x，mg/L）进行线性回归，得到标准曲线。稀释含有奈替米星标准品的血浆样品至所得信号为噪声的3倍，得到方法的检出限。以检出限的3倍得到方法的定量限。

2.回收率、重现性与稳定性。于3份空白大鼠血浆中分别加入奈替米星标准溶液，使其质量浓度分别为0.045，2.96和5.92 mg/L，按所建立的方法进行测定，每个样品测定3次，得到平均回收率。配制含奈替米星质量浓度分别为0.045，2.96和5.92 mg/L的血浆样品，对每个浓度样品于日内重复测定5次，并在不同日期（1周内）分别测定5次，计算测定值的日内和日间RSD，验证方法重现性。

3.用中国数学药理学会编制的药动学程序，检验奈替米星在大鼠血浆中的药代动力学是否符合二室模型。

【注意事项】

1.反应混合物中有机溶剂的比例对反应有较大的影响，乙腈的比例过高，奈替米星会不溶，产生沉淀；乙腈的含量过低，FMOC-Cl会有沉淀析出。

2.使用高效液相色谱荧光检测器进样时，要注意整个流动相体系需用过滤后的色谱级有机溶剂，进样样品浓度顺序由低到高。

【思考题】

1.进样前为什么要衍生化处理血浆?

2.高效液相色谱可以与哪些检测器联用,本实验为何选用荧光检测器?

实验 49　激光扫描共聚焦显微镜观测细胞摄取药物

【实验目的】

1.了解细胞摄取药物的一般规律。

2.学习激光扫描共聚焦显微镜的观测方法。

【实验原理】

随着对肿瘤发生、发展及治疗认识由组织学水平逐渐向细胞学水平发展,药物的靶向性也从组织靶向发展为细胞靶向。抗癌药物的胞内给药(Intracellular Delivery),必须通过以下 3 个过程来实现:一是避免在血液中被清除,顺利到达细胞膜;二是以内吞、扩散、磷脂交换等途径穿透细胞膜到达细胞质;三是释放药物于各种细胞器上。有研究报道了蒽醌化合物如大黄素等生物还原性物质对鼻咽癌细胞放射增敏的作用机制。大黄素为脂溶性蒽醌类衍生物,在激发波长为 400~465 nm 时,可发射波长为 515~525 nm 绿色荧光。具有自发荧光的大黄素 β 环糊精包合物,可能具有改善大黄素的溶解性、控制释药速率、提高药物稳定性、降低药物的毒副作用和药物的刺激性等作用。

细胞药代动力学主要研究药物在细胞内的吸收、分布、代谢过程,在新药设计、优化临床给药方案、改进剂型等方面发挥着重要作用。激光扫描共聚焦显微镜是近代最先进医学图像分析仪器之一,广泛应用于细胞分子生物学等各领域,由于其高清晰度成像,配备完美对焦系统和强大的图像分析软件,可以实现对活细胞、活组织内自发荧光药物的定性、定量、定时、定位动态分析。

本实验采用激光共聚焦显微镜动态检测鼻咽癌 CNE-1 细胞对大黄素的摄取规律,观察不同透膜抑制剂如 NaN_3、甘露醇和环孢菌素 A 等对细胞摄取药物的影响。

【仪器与试剂】

1.仪器:激光扫描共聚焦显微镜。

2.材料:大黄素,大黄素 β 环糊精包合物,CNE-1 细胞,RPMI 1640 培养基,小牛血清,胰酶,二甲基亚砜,NaN_3,环孢菌素 A,甘露醇。

【方法与步骤】

1.鼻咽癌 CNE-1 细胞的培养。细胞于 37 ℃、5%CO_2 培养箱内,以含 10%小牛血清的

RPMI 1640 培养液在培养瓶内单层传代培养,取对数生长期细胞进行实验。

2.药物浓度对鼻咽癌 CNE-1 细胞摄取特性的影响。取对数生长期细胞,以 5×10^4 个/毫升的密度接种于共聚焦培养皿,每皿体积 2 mL,贴壁 24 h 后,分别加入无细胞毒浓度为 5,10,20,40 mg/L 的大黄素和大黄素包合物的培养基,在激光共聚焦显微镜下摄图,记录药物进入细胞的时间、荧光强度。

3.内吞抑制剂 NaN_3 和甘露醇对鼻咽癌 CNE-1 细胞摄取特性的影响。取对数生长期细胞,以 5×10^4 个/毫升的密度接种于共聚焦培养皿,每皿体积 2 mL,贴壁 24 h 后,撤去原培养基,除空白组外,分别以 50 mmol/L 甘露醇和 15 mmol/L NaN_3 的培养基孵育 30 min 后,各组加入终浓度为 5,10,20 mg/L 大黄素包合物,在激光共聚焦显微镜下摄图,记录药物进入细胞的时间、荧光强度。

4.环孢菌素 A 对鼻咽癌 CNE-1 细胞摄取特性的影响。取对数生长期细胞,以 5×10^4 个/毫升的密度接种于共聚焦培养皿,每皿体积 2 mL,贴壁 24 h 后,撤去原培养基,除空白组外,加入含 4 μmol/L 环孢菌素 A 的培养基孵育 30 min 后,分别加入终浓度为 1.25,2.5,5,10,20 mg/L 大黄素包合物,在激光共聚焦显微镜下摄图,记录药物进入细胞的时间、荧光强度。

5.统计学数据分析。采用 SPSS 19.0 数据分析;采用激光共聚焦显微镜系统荧光定量分析软件 NIS-Elements AR 测定细胞的荧光强度;以 $P<0.05$ 为差异有统计学意义。

【结果与分析】

1.CNE-1 细胞对不同浓度大黄素和大黄素包合物摄取规律的结果观察。观察大黄素不同浓度与细胞摄取的最大荧光强度之间是否呈现线性关系,即药物的细胞摄取量随浓度的增加变化的结果;同时观察大黄素包合物对应结果。

提示:有研究显示,大黄素浓度在 5~40 mg/L 范围内,药物浓度与细胞摄取的最大荧光强度之间成线性关系,即药物的细胞摄取量随浓度的增加而增加,表明大黄素主要以被动扩散的方式被细胞摄取;而大黄素包合物在相应浓度范围内,低浓度时随浓度增加,细胞摄取的荧光强度值增加,但高浓度时细胞内荧光强度变化不明显,提示鼻咽癌 CNE-1 细胞对包合物的摄取并不完全遵循被动扩散方式,可能同时存在某种载体的介导。

2.内吞抑制剂 NaN_3 和甘露醇对细胞摄取特性的影响。观察在 15 mmol/L NaN_3 和 50 mmol/L甘露醇浓度情况下,细胞对大黄素包合物的摄取结果。

3.环孢菌素 A 对细胞摄取特性的影响。观察在 4 μmol/L 环孢菌素 A 时,细胞对大黄素包合物的摄取结果。

【注意事项】

1.细胞培养过程须严谨,防止污染。

2.细胞需在特定的共聚焦培养皿中培养,以防止高倍镜下样品与镜头距离太远。

【思考题】

1.可否通过激光共聚焦观察方式发现大黄素和大黄素包合物在细胞内分布及持续时间

差异？

2.细胞的跨膜吸收对不同药物传递有什么影响？

实验50　活体成像技术检测纳米粒在小鼠体内的分布

【实验目的】

1.掌握小动物活体成像仪的原理。

2.学习自主使用小动物活体成像仪观察小鼠体内的荧光成像情况。

【实验原理】

活体动物体内光学成像主要采用生物发光与荧光两种技术。生物发光是用萤光素酶基因标记细胞或DNA，而荧光技术则采用绿色荧光蛋白、红色荧光蛋白等荧光报告基因和异硫氰酸荧光素（FITC）、Cy5、Cy7等荧光素及量子点进行标记。

小动物活体成像技术是采用高灵敏度制冷CCD配合特制的成像暗箱和图像处理软件，使得可以直接监控活体生物体内的细胞活动和基因行为。实验者借此可以观测活体动物体内肿瘤的生长及转移、感染性疾病发展过程、特定基因的表达等生物学过程。

纳米粒可结合蜂毒多肽，减弱蜂毒多肽对小鼠的毒性。

【仪器与试剂】

1.仪器：小动物活体成像仪，搅拌器，麻醉机。

2.试剂：异硫氰酸荧光素，蜂毒多肽，Na_2HPO_4，NHS-荧光素抗体标记试剂盒。

【方法与步骤】

1.异硫氰酸荧光素标记蜂毒多肽。按摩尔比为2∶1称取FITC及蜂毒多肽，将其分别溶于0.2 mol/L Na_2HPO_4溶液中。在室温搅拌下，将前者滴入后者中，避光反应1.5 h。反应结束后，利用NHS-荧光素抗体标记试剂盒进行分离纯化，冻干，即得FITC-蜂毒多肽。

2.体内分布检测。按剂量0.6 mg/kg FITC-蜂毒多肽与20 mg/kg纳米粒等体积混合均匀后，在37 ℃孵育1 h后，经静脉注射入小鼠体内。注射1 min、5 min、15 min、60 min后，通过麻醉机对小鼠进行麻醉，用小动物活体成像仪观察每个时间点小鼠各个器官的荧光分布情况，最后解剖小鼠，收集脑、心、肝、脾、肺、肾、脊髓，最后观察记录FITC荧光在体内分布情况（激发波长480 nm，发射波长520 nm）。

【结果与分析】

采用活体成像仪观察到不同时间点FITC-蜂毒多肽与纳米粒在小鼠体内的分布情况，主要分布在肝脏，肝脏的分布信号越强，观察时间越长。

【注意事项】

1.最好选择裸鼠,因为毛发的自身背景会干扰信号,也可使用脱毛剂将小鼠观察部分脱毛。

2.一般生物组织对近红外的光线吸收比较少,因此最好选择近红外的染料,其穿透性强。

3.数据处理时,荧光强度标尺一定要统一,并可以进行半定量分析。

4.动物有可能会排泄,因此在看到明显的杂信号时,可在相应部位用酒精等擦拭。

【思考题】

1.为什么要在成像台上垫黑色纸?

2.用多个高品质滤光片扫描成像而获取不同信号的激发光谱之后,应该采取哪种技术获取实验结果?

实验 51　激光扫描共聚焦显微镜分析载药微球的结构及药物分布

【实验目的】

1.学习激光扫描共聚焦显微镜 3D 功能表征微球。

2.观察药物在微球中的分布情况。

3.了解影响微球形成及其形态和大小的因素。

4.学会和掌握激光扫描共聚焦显微镜的基本操作。

【实验原理】

观察微球的常用仪器有普通光学显微镜、透射电子显微镜、扫描电子显微镜等。通过这些方法可以获得微球的形态信息,但不能直接准确看到微球内部药物分布或结构。激光扫描共聚焦显微镜是一种新型高精度的激光光源共聚焦显微镜,是利用激光作为光源,在传统光学显微镜基础上采用共轭聚焦原理和装置,并利用计算机对所观察分析对象进行数字图像处理的一套 3D 观察和分析系统。使用激光扫描共聚焦显微镜可以无损伤性地实时识别微球内部荧光标记药物分布,进而分析微球结构。本实验选择制备微球,采用共聚焦技术分析微球内部药物分布和结构,并通过摄取实验研究微球的药物分布。

【仪器与试剂】

1.仪器:激光扫描共聚焦显微镜(Leica TCS SP8)。

2.材料:明胶,胃蛋白酶,司盘 80,液体石蜡,三乙胺,丙酮, 乙醚(分析纯),乙腈(色谱纯），蒸馏水，阿霉素。

【方法与步骤】

1.微球的制备。取明胶溶液，加入阿霉素10 mg混匀作为水相，另取司盘80加液体石蜡混匀作为油相，边搅拌边将水相加入油相中，搅拌乳化20 min后改为冰浴，冰浴搅拌30 min后加入25%戊二醛溶液适量，继续搅拌1 h，冷藏过夜，加入无水丙酮适量，脱水30 min，离心，抽滤，丙酮洗涤3次，再用乙醚洗涤1次，抽干，得载药微球。

阴性微球的制备。除不含阿霉素外，其余同载药微球。

2.激光扫描共聚焦显微镜成像。采用激光扫描共焦显微镜来考察微球内部药物分布和微球的三维重建结构。将包载有阿霉素的明胶微球分散在激光共聚焦培养皿中，使用油镜进行观测，固定激发波长488 nm，发射波长500～545 nm。采用Leica TCS SP8自带软件对图像的荧光强度进行分析。使用激光扫描共焦显微镜对微球进行断层扫描（共20～30层，层高1 μm）。

【结果与分析】

1.微球内部药物分布。对于包载阿霉素的明胶微球，由于阿霉素自带荧光，微球内部有无规则的环形及圆形的绿色荧光，证明药物被成功包载于微球内部，通过绿光强弱的分布，可以观察包载是否均匀。

2.观察微球的三维图片重建的内部结构。通过图像分析定量测得微球各断层的荧光强度，可通过扫描深度数值得出荧光强度的深浅。为进一步观察药物在微球中的分布情况，可对扫描得到的断层进行三维重构图分析。

【注意事项】

1.包载阿霉素实验需要注意包载完整。
2.微球需要用专用的共聚焦皿，保证厚度小于等于0.17 mm。

【思考题】

1.不同共聚焦镜头可观察的微球厚度是否不同？
2.常见的微球制备方法有哪些？

实验52　用荧光成像观察不同分化的食管癌细胞药物的空间分布

【实验目的】

1.掌握荧光成像的原理。

2.学习不同分化的食管癌细胞药物作用蛋白的表达和空间定位。

3.学会应用合适的荧光探针和激光扫描共聚焦显微镜。

【实验原理】

细胞的内部环境是一个有组织的、高度动态的、非均匀的整体。在这种环境中，细胞代谢过程中的生物大分子或分子复合体能成功地定位于细胞的正确位点而担负其功能。但目前对这些分子的定位与其功能相关性的了解仍非常有限，因此，破解细胞中不同分子的表达和定位及其生命功能的关系一直是生物学研究的难题。通过使用荧光探针和荧光显微镜获取的荧光成像可确定纳米颗粒和生物分子的扩散动力学，并在细胞自然无损的状态下，可视化地解析单个分子在细胞中的定位，定量和精确地描述生物分子对细胞功能控制的时空动态过程。应用激发荧光探针和荧光引导对组织细胞生物成像可精确地显示细胞内生物大分子的代谢，并以不同的荧光团确定药物在细胞中的分布。本实验利用荧光探针与药物结合标记，以激光扫描共聚焦显微镜检测不同分化食管癌细胞内的不同的荧光团，确定药物在癌细胞内的表达及定位。

【仪器与试剂】

1.仪器：激光扫描共聚焦显微镜（Leica TCS SP8）。

2.材料：人食管癌细胞 EC109、EC9706（高分化）、KY150（低分化），DMEM 培养基，新生牛血清，胰酶，青霉素链霉素双抗，姜黄素。

【方法与步骤】

1.细胞培养与处理。食管鳞癌细胞（EC109、EC9706、KY150、SHEEC）分别接种于 10% 胎牛血清、100 U/mL 青霉素及 100 U/mL 链霉素的 DMEM 培养液中，在 37 ℃、5% CO_2 的培养箱中培养，待细胞生长至皿底 80%～90%时，0.25%胰蛋白酶消化传代。种细胞分别铺于共聚焦皿生长，经上述方法在 37 ℃、5%CO_2 的培养箱中和药物共培养 24 h。用 0.15 mol/L、pH 值为 7.2 的 PBS 洗去培养液，4%多聚甲醛固定 0.5 h，PBS 缓冲液洗涤 3～5 次，低温保存。

2.激光扫描共聚焦显微镜检测。倒置激光扫描共聚焦显微镜，用 40 倍镜头或者 63 倍油镜，用 488 nm 激光激发扫描，获得食管鳞癌细胞的荧光图像，使用 LAS_X_3.5.5 软件包，分析 1024×1024 像素的食管鳞癌细胞的荧光图像。确定姜黄素药物荧光团在细胞中的分布位置。

3.食管癌细胞荧光图像的荧光密度分析。用 LAS_X_3.5.5 软件测量分析不同分化食管癌细胞内同层面的细胞质、细胞膜区域的荧光密度，并对近核膜的胞质、细胞质、近细胞膜的胞质区域的荧光密度进行图像分析。

【结果与分析】

1.药物姜黄素在细胞质和细胞膜的分布。激光扫描共聚焦显微镜高倍成像中，药物在不同分化程度的癌细胞中分布在近核的细胞质和细胞膜，在细胞质或细胞膜的荧光团呈聚集状态，特别是细胞中有明显的绿色荧光团的位置，可得出药物在细胞中的分布规律。

2.药物姜黄素在细胞质和细胞膜表达的荧光强度。用 Leica TCS SP8 测量食管癌细胞同层面不同位点或区域的荧光强度(或称荧光密度)，分析不同分化食管癌细胞的近核膜的胞质、细胞质、近细胞膜的胞质区域的绿色荧光密度。通过细胞内不同区域的荧光密度的比值显示药物在食管癌细胞内表达的强弱。

【注意事项】

1.细胞培养过程中不能污染细胞。

2.仪器使用过程中注意激光。

【思考题】

1.结合文献查阅药物作用的蛋白有哪些？

2.哪些蛋白的表达、迁移和定位会对食管鳞癌细胞的分化产生影响？

实验 53　活体成像系统检测药物在小鼠体内的代谢

【实验目的】

1.了解甘草次酸修饰脂质体的方法和特点。

2.学习活体成像法观察药物在小鼠体内分布代谢的方法。

【实验原理】

甘草酸是甘草中高含量药效成分，甘草酸主要以铵盐的形式存在，极性较大，所以胃肠道很难吸收，临床上生物利用度低，临床上时常发生甘草酸毒副反应，其中常见的是低血钾、高血压、水肿等假性醛固酮增多症。在甘草酸的大量研究中发现，甘草酸被肠道中 β-葡萄糖醛酸酶水解，入血成分主要是其水解产物甘草次酸，最后以甘草次酸形式发挥药理作用。

肝靶向药物递送系统主要采用物理或化学的方法将特定的配体引入药物载体，通过配体与细胞膜上的相应受体发生特异性结合，介导细胞实现对修饰有配基的载体材料的高效内吞，提高被包载药物在肝的累积量、延长药物半衰期，从而达到减少给药剂量和次数、降低药物毒副作用的目的。由于肝实质细胞表面存在特异性的甘草次酸受体，有研究者设计合成了胆固醇(Cholesterol)、聚乙二醇(PEG)和甘草次酸(GA)相连的高分子材料(Chol-PEG-GA)，并用此修饰脂质体(CPGL)，以此通过甘草次酸与肝细胞表面的甘草次酸受体结合，增加脂质体等药物到达肝实质细胞的浓度，提高药物疗效。

活体成像技术依赖于分子成像，能够反映细胞或基因表达的空间和时间分布，从而了解活体动物体内的相关生物学过程、特异性基因功能和相互作用，也可以对同一个研究个体进行长时间反复跟踪成像，此外在药物药效、代谢等方面有着重要功能。本实验即利用活体成像仪，选择荧光显像剂 NIRD-15 作为标记物，将 NIRD-15 包裹于脂质体内，尾静脉注射小鼠体内检测观察 CPGL 在小鼠体内的分布代谢情况。

【仪器与试剂】

1.仪器：动物活体成像系统，紫外分光光度计。

2.材料：昆明小鼠(KM Mouse)，胆固醇，大豆磷脂，Chol-PEG-GA，无水乙醇，硫酸铵，荧光显像剂 NIRD-15。

【方法与步骤】

1.CPGL 和 LP 的制备。采用硫酸铵梯度法制备甘草次酸修饰脂质体。具体如下：称取处方量的磷脂、胆固醇和 Chol-PEG-GA 置于茄形瓶中，加入无水乙醇，超声溶解至澄清，在磁力搅拌下，以 5 mL/min 的速度注入硫酸铵溶液中，减压蒸发除去乙醇，探头超声后，用 pH 值 7.4 的 PBS 溶液透析除去外水相硫酸铵，制得空白修饰脂质体。取适量 NIRD-15 与空白修饰脂质体混匀，恒温孵育，即得载 NIRD-15 的 CPGL。按照上述操作步骤，不加 Chol-PEG-GA，制得载 NIRD-15 的没有修饰材料的普通脂质体(LP)。

2.释放度测定。精密吸取 LP 和 CPGL 2 mL，分别放入透析袋中，置于装有 100 mL 30% 乙醇溶液的烧杯中，恒温磁力搅拌，温度 37±0.5 ℃，转速 400 r/min，于不同时间点取样 5 mL，紫外分光光度计测定浓度，代入标准曲线计算累积释放度，并立即补充 30% 乙醇溶液 5 mL。

3.小鼠活体成像。取 10 只雄性昆明种小鼠，分成 2 组，每组 5 只，分别将包裹 NIRD-15 的 LP 和 CPGL 进行小鼠尾静脉注射，剂量为 20 mg/kg，分别于药物注射后 5，10，15，30，60，120，180，360，600 min 给予小鼠异氟烷麻醉，采用活体成像系统，在相同曝光强度及曝光时间下，获得荧光显像。

4.小鼠离体脏器成像。为了进一步证实活体成像结果，进行小鼠离体脏器成像实验。将 LP 和 CPGL 进行小鼠尾静脉注射，剂量为 20 mg/kg，于第 600 min 麻醉处死小鼠，立即解剖获得心、肝、脾、肺、肾、脑，置于透明玻璃器皿中，蒸馏水洗净残存血液，滤纸吸干后置于活体成像系统，在相同曝光强度、曝光时间条件下获得荧光显像。

【结果与分析】

1.体外释放度的检测。检测 CL 和 CPGL 体外释放度的规律，制成坐标图，以观察随时间增长，当释放达到 CL 和 CPGL 的累积释放度情况。

2.小鼠活体成像。给药后 5，30，60，120，600 min 后，活体成像观察 LP 组和 CPGL 组小鼠及小鼠离体脏器中荧光强度，以判断两组在不同脏器的分布以及代谢初步情况，包括代谢完成的时间等，记录。

提示：给药 5 min 后，LP 和 CPGL 组尾巴处仍能观察到药物荧光，同时在肝脏中已有荧光出现，30 min 后 CPGL 组肝脏中的荧光强度明显高于 LP 组，而 LP 组在肾脏和膀胱处均有较强的荧光，说明 LP 组的药物已开始代谢，60 min 后药物随循环系统分布至全身，LP 组可明显在心、肝、脾、肺、肾处看到荧光，且肝脏中荧光强度越来越弱，心、脾、肺和肾的荧光强度越来越强，CPGL组肝脏中的荧光强度比其他组织强。120 min时，CPGL组肝脏中的药物荧光强度仍然比LP组强，且肾和膀胱的荧光强度均低于LP组，600 min后，CPGL组肝脏中仍具有较高浓度，取出两组小鼠离体内脏进行荧光强度比对，很明显CPGL组肝脏荧光强度最强，心和肺的荧光强度较弱，脑中无荧光强度，而LP组除脑以外，其他5个内脏中均有荧光，其中肝脏中荧光强度较弱，说明600 min后，药物在LP组基本代谢完全，CPGL组比LP组有较强的肝靶向性。

【注意事项】

1.注意甘草次酸复合分子修饰的成功率。

2.活体成像检测过程，注意小鼠机体的保护，减少人为对小鼠造成的伤害，引起药物代谢检测出现偏差。

【思考题】

1.比较甘草次酸复合物修饰后的药物分布情况和代谢时间与非修饰物差距在哪里？

2.动物活体成像技术还可以用于哪些药物代谢实验中？

实验54　分光光度计和高效液相色谱仪检测大鼠口服药物的排泄变化

【实验目的】

1.了解麦冬多糖MDG-1的主要药物功效。

2.学习使用分光光度计和高效液相色谱法分析药物在排泄物中含量的方法。

【实验原理】

麦冬多糖MDG-1是从麦冬(Ophiopogon japonicus)所含多糖中分离提纯得到的均一分子质量的β-D-果聚糖，已有药理学研究表明，口服麦冬多糖MDG-1具有一定的降血糖作用，其作用机制可能涉及通过抑制Leptin和TNF-α通路，对糖尿病治疗有一定效果。在对MDG-1注射给药的研究中发现，MDG-1以原型排出，注射后在体内无代谢降解。因此MDG-1口服后在排泄物中的含量变化对其作用机制的研究是十分必要的。

凝胶色谱法又叫凝胶色谱技术，是20世纪60年代初发展起来的一种快速且简单的分离分析技术，设备简单、操作方便，不需要有机溶剂，对高分子物质有很高的分离效果。凝胶色谱法又称分子排阻色谱法，主要用于高聚物的相对分子质量分级分析以及相对分子质量分布测试。在此基础上，加入荧光标记物，可完成荧光凝胶色谱法。而在多糖药代动力学研究分析中，常用色谱法检测尿液或粪便内结构复杂、多糖种类繁多、连接方式多样化的物质。

本实验通过荧光凝胶色谱法建立合适的分析方法，以观察单次口服 MDG-1 后大鼠粪便及尿液中排泄物含量的变化。

【仪器与试剂】

1.仪器：荧光分光光度计，高效液相色谱仪，荧光检测器

2.材料：SD 大鼠，相对分子质量均一的 MDG-1，异硫氰酸荧光素（FITC），右旋糖酐相对分子质量 D0-D8，二甲基亚砜

【方法与步骤】

1.MDG-1 标记产物的制备。取麦冬多糖 MDG-1 0.5 g 于具塞试管中，加入 5 mL 含 5 滴吡啶的二甲基亚砜溶液，加塞密封，超声使多糖溶解。精密加入异硫氰酸荧光素（FITC）0.05 g和二丁基二月桂酸锡 10 μL，密封，95 ℃水浴中恒温反应后，取出，冷却至室温，加入 45 mL氯化钠饱和无水乙醇，离心弃去上清液，所得沉淀即为 FITC 荧光标记的麦冬多糖粗品。沉淀经反复醇洗 9 次后，将沉淀冷冻干燥即得 F-MDG-1。所得标记物应显黄绿色荧光，易溶于水。

2.标准曲线及溶液的配制。分别称取右旋糖酐分子量对照品（D0-D8）约 10 mg，加入适量纯水配制成约 10 g/L 的标准溶液，进样。以相对分子质量的对数（log）为纵坐标，保留时间为横坐标，进行标准曲线拟合。

称取 MDG-1 与 F-MDG-1 各 10 mg，分别配制成 10 g/L 的溶液，进样测定，将保留时间代入标准分子量方程，计算相对分子质量。

3.给药方法及样品处理。SD 雄性大鼠分为 2 组，空白组及给药组，每组 6 只。给药前 12 h 禁食不禁水，给药后正常饮食。空白组给予纯水，给药组按照 300 mg/kg 给予 F-MDG-1，分别在 0，4，12，24，48，72 h 收集尿液及粪便。尿液经过滤后于-20℃放置。测定前将尿液解冻后稀释至一定体积，过滤后进样。粪便收集后阴干于-20 ℃密封放置，测定前将粪便解冻，研磨成细粉，纯水多次洗涤后合并滤液并稀释至一定体积，过滤后进样。

4.荧光凝胶色谱分析方法。

（1）色谱条件。色谱柱；流动相水；流速 0.5 mL/min；荧光检测波长：激发波长 495 nm，发射波长 515 nm。柱温 35 ℃；进样量 20 μL。

（2）方法专属性考察。取相同体积大鼠空白尿液 2 份，分别加入纯水及一定浓度的 F-MDG-1，配制成空白尿液、含 F-MDG-1 的尿液，另取同质量大鼠空白粪便 2 份，尿液及粪便均按前述方法处理后进样。在上述色谱条件下，测得各样品的 HPLC 色谱图。

（3）尿液样品标准曲线的制备。精密称取 F-MDG-1 为 3.20 mg，以空白尿液为溶剂，配制成 2.5，5.0，10.0，25.0，50.0，100.0，400 mg/L 系列浓度，记录尿液中样品的峰面积，以药物浓度 c 为横坐标，峰面积 y 纵坐标，用加权（$1/c^2$）最小二乘法进行回归计算，求得的直线回归方程为 $y=1\ 788.5c+14.559$（$r=0.999\ 8$）。根据标准曲线，FITC-MDG-1 的线性浓度范围为 0.025～4 μg。

（4）粪便标准曲线的制备。精密称取 F-MDG-1 为 2.80 mg，以空白粪便溶液为溶剂，配制成 2.5，5.0，10.0，25.0，50.0，100.0，400 mg/L 系列浓度，记录粪便中样品的峰面积，以药物

浓度 c 为横坐标，峰面积 y 纵坐标，用加权（$1/c^2$）最小二乘法进行回归计算，求得的直线回归方程为 $y=1\ 788.5c+14.559$（$r=0.999\ 8$）。根据标准曲线，FITC-MDG-1 的线性浓度范围为 0.025~4 μg。

（5）方法精密度与回收率测定。测定 F-MDG-1 尿液含量方法的精密度及回收率，以及在粪便中 F-MDG-1 的精密度及回收率，收集好数据，制作成表格。

（6）药时曲线。单次给予 F-MDG-1 后，在 0，4，12，24，48，72 h 时测定尿液中含量以及粪便中的含量。

【结果与分析】

1.方法精密度与回收率测定结果。测定 F-MDG-1 在尿液和粪便中的精密度和回收率，制作成图表。

2.药时曲线结果。单次给予 F-MDG-1 后，在 0，4，12，24，48，72 h 时测定的尿液和粪便中的含量，制作成图表和变化曲线。

【注意事项】

1.在测定尿液和粪便中药物精密度和回收率前，必须制备标准曲线。

2.SD 大鼠的尿液和粪便的收集必须用专用代谢笼，不得随意收集。

【思考题】

1.在尿液和粪便内物质测定中，为什么少用免疫学法，而多用色谱法？

2.中药麦冬除了成分 MDG-1，还有哪些有效成分？

第 16 章　药物非临床安全研究与评价

实验 55　荧光显微镜观察药物对斑马鱼的肝毒性

【实验目的】

1.了解香加皮水提取物的特性及功能。

2.学习荧光显微镜观察药物对斑马鱼的肝毒性的方法。

【实验原理】

香加皮,中药名,为萝藦科植物杠柳(*Periploca sepium Bge.*)的干燥根皮,春、秋二季采挖,剥取根皮,晒干。其始载于《神农本草经》,归为下品,其性温、味辛苦、有毒,归肝肾心经;具有利水消肿、祛风湿、强筋骨之功效;用于治疗心悸气短、风寒湿痹、腰膝酸软等症。现代药学研究显示,香加皮中含有多种化学成分,包括 C21 甾体类、三萜类、醛类等,具有强心、抗肿瘤、抗炎、免疫调节等多种作用。《中华人民共和国药典》(2020 年版)收载含有香加皮的成方制剂有 8 种,其中:口服药物有 3 种,主要用于强心、消肿;外用药物有 5 种,主要用于祛风除湿、活血止痛等。但因其在临床使用时有一定毒性,因此被限制了广泛使用。

斑马鱼目前已经作为实验动物,应用到生物学、药学各个研究领域,尤其在胚胎发育,毒性试验中广泛使用;因其体型小,便于饲养,而受研究者青睐。至今,斑马鱼在药物安全性评价中已有了较广泛的应用,从一般毒性评价到发育毒性、心脏毒性、肝脏毒性、神经毒性、视觉系统毒性的评价,甚至到耳毒性、软骨毒性、胃肠毒性评价;作为活体实验载体,弥补了体外细胞实验不具有的药物代谢完整环境,体内实验周期等缺点。

本实验选取斑马鱼为模型,利用荧光显微镜观察法探讨香加皮水提取物对斑马鱼幼鱼的肝脏毒性作用。

【仪器与试剂】

1.仪器:荧光显微镜,斑马鱼养殖系统等。

2.材料:野生 AB 系和肝脏荧光蛋白转基因斑马鱼幼鱼,香加皮,化学试剂如 NaCl、KCl、

Na_2HPO_4 等。

【方法与步骤】

1.香加皮水提取物药液的配制。取香加皮饮片，粉碎后过40目筛，精密称取50 g香加皮粉末，加入10倍量的蒸馏水回流提取2次，每次2 h，提取液抽滤后浓缩，减压干燥，研磨均匀后干燥保存。精密称取一定量的香加皮提取物粉末，溶于一定量的胚胎培养水中，超声助溶30 min，根据预实验结果，配制成一定浓度的储存液，实验前使用胚胎培养水稀释至所需浓度。

2.斑马鱼幼鱼24 h急性毒性试验。选取发育正常、无畸形的受精后4天(4 dpf)的AB系野生和转基因斑马鱼幼鱼，分别随机置于12孔细胞培养板中，每孔20条，并加入适量等体积胚胎培养水。

(1)药物暴露浓度选取：设计不同暴露浓度的药液，按照上述药液的配制原则，配制成700,800,900,1 000,1 100,1 200,1 300,1 400,1 500 μg/mL的药液。

(2)给药方式：将装有幼鱼的12孔板中的培养水依次吸出，并依次加入不同浓度的药液，每孔4 mL，每个浓度2个复孔，空白对照组加入等体积的新鲜胚胎培养水。加盖标记后，将孔板置于可控温光照培养箱中(28.5℃)24 h(黑暗与光照时间比为5∶7)，实验重复3次。

(3)实验终点处理方法：在实验终点，统计各个浓度组死亡的斑马鱼数目，并计算死亡率，计算药物暴露浓度与死亡率相关性。

3.AB系野生型及肝脏荧光蛋白转基因斑马鱼幼鱼的肝脏形态表型观察，肝脏荧光面积和平均荧光强度的测定。

(1)药物暴露浓度选取和暴露处理：低于LC_{10}的3个药物浓度，分为高浓度组、中浓度组、低浓度组，并设置空白对照组，按上述方法项进行暴露处理。

(2)表型观察：药物暴露结束后，去除药液，使用胚胎培养水清洗幼鱼3次后，将幼鱼固定于涂布有3%的甲基纤维素凝胶的载玻片上，并摆放成侧躺姿态(便于观察幼鱼肝脏的形态特征)，在荧光显微镜下依次观察各个药物暴露组和空白组中幼鱼的肝脏表型，并在相同光学条件下进行拍照。使用显微镜软件统计野生型和荧光转基因型幼鱼肝脏荧光面积和平均荧光强度。

【结果与分析】

1.斑马鱼幼鱼24 h急性毒性实验结果。通过统计学软件分析的急性毒性结果和相关回归分析，确定在一定范围内，药物浓度与幼鱼的死亡率成正相关性，进而计算出LC_{50}，LC_{10}，LC_0的浓度(μg/mL)。

2.AB系野生型及肝脏荧光蛋白转基因斑马鱼幼鱼的肝脏观察结果。观察AB系野生型斑马鱼幼鱼肝脏，空白组和实验组在肝脏透明度、形态大小、颜色等方面的区别，不同浓度的结果区别，制作成结果图。

荧光显微镜观察肝脏荧光蛋白转基因斑马鱼幼鱼肝脏，空白组和实验组肝脏的形态完整性、荧光强度、荧光面积大小，不同浓度结果等，将结果制成对比图。

【注意事项】

1.斑马鱼饲养必须参照标准饲养操作规程进行,实验中的对照组和实验组斑马鱼保持随机选取。

2.香加皮提取物的药物毒性试验前需要进行预实验,初步确定毒性浓度范围。

【思考题】

1.香加皮的成方制剂有哪些?

2.斑马鱼作为实验动物与细胞实验有哪些优势?

实验 56 荧光差异双向电泳仪检测药物对大鼠的生殖毒性

【实验目的】

1.了解纳米二氧化硅在药物传输、疾病诊断等方面的作用。

2.学习荧光差异双向电泳法观察药物对大鼠睾丸的毒性影响。

【实验原理】

纳米二氧化硅是一种无机化工材料,由于是超细纳米级,尺寸范围在 1~100 nm,因此具有许多独特的性质,在催化、滤光、光吸收、医药、磁介质及新材料等有广泛的应用前景。近年来,纳米二氧化硅因其独特的理化特性,被逐步应用到药物传输、疾病诊断、基因治疗、医学成像、生物传感器、癌症治疗等生物医学领域。微米级的二氧化硅,属于人类致癌物,是一种高度毒性的颗粒;而纳米二氧化硅,作为一种新型纳米材料,其对生物体的潜在毒性也需要逐步探索研究。现有研究表明,细胞水平、动物实验结果显示,纳米二氧化硅能够引起细胞凋亡、细胞周期改变、基因表达异常、DNA 损伤、氧化应激、炎症反应,并可引起心血管系统、呼吸系统及其他组织器官的损害。

本实验通过荧光差异双向电泳(Two Dimension Difference Gel Electrophoresis,2D-DIGE)分析纳米二氧化硅染毒的大鼠睾丸组织中提取的总蛋白,探究生殖毒性相关蛋白情况。

【仪器与试剂】

1.仪器:荧光差异双向电泳仪。

2.材料:纳米二氧化硅,雄性 SD 大鼠,CyDye DIGE 标记试剂盒,2-D Quant 蛋白浓度测定试剂盒等双向电泳相关试剂,抗 PDIA1 单克隆抗体,抗 HSP7C 单克隆抗体,羊抗鼠抗体,异氟烷。

【方法与步骤】

1.大鼠给药。采用鼻腔滴入纳米二氧化硅分散液方式对 SD 雄性大鼠进行染毒,设置为纳米二氧化硅组;同时经鼻腔滴入生理盐水设置为生理盐水对照组。每天染毒 1 次,每周称量 1 次体质量,用于确定下周染毒剂量,共染毒 4 周。两组于 4 周后麻醉、断颈处死,并取睾丸组织。

2.组织蛋白提取、荧光标记及双向电泳。异氟烷麻醉后处死大鼠,称取 1 g 附睾组织样品,加入 1 mL 裂解液,冰浴超声裂解 15 min(超声 5 s,暂停 5 s,功率 20%)。16 000 g、4 ℃离心 30 min 后收集上清液,TCA—丙酮法纯化蛋白。按照 2-D Quant Kit 说明进行蛋白定量,根据 CyDye DIGE Fluor Labeling Kit 说明书要求,分别以 Cy3、Cy5 标记样品,Cy2 作为内标标记所有样品混合物(标记前须调整样品 pH 至 8.5 左右,所有样品等量混合作为内标)。样品标记成功后进行等电聚焦(Str 30 V、12 h,Str 500 V、1 h,Str 1 000 V、1.5 h,Str 3 000 V、1.5 h,Grd 5 000 V、4 h,Str 8 000 V、1 h,Grd 8 000 V、4 h,Str 8 000~98 000 V、4 h 聚焦结束)。聚焦结束后,取出胶条,用去离子水缓慢冲洗 3 次,20 mmol/L DTT 进行还原反应 15 min,20 mmol/L吲哚-3-乙酸(Indole-3-acetic Acid,IAA)避光在室温下烷基化反应 15 min。第二向垂直 SDS—聚丙烯酰胺凝胶电泳时设置温度 14 ℃,功率 1 W,45 min 后更换功率至 11 W 电泳至溴酚蓝前沿达玻璃板底部时停止。将玻璃洗净后用 Typhoon Trio 荧光扫描仪进行扫描成像,TM DeCyder 2-D Differential Analysis Software v7.0 软件进行定理分析。

3.差异蛋白的 Western Blot 验证。称取 SD 大鼠睾丸组织 200 mg,经液氮研磨、PhosphoSafe 裂解液(Thermo)冰上裂解 30 min 及超声破碎后 12 000 g、4 ℃离心 30 min,取上清液。各组等量蛋白上样进行 SDS-PAGE 凝胶电泳。电泳完成后将样品转移至 PVDF 膜上,再分别孵育抗 PDIA1 抗体(1∶2 000)、抗 HSP7C 抗体(1∶2 000)及抗 GAPDH(1∶3 000)抗体,TBST 洗涤 3 次后加相应二抗(均按 1∶3 000 稀释)进行孵育,最后将 PVDF 膜进行曝光,图像处理及分析。

【结果与分析】

1.荧光电泳观察下,纳米二氧化硅诱导的睾丸差异蛋白。标记样品按照普通双向电泳流程进行等电聚焦与垂直电泳,电泳结束后使用 Typhoon TRIO 扫描仪扫描。与生理盐水对照组相比,纳米二氧化硅处理组,通过扫描图谱经由荧光差异分析软件 DeCyder 进行胶内及胶间差异分析。Cy2 标记为蓝光,Cy3 标记为绿光,Cy5 标记为红光,然后叠加,选出差异蛋白。

2.纳米二氧化硅诱导大鼠睾丸 PDIA1 及 HSP7C 表达异常变化的验证。利用 Western Blot 对纳米二氧化硅处理后睾丸组织中 PDIA1 及 HSP7C 凋亡相关蛋白的表达水平进行检测,与生理盐水对照组比较,记录并比较分析 PDIA1 蛋白在纳米二氧化硅处理组中表达情况,以及 HSP7C 蛋白的表达结果。

【注意事项】

1.荧光双向电泳流程必须按照对应试剂盒及流程操作。

2.实验组给药纳米二氧化硅的鼻腔滴入法，在对照组中换成生理盐水时必须采用同样操作。

【思考题】

1.荧光电泳法有哪些用途？优势是什么？

2.纳米材料在医药研究中还有哪些应用？

第三部分

创新实验篇

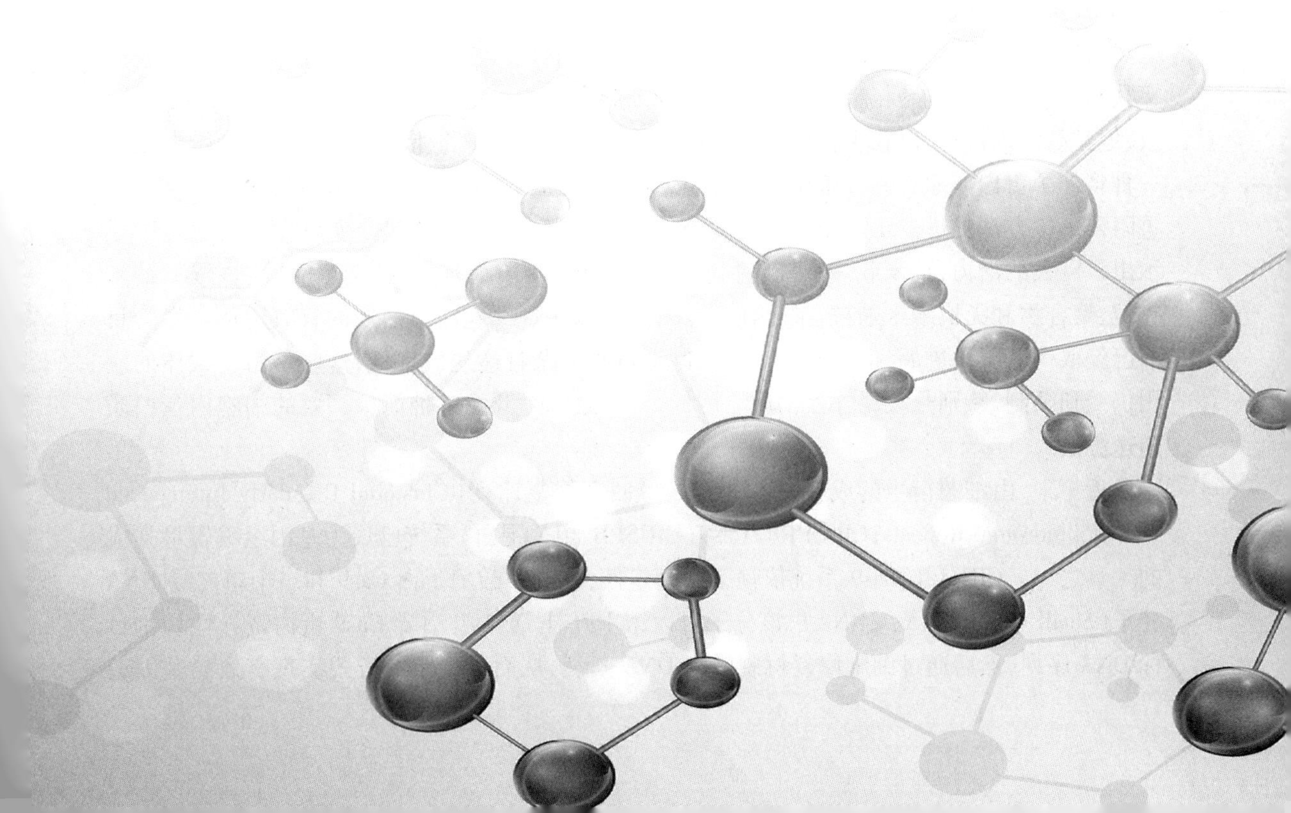

第 17 章　创新实验

实验 1　使用自组装纳米载体进行简单高效的靶向细胞内蛋白质递送，以实现有效的癌症治疗

【背景及原理】

蛋白质疗法的出现对各种重要疾病的治疗产生了重大影响，其中包括自身免疫性疾病和癌症。与小分子药物相比，蛋白质治疗药物具有更强的特异性和更好的生物相容性。许多治疗性蛋白质，包括细胞因子、酶、生长因子和单克隆抗体，已被广泛探索并应用于制药领域，其中的大多数蛋白质在细胞外靶标诱发下均能显现活性。近年来，用于调节细胞内生物活性的功能蛋白在生物医学应用范围中引起了广泛关注。然而，由于蛋白质的内在特性，例如体积大、脆弱的三级结构、易降解和膜渗透性差，蛋白质的细胞内递送显得极具有挑战性。因此，开发有效的细胞内递送策略对提高蛋白质疗法的疗效至关重要。

目前，科研人员已经开发了各种递送技术将蛋白质转运到活细胞中，其中，显微注射、电穿孔和微流体电穿孔是将蛋白质直接递送到细胞中的常用物理方法。虽然这些方法简单有效，但具有侵入性，所以在生物体内的应用也受到一定限制。将蛋白质转导结构域融合是另一种将外源蛋白质递送到细胞中的方法，但是融合蛋白的低递送效率和复杂的制备过程严重阻碍了该方法的进一步应用。近年来，纳米颗粒递送系统在细胞内蛋白质高效递送中显示出了巨大的潜力，纳米载体系统包括脂质体、胶束、脂质纳米颗粒、纳米凝胶、核酸的纳米颗粒、聚合物和无机纳米颗粒，都正在被深入研究以实现细胞内蛋白质的有效递送。尽管目前已经取得了很大进展，但由于纳米颗粒制造过程复杂且递送效率低，这些蛋白质载体的应用仍受到限制，特别是大尺寸蛋白质。因此，当务之急是开发一种简单高效的细胞内蛋白质递送方法。

近年来，由细菌衍生的成簇、规则间隔、短回文重复序列（Clustered Regularly Interspaced Short Palindromic Repeats，CRISPR）/Cas9（CRISPR 相关蛋白）系统已成为基因组编辑最强大的工具之一。CRISPR/Cas9 系统依赖于两个组件：一个核酸酶蛋白 Cas9 和一个单向导 RNA 分子（Small Guide RNA，sgRNA），该分子可以识别互补 DNA 并引导 Cas9 蛋白特异性切割目标 DNA 序列，然后通过细胞修复机制修复 DNA 断裂，从而以精确的方式实现有效的基因编

辑,因此 CRISPR/Cas9 系统在治疗应用中具有广阔前景。然而,由于 Cas9/sgRNA 复合物稳定性低和细胞膜渗透性差,将其有效递送到细胞中非常具有挑战性。尽管病毒载体在 CRISPR/Cas9 介导的基因编辑中很有效,但它们会诱发免疫反应和突变。水动力注射和电穿孔在转染效率方面表现出良好的性能,但这些物理方法具有侵入性且难以在体内应用。最近,基于脂质制剂、无机纳米颗粒、DNA 纳米链和多肽的非病毒递送系统已被用于递送 Cas9 蛋白/sgRNA 复合物、表达 Cas9 和 sgRNA 的质粒 DNA 或 Cas9 mRNA/sgRNA 复合物。在这些递送方式中,基于 Cas9 蛋白的递送方式比基于质粒 DNA 和 mRNA 的递送方式具有更好的特异性、安全性和适应性。尽管已经实现了一定水平的体内基因编辑,但尚未开发出有效的体内治疗性基因编辑。

本实验报告了一种新型递送载体(CDEH),它整合了多价静电、疏水相互作用以及靶向功能,可在体外和体内有效地递送蛋白质。

【实验目的】

1.掌握流式细胞仪、酶标仪、荧光显微镜、动物活体成像仪的原理和操作。

2.培养实践动手能力和创新能力,强化综合性能力。

【实验材料】

1.材料:异硫氰酸荧光素(FITC),Saporin,BSA,AS 1411 适配体,DAPI,MDA-MB-231,Sulfo-Cy7,NH2-PEG2000-FA,Cas9,sgRNA,GeneArt 基因组裂解检测试剂盒(GCD)。

2.细胞系和动物:Hela 细胞,MDA-MB-231 细胞,雌性 BALB/c 裸体小鼠(4~6 周)。

【方法与步骤】

1.CDEH/蛋白质纳米复合物的制备。

化合物 2 的合成:将甲基磺酰氯(1.35 g,11.83 mmol)加入 0 ℃ 的化合物 1(3 g,9.86 mmol)CH_2Cl_2 溶液中,在 0 ℃下搅拌 30 min,然后用 1N HCl 淬灭。用 $NaHCO_3$ 和水洗涤有机层,用无水硫酸钠干燥。减压蒸发溶剂,得到粗产物,直接用于下一步。

化合物 3 的合成:将化合物 2(2g,5.23 mmol)在含 DMF 的溶液中加入叠氮化钠(1.02 g,15.68 mmol),混合物在 80 ℃下加热 24 h。真空除去溶剂,将残余物溶于乙酸乙酯(50 mL),用水(50mL)洗涤 2 次。过滤并除去溶剂,得到粗品。通过柱色谱法纯化,以石油醚/乙酸乙酯(体积比为 5∶1)为洗脱剂,得到化合物 3。

化合物 4 的合成:在 0 ℃下,将化合物 3(1 g,3.04 mmol)在含无水的 DMF(30 mL)的溶液中加入 NaH(219 mg,9.12 mmol)。悬浮液在 0 ℃ 下搅拌 20 min,然后加入炔丙基溴(543 mg,4.56 mmol)。反应混合物升温至室温,搅拌 1 h,然后用水淬灭。溶剂在真空中去除,残留物溶解在乙酸乙酯中,用水洗涤。蒸发有机层,残余物通过柱色谱法纯化,以石油醚/乙酸乙酯(体积比为 10∶1)为洗脱剂,得到化合物 4。

化合物 5 的合成:将三苯基膦(1.43 g,5.44 mmol)加入到化合物 4(1 g,2.72 mol)的 THF(30 mL)和 H_2O(1 mL)的混合溶液中。反应混合物在 50 ℃下搅拌过夜。浓缩该混合物,用乙酸乙酯萃取。蒸发有机层，粗产品通过柱色谱法纯化。以 CH_2Cl_2/MeOH/Et_3N（体积比为 10∶1∶0.1）为洗脱剂，得到化合物 5，直接用于下一步骤。

化合物 6 的合成：氮气下于 0 ℃向化合物 5（1 g，3.98 mmol）的二氯甲烷（40 mL）溶液中加入三乙胺和 4-硝基苯氯甲酸酯（1.2 g，5.97 mmol）。让该混合物升温至室温并搅拌过夜。混合物用水和饱和 NaCl 洗涤，干燥（Na_2SO_4）并浓缩。得到粗品，用石油醚/乙酸乙酯（体积比 30∶1）柱色谱纯化，得到化合物 6。

化合物 7 的合成：向化合物 6（500 mg，1.2 mmol）和化合物（410 mg，1.2 mmol）在二氯甲烷（30mL）中的溶液，加入三乙胺和催化量的 4-二甲基氨基吡啶。混合物搅拌过夜，用水洗涤并用 Na_2SO_4 干燥。蒸发有机层，得到粗产品。用石油醚/乙酸乙酯（体积比为 6∶1）柱色谱进一步纯化，得到的化合物 7 为黄色油状液体。

化合物 CDEH 的合成：向化合物 7（50 mg，0.038 mmol）和 β-CD-N_3（50 mg，0.038 mmol）在 DMF（5 mL）中的溶液中，加入 1 mL 的 $CuSO_4 \cdot 5H_2O$（25 mg，0.1 mmol）和抗坏血酸钠（100 mg，0.5 mmol）的水溶液（1 mL）。在室温下搅拌 48 h 后，将反应液浓缩并加入乙醚沉淀。沉淀物用 10% 的铵溶液洗涤，风干。上述产物（100 mg，0.017 7 mmol）在 DMF 中与 NaN_3（24 mg，0.371 mmol）在 80 ℃下反应 24 h。真空中除去溶剂，将残留物溶于乙酸乙酯（50 mL）中，用水（50 mL）洗涤 2 次。产物经过滤和溶剂去除后，用三氟乙酸去除 CH_2Cl_2 中的 BOC 基团，得到固体产物 CDEH（图 17.1）。

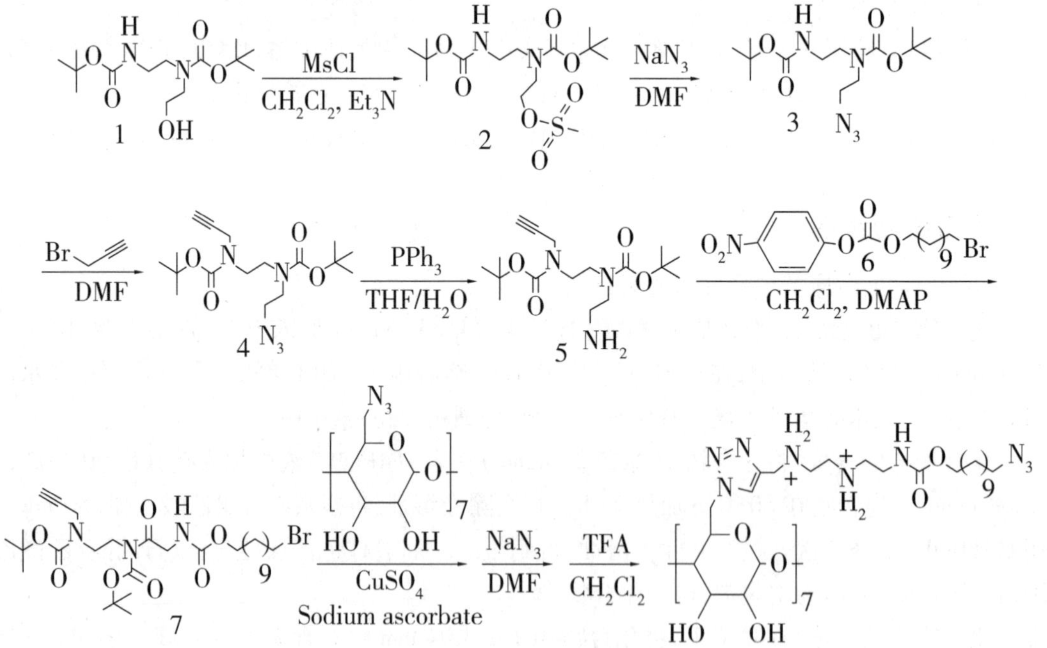

图 17.1　CDEH 的合成路线

将 CDEH（1 mg）溶解在蒸馏水（1mg/mL）中，然后分别以 3∶1（CDEH∶SA）的质量比或 2∶1（CDEH∶BSA）的质量比与蛋白质溶液混合。

2.流式细胞术检测细胞摄取。MDA-MB-231 细胞以每孔 1×10^4 个细胞的密度接种在 96 孔板中，并在 37℃、5% CO_2 的条件下培养 24 h。细胞用 PBS 洗涤两次，然后加入 100 μL 新鲜的 Dulbecco 改良 Eagle 培养基（DMEM），其中含有 CDEH/BSA-FITC、CDEH-AP/BSA-

FITC、CDEH/SA-FITC、CDEH-AP/SA-FITC（BSA 为 10 μg/mL，皂草素为 20 μg/mL）。孵育 8 h 后，细胞核用 DAPI 染色，并在荧光显微镜下记录图像。对于流式细胞术，将细胞用胰蛋白酶消化、洗涤并分散在 PBS 中，然后在 BD FACS Calibur 上进行分析。

3.用酶标仪进行细胞毒性测定。进行 MTT 实验以测量 CDEH 和 CDEH-AP 的细胞毒性。MDA-MB-231 细胞以每孔 1×10^4 个细胞的密度接种在 96 孔板中，并在 37 ℃、5% CO_2 的条件下培养 24 h。用不同浓度（10～40 μg/mL）的 CDEH 和 CDEH-AP 洗涤和处理细胞 48 h。倒出培养基后，细胞用 100 μL MTT（1 mg/mL）在 PBS 中再孵育 4 h。除去培养基，加入150 μL二甲基亚砜（DMSO）裂解细胞，并使用酶标仪记录在 520 nm 处紫色甲瓒的吸光度。通过计算对照细胞分别与 CDEH 和 CDEH-AP 处理过的细胞的吸光度来比较细胞活力百分比。

4.靶向蛋白质递送的体内成像。为了研究载有蛋白质的纳米载体的肿瘤积累和保留，将 Cy7 标记的游离皂草素（SA-Cy7）、CDEH/SA-Cy7 和 CDEH-AP/SA-Cy7 静脉注射到 MDA-MB-231 荷瘤小鼠。采用小动物成像系统对注射后不同时间点的小鼠进行成像。给药后 24 h，颈椎脱臼处死处理后的小鼠，取主要脏器和肿瘤。通过 IVIS 成像系统分析不同器官和肿瘤的荧光强度。

5.体外转染。用 96 孔板在初始密度为 4×10^4 个的 HeLa 细胞中进行体外转染。在细胞汇合度为 80%时，使用 5CDEH/pDNA 和 Lipofectamine 2000/pDNA 复合物处理，其中含有相同数量的 pDNA（0.2 μg），分别进行处理。转染 48 h 后，用绿色荧光蛋白（GFP）评价细胞的表达情况，荧光显微镜（Olympus IX 51）使用 455/70 nm 激发滤光片。

6.体外基因破坏和抗肿瘤活性。Hela 细胞以每孔 5×10^3 个细胞的密度接种在 96 孔板中，并在 37℃、5% CO_2 的条件下培养 24 h。然后添加 16 μg/mL 当量浓度的 Cas9 蛋白到游离 Cas9/sgRNA（Cas9 蛋白与 sgRNA 的摩尔比为 1∶1.2）和载有 Cas9/sgRNA 的叶酸靶向 CDEH 纳米载体中。孵育 48 h 后，通过基因组切割检测（GCD）测定法使用聚合酶链式反应（PCR）引物检测基因切割，并通过上述 MTT 测定法测量细胞活力，结果表示为未处理细胞的存活百分比。

【结果与分析】

1.自组装 CDEH/蛋白质纳米复合物的表征。将所有样品沉积在碳包覆铜网格上并在观察前风干，用 TEM（JEM 1200 EX）鉴定 CDEH、CDEH/BSA 和 CDEH/SA 的形貌，并测量流体动力学直径和 zeta 电位。

2.流式细胞术检测细胞摄取。用异硫氰酸荧光素（FITC）标记 BSA 和皂草素，细胞核用 DAPI 染色，用流式细胞仪检测，然后在 BD FACS Calibur 上进行分析。

3.酶标仪进行细胞毒性测定。进行 MTT 测定以测量 CDEH 和 CDEH-AP 的细胞毒性。

4.靶向蛋白质递送的体内成像。在小鼠注射后不同时间点通过小动物成像系统进行成像。取主要器官和肿瘤，通过 IVIS Lumina 成像系统分析不同器官和肿瘤的荧光强度。

5.体外转染。转染 48 h 后，用绿色荧光蛋白（GFP）评价细胞的表达情况，荧光显微镜（Olympus IX 51）使用 455/70 nm 激发滤光片。

6.体外基因破坏和抗肿瘤活性。通过基因组切割检测（GCD）测定法使用聚合酶链式反应(PCR)引物检测基因切割,并通过上述 MTT 测定法测量细胞活力,结果表示为未处理细胞的存活百分比。

实验 2　一种核选择性多组分纳米平台的可点击氨基酸调谐自组装协同癌症治疗

【背景及原理】

在过去十年中,细胞器靶向疗法已成为一种前景广阔的抗癌策略。与线粒体和溶酶体等其他与细胞凋亡相关的细胞器相比,细胞核在大多数生物细胞过程中发挥着关键作用,并对各种类型的 DNA 损伤表现出高度敏感性,因此是一种很有前景的抗肿瘤治疗靶点。化疗是各种癌症最常用的治疗方法之一。近年来,化疗已与光动力疗法(Photodynamic Therapy,PDT)等其他治疗策略相结合,通过不同的作用以克服传统单一疗法的局限性。为了提高 PDT 的效率,人们开发了多种载体,如脂质体、聚合物和无机纳米颗粒。遗憾的是,这些载体大多存在制备不便、载药效率低和稳定性差等问题。此外,由于活性氧(Reactive Oxygen Species,ROS)短暂的瞬态寿命和扩散范围,光敏剂(Photosensitizer,PS)的疗效在很大程度上取决于亚细胞定位。因此,在更易受到氧化损伤的细胞器(如细胞核)中选择性生成 ROS,可以显著提高治疗效果。此外,核靶向递送策略可以有效地将 DOX 转运到核内,直接抑制 DNA 或 RNA 合成过程,同时避免 p-糖蛋白相关的 DOX 外排泵。因此,亟须一种能将 PS 和 DOX 直接转运到癌细胞核内的有效策略,以改善 PDT 和化疗的联合治疗。

分子自组装是一个多功能过程,涉及通过非共价相互作用对分子进行有组织的排列,蛋白质、肽甚至氨基酸在内的各种生物大分子已被用作构建功能纳米材料的构件。尤其是氨基酸及其衍生物[如芴甲氧羰基(Fmoc)修饰的氨基酸],由于其分子简单、生物稳定性和固有的生物相容性,在构建纳米结构功能系统方面比蛋白质和肽具有明显优势。最近的研究表明,只需操纵配位和非共价相互作用,氨基酸就能自发组装形成具有各种形态的有序纳米材料。虽然氨基酸自组装在将药物整合到治疗用纳米颗粒中表现出一定优势,但目前还没有研究能真正开发出核靶向纳米药物。要完成这项任务,迫切需要一种新的氨基酸自组装方法,不仅输送到相同的细胞,而且输送到治疗活性位点的细胞核,以实现治疗药物的选择性输送。

本实验提出一种顺序的自点击组装策略,利用两亲性氨基酸 D-K 介导的自组装构建多组分纳米平台,用于核靶向递送 PS 和抗癌药物。将传统的氨基酸保护基 Fmoc 改为 D-K 中的二苯并环辛炔(DIBO)官能团,主要用于无铜催化点击化学,可有效扩展自组装材料的种类,并增强温和条件下的自组装行为。Ce6 和 DOX 分子可通过 π-π 堆积、疏水和静电等多种弱分子间相互作用融入 D-K 的两亲性网络,然后通过无铜催化点击反应与叠氮化物交联剂(4-A)组装,生成 D-KCD/A 多组分纳米平台。D-KCD/A 不仅能提高药物负载效能,还能增强 Ce6 和 DOX 在细胞核中的积累,从而大大增强体外和体内 PDT 和化疗的协同效应。因此,D-KCD/A 是一种很有前景的细胞核靶向联合治疗平台,可能具有改善恶性疾病治疗的潜力。

【实验目的】

1.掌握流式细胞仪、倒置显微镜、动物活体成像仪的原理和操作方法。

2.培养实践动手能力和创新能力,强化综合性能力。

【实验材料】

1.材料:Chlorin e6(Ce6),盐酸阿霉素(DOX·HCl),3-(4,5-二甲基噻唑-2-基)-2,5-二苯基四唑(MTT),4,6-二氨基-2-苯基吲哚(DAPI),绿色单线态氧传感器(SOSG),叠氮化钠(NaN_3),甲基-β-环糊精(M-β-CD),伊维菌素,染料木素。

2.细胞系和动物:4T1 细胞、雌性 BABL/c 裸鼠(4~6 周)。

【方法与步骤】

1.化合物 1 的合成。将乙二胺(670 mg,11.16 mmol)加入到含 DCM(40 mL)的 N,N′-二叔丁氧羰基-L-赖氨酸(500 mg, 1.13 mmol)溶液中。在室温下搅拌过夜,蒸发溶剂,以二氯甲烷/甲醇(体积比为 20∶1)为洗脱液,柱层析纯化,得到白色固体化合物 1。

2.化合物 2 的合成。将化合物 1(201 mg,0.52 mmol)加入到含 10 mL DCM 的 4-硝基苯基氯甲酸酯取代的 DIBO(100 mg,0.26 mmol)溶液中,再加入三甲胺(56 μL,0.40 mmol)。将反应混合物在室温下搅拌过夜,真空抽干溶剂。残渣溶于乙酸乙酯中,用水(50 mL)洗涤 3 次,过滤、脱溶剂得到粗产物,再以石油醚/乙酸乙酯(体积比为 1∶1)为洗脱液进行柱层析纯化,得到化合物 2,为白色固体。

3.化合物 D-K 的合成。化合物 2 用含 2 mol/L HCl 的甲醇溶解,在室温下搅拌 2 h 去除 Boc,得到 D-K,回收率为 56.3%。

4.化合物 4-A 的合成。在四氮杂环十二烷(115 mg,0.67 mmol)的 CH_3CN(20 mL)溶液中加入 Cs_2CO_3(977 mg,3 mmol)。在无水 CH_3CN 中缓慢加入化合物 3(699 mg,3 mmol)。将反应混合物在室温下搅拌 8 h,过滤,减压去除溶剂。残渣用 CH_2Cl_2 稀释,用饱和 $NaHCO_3$ 水洗。收集有机相,用 Na_2SO_4 干燥。过滤后真空脱去溶剂,残渣用甲醇/二氯甲烷(体积比为 1∶10)硅胶柱层析纯化得到化合物 4-A。

5.单线态氧($^1O_2$)的 SOSG 检测。为了测量 $^1O_2$ 的生成效率,将游离 Ce6、D-KC、D-KC/A 和 DKCD/A 纳米颗粒分别加入在水中或 NaCl 溶液中。孵育 6 h 后,每个样品加入 SOSG(2 μmol/L),辐照 2 min(660 nm,100 mW/cm^2),在 504 nm 记录吸光度。小鼠乳腺癌 4T1 细胞在完全 RPMI 1640 培养基(10%胎牛血清,1%青霉素/链霉素)中,于 37℃、5% CO_2 的条件下培养。

6.细胞摄取。4T1 细胞(密度为 1×10^4 个/孔)接种于 96 孔板,在 37℃、5% CO_2 条件下孵育 12 h。添加 100 μL 含 Ce6、D-KC、D-KC/A 或 D-KCD/A 的新鲜培养基(Ce6 浓度为 30 μg/mL,DOX 浓度为 30 μg/mL);孵育 2 h 后,用 4%多聚甲醛固定细胞,DAPI 染色,使用荧光显微镜成像。

7.内吞作用机制。将4T1细胞(密度为1×10^4个/孔)接种于96孔板,在37℃、5% CO_2条件下孵育12 h。这些细胞被孵化于不同的内吞作用抑制剂(10 mmol/L NaN_3, 10 mmol/L M-β-CD或200 μmol/L染料木素)中,并在4 ℃条件下放置1 h,然后加入D-KCD/A在37 ℃或4 ℃ 条件下孵育2 h。之后收集细胞,采用流式细胞术进行分析。

8.核传输机制。为了探索D-KCD/A纳米颗粒的核转运机制,将4T1细胞与伊维菌素(25 μmol/L)预孵育1 h,然后加入D-KCD/A(Ce6浓度为30 μg/mL)再孵育2 h,之后用4%多聚甲醛固定细胞,DAPI染色,并用荧光显微镜成像。

9.体外细胞毒性。4T1细胞(密度为1×10^4个/孔)接种于96孔板,在37℃、5% CO_2条件下孵育12 h。然后用含有游离Ce6、Ce6+DOX、D-KC、D-KC/A或D-KCD/A(Ce6浓度为2 μg/mL,DOX浓度为2 μg/mL)的新鲜培养基替换培养基。孵育12 h后,用660 nm、100 mW/cm^2的激光照射细胞2 min,再孵育12 h。采用MTT法测定细胞活力。D-K的细胞毒性研究,用不同浓度的D-K(0,10,20,40,60 μg/mL)处理4T1细胞24 h,之后采用MTT法测定细胞活力。

10.体内抗肿瘤活性。在抗肿瘤治疗中,将2×10^6个4T1细胞注射到雌性BALB/c裸鼠皮下。当肿瘤体积增大到约60 mm^3时,将小鼠随机分为6组($n=5$):PBS对照组、DOX组、Ce6激光组、D-KC/A激光组、D-KCD/A组、D-KCD/A激光组。将150 μL不同样品等量的Ce6(2 mg/kg)和DOX(2 mg/kg)静脉注射小鼠,每3天注射1次,共3次。每次注射12 h后,用660 nm(200 mW/cm^2,10 min)激光照射小鼠肿瘤区域。肿瘤体积和重量每两天测量一次,持续20天。肿瘤体积的计算公式如下:肿瘤体积=长度×宽度^2× 0.5。实验结束时,切除肿瘤并称重。组织学检查:取肿瘤组织和主要器官(心、肝、脾、肺、肾)进行苏木精-伊红(HE)染色。

【结果与分析】

本实验提出了一种简便、稳健的基于多组分两亲性氨基酸的纳米平台,用于增强PS和抗癌药物的核内递送。在这一策略中,Ce6和DOX被直接用作构件分子,通过环辛炔官能化赖氨酸(D-K)调控的自组装来构建定义明确的纳米颗粒,从而避免了使用有机溶剂或其他烦琐的后处理步骤。自组装纳米药物增强了细胞对Ce6和DOX的摄取和核蓄积,不仅能显著提高它们对癌细胞的细胞毒性,还能最大限度地减少副作用。重要的是,D-KCD/A可选择性地在肿瘤部位蓄积和保留,并通过诱导PDT和化疗的多模式肿瘤抑制作用,表现出最佳的肿瘤生长抑制效果。值得注意的是,将传统的氨基酸保护基Fmoc改为DIBO官能团,从而通过改变含叠氮化物的交联剂,基于D-K的无铜催化点击反应,可以简单、快速地制备出一系列新型核靶向纳米材料,有效地扩展了自组装材料的种类,并在温和条件下增强了自组装行为。因此,这一实验证明了可点击氨基酸衍生物在癌症治疗的自组装多组分核靶向递送纳米平台构建中的的巨大潜力。

实验3 单一大分子自识别的高度均匀的自组装微球用于增强癌症免疫疗法

【背景及原理】

癌症免疫治疗能通过激活患者的免疫系统来抑制肿瘤的生长、转移和复发。癌症免疫治疗具有广泛的应用前景和重大的科研价值，众多科研人员投身于此领域并探索了许多免疫治疗方法，探明了许多免疫治疗方法，如免疫检查点阻断治疗和嵌合抗原受体T细胞过继转移。目前在临床试验中取得重大突破的程序化细胞死亡蛋白1(Programmed Cell Death Protein 1, PD-1)是一种免疫检查点T细胞受体。肿瘤通常过表达程序化细胞死亡配体1(Programmed Cell Death-ligand 1, PD-L1)以增强与PD-1相互作用，导致T细胞能量耗竭。针对PD-1/PD-L1相互作用的检查点抗体可以增强免疫应答，从而杀死癌细胞。虽然PD-1抗体已经被FDA批准用于晚期癌症的治疗，但PD-1抗体的临床治疗范围受限。吲哚胺2,3-双加氧酶(吲哚胺2,3-双加氧酶，IDO)是一种免疫抑制酶，能催化色氨酸降解为犬尿酸。IDO在肿瘤中的高表达导致效应T细胞被抑制，调节性T细胞被吸引，从而避免免疫应答介导的排斥反应。目前已有IDO抑制剂用于临床试验，如1-甲基色氨酸(1-MT)。因此，同时阻断PD-1/PD-L1通路，抑制IDO活性可能是一种有效的癌症免疫治疗策略。

球形微结构颗粒因其在成像、给药、组织工程以及样品分离分析等方面的广泛应用而备受关注。微球的功能和性能在很大程度上取决于其组成、结构和制备工艺。除此之外，悬浮、分散和乳液聚合等非均相聚合方法也可用于制备微球，然而这些方法的后处理复杂，得到的微球尺寸分布不均。相比之下，自组装是一种更为简单、快速、有效的制备功能高分子微球的方法。这些自组装微球是通过控制非共价相互作用，如静电、疏水和氢键相互作用来合成的，从而形成高度有序的系统。在本实验中，利用单个大分子之间的氢键相互作用构建自组装均匀微球，用于PD-1抗体和1-MT的协同传递，以协同增强癌症免疫治疗。通过制备末端含有UPy(MPU)部分的多臂聚乙二醇(PEG)两亲性聚合物，它们通过在水中的互补非共价相互作用直接相互交联，从而形成自组装的球形聚集体，而不需要任何烦琐的灭活蛋白质的步骤。自组装的微球被证明可以通过直接在水溶液中混合以有效地装载PD-1抗体。此外，1-MT也可以通过UPy介导的四重氢键与微球连接。这种基于微球的递送平台有望增强PD-1抗体的局部保留时间，提高其对肿瘤浸润淋巴细胞的作用，并减少全身毒性。利用B16-F10黑色素瘤模型，实验证明了PD-1抗体和1-MT的协同递送增强了效应T细胞的免疫功能，减少了肿瘤微环境的免疫抑制，从而产生了有效的抗肿瘤效果。

【实验目的】

1.掌握流式细胞仪、倒置显微镜、小动物活体成像仪的原理和操作。

2.培养实践动手能力和创新能力，强化综合能力。

【实验材料】

1.材料：异硫氰酸荧光素（FITC），Eight-Arm-PEG-Amine（MW=10 000 kD），PD-1 抗体（MW 150 kD，pI 7.8~8.0），右旋-1-甲基色氨酸（1-MT，MW 218.25 kD，pI 5.89），胎牛血清（FBS），Sulfo-Cy7。

2.细胞系和动物：B16-F10 细胞，MC38 细胞，Hela 细胞，雌性 C57BL/6 小鼠。

【方法与步骤】

1.两亲性大分子 MPU 微球的制备。将含有 UPy 和尿素的疏水组分偶联到多臂 PEG 末端，制备两亲性大分子 MPU 微球。首先，Decane-1，10-diol 与丙烯酰氯反应得到单丙烯酸酯取代的 Decane-1，10-diol（化合物 1），化合物 1 进一步与 4—硝基苯氯甲酸酯反应得到 4—硝基苯碳酸（化合物 2）。其次，化合物 2 与含有 UPy 基团的化合物 3 反应得到单体 M-U。最后，通过 Michael 加成反应将 M-U 与商用 8 臂聚乙二醇连接，形成最终的两亲性高分子微球。

2.两亲性大分子 MPU 微球的表征。采用核磁共振（NMR）和傅里叶变换红外光谱（FTIR）对微球进行表征和验证。利用超声波将微球溶解在水中，使用扫描电子显微镜（SEM）、透射电子显微镜（TEM）和经动态光散射（DLS）检测 MPU 微球的形态。

3.PD-1 抗体负载的 MPU 微球（a-PMM）的制备。将 PD-1 抗体的水溶液与 MPU 微球混合，将悬浮液离心，用 PBS 洗 3 次，去除游离的 PD-1 抗体。用荧光显微镜观察异硫氰酸荧光素（FITC）标记的 PD-1 抗体负载微球。通过高倍率的荧光、重叠图像和切面图像分析抗体包载情况，使用 SEM 和 TEM 来研究 a-PMM 的形态。

4.PD-1 抗体和 1-MT 从 a-PMM 中的释放行为。将 FITC 标记的 PD-1 抗体负载的微球分别在有或没有 10% FBS 的 PBS 中孵化。在指定的时间点，取出 10 μL 样品，用相同量的缓冲液替换，以保持孵化条件。然后用分光光度计分析样品，监测 PD-1 抗体的释放情况。

a-PMM 分别在含或不含 10%FBS 的 PBS 中孵化。在指定的时间点，取出 50 μL 的样品，用相同量的缓冲液替换，以保持孵化条件。然后用 HPLC 分析样品以量化 1-MT 的释放。

5.MTT 检测 MPU 微球的细胞毒性。利用 MTT 试验来检查不同浓度的 MPU 微球对MC-38 和 B16-F10 细胞的细胞毒性。将细胞以每孔 5 000 个细胞的密度接种在 96 孔板中，并在 37 ℃、5% CO_2 的条件下培养 24 h。然后用不同浓度的 MPU 微球代替培养基，在37 ℃下再培养 48 h。取出培养基，加入 150 μL DMSO 裂解细胞，用微孔板读数器在 490 nm 处记录紫色甲瓒的吸光度。通过比较对照组细胞的吸光度和样品处理细胞的吸光度来计算细胞活力的百分比。

6.PD-1 抗体在肿瘤部位的作用。将 Cy7 标记的 PD-1 抗体微球局部注射到 B16-F10 肿瘤小鼠体内。在注射后的不同时间点，用小动物成像系统对小鼠进行成像。用药 3 天后，用颈椎脱臼法处死小鼠，取主要器官和肿瘤。用 IVIS Lumina 成像系统分析不同器官和肿瘤的荧光强度。

7.免疫调节剂的微球的协同作用。C57BL/6 小鼠皮下接种 1.5×10^5 个 B16-F10 细胞，随机分为四组。当肿瘤可触及时(第 8 天、12 天和 16 天)，用 PBS、游离 PD-1 抗体、PD-1 抗体+1-MT 和 a-PMM 对小鼠进行 3 次局部处理。每次注射的 PD-1 抗体的等效剂量为 2.2 mg/kg，1-MT 的等效剂量为 2 mg/kg。每隔一天对肿瘤体积和小鼠体重进行监测。在治疗结束后，收集肿瘤和主要器官进行苏木精-伊红(HE)染色。

8.肿瘤部位免疫细胞的浸润行为。利用上述肿瘤切片与 CD4 和 CD8 抗体孵化，进行免疫荧光成像和流式细胞术。

【结果与分析】

1.两亲性大分子 MPU 微球的表征。通过核磁共振(NMR)和傅里叶变换红外光谱(FTIR)对 MPU 微球进行仔细表征和确认。MPU 微球的^{1}H-NMR 光谱在 13.13、11.85、10.12 ppm处的特征峰被分配给 UPy 分子的四重氢键。此外，在 1 663 cm^{-1}，1 581 cm^{-1} 和 1 536 cm^{-1}左右的特征红外吸收峰进一步证实了 UPy 分子被成功引入到多臂 PEG 的末端，这与 UPy 分子的四重氢键相对应从^{1}H NMR 计算出的 MPU 的 Mn 为18.346 g/mol，而从 GPC 测试中得到的这个参数约为 40.017 g/mol，PDI 为 2.5。所有这些特征表明，MPU 已经成功合成。采用扫描电子显微镜(SEM)来检查 MPU 微球的形态。制备获得了高度均匀的微球。由尿素基团连接的疏水烷基链增加了 UPy 单元之间的四重氢键，MPU 的多臂两亲结构有利于微相分离，形成微球形态，这一点通过透射电子显微镜(TEM)得到进一步验证。经动态光散射(DLS)实验确定，微球的大小高度均匀，平均流体力学直径约为 2.4 mm。

2.PD-1 抗体负载的 MPU 微球(a-PMM)的表征。用荧光显微镜观察异硫氰酸荧光素(FITC)标记的 PD-1 抗体负载微球，a-PMM 具有良好的分散球状结构。此外，高倍率的荧光、重叠图像和切面图像分析清楚地表明，抗体可以被有效地包裹在 MPU 微球中。a-PMM 保留了其球形结构和均匀的尺寸。同时，与空的 MPU 微球相比，a-PMM 的透光率下降，颗粒周围有一些散射的小点。通过 DLS 测定，a-PMM 显示出更大的平均直径(2.7 mm)，进一步表明抗 PD1 的成功封装和 1-MT 的结合。

3.PD-1 抗体和 1-MT 从 a-PMM 中的释放行为。负载 PD-1 抗体的 a-PMM 在 PBS 中非常稳定，超过 80 h，而在含有 10%胎牛血清(FBS)的 PBS 溶液中观察到 a-PMM 更快的释放情况。这可能是由于 MPU 聚合物在含有 10% FBS 的 PBS 中的分解。同时，a-PMM 中的 1-MT 也有类似的释放模式。在不含 FBS 的条件下，12.5 h 后 1-MT 的释放可以忽略不计。相反，在 PBS 溶液中存在 FBS 时，1-MT 的释放速度明显加快。

4.MTT 检测 MPU 微球的细胞毒性。即使是最高浓度 100 mg/mL 的 MPU 微球，在两个细胞系中都没有细胞毒性。

5.抗 PD1 在肿瘤部位的作用。局部注射 3 天后，a-PMM 给药组小鼠的肿瘤部位仍可见强烈的荧光信号。相比之下，由于游离蛋白的快速清除，在服用游离 PD-1 抗体 1 天后，小鼠的肿瘤区域没有观察到信号，这与荧光强度定量分析得到的结果一致。此外，注射 3 天后收获的主要器官和肿瘤的体外成像显示，PD-1 抗体主要聚集在肿瘤部位，而在其他器官没有观察到信号。使用区域分析法对信号进行量化，进一步验证了 MPU 微球与游离的 PD-1 抗体相比，可以增强 PD-1 抗体在肿瘤部位的保留。

6.免疫调节剂的微球的协同作用。a-PMM 明显延缓了黑色素瘤的生长，并且比联合使用自由 PD-1 抗体和 1-MT 表现出更好的协同抗肿瘤活性。同时，游离的 PD-1 抗体对黑色素瘤肿瘤的抑制作用很小。实验结果表明，a-PMM 组的治疗效果优于其他 3 组。HE 染色的组织学分析显示，a-PMM 能明显抑制肿瘤细胞的增殖。

7.肿瘤部位免疫细胞的浸润行为。与 PBS 空白对照组相比，其他 3 组都有良好的 $CD8^+$ T 细胞的肿瘤浸润，其中 a-PMM 治疗组的 $CD8^+$T 细胞浸润最强。此外，用 a-PMM 治疗的肿瘤也显示出免疫细胞的高浸润。同时，观察到 PD-1 抗体和 1-MT 联合治疗的肿瘤显示出比单独使用 PD-1 抗体治疗有更高的 $CD8^+$T 细胞比例，这表明联合治疗具有协同效应，可以减轻免疫抑制，提高治疗效果。值得注意的是，用 a-PMM 治疗的肿瘤中，$CD8^+$T 细胞的比例约为无载体联合治疗的 1.7 倍，表明基于微球的递送对加强 T 细胞介导的免疫反应具有重要作用。

实验 4　新型三唑核苷类似物通过细胞凋亡和自噬促进抗癌活性

【背景及原理】

核苷类药物具有抗代谢活性，由于其结构与天然核苷相似，所以能通过抑制核酸合成或干扰涉及核苷或核苷酸的生物活动，从而表现出多种药理活性。FDA 批准了 20 多种抗病毒和抗癌的核苷类药物，如利巴韦林、阿昔洛韦等。

长期以来，将核苷类似物作为候选药物一直是一个热门的研究领域。通常这些候选核苷携带了修饰的碱基、糖基或两者的结合。值得注意的是，含有非自然碱基的核苷类似物往往具有独特的作用方式，它们能提高自身的稳定性和生物活性。利巴韦林就被认为是一个典型的例子，它是第一个具有 1，2，4-三唑环而作为非自然碱基的抗病毒核苷类药物，除了具有抗代谢活性，还具有免疫调节活性。在寻找具有抗癌和抗病毒特性的新型三唑核苷衍生物的过程中，研究者发现了芳香乙基三唑核苷，它们具有生物活性和可待研究的新的作用机制，如对热休克转录因子 1(HSF1)和热休克蛋白(Heat Shock Proteins，HSPs)的抑制，其中，WMH-116 是最有效的类似物之一。虽然核苷类似物具有广阔的应用前景，但由于水溶性差，生物利用度有限，严重阻碍了其临床应用，因此，需要通过进一步修饰以改善核苷类似物的理化性质和生物活性。

含氮基团(如胺或各种含氮杂环)是药物化学中具有药理活性的常见骨架。此外，N-甲基化被认为是引入构象刚性、亲脂性和电离性质的重要工具，可以显著增强所谓“末端二甲基化”的胺类化合物的生物活性，影响活性分子的生物利用度。因此，设计在 WMH-116 中引入一个甲基化胺基团，改善其理化性质和生物活性。考虑到母体化合物的结构特点，认为在无环糖链的羟基上引入一个甲基化的胺基是构建含胺三唑核苷的最有效方法，并且所合成的一系列化合物的抗癌活性显著提升。更重要的是，这种结构修饰提供了一种诱导细胞死亡的新机制，即自噬诱导细胞死亡。基于此，本实验合成了通过细胞凋亡和自噬促进抗癌活性的新型三唑核苷类似物，以提高抗癌效果。

【实验目的】

1.掌握流式细胞仪、倒置显微镜、共聚焦荧光显微镜的原理和操作。

2.培养实践动手能力和创新能力，强化综合性能力。

【实验材料】

1.材料：WMH-116，蛋白酶 K，渗透缓冲液（含 0.5% Triton-100 的 PBS），Ki67 一抗，山羊血清，LC3B 抗体，Alexa Fluor 488 二抗，Annexin V-FITC/PI 凋亡检测试剂盒，TUNEL 凋亡检测试剂盒，RPMI 1640 培养基和胎牛血清（FBS）。

2.细胞系和动物：人胰腺癌 Panc-1 细胞，人肝癌 HepG2 细胞，人前列腺癌 PC-3 细胞，人卵巢癌 SKOV3 细胞，BALB/c 雌性裸鼠（5 周）。

【方法与步骤】

1.化合物的制备如图 17.2 所示。

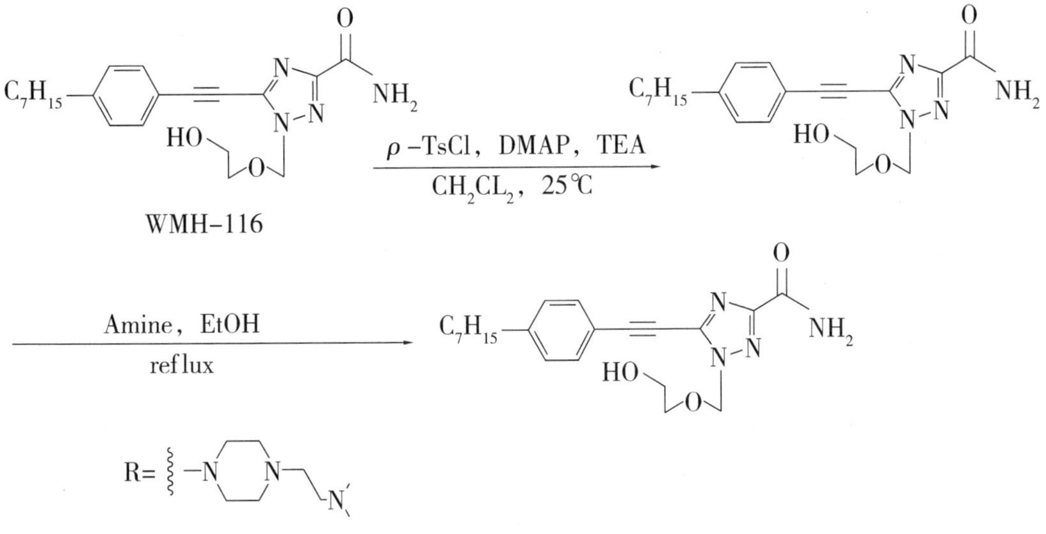

WMH-116

ρ-TsCl，DMAP，TEA

CH_2CL_2，25℃

Amine，EtOH

reflux

R=

图 17.2　化合物的制备

2.通过显微镜观察细胞形态。以 2.5×10^5 个细胞/孔的密度将 Panc-1 细胞接种在 60 mm 的培养皿中，并使其黏附过夜。将培养基移出，用新鲜培养基单独作为对照或用含 5 μmol/L 化合物的培养基代替。经适当处理后，用 PBS 冲洗细胞，在显微镜下观察（Olympus IX51）。

3.组织切片染色评估组织炎症和结构损伤。将小鼠的心脏、肝脏、脾脏、肺和肾等器官的 4 μm 纵切片经脱蜡、二甲苯和乙醇梯度复水后，用苏木精染色 5 min，伊红染色 5 min，乙醇梯度脱水，二甲苯透明。用荧光显微镜（Zeiss Axio Vert A1）检查并拍照。

4.Ki67 免疫组化染色法检测体内肿瘤细胞增殖情况。将 5 μm 肿瘤纵向切片脱蜡，再用二甲苯和乙醇梯度水合。内源性过氧化物酶活性用 3% 双氧水在甲醇中孵育 30 min 抑制，用血清封闭后，与一抗 Ki67 在 4 ℃孵育过夜。次日，冲洗玻片，与相应的二抗孵育 50 min。

PBS 冲洗后，分别用 DAB 染色和苏木精复染。最后，将标本脱水，在显微镜下拍照（Zeiss Axio Vert A1）。

5.末端脱氧核苷酸转移酶介导的 dUTP 缺口末端标记（TUNEL）试验。将肿瘤石蜡块切成 4 μm 厚度的切片，采用 TUNEL 凋亡检测试剂盒检测。石蜡切片与蛋白酶 K 在 37 ℃孵化 30 min。内源性过氧化物酶活性因在甲醇溶液中与 3%双氧水共孵育 30 min 被抑制。切片与 TUNEL 反应液混合物在 37 ℃孵育 2 h。最后，切片用 DAPI 复染 10 min，在显微镜（Zeiss Axio Vert A1）下拍摄照片。

6.流式细胞术检测细胞凋亡和坏死。将癌细胞接种于 6 孔板（2.5×10^5 个细胞/孔），黏附和增殖过夜。除去培养基，加入含有该化合物的新鲜培养基。48 h 后，收集细胞，用冷 PBS 洗涤。样品再次离心制粒，在结合缓冲液中重悬。然后加入 Annexin-V/FITC 和碘化丙啶，室温下孵育 15 min。染色后对荧光激活细胞分选（Beckman Coulter，CytoFLEX）进行流式细胞术检测。每个样品重复 3 次。

7.免疫荧光分析。Panc-1 细胞在含 10%胎牛血清的 RPMI 1 640 中以每孔 10^5 个细胞在 6 孔板盖玻片上接种。24 h 后，用化合物处理细胞 12 h。用 PBS 洗细胞 1 次，室温下用 4%多聚甲醛 PBS 溶液固定 15 min，然后用渗透缓冲液（含 0.5% Triton-100 的 PBS）封闭细胞 20 min，加入山羊血清室温孵育 1 h，再与 LC3B（1∶150）抗体 4 ℃孵育过夜。用 PBS 冲洗细胞，Alexa Fluor 488 二抗（1∶250）暗孵育 1 h，Hoechst 33342（10 μg/mL）染色 10 min。各组 Panc-1 细胞采用倒置荧光显微镜（Leica DMi8）观察。

【结果与分析】

1.通过显微镜观察化合物处理后的细胞形态。利用倒置显微镜在指定的时间点，观察化合物处理后 Panc-1 细胞的形态变化，考察化合物对 Panc-1 细胞形态的影响。

2.组织切片染色评估组织炎症和结构损伤。将小鼠的心脏、肝脏、脾脏、肺和肾等器官切片并进行 HE 染色，用荧光显微镜观察，以评估组织炎症和结构损伤。

3.Ki67 免疫组化染色法检测体内肿瘤细胞增殖情况。通过在显微镜下对细胞增殖标志物 Ki67 的免疫组化分析结果的观察，判断肿瘤组织中癌细胞的增殖情况。

4.TUNEL 法检测肿瘤细胞凋亡。在显微镜下观察本实验合成的化合物处理组 Ki67 阳性细胞情况，并与 PBS 处理相对比，从而得到合成化合物的抗癌活性水平。

5.流式细胞术检测细胞凋亡和坏死。利用 CytoFLEX（Beckman Coulter）流式细胞仪检测细胞凋亡百分率，通过凋亡细胞的增加情况判断合成化合物抑制细胞生长的能力。

6.免疫荧光分析。通过倒置荧光显微镜观察合成化合物处理 Panc-1 细胞 12 h 后的各组细胞情况，考察合成化合物对 Panc-1 细胞活性的影响。

实验5　SERCA2氧化还原半胱氨酸674的取代物通过激活IRE1α/XBP1s通路来促进肺血管重构

【背景及原理】

肺动脉高压（Pulmonary Hypertension，PH）又称肺高血压，是一种危及生命的疾病，表现为静息时肺动脉平均压（Mean Pulmonary Arterial Pressure，mPAP）大于等于25 mmHg。PH在临床上被分为5种类型，其一为动脉性肺动脉高压（PAH），其他类型则与各种疾病相关。肺动脉高压是一种特别严重的进行性疾病，临床发病缓慢，进展性恶化，以丛状病变为特征。肺血管重构是引起肺动脉高压的主要原因。由于肺动脉高压患者的肺样本有限，且缺乏合适的动物模型来模拟人类肺动脉高压，因此相关发病机制仍存在争议。

肌质网/内质网 Ca^{2+} ATP 酶（SERCA）是通过将 Ca^{2+} 从细胞质运输到肌质网（Sarcoplasmic Reticulum，SR）和内质网（Endoplasmic Reticulum，ER）来维持细胞质内低 Ca^{2+} 浓度和SR/ER内高 Ca^{2+} 浓度的关键，以此保持 Ca^{2+} 稳态。SERCA2（小鼠的Atp2a2基因和人类的ATP2A2基因）是主要的血管SERCA亚型，主要包括Atp2a2a和Atp2a2b基因型，其中Atp2a2b是一种管家基因。半胱氨酸674（C674）的S-谷胱甘肽化在生理条件下调节SERCA2的活性，但在活性氧增加的情况下，其不可逆的氧化阻止了这一调节功能。细胞内 Ca^{2+} 水平升高可促进平滑肌细胞增殖。SERCA2活性的抑制诱导缺氧肺静脉重塑。SERCA2a的减少则与野百合碱诱导的大鼠肺动脉重塑有关。

目前，C674的作用及其氧化失活和SERCA2b在肺血管重塑中的作用尚不清楚。研究人员使用其中一个拷贝的C674被丝氨酸（S674）所代替的杂合子SERCA2 C674S敲入小鼠（SKI），从而表示小鼠的部分C674氧化失活。结果表明，该种小鼠产生了显著类似于人类肺动脉高压的肺血管重构，其右心室收缩压（RVSP）也随年龄的增长而轻微上升。在肺动脉平滑肌细胞（PASMCs）中，用S674替代C674可加速细胞周期，并可通过激活肌醇依赖酶1α（IRE1α）和剪切型X-box结合蛋白1（XBP1s）途径来促进细胞增殖。与SERCA2a类似，SERCA2b也对抑制肺动脉平滑肌细胞的增殖至关重要。

在此基础上，本实验利用IRE1α核糖核酸内切酶特异性抑制剂（4μ8C）确认抑制IRE1α/XBP1s通路可阻止肺部血管重构，并提供了通过SERCA2功能障碍激活IRE1α/XBP1s从而促进PASMCs增殖的新机制。

【实验目的】

1.掌握流式细胞仪、共聚焦显微镜的原理和操作方法。

2.培养实践动手能力和创新能力，强化综合性能力。

【实验材料】

1.材料：IRE1α核糖核酸内切酶特异性抑制剂（4μ8C），XBP1、Ki67、SERCA2或钙连蛋白特异性抗体，Alexa Fluor 488 标记山羊抗兔 IgG(H+L)或 Cy3 标记山羊抗小鼠 IgG(H+L)，Cell Light EdU Apollo488 体外成像试剂盒，HBSS 溶液，HEPES 缓冲液，DMEM 培养基和胎牛血清。

2.细胞系和动物：WT PASMCs，SKI PASMCs，表达 50% C674 和 50% S674 的杂合子 SKI 小鼠(4 周)及其同卵不表达 S674 的野生型 WT 小鼠(4 周)。

【方法与步骤】

1.动物分组及溶剂制备。将 4 周龄雄性 WT 和 SKI 小鼠随机分为两组，给予 IRE1α 核酸内切酶活性特异性抑制剂 4μ8C (10 mg/kg)或其对照溶剂，每日腹腔注射 1 次，连续 4 周。4μ8C 溶解于含有 5% DMSO，40% PEG400，10% Tween 80，45%生理盐水的溶剂。

2.PASMCs 的荧光染色分析。将 PASMCs 与 XBP1、Ki67、SERCA2 或钙连蛋白特异性抗体孵育 12 h，再与 Alexa Fluor 488 标记山羊抗兔 IgG(H+L)或 Cy3 标记山羊抗小鼠 IgG(H+L)孵育 2 h。用 DAPI 或 Hoechst 33258 染色细胞核 10 min。用显微镜(Leica DM6)检测荧光信号并用 Las X 软件对信号进行分析。

3.流式细胞术检测经 4μ8C 处理的 SKI PASMCs 细胞周期。PASMCs($2×10^5$ 个细胞)在含 0.2% FBS DMEM 的 60 mm 培养皿中培养持续 24 h，然后在含 10% FBS DMEM 的培养液中培养 24 h。通过胰蛋白酶消化、离心。用预冷的磷酸盐缓冲溶液(PBS)清洗细胞两次，然后用预冷的 70%乙醇固定细胞，4 ℃保存过夜。次日，对其进行离心并收集细胞，用 1 mL PBS 冲洗细胞，然后加入 500 μL 含 50 μg/mL 碘化丙啶、100 μg/mL 核糖核酸酶和 0.2% Triton X-100 的 PBS 溶液，在 4 ℃暗孵育 30 min。采用 CytoFLEX(Beckman Coulter)流式细胞仪测定细胞周期，CytExpert 软件(Beckman Coulter)分析数据，ModFit LT 3.2 软件检测不同细胞周期的细胞百分比。

4.EdU 插入检测。EdU 的插入根据制造商的说明使用 Cell Light EdU Apollo488 体外成像试剂盒进行检测。细胞核用 Hoechst 33258 进行染色，用显微镜(Leica DM6)检测荧光信号，用 Las X 软件进行信号分析。

5.细胞内钙离子检测。将 WT 和 SKI PASMCs 于 24 孔板玻璃盖玻片上接种过夜。根据制造商的程序，加入含有 4 μmol/L Fluo-4 AM 和 0.02% pluronic F12 的 HBSS 溶液，然后加入 2 倍量的含有 10% FBS 的 HBSS 后保持 40 min。用 HEPES 缓冲液洗细胞 5 次，并在暗处 37 ℃孵育细胞 10 min。用荧光显微镜(Leica DM6)记录激发波长 494 nm、发射波长 516 nm 的荧光信号，并用 Las X 软件分析。

【结果与分析】

1.荧光染色考察 4μ8C 降低 XBP1 表达和 Ki67 阳性细胞比例。通过荧光染色法用显微镜观察 4μ8C 处理的 SKI PASMCs 的 XBP1 表达(红色)和 Ki67 阳性细胞比例(绿色)的情况，考察 4μ8C 的通路抑制效果。

2.流式细胞术考察经 4μ8C 处理的 SKI PASMCs 细胞周期。通过流式细胞术考察 4μ8C 阻止细胞从 G0/G1 期进入 S 期和 G2/M 期的情况。

3.EdU 插入检测。利用 Cell Light EdU Apollo488 体外成像试剂盒对 SKI PASMCs 中 EdU

阳性增殖细胞的比例进行检测（EdU为绿色、细胞核为蓝色），考察4μ8C的抑制效果。

4.细胞内钙离子检测。通过荧光信号检测过表达腺病毒ATP2A2a S674或ATP2A2B S674对WT PASMCs的细胞内钙离子增加情况，考察SERCA2b对抑制肺动脉平滑肌细胞增殖的效果。

实验6　SERCA2半胱氨酸674失活通过抑制PPARγ加速主动脉瘤的形成

【背景及原理】

主动脉病理性扩张，超过正常血管直径的50%，称为主动脉瘤。主动脉瘤是一种致命性的血管疾病，目前，由于缺乏有效的药物，手术是治疗主动脉瘤的唯一选择。主动脉瘤的形成会伴随严重的并发症，如主动脉夹层或破裂，但大多数主动脉瘤在并发症爆发前是毫无症状的。虽然手术可以稳定体积较大的动脉瘤，但其复发和死亡率仍然很高。因此，迫切需要阐明主动脉瘤发生和进展的分子机制，从而确定治疗性的干预靶点。

主动脉瘤形成的细胞机制是复杂而有序的，致使动脉壁的解剖结构和功能发生显著的病理改变。平滑肌细胞（Smooth Muscle Cells，SMCs）是主动脉动脉瘤血管重塑的关键细胞，除此之外还有许多其他类型的细胞也参与其中，包括血小板、单核/巨噬细胞、内皮细胞、中性粒细胞、脂肪细胞和肥大细胞，其导致的影响和潜在机制已在相关文献中得到了很好的阐述。大多数SMCs在生理条件下处于分化状态，以保持血管壁的弹性和抗拉强度。然而，SMCs也具有显著的表型可塑性，能够迅速适应环境的变化。SMCs从分化状态向去分化状态的转变称为表型调节，其特征是增殖活跃、迁移和纤维化与炎症蛋白的表达，这些变化是主动脉瘤发生的重要细胞基础。心肌素（Myocardin，MYOCD）是SMCs的一种分化标志，SMCs中缺失心肌素会导致动脉瘤、主动脉夹层和破裂。基质细胞因子骨桥蛋白（Osteopontin，OPN）是SMCs去分化的标志，其在血清中的水平可预测动脉瘤的进展。Ⅰ型和Ⅲ型胶原蛋白（Col Ⅰ，Col Ⅲ）与主动脉瘤的大小密切相关，也是SMCs去分化标志物。MMP2在血管紧张素Ⅱ诱导的主动脉瘤模型中起着至关重要的作用，该肽酶能降解弹性蛋白和胶原蛋白（主要是基底膜中的Col Ⅳ），破坏血管完整性。NF-κB是一种转录因子，它的激活有利于其核转位，从而上调MMP2、血管细胞黏附分子1（VCAM1）和细胞间黏附分子1（ICAM1）的基因表达，从而促进SMCs增殖、迁移和炎症反应。NF-κB在主动脉瘤壁中表达上调，而抑制NF-κB可使主动脉瘤体积减小。

肌质网/内质网Ca^{2+} ATP酶（SERCA）是一种维持钙稳态的关键酶，可以通过从细胞质向肌质网和内质网吸收Ca^{2+}来维持钙稳态。SERCA2是血管系统中SERCA的主要亚型，氨基酸残基Cys674（C674）的S-谷胱甘肽化是生理条件下增加SERCA2活性的关键，但这种翻译后的蛋白质修饰被在以高水平ROS病理情况下的C674巯基不可逆氧化所阻止，如衰老、糖尿病、动脉粥样硬化和高血压，这些都是导致动脉瘤的危险因素。SERCA2中C674的这种不可逆氧化普遍发生在小鼠和人的主动脉瘤中。有研究使用杂合子SERCA2 C674S敲入

(SKI)小鼠,其中半数的 C674 残基被丝氨酸取代,以模拟病理条件下 C674 的部分不可逆氧化失活。C674 的失活促进核转位的活化 T 细胞核因子 NFAT 和 NF-κB,使细胞内 Ca^{2+} 积累而激活 Ca^{2+} 依赖的钙调神经磷酸酶,从而下调 MYOCD 的表达,上调 OPN、MMP2、Col Ⅰ、Col Ⅲ和 VCAM1 的表达,促使 SMCs 增殖、迁移和巨噬细胞对 SMCs 黏附,并加剧血管紧张素Ⅱ诱导的主动脉瘤。研究假设 SERCA2 C674 失活不仅激活 NFAT/NF-κB,还对抑制 SMCs 表型调节的保护因子有抑制作用,从而加速主动脉瘤的发生。

基于以上,本实验旨在阐明调节 SMCs 表型和主动脉瘤中的 C674 下游靶点。

【实验目的】

1.掌握共聚焦显微镜的原理和操作。

2.培养实践动手能力和创新能力,强化综合性能力。

【实验材料】

1.材料:吡格列酮,苏木精-伊红(HE),Verhoeff-Van Gieson (VVG)及 Masson 染色材料,DMEM 培养基和胎牛血清。

2.细胞系和动物:8 周龄雄性 WT 和 SKI 小鼠中分离出的主动脉 SMCs,表达 50% C674 和 50% S674 的杂合子 SKI 小鼠及其同卵不表达 S674 的野生型 WT 小鼠和 $LDLR^{-/-}$ 小鼠。

【方法与步骤】

组织学和免疫组化分析检测。用 $LDLR^{-/-}$ 小鼠来分析吡格列酮或其对照溶剂对血管紧张素Ⅱ诱导的主动脉瘤的影响。输注血管紧张素Ⅱ28 天后,对溶剂对照组的 WT 小鼠、溶剂对照组的 SKI 小鼠和吡格列酮组的 SKI 小鼠,解剖动脉瘤,在 4%多聚甲醛中固定过夜,在 30%蔗糖溶液中固定 24 h 后,在最佳切片温度的复合物中包埋,制备一系列 7 μm 厚度的冷冻切片。主动脉的剩余部分冷冻于液氮中,-80 ℃保存用于蛋白质分析。并分别用 HE、Verhoeff-Van Gieson (VVG)和 Masson 三色染色,对每只小鼠最大的腹主动脉瘤进行 20 次连续切片,行形态学分析、弹性蛋白降解和胶原沉积评估。

【结果与分析】

1.不同程度的弹性蛋白降解百分比评估。通过对动脉瘤解剖切片,分别用 HE、Verhoeff-Van Gieson(VVG)和 Masson 三色染色,对比 WT 溶剂对照组小鼠、SKI 溶剂对照组小鼠和吡格列酮处理的 SKI 对照组小鼠的弹性蛋白降解情况,考察吡格列酮逆转小鼠弹性蛋白降解效果。

2.胶原蛋白沉积的评估。通过对动脉瘤解剖切片,分别用 HE、Verhoeff-Van Gieson (VVG)和 Masson 三色染色,对比 WT 溶剂对照组小鼠、SKI 溶剂对照组小鼠和吡格列酮处理的 SKI 对照组小鼠的胶原蛋白沉积情况,考察吡格列酮逆转小鼠胶原蛋白沉积的效果。

3.HE 染色评估主动脉瘤的直径和面积。通过对动脉瘤解剖切片,分别用 HE 染色,对比 WT 溶剂对照组小鼠、SKI 溶剂对照组小鼠和吡格列酮处理的 SKI 对照组小鼠的主动脉瘤直径和面积的大小,考察吡格列酮逆转动脉瘤直径及中间区域是否明显增大、外区域是否呈增大趋势和管腔面积是否呈缩小趋势。

实验7　通过用甘露糖修饰的外泌体靶向递送溶葡萄球菌素和万古霉素以根除细胞内耐甲氧西林金黄色葡萄球菌

【背景及原理】

细菌耐药性已成为一项日益严重的全球公共卫生问题。在低收入国家,每年有超过200万例因多重耐药病原体导致的新生儿败血症死亡。金黄色葡萄球菌(Staphylococcus aureus, S. aureus)是社区环境和医院细菌感染的主要原因。由于持续的高发病率和死亡率,耐甲氧西林金黄色葡萄球菌(MRSA)是一个巨大的临床威胁。巨噬细胞可以识别、摄取和消化侵入性病原体,是抵御细菌感染的第一道防线。然而,金黄色葡萄球菌在被巨噬细胞摄入后仍可以存活。在这种情况下,巨噬细胞不仅不能根除细菌,而且还充当细菌繁殖的来源,导致感染复发和耐药。更严重的是,宿主细胞中存活的细菌可以保护自己免受抗生素的杀菌作用。事实上,因为大多数抗生素在细胞内的滞留率低(如大环内酯类或氟喹诺酮类药物)或细胞内积聚差(如β-内酰胺类或氨基糖苷类),使得其对细胞内病原体无效。尤其是万古霉素,它是对付MRSA的最后手段,但由于被感染的宿主细胞对其吸收率低,因此无法根除细胞内MRSA。尽管抗生素的发现取得了长足进步,但治疗细胞内细菌感染仍是一项重大挑战。因此,向受感染的宿主细胞(尤其是巨噬细胞)定向投放抗生素是改善细胞内感染抗生素治疗药效的重要策略。

细胞内的金黄色葡萄球菌通常处于代谢静止状态,而包括万古霉素在内的大多数抗生素只对代谢活跃的细菌有效。在这种情况下,即使增加这些抗生素的细胞内摄取和积累也不能有效地消除细胞内细菌。溶葡萄球菌素是一种27 kDa的抗菌酶,具有特异性的抗菌活性,可在体外和体内对葡萄球菌发挥作用。越来越多的证据表明溶葡萄球菌素不仅可以杀死浮游细菌,还可以杀死在生物膜中生长的静止细菌。溶葡萄球菌素能够特异性地切割金黄色葡萄球菌细胞壁中的交联五甘氨酸键,使其抗菌活性不受细菌代谢状态的影响。因此,如果这种酶被递送到受感染的宿主细胞中,就有可能杀死细胞内静止的细菌。此外,溶葡萄球菌素和万古霉素的组合对细胞外金黄色葡萄球菌和MRSA具有协同抗菌活性。据推测,同时将溶葡萄球菌素和万古霉素递送到受感染的宿主细胞中,有望更好地消灭细胞内细菌,并减少万古霉素的治疗剂量,降低毒性和耐药性。

近年来,外泌体作为药物输送载体引起了广泛关注。外泌体是由几乎所有类型的细胞分泌的基于细胞内膜的小囊泡,在细胞间通信中起着至关重要的作用,可以有效地将药物运送到受体细胞。人们对外泌体的研究日益深入,发现其在药物输送方面具有巨大潜力,可以作为一种有效的药物传递载体,用于治疗各种疾病(如癌症,心血管疾病,帕金森病和阿尔茨海默病等)。在之前的研究中发现,外泌体可以将抗生素输送到细胞中,增强对细胞内MRSA的杀伤效果而不会产生细胞毒性。与脂质体和聚合物纳米颗粒等其他纳米颗粒载体相比，来源于细胞的外泌体具有许多重要的优点，如良好的生物相容性、更小副作用、长循环半衰期和靶向组织的内在能力。

在此，本实验探讨了一种利用甘露糖基化外泌体作为药物载体，将抗生素靶向递送至巨噬细胞以治疗细胞内 MRSA 感染的策略。首先，叠氮化物能通过改变外泌体分泌细胞的代谢过程有效地整合到外泌体中。通过菌株促进的叠氮-炔烃的环化加成反应（Strain-promoted Azide-alkyne Cycloaddition，SPAAC），DBCO-甘露糖配体与叠氮化物整合的外泌体共轭，这使外泌体具有向表达高水平甘露糖受体的巨噬细胞靶向递送抗生素的优势，以及通过巨噬细胞转运在细菌感染部位积累药物的优势。最终，递送到细菌感染部位的溶葡萄球菌素和万古霉素将增强对细胞内细菌的根除作用。

【实验目的】

1.掌握流式细胞仪、倒置显微镜、共聚焦显微镜、动物活体成像仪的原理和操作方法。

2.培养实践动手能力和创新能力，强化综合性能力。

【实验材料】

1.材料：万古霉素（V）、溶葡萄球菌素（L）、CD63、肿瘤易感基因 101（TSG101）、Flotillin 1 抗体、β-肌动蛋白、CD206 抗体、山羊抗兔辣根过氧化物酶偶联（HRP）二抗、L-叠氮高丙氨酸（AHA）、BCA 试剂盒、发光（ECL）检测试剂、1%青霉素和链霉素的高葡萄糖 DMEM（Hyclone）培养基、胎牛血清（FBS）、4%多聚甲醛（PFA）、3，30-二十八烷基氧杂羰花青高氯酸盐（DiO），1，1′-二十八烷基-3，3，3′，3′-四甲基吲哚二羰花青，4-氯苯磺酸盐（DiD），4′，6-二脒基-2-苯基吲哚（DAPI）、苏木精-伊红（HE）。

2.细胞系和动物：RAW264.7 细胞、MRSA 菌株 WHO-2（WHO-2）、雌性 BALB/c 昆明（KM）小鼠（6~8 周龄）。

【方法与步骤】

1.外泌体的分离。用条件培养基培养细胞 48 h。将含有外泌体的细胞培养上清液以 200 g 离心力离心 5 min 以去除细胞，然后以 12 000 g 离心力离心 30 min 以去除死细胞和细胞碎片。将所得上清液通过 100 kDa 膜超滤以浓缩含有外泌体的溶液，该溶液用于通过在 100 000 g 离心力下离心 90 min 以分离外泌体。用 PBS 洗涤沉淀并以 120 000 g 离心力离心 120 min。最后，将外泌体重新悬浮在 PBS 中，-80 ℃保存至使用。所有程序均在 4 ℃下进行。通过 BCA 试剂盒测量外泌体蛋白浓度。

2.外泌体的表征。使用多角度粒径和高灵敏度 zeta 电位分析仪测量悬浮液中外泌体的粒径分布和 zeta 电位。使用透射电子显微镜观察外泌体的形态。通过蛋白质印迹分析外泌体（CD63、TSG101 和 Flotillin 1）中的蛋白质水平。外泌体溶液在 100 ℃下用十二烷基硫酸钠-聚丙烯酰胺电泳凝胶（SDS-PAGE）上样缓冲液变性 10 min。通过 12% SDS-PAGE 分离外泌体蛋白，然后转移到聚偏二氟乙烯（PVDF）膜上。随后，在室温下将 PVDF 在含有 5%无脂奶粉的缓冲盐水中封闭 2 h，用所需的抗体（包括 CD63、TSG101、Flotillin 1 和 β-肌动蛋白)孵育过夜,然后与二抗孵育。最后,在 ChemiDoc 系统上用增强化学发光(ECL)检测试剂对分辨出的条带进行显像。

3.DBCO-RohB 与 AHA-外泌体的结合。将浓度为 5 mg/mL 蛋白质的 AHA 代谢的外泌体与 DBCO-RohB 的 DMSO 溶液(终浓度为 10 μM)在室温下孵育 3 h,然后使用 MW 3000 外泌体离心柱纯化。外泌体的浓度用 BCA 蛋白检测法定量,RohB 的浓度用 SpectraMax © i3x 酶标仪测定吸光度,并将外泌体蛋白浓度归一化为 1 mg/mL。作为比较,将未经 AHA 预处理的 RAW264.7 细胞分泌的外泌体与 DBCO-RohB 进行类似的混合。

4.AHA-RohB 结合外泌体的细胞内递送。将 RAW264.7 细胞接种在 24 孔板(2×10^4 个细胞/孔)中的细胞爬片上过夜,然后与 AHA-RohB 外泌体(含 100 nmol/L RohB)一起孵育 3 h。细胞用 PBS 溶液洗涤 3 次,然后用 4%多聚甲醛(PFA)固定 20 min。随后,细胞用 PBS 溶液洗涤 2 次,在共聚焦激光扫描显微镜下观察细胞。游离的 DBCO-RohB 或未经处理的 RAW264.7 细胞分泌的外泌体混合物同样暴露于 RAW264.7 细胞作为阴性对照。

5.DBCO-甘露糖共轭。将 AHA 代谢的外泌体(5 mg/mL 蛋白质)与 DBCO-甘露糖(终浓度为 250 μmol/L)在室温下孵育 2 h,然后使用 MW 3000 外泌体离心柱纯化。将甘露糖结合的外泌体(甘露糖基化外泌体)分散在 PBS 中,-80 ℃下储存至使用。

6.荧光标记的外泌体。亲脂性荧光染料 3,30-二十八烷基氧杂羰花青高氯酸盐(DiO)和 1,1′-二十八烷基-3,3,3′,3′-四甲基吲哚二羰花青,4-氯苯磺酸盐(DiD)标记外泌体的脂质膜。将纯化的外泌体与 30 μmol/L DiO 或 DiD 在 37 ℃下孵育 15 min,然后通过 MW 3000 外泌体离心柱去除多余的染料。然后通过测定激发波长为 484 nm、发射波长为 501 nm 处的荧光强度对标记的外泌体进行定量。标记的外泌体在使用前重新悬浮在 PBS 中。

7.细胞中 DiO 标记的甘露糖基化外泌体的摄取。在流式细胞仪(FACS)分析中,RAW264.7 细胞或 A549 细胞以每孔 5×10^4 个细胞的密度生长培养在 24 孔板中,并与 DiO 标记的外泌体或甘露糖化外泌体(100 μg/mL)一起孵育 3 h。在竞争性抑制测定中,在添加外泌体之前,将细胞与最终浓度为 50 mmol/L 的 D-甘露糖胺盐酸盐一起孵育 1 h。最后,收集细胞,用 PBS 洗涤 3 次,重悬于 200 μL PBS 中,进行流式细胞仪分析。用显微镜观察,将 RAW264.7 细胞(2×10^4 个细胞/孔)接种在 24 孔板的盖玻片上过夜。如在流式细胞仪分析部分中所述处理细胞。在摄取结束时,细胞用 PBS 溶液洗涤 3 次,并用 4% PFA 固定 20 min。然后用 4′,6-二脒基-2-苯基吲哚(DAPI)对细胞核进行染色,并用共聚焦显微镜(CLSM)观察。

8.负载万古霉素的甘露糖化外泌体(MExoV)的制备。如前所述,用较小的修饰制备负载万古霉素的外泌体。为了将万古霉素加载到外泌体中,将 100 μg 纯化的外泌体与 50 μg 万古霉素混合。使用具有 25″尖端的 505 型 Sonic Dismembrator 对万古霉素-外泌体混合物进行超声处理,设置如下:20%功率,4 秒脉冲/2 秒暂停的 10 个循环。5 个循环后,外泌体在冰上冷却 2 min,然后进行另外 5 个循环。超声处理后,万古霉素-外泌体混合物在 37 ℃下孵育 60 min,以恢复外泌体膜。通过 DLS 和 TEM 评估回收率。使用 Amicon1 超离心过滤器(MWCO=100 kDa,GE Healthcare,UK)通过超滤纯化从万古霉素-外泌体混合物中分离出过量的游离药物。使用 0.22 μm 过滤器过滤外药混合物以达到无菌状态,并在-80 ℃下储存备用。

采用高效液相色谱法对装载万古霉素(MExoV 或 ExoV)的外泌体进行定量分析。在微型离心管中将适量的乙腈(ACN)与 MExoV 或 ExoV 溶液充分混合。超声处理后,混合物以 18 000 g 离心力离心 10 min。随后,取上清液并通过过滤器(0.2 μm)过滤并转移到 HPLC 自动进样器小瓶中。将 20 μL 等分试样注入 HPLC 系统。所有分析均使用 C18 色谱柱进行,流动相为 KH_2PO_4/ACN(90∶10,V/V;pH 值为 3.2)在 30 ℃下以 1 mL/min 的流速测量。在 236 nm 处测量吸光度以监测万古霉素的洗脱。万古霉素的标准曲线是在 0.5~100 μg/mL 浓度范围内获得。对于数据采集和分析,使用 OpenLAB CDS ChemStation 版软件。

9.载有溶葡萄球菌素的甘露糖化外泌体(MExoL)的制备。负载溶葡萄球菌素的外泌体的制备方法与上述 MExoV 的制备方法相同,但在超声处理方面略有改动。溶葡萄球菌素-外泌体混合物采用以下设置进行超声处理:30%功率,4 秒脉冲/2 秒暂停 12 个循环。6 个循环后,外泌体在冰上冷却 2 min,然后进行其他 6 个循环。使用 Vivaspin500 通过超滤去除过量的游离溶葡萄球菌素。为确定载药效率,采用 BCA 法测定滤液中溶葡萄球菌素的浓度。

10.MExoV 和 MExoL 联合使用对 2 h 和 24 h 感染巨噬细胞胞内 MRSA 生长的影响。用 MRSA 感染细胞 2 h 或 24 h 后,将 RAW264.7 细胞与 MExoV 和 MexoL 联合孵育 24 h。MExoV 或 MExoL 单独治疗用作对照研究。药物治疗后,获取 MRSA 的细胞内存活 CFU,以评估载药外泌体对细胞内 MRSA 的影响。对于显微镜观察,细胞被 MRSA 感染并用上述药物处理以测定 CFU。处理 24 h 后,用 PBS 洗涤细胞,用 4% PFA 固定,用 0.2% Triton-X100 透化 5 min。然后,将细胞与 LIVE/DEAD BacLight 细菌活力试剂盒的混合物在黑暗中孵育 15 min。用 PBS 洗涤后,使用 CLSM 观察细胞。

11.MExoV 和 MExoL 在 MRSA 感染小鼠中的抗菌作用。

为了测试体内的抗菌效果,通过腹膜内注射 MRSA(5×10^7CFU)构建细菌感染的小鼠模型。感染 24 h 后(第 1 天),将小鼠随机分为 6 个治疗组(5 只/组),包括 PBS、万古霉素(20 mg/kg)、溶葡萄球菌素(5 mg/kg)、MExoV(20 mg/kg)、MExoL (5 mg/kg)、MExoV 和 MexoL 联合(MexoV 20 mg/kg;MexoL 5 mg/Kg)。

为了测试在小鼠腹膜中的功效,每种药物以单剂量静脉内注射。治疗 24 h 后处死小鼠并腹腔注射 3 mL HBSS。然后,从腹膜收集腹膜液,用于确定总 CFU 计数、细胞外计数和细胞内计数:①在进行任何进一步的程序之前,对腹膜液中的总 CFU 进行量化;②腹膜液中胞外菌和胞内菌的分离:将腹膜液等分为 A 部分(细胞外 CFU 定量)和 B 部分(细胞内 CFU 定量)。对于细胞外 CFU 计数, A 部分在 4 ℃下以 300 g 离心力离心 10 min,并对上清液中的细菌进行定量。对于细胞内 CFU 计数, B 部分与 15 μg/mL 溶葡萄球菌素在室温下孵育 20 min。随后,通过用 PBS 洗涤 3 次除去溶葡萄球菌素。最后,将样品与 HBSS(0.1% BSA 和 0.1% Triton-X)一起孵育 10 min,并通过胰蛋白酶大豆琼脂平板对细胞内 CFU 进行定量。

为了测试药物对肾脏的疗效,每种药物每天一次静脉内给药,持续 3 天。在感染后第 4 天,处死所有小鼠,并在 1 mL PBS 中收获肾脏。组织样品用高通量组织匀浆器匀浆。通过胰蛋白酶大豆琼脂平板测量每只小鼠(两个肾脏)回收的存活细菌。

12.MExos,MExoV 和 MExoL 对小鼠的急性毒性。通过静脉注射 MExos(2.5mg/kg)、MExoV(100 mg/kg)或 MExoL(25 mg/kg)治疗雌性 BALB/c 小鼠(6~8 周龄),对照组注射 PBS。每天一次静脉内给药,持续 3 天。第一次注射后第 4 天,通过腹腔注射戊巴比妥钠

(1%)处死所有小鼠。然后,收获主要器官(心脏、肝脏、脾脏、肺和肾脏),用福尔马林固定,进行HE染色以评估组织学形态。

13.MExos在MRSA感染的RAW264.7细胞中的定位。将RAW264.7细胞在24孔细胞爬片中用MRSA感染24 h,然后与DiO标记的MExos一起孵育24 h。用PBS溶液洗涤细胞2次后与100 nmol/L Lyso-Tracker Red孵育30 min。之后,用PBS洗涤细胞3次,并用4% PFA固定20 min。最后,使用CLSM观察细胞。

14.MExos在小鼠体内的生物分布。为了研究外泌体的生物分布,将DiD标记的MExos注射到KM小鼠的尾静脉中。然后,使用动物活体成像仪可视化处死小鼠的离体图像。

【结果与分析】

1.AHA-外泌体的制备、纯化和表征。为了确认在细胞共培养过程中AHA成功掺入外泌体,合成了DBCO-RohB,将AHA代谢的外泌体与荧光DBCO-RohB一起孵育,RohB结合效率为从反应混合物中除去过量的DBCO-RohB后测定。与对照外泌体相比,AHA-外泌体随着AHA浓度的增加而显示出强烈且增加的荧光强度,表明AHA-外泌体与DBCO-RohB之间存在有效的偶联。此外,在DBCO-RohB偶联后,尺寸和形状没有显著变化,并且在对照外泌体和AHA-外泌体之间未观察到外泌体表面标记蛋白水平(CD63、Flotillin 1和TSG101)的显著差异。总之,这些数据表明叠氮化物有效地整合到外泌体中并且缀合对外泌体的结构和功能没有影响。叠氮化物整合的外泌体提供了一种方便的方法,通过SPAAC缀合使外泌体表面功能化。

为了进一步研究修饰的外泌体是否可以有效地将物质转运到细胞中,将RAW264.7细胞与AHA-RohB缀合的外泌体一起孵育并通过CLSM进行可视化。用AHA-RohB缀合的外泌体处理RAW264.7细胞导致RohB在胞质溶胶中显著积累,而在用DBCO-RohB和未修饰的混合物处理的细胞中没有观察到明显的RohB荧光信号外泌体和游离的DBCO-RohB。结果表明,AHA整合的外泌体可以与DBCO物质结合并有效地将它们输送到细胞中。因此,表面功能化的外泌体可以作为靶向药物递送的新型纳米载体。

2.甘露糖基化外泌体的细胞摄取。为了证明甘露糖基化外泌体可以促进进入巨噬细胞,甘露糖基化外泌体和未修饰的外泌体用亲脂性染料DiO标记。这些DiO标记的外泌体分别与RAW264.7细胞和A549细胞一起孵育。通过FACS和CLSM分析细胞的DiO荧光。RAW264.7细胞是小鼠巨噬细胞系,在细胞表面表达高水平的甘露糖受体,而A549细胞是人支气管上皮细胞系,不表达该受体。根据流式细胞仪分析,测得最强的荧光在与DiO标记的甘露糖基化外泌体孵育3 h后。用D-甘露糖胺(一种已知的甘露糖胺抑制剂)预处理巨噬细胞可显著降低细胞内荧光水平,而在A549细胞中未观察到这种现象,表明甘露糖胺抑制剂竞争性地阻止了甘露糖基化外泌体进入巨噬细胞。CLSM图像还显示,在相同外泌体浓度下,用甘露糖基化外泌体处理巨噬细胞表现出比未修饰外泌体更高的DiO荧光强度。因此,甘露糖基化外泌体和细胞表面之间可能发生特定的相互作用。

3.载药甘露糖化外泌体的制造和表征。万古霉素和溶葡萄球菌素对细胞的细胞内渗透性较差,虽然具有良好的细胞外抗菌作用,但均不能根除细胞内MRSA。为了测试甘露糖基化外泌体作为这些抗菌药物载体的潜力,通过温和的超声处理将万古霉素(V)或溶葡萄球菌素(L)掺入甘露糖化外泌体,其装载效率(MExoV 和 MExoL)分别为 22.15% ± 3.21%和 15.52% ± 2.38%。MExodrug 纳米制剂的大小明显增加,在无药物情况下超声处理的外泌体甚至比天生外泌体更大,但所有这些纳米载体的 zeta 电位均无明显变化。此外,在 TEM 下还能观察到外泌体的圆形形态。同时,MExoV 也富含外泌体标志物(CD63、TSG101 和 Flotillin 1)。这些观察表明,外泌体膜的脂质含量没有发生显著变化,并且其膜微黏度在超声处理后完全恢复。

4.联合 MExoV 和 MExoL 体外杀伤细胞内非复制性 MRSA。由于溶葡萄球菌素的抗菌活性与细菌代谢状态无关,推测溶葡萄球菌素可能对非复制性 MRSA 表现出有效的抗菌活性。对于浮游细菌,溶葡萄球菌素和万古霉素显示出相似的 MIC(2 μg/mL)。正如预测,溶葡萄球菌素可以在 MIC 浓度下,在 24 h 内有效杀死非复制型 MRSA。然而,即使用 5 倍 MIC 浓度的万古霉素处理,它对顽固细胞的恢复作用也不大,与文献报道一致。此外,万古霉素和溶葡萄球菌素的组合明显消除了培养基中的非复制性 MRSA。溶葡萄球菌素不仅可以杀死浮游细菌,还可以杀死在生物膜中生长的静止细菌。万古霉素在细菌复制时发挥抗菌作用,因为其作用机制主要是抑制革兰氏阳性菌细胞壁的生物合成。先前的研究表明,溶葡萄球菌素和万古霉素的组合对细胞外金黄色葡萄球菌和 MRSA 表现出协同抗菌活性。基于这些数据,推测结合 MExoV 或 MExoL 可以消除细胞内非复制细菌。

有充分证据表明,在侵入宿主细胞后,金黄色葡萄球菌可进入休眠状态在细胞内存活,导致治疗失败。然而,目前尚不清楚细菌入侵宿主细胞后何时完全进入休眠状态,这很可能是由于技术限制和持久细胞在细胞外环境中快速恢复的能力不足。因此,为充分探索体外对非复制菌的细胞内抗菌作用,在 2 h 感染模型和 24 h 感染模型两种细胞内感染模型中测试了 MExoV 或 MExoL。MExoV 在 24 h 感染模型中的细胞内杀菌效果明显低于 2 h 感染模型,推测 24 h 细胞内进入休眠状态的细菌较多。在两种感染模型中,MExoV 和 MExoL 的联合治疗对细胞内 MRSA 的抑制能力明显优于单独治疗。特别是在 24 h 感染模型中,MExoV 和 MExoL 联合处理的存活细胞内细菌的 CFU 分别比单独处理的低 3.44 logCFU 和 2.35 logCFU。CLSM 图像显示了类似的结果。这些结果表明,MExoV 和 MExoL 联合处理对细胞内细菌生长具有更好的抑制作用,并可以用万古霉素和溶葡萄球菌素的不同杀菌机制来解释。

5.MExos 和 MExodrug 的体内毒性。为评价 MExos 和 MExodrug 在体内的毒性,在以 5 倍治疗剂量处理 3 天后收集受试小鼠的主要器官(心脏、肝脏、脾脏、肺、肾脏),并通过 HE 染色进行观察。所有治疗组均未发生死亡和体重减轻。所有治疗组的器官组织形态学均正常,无明显病理异常。同时,还在体外测试了 MExos 和 MExo-药物的生物相容性,在细胞培养中未显示出显著的细胞毒性。这些结果表明 MExos 和 MExo-药物在体外和体内具有良好的生物相容性。

6.MExos 的细胞内定位及其在小鼠中的组织分布。实验进一步测定了 MRSA 感染的 RAW264.7 细胞中 MExos 的胞内定位。将感染的细胞与 DiO 标记的 MExos 一起孵育 24 h,并用 Lyso-Tracker Red 标记溶酶体。CLSM 图像表明 MExos 可能与溶酶体共同定位,这是细胞内金黄色葡萄球菌的庇护所。此外,实验评估了 MExos 在体内的组织分布。通过尾静脉给 KM 小鼠注射了 DiD 标记的 MExos,并使用动物活体成像仪对其进行随时间变化的成像。

24 h 内肝脏和脾脏中观察到强的 DiD 信号,其次是肺,而其他器官中的信号非常微弱。更重要的是,MExos 在注射后 0.5 h 迅速积聚在肝脏和脾脏中。因为肝脏和脾脏是受感染巨噬细胞主要的分布靶器官,因此,甘露糖基化的外泌体可以优先将包裹的抗生素递送至巨噬细胞,并将抗生素转运至体内的细菌感染部位。

实验 8　吸入式 PLGA 多孔微球诱导肿瘤细胞焦亡以增强化疗疗效

【背景及原理】

肺癌是世界范围内第二大常见恶性肿瘤,也是对人类健康最普遍和最严重的流行病学威胁,迫切需要开发有效的治疗手段。不同类型的程序性细胞死亡(Programmed Cell Death,PCD),包括自噬、细胞凋亡和细胞焦亡(Pyroptosis),这些细胞死亡机制可以在癌症治疗过程中发挥重要作用。焦亡是一种炎症依赖性和自级联放大型 PCD,表现为细胞不断胀大导致细胞质膜破裂,并伴随促炎介质和细胞内容物释放,促炎介质和抗原引起的炎症和免疫反应可以进一步消除癌细胞,有效抑制癌症的复发和转移。因此,焦亡被认为是激活局部免疫反应和提高化疗药物抗癌效果的有效手段,具有巨大的癌症治疗潜力。Gasdermin-D 蛋白(GSDMD)是 Gasdermin(GSDM)蛋白家族成员,是最早发现的焦亡效应物,它可以被活化的 caspase-1/4/5/11 切割,释放出的 N-末端结构域(GSDMD-N)与细胞膜上的磷脂酰肌醇、磷脂酸和磷脂酰丝氨酸相互作用形成孔隙,导致促炎分子和抗原的释放,诱导细胞焦亡。研究表明,另一种 Gasdermin 蛋白 Gasdermin-E(GSDME)也可以作为细胞焦亡效应物,GSDME 被激活的 caspase-3 蛋白切割后释放的 GSDME N-末端结构域(GSDME-N)同样可以触发细胞焦亡。

许多化疗药物可以通过激活 caspase-3 蛋白介导细胞凋亡来杀伤肿瘤细胞,这意味着以凋亡为机制的化疗药物可触发 GSDME 蛋白介导的细胞凋亡和免疫反应。然而,GSDME 在大多数肿瘤细胞中沉默,这与 GSDME 基因的甲基化有关。如果利用甲基转移酶抑制剂逆转 DFNA5 基因的甲基化,就可以将 caspase-3 介导的细胞凋亡转变为焦亡。地西他滨(Decitabine,DAC)是目前已知最强的特异性 DNA 甲基转移酶抑制剂,有研究报道利用 DAC 预处理癌细胞可以恢复 GSDME 表达;阿霉素(Doxorubicin,DOX)是常用的化疗药物之一,可以激活癌细胞中 caspase-3 蛋白,诱导细胞凋亡或焦亡。如果将 DAC 与 DOX 联合用于化疗,焦亡或将成为化疗药物杀伤癌细胞的主要机制,再结合焦亡引起的炎症反应和免疫反应,能显著提高化疗疗效。

临床肺癌化疗常以口服或静脉注射的方式给药,药物难以在肺部聚集或到达有效的药物浓度。相比于口服和静脉注射的方式,肺部吸入给药是治疗肺部疾病的更好选择。肺部吸入给药能在肺部达到较高的药物浓度,实现明显疗效的同时,大大降低了全身毒副作用。近些年来发展起来的微球剂大大提升了吸入制剂的性能,药物溶解或分散于高分子材料中形成的微小球状实体称为微球,微球可以沉积于肺部并达到缓释的效果,延长药物作用时间。其中PLGA是目前使用最广泛的聚合微球载体,PLGA是经过FDA批准的药用生物高分子材料,安全无毒,具有良好的生物相容性,可在人体内完全降解,是用于制作肺部吸入式载药微球的优良材料。

基于以上研究,本实验设计了一种共载DAC和DOX的PLGA多孔微球制剂,用以诱导肿瘤细胞焦亡和免疫反应以增强化疗疗效。

【实验目的】

1.掌握乳化溶剂挥发法的微球制备技术,掌握微球载药量与包封率的检测和计算方式,掌握高效液相色谱仪、流式细胞仪、倒置荧光显微镜、共聚焦激光显微镜、小动物活体成像仪的原理和操作。

2.培养实践动手能力和创新能力,强化综合性能力。

【实验材料】

1.材料:PLGA,地西他滨(DAC),阿霉素(DOX),RPMI 1640培养基(L210KJ),胎牛血清(FBS),磷酸盐缓冲液(PBS),二甲基亚砜(DMSO),Annexin V-FITC/PI试剂盒,增强ATP检测试剂盒,LDH释放检测试剂盒,胰蛋白酶EDTA溶液,BeyoECL Plus化学发光试剂盒,青霉素-链霉素溶液,PolyJetTM体外DNA转染试剂盒,抗裂解的Caspase-3抗体,抗裂解的GSDME-N抗体,抗GAPDH抗体,山羊抗兔IgG(H+L)(HPR)。

2.细胞系和动物:小鼠乳腺癌4T1细胞、BALB/c小鼠(雌性,初始体重18~20 g)。

【方法与步骤】

1.共载DAC和DOX的PLGA多孔微球的制备、表征。

(1)共载DAC和DOX的PLGA多孔微球的制备。精密称取75 mg PLGA于50 mL离心管中,加入3.75 mL二氯甲烷作为油相,精密称取5 mg DAC、5 mg DOX和1.875 mg碳酸氢铵溶于0.375 mL蒸馏水中作为内水相,将配制好的内水相加入完全溶解的高分子材料溶液中,冰浴条件下超声破碎仪处理60 s(超声1 s,间隔1 s,功率150 W,99%),制得初乳。将25 mL PVA(2%,W/V)溶液作为外水相倒入100 mL烧杯中,用均质机(8 000 r/min)充分均质,加入初乳后继续均质60 s,停止均质,将所得乳液倒入250 mL烧杯中,加入50 mL去离子水,室温下磁力搅拌过夜,挥发除去二氯甲烷,离心机转速3 000 r/min离心10 min得到微球后去离子水清洗微球,离心收集,重复3遍,加入2 mL 0.4%冻干保护剂甘露醇,-80 ℃预冻30 min,使用冷冻干燥机冻干备用。同时采用相同工艺制备单载DAC或DOX的PLGA多孔微球以及空白多孔微球作为对照。

(2)PLGA多孔微球形态表征。通过扫描电镜在5 kV电压条件下观测微球的表面形态。

(3)PLGA多孔微球载药量和包封率测定。取10 mg PLGA多孔微球溶解于2 mL甲醇中,将溶液离心后收集上清液,用高效液相色谱仪检测上清液中的DAC和DOX含量,计算药物的包封率和载药量。

DAC 的 HPLC 检测条件为色谱柱：Diamonsil C18（200 mm×4.6 mm，5 μm）；流动相：水（含 0.5%三氟乙酸）：甲醇=55：45；流速 1.0 mL/min，每次进样 20 μL，检测波长：244 nm。

DOX 的 HPLC 检测条件为色谱柱：Diamonsil C18（200 mm×4.6 mm，5 μm）；流动相：乙酸钠（0.01 mol/L，pH3.0）：甲醇=50：50；流速 1.0 mL/min，每次进样 20 μL，检测波长：254 nm。

（4）PLGA 多孔微球的体外释放检测。精密称取多孔微球 10 mg 放入 1 mL PBS（pH7.4）中孵育，置于 37 ℃恒温振荡器中进行模拟释放，在预定时间点（1 h，3 h，6 h，12 h，24 h，72 h，120 h，168 h）取出混合液，在 8 000 r/min 转速下离心 5 min 收集上清液并用新鲜 PBS 补齐。上清液中的 DAC 和 DOX 含量采用上述 HPLC 方法进行测定，考察载药 PLGA 多孔微球在模拟生理环境下的药物释放规律。

2.共载 DAC 和 DOX 的 PLGA 多孔微球细胞水平研究。

（1）PLGA 多孔微球体外模拟释放液的获取。将 PLGA 多孔微球 50 mg 分散于 5 mL PBS 中，并在 37 ℃恒温振荡器中孵育，取 7 天的累积释放液。

（2）细胞培养。将 4T1 细胞培养在含 10%（V/V）胎牛血清的 RPMI 1640 培养基中（含 100 U/mL 青霉素、100 U/mL 链霉素），在 37 ℃、5% CO_2 的培养箱中孵育，并使用常规胰酶进行消化传代。

（3）细胞给药处理。将 4T1 细胞接种到细胞培养板中，待细胞密度为 80%～90%时，将细胞分别与单载微球/共载微球释放液以及用于对照的无血清培养基一起孵育 24 h。

（4）细胞肿胀泄漏细胞内容物实验。

①乳酸脱氢酶释放检测：将 4T1 细胞接种到 96 孔细胞培养板中孵育，待细胞贴壁后给药处理 24 h。到达预定时间后，将细胞培养板用多孔板离心机 400 g 离心力离心 5 min。分别取各孔的上清液 120 μL，加入到一新的 96 孔板相应孔中，各孔分别加入 60 μL LDH 检测工作液，混匀，室温（约 25 ℃）避光孵育 30 min。然后用酶标仪在 490 nm 处测定吸光度。

②ATP 释放检测：将 4T1 细胞接种到 96 孔细胞培养板中孵育，待细胞贴壁后给药处理 24 h。到达预定时间后，细胞在 1 000 r/min（4 ℃）下离心获得细胞上清液。加 100 μL ATP 检测工作液到检测孔内。室温放置 3～5 min。在检测孔加上 20 μL 样品，迅速用移液枪混匀，至少间隔 2 s 后，测定其化学发光。

（5）焦亡相关蛋白表达量检测。

①细胞总蛋白的抽提：将 4T1 细胞接种到 6 孔细胞培养板中，待细胞贴壁后给药处理 24 h。吸去培养液，用 PBS 液洗涤 1 次。加入含 1%蛋白酶抑制剂的细胞裂解液，冰上裂解 15 min，用细胞刮刮下细胞，冰浴超声 1 min（超声 6 s，间隔 6 s），12 000 r/min 离心 10 min，取上清液即为蛋白提取物，65 ℃煮 30 min，用 BCA 法进行定量，-80 ℃保存蛋白样品。

②WB 法检测蛋白表达：加入配制好的分离胶溶液至 2/3 处，加水饱和正丁醇封胶，室温放置 40 min 后加浓缩胶至顶，插入梳子，静置 10 min。加入预染蛋白 Marker 5 μL，样品每孔上样组织蛋白。80 V 恒压电泳使溴酚蓝至分离胶处时更换电压为恒压 100 V，电泳 90 min，待溴酚蓝到达较底部时，停止电泳。SDS-PAGE 电泳结束后，将 PVDF 膜在甲醇中浸泡10 s，用海绵和三层滤纸夹住凝胶和 PVDF 膜，200 mA 电泳 90 min。使用含 5%脱脂奶粉的封闭液封闭转印膜 2 h，然后 TBST 洗 3 次，每次 10 min。用 TBST 稀释一抗，4 ℃孵育过夜。1×

TBST 漂洗 3 次，每次 10 min。加入适当稀释的二抗，室温孵育 2 h。1×TBST 漂洗 3 次，每次 10 min。将显色液 A 液和 B 液混合，加 0.5 mL 至膜上，用蛋白化学发光仪检测、拍照。

（6）流式细胞术检测。将 4T1 细胞接种到 6 孔细胞培养板中孵育，待细胞贴壁后给药处理 24 h。收集上清液，用胰酶消化并收集贴壁细胞，1 000 g 离心力离心 5 分钟，弃上清液，并用 PBS 洗涤 1 次，加入 195 μL Annexin V-FITC 结合液轻轻重悬细胞。加入 5 μL Annexin V-FITC，轻轻混匀。加入 10 μL 碘化丙啶染色液，轻轻混匀。室温（20~25 ℃）避光孵育10~20 min，在流式细胞仪上检测。

（7）显微镜观察焦亡细胞。将 4T1 细胞接种到 35 mm 共聚焦皿中孵育，待细胞贴壁后给药处理 24 h。通过倒置显微镜观察 4T1 和 4T1-GFP 细胞形态和荧光蛋白泄漏情况。

3.共载 DAC 和 DOX 的 PLGA 多孔微球动物水平研究。

（1）体内药效试验。尾静脉注射 5×10^5 个 4T1 细胞建立 BALB/c 小鼠肺癌模型，并将小鼠随机分为六组（$n=6$），肿瘤细胞注射 10 天，分别用生理盐水、游离 DAC、游离 DOX、单载/共载微球（吸入）处理小鼠（剂量：DAC 100 μL，18 μg/mL；DOX 100 μL，1 000 μg/mL）。两天给药一次，两周后处死小鼠，拍摄肺部照片。治疗期间每 3 天检测一次小鼠体重。

（2）肿瘤组织相关蛋白表达量检测。取小鼠肺部组织匀浆获取细胞，同上述方法检测相关蛋白表达量变化。

（3）HE 染色。取小鼠肺部组织制作石蜡切片，用 HE 染色法染色，将制作好的玻片放在显微镜下观察。

（4）TUNEL 检测细胞凋亡。取小鼠肺部组织制作石蜡切片，加入适当量的 TUNEL 检测液，将制作好的玻片放在显微镜下观察。

实验 9　吸入式 PLGA 多孔微球共载 DHA 和二甲双胍抑制癌症肺转移

【背景及原理】

目前，癌症转移仍然是恶性肿瘤导致死亡的主要原因之一，因此研究高效抑制肿瘤转移的方法具有显著意义。实际上，癌症转移是一个高度复杂的动态过程，包括肿瘤细胞与原发肿瘤的分离、转移肿瘤细胞的外渗以及循环肿瘤细胞（Irculating Tumor Cell，CTC）在远处器官的定植。其中循环肿瘤细胞会从肿瘤原发病灶脱离成为肿瘤转移的“种子”。而在远端器官处，器官的微环境发生很多有利于肿瘤转移的改变，形成了肿瘤细胞定植和生长的“土壤”。最终，作为“种子”的循环肿瘤细胞定植于远端器官利于其转移生长的“土壤”上，形成癌症对远端器官的侵袭和转移。“土壤”首先被卡普兰（Kaplan）称为“转移前生态位”，它为循环肿瘤细胞在远端器官定植提供了有利的微环境。炎症微环境是癌症远端器官转移前生态位形成的关键驱动因素和特征。肿瘤衍生的细胞因子，如肿瘤坏死因子-α（Tumor Necrosis Factor-α，TNF-α）、转化生长因子-β（Transforming Growth Factor-β，TGF-β）和血管内皮生长因子（Vascular Endothelial Growth Factor，VEGF）-A 等可以促进炎性介质 S100 蛋白家族在转移前远端器官中的表达，而S100蛋白家族会通过多种途径促成炎症性微环境的形成。因此，炎症微环境的建立是转移前生态位形成的关键过程，也是肿瘤循环细胞能否成功转移的关键因素。

通过抑制炎症微环境的建立来抑制肿瘤转移是一种近年出现的肿瘤治疗理念。有研究人员采用低细胞毒性的抗炎药物抑制远端器官的炎症微环境，逆转转移前生态位，阻止癌症转移。在目前具有抗炎效果的药物中，二甲双胍（Metformin）可以通过抑制NF-κB通路达到抗炎效果。除此之外，二十二碳六烯酸（DHA）也可以通过抑制NF-κB通路和STAT3通路从而降低S100A9的表达，并且两者在体内具有良好的安全性，可联合用于抑制炎症微环境的建立。

肺部吸入制剂是通过特殊装置将药物经呼吸道递送至肺部，发挥局部或全身治疗作用的制剂。干粉吸入剂（Dry Powder Inhaler，DPI）是一种前景广阔的吸入制剂，其物理性质是有效给药的最重要因素之一。为了在肺部达到极佳的沉积效率，干粉吸入剂的气动尺寸被严格控制在1～5 μm的范围内。然而，传统的DPI存在一些严重的缺陷，如颗粒黏附、被巨噬细胞吞噬和频繁给药等。多孔低密度微粒技术已然成为肺部吸入给药研究领域的后起之秀，因其具有较低的密度而更易被分散，所需的吸入速度也较小，而且更易进入下呼吸道，能有效提高药物的生物利用度。此外，多孔低密度微粒还能避免巨噬细胞对颗粒的黏附和吞噬，同时实现持续释放性能，在吸入给药方面表现出巨大优势。PLGA多孔微球即是该技术的典型代表，其具有优良的空气动力学粒径和肺部沉积性质，并具有缓释效果，且PLGA是经过FDA批准的药用生物可降解高分子材料，安全无毒。

基于以上，设计了一种通过肺部吸入给药，具有缓释功能，通过抑制肺部炎性环境抑制肿瘤向肺部转移的协同治疗策略。

【实验目的】

1.掌握流式细胞仪、倒置显微镜、共聚焦显微镜、动物活体成像仪的原理和操作。

2.培养实践动手能力和创新能力，强化综合实践能力。

【实验材料】

1.材料：D-荧光素钾，TNF-α，FITC标记的抗VACM-1抗体，FITC标记的抗ICAM-1抗体，Alexa Fluor 647标记的二抗，小鼠TNF-α酶联免疫吸附试验（ELISA）试剂盒和小鼠IL-1β ELISA试剂盒，Eagle′s培养基（DMEM）和胎牛血清（FBS）。

2.细胞系和动物：小鼠脑微血管内皮细胞系bEnd.3、小鼠乳腺癌4T1细胞、4T1-Luc细胞、SD大鼠（雄性，初始体重200～220 g）和BALB/c小鼠（雌性，初始体重18～20 g）。

【方法与步骤】

1.DHA/二甲双胍负载PLGA微球的制备。将5 mg二甲双胍和1.5 mg碳酸氢铵溶于0.375 mL蒸馏水中。然后将所得水相加入3.75 mL含PLGA 150 mg、DHA 5 mg的二氯甲烷中，并在冰浴中进行乳化（超声，1 s；间隔，1 s；功率，75 W；60 s）。随后，将一乳状液注入

25 mL聚乙烯醇(PVA)溶液(2%,W/V)中,以10 000 r/min匀浆90 s。得到的乳剂搅拌4 h以蒸发二氯甲烷。3 000 r/min离心10 min后收集MPs-DM,用去离子水洗涤3次。最后,将所得的MPs-DM冻干24 h,置于4 ℃保存至使用。用相似的方法制备负载DHA(MPs-D)或二甲双胍(MPs-M)的微球和空白微球(MPs-B)。

2.流式细胞术检测内皮细胞黏附分子表达水平。采用CytoFLEX(Beckman Coulter)流式细胞仪检测内皮细胞黏附分子-1(ICAM-1)和血管细胞黏附分子-1(VCAM-1)蛋白的表达水平。首先,bEnd.3细胞分别用50 ng/mL TNF-α刺激或直接使用。孵育4 h后,移去培养基,细胞与释放的微球上清液再孵育24 h。处理后,收集细胞,用冷PBS(4 ℃)洗涤两次。按照制造商的方案进行流式细胞术染色。重悬细胞,按照标准程序用抗ICAM-1或抗VCAM-1抗体染色。最后用FACSAria Ⅱ流式细胞仪(BD)对细胞进行分析,使用Flowjo V10对数据进行分析。

3.免疫组织化学分析蛋白表达水平。采用免疫组化方法分析肺组织中纤维连接蛋白、MMP-9和S100A9的表达水平。将小鼠随机分组,每两天给予4T1细胞的肿瘤条件培养基(TCM)治疗,然后在预定的时间点分别注射生理盐水、二甲双胍和DHA,吸入二甲双胍微球(MPs-M)、DHA微球(MP-D)和二甲双胍-DHA微球(MPs-DM),整个治疗过程持续2周。最后一次给药1天后处死小鼠,取肺组织免疫荧光染色。使用了兔抗鼠纤维连接蛋白、MMP-9和S100A9抗体,并通过共聚焦显微镜检测Alexa Fluor 647标记的二抗信号。切片用DAPI核染色复染。

4.成像系统检测肿瘤转移情况。采用TCM刺激BALB/c小鼠进行实验。小鼠首先给予TCM和不同的治疗(同上)。最后一次给药后1天,静脉注射5×10^5 4T1细胞150 μL。使用IVIS光谱成像系统(Caliper Life Sdences,PerkinElmer),通过生物发光成像每周2次监测肺肿瘤转移情况。腹腔注射200 μL D-荧光素(50 mg/kg),15 min后成像,3周后通过颈椎脱臼法处死小鼠,取肺组织。最后,用Bouin氏液对肺组织染色。同时监测另一组小鼠的存活情况。

5.微球的安全性。采用MTT法测定细胞毒性。将细胞(L02、HUVEC和RAW264.7)以5×10^3个细胞/孔的密度接种于96孔板,37 ℃孵育24 h,然后加入含不同浓度微球的新鲜培养基孵育。24 h后,每孔加入MTT溶液(PBS中5 mg/mL),37 ℃孵育4 h。然后用150 μL的二甲基亚砜(DMSO)代替MTT溶液溶解产生的甲臜。用酶标仪(Molecular Devices)测定490 nm处的吸光度,以计算细胞活力(%)。微球的安全性还通过主要器官(心、肝、脾、肺和肾)的HE染色进行体内评估。实验对象为成年健康SD大鼠。简单地说,用10%的福尔马林溶液处理器官标本,然后用石蜡包埋切片,并用HE染色。最后,将标本安装在正置显微镜下观察。

【结果与分析】

1.DHA/二甲双胍负载PLGA微球的表征。通过双乳化法制备负载DHA和二甲双胍的多孔PLGA微球(MPs-DM)。MPs-DM呈球形,表面孔隙率较大,MPs-DM的几何直径为20.38±1.02 μm,但空气动力学粒径仅为3.59±0.09 μm,这是因为其密度低且具有多孔结构。

此外,载入 DHA 和二甲双胍后,多孔微球的几何直径和空气动力学直径均无明显变化,表明载药量并不影响微球的吸入特性。

2.利用流式细胞仪分析蛋白表达能力。采用 CytoFLEX (Beckman Coulter)流式细胞仪检测内皮细胞黏附分子-1(ICAM-1)和血管细胞黏附分子-1(VCAM-1)蛋白的表达水平。TNF-α 处理 1 h 后 ICAM-1 和 VCAM-4 表达升高。相关蛋白的过表达在所有治疗组中均受到抑制,在 MPs-DM 组中最为明显。结果表明,二甲双胍和 DHA 通过多孔 PLGA 微球共递送可以有效抑制黏附分子的表达,阻断 CTCs 的定植。

3.免疫组织化学分析。采用免疫组化学方法分析肺组织中纤维连接蛋白、MMP-9 和 S100A9 的表达水平。通过显微镜定量检测相关蛋白质的表达,分析蛋白的表达与细胞迁移的关系。在盐水处理组中可以清楚地观察到荧光强度的增强。微球处理组,尤其是 MPs-DM 组,荧光强度明显降低,而二甲双胍/DHA 注射液组的荧光强度略有降低。结果表明,MPs-DM 可以显著抑制肿瘤转移中的关键分子纤连蛋白、MMP-9 和 S100A9。

4.转移的预防试验分析。为了进一步评估 MPs-DM 对肿瘤转移的抑制作用,建立 TCM 刺激小鼠模型并利用动物活体成像仪观察肿瘤肺转移情况。结果显示,荧光仅在第 4 天发生在盐水处理的小鼠的肺部,表明所有治疗药物都通过调节转移前生态位抑制了肿瘤转移。随后的第 11 天和第 18 天荧光图像显示,生理盐水组转移迅速发展,但各治疗组肺转移进展受到不同程度的抑制。直到第 18 天,MPs-DM 治疗组只有 7 只小鼠表现出轻微的肺转移,充分证明了 MPs-DM 在抑制肺肿瘤转移方面的巨大潜力。同时小鼠肺部图片也显示 MPs-DM 治疗组肿瘤结节明显减少,进一步证明了吸入 MPs-DM 具有较强的抗肿瘤转移作用。此外,MPs-DM 治疗组小鼠的中位生存时间(31 天)明显延长于盐水(36 天)、游离二甲双胍(37 天)、游离 DHA(41 天)、MPs-M(43 天)和 MPs-D(7 天)治疗的小鼠,其治疗效果最好。各微球组的效果均优于静脉给药组,表明吸入给药在抑制肺转移方面比全身给药具有显著优势。结果表明,在 BALB/c 小鼠模型中,MPs-DM 有效抑制了肺肿瘤转移,从而显著改善了生存结局。

5.微球的安全的分析。利用酶标仪检查微球对细胞的毒性,结果表明,用微球处理后细胞活力没有显著变化。利用倒置显微镜观察动物 HE 染色后的主要器官(心脏、肝脏、脾、肺、肾),器官无明显组织损伤。

实验 10　sup-EJMC-新型抗肿瘤活性丙酮酸脱氢酶激酶二氯苯乙酮的合成、生物学评价及构效关系

【背景及原理】

肿瘤细胞的代谢紊乱是肿瘤细胞区别于健康细胞的最主要特征之一。肿瘤细胞对葡萄糖的需求异常突出,表现为有氧糖酵解通路的增强和线粒体氧化磷酸化途径的抑制,即使在充足氧气的条件下,肿瘤细胞也倾向于通过低效率的糖酵解途径获得能量,而非三羧酸循环

获得 ATP。已知这些代谢途径的改变来源于癌基因突变和异常蛋白质表达。因此，靶向代谢途径中突变的癌基因和过表达的蛋白质是一种有前景的治疗癌症策略。

丙酮酸脱氢酶复合体(Pyruvate Dehydrogenase Comple，PDC)将丙酮酸氧化脱羧生成乙酰 CoA，然后进入三羧酸循环进行氧化磷酸化产生大量 ATP，它是连接糖酵解和氧化磷酸化的关键节点酶。PDC 活性主要由可逆磷酸化介导，其中丙酮酸脱氢酶 α 亚基上的三个丝氨酸残基中的任何一个磷酸化都能使该酶失去活性。PDC 的磷酸化是由人体内丙酮酸脱氢酶激酶(Pyruvatedehy Drogenase Kinases，PDKs)的四种同工酶即 PDK1～4 催化的，该四种亚型在各种人实体瘤中均被广泛观察到，其与整合在异常癌症代谢中的 AKT 和 HIF 途径的致癌激活相关。在肿瘤细胞中，PDKs 高度表达与激活，抑制 PDC 活性，有助于瓦博格效应(Warburg Effect)糖酵解的发生。此外，有研究表明，PDKs 的敲低可以使 PDC 恢复到正常水平，并逆转糖酵解。因此，通过抑制剂降低 PDKs 的活性是一种调节失调的丙酮酸代谢途径的理想策略，从而提供了一种有效杀死或减少癌细胞生长的方法。

到目前为止，已经发现了许多抑制 PDKs 活性的化合物，但它们都尚未成功进入临床应用。AZD7545 是一种 PDKs 抑制剂，其三氟甲基羟基丙酰胺结构与 PDKs 的二硫辛酰胺口袋选择性结合，与 PDKs 的 Ser75 形成直接氢键相互作用，而 AZD7545 的 2-氯苯基结构被 PDKs 的疏水残基 Phe78 和 Phe65 夹在中间。另一种著名的 PDKs 抑制剂是二氯乙酸(Dichloroacetic Acid，DCA)，用于治疗线粒体异常患者，最近已用于癌症治疗的临床试验研究。然而其对靶点 PDKs 的亲和力较差，较高的有效剂量和长期给药阻碍了其进一步的临床应用。

葛兰素史克公司基于丙酮酸脱氢酶复合物的酶催化的高通量筛选中发现了二氯苯乙酮(DAP)，其是一种 DCA 衍生物，对 A549 癌细胞有微弱的抑制增殖作用，半抑制浓度(IC_{50})为 15.9 μmol/L。此外，该化合物在浓度为 80 mmol/L 时仅显示出对癌细胞 36.6%的抑制率，与预期相差较远。随后在报道了有关 DAP 的化学修饰后发现了化合物 DAP-64，它在 A549 癌细胞中有较强的抑制 PDKs 活性[半数效应浓度(EC_{50})为 0.33 μmol/L]和抗癌细胞增殖能力(IC_{50}为 3.87 μmol/L)。

基于以上，本实验旨在以文献报道的二氯苯乙酮为先导化合物，通过结构改造，设计合成出一系列新型的二氯苯乙酮类衍生物，期望获得与 PDKs 靶点亲和力好、抗肿瘤活性高的分子用于 PDKs 抗肿瘤药物的开发。

【实验目的】

1.掌握实验仪器的原理及使用方法。

2.熟悉新型二氯苯乙酮的合成，并能够对其进行生物学评价和构效关系分析。

【实验材料】

1.试剂：DAP，DAP-64，1-(4-溴-3-硝基苯基)乙酮，硼酸，K_2CO_3，$Pd(PPh_3)_4$，氮气，水，1，4-二氧六环，乙酸乙酯，Na_2SO_4，硅胶，环丙基硼酸，三环己基膦，K_3PO_4，$Pd(OAc)_2$，二水氯化铜，氯化锂，DMF，乙醚、K_2CO_3，A549，MCF-7，SHSY-5Y，HCT-116，A375，PC-3 和 L02 细胞

系,DMEM 培养基,FBS,青霉素,链霉素,PBS 缓冲液,MTT,DAP-64,二甲基亚砜,DCFH-DA,PI/RNase A,胰酶,FITC Annexin V/PI 试剂盒,细胞裂解缓冲液,Pierces BCA 蛋白质检测试剂盒,SDS 缓冲液,硝酸纤维素滤膜,一抗,二抗 HRP 偶联的抗兔 IgG,JC-1 或 TMRM 试剂,小鼠。

2.仪器:核磁共振波谱仪,熔点仪,高分辨质谱,圆底烧瓶,磁力搅拌器,水浴锅,分液漏斗,色谱柱,96 孔板,酶标仪,24 孔板,Nova Bioprofile Flex 分析仪,流式细胞仪,ChemiDoc MP 成像系统,激光扫描共聚焦显微镜。

【方法与步骤】

1.合成化合物 2a-d 和 2f。向圆底烧瓶中加入 2 mmol 1-(4-溴-3-硝基苯基)乙酮、3 mmol 硼酸、6 mmol K_2CO_3 和 0.06 mmol $Pd(PPh_3)_4$。通入氮气,加入水(6 mL)和 1,4-二氧六环(18 L)。将所得悬浮液搅拌、脱气并在 95 ℃加热 6 h。然后将其冷却至室温,用水稀释,并用乙酸乙酯(30 mL)萃取 2 次。合并的有机层用 Na_2SO_4 干燥,过滤并浓缩。粗产品经柱层析分离,得到所需化合物。

2.合成化合物 2e。在圆底烧瓶中加入 2 mmol 1-(4-溴-3-硝基苯基)乙酮、3 mmol 环丙基硼酸、0.4 mmol 三环己基膦、10 mmol K_3PO_4 和 0.02 mmol $Pd(OAc)_2$。通入氮气,加入水(6 mL)和 1,4-二氧六环(18 L)。将所得悬浮液搅拌、脱气并在 95 ℃加热 6 h。然后将其冷却至室温,用水稀释,并用乙酸乙酯(30 mL)萃取 2 次。合并的有机层用 Na_2SO_4 干燥,过滤并浓缩。粗产品经柱层析分离,得到所需化合物。

3.合成化合物 3a-f。向圆底烧瓶中加入 6 mmol 二水氯化铜(Ⅱ)、6 mmol 氯化锂和 1 mmol相应的酮类似物(2a-f),然后加入 DMF(5 mL)并加热至 90 ℃搅拌 9 h。然后将混合物冷却至室温,用水稀释并用乙醚(30 mL)萃取 3 次。合并的有机层用水洗涤(20 mL)3 次。有机层用 Na_2SO_4 干燥,过滤并浓缩。粗产品经柱层析分离,得到所需化合物。

4.合成化合物 5。将 8.0 mmol NH_4Cl、10.0 mmol 1-(4-氟-3-硝基苯基)乙酮和 20 mL 乙腈的混合物搅拌 5 min,然后在 1 h 内分 5 次加入 15 mmol 1,3-二氯-5,5-二甲基乙内酰脲,随后在 35 ℃搅拌 18 h。减压蒸馏除去有机溶剂,向残余物中加入 100 mL 乙酸乙酯。将乙酸乙酯层用水(30 mL)洗涤 2 次,有机层用 Na_2SO_4 干燥,过滤并浓缩。粗产品经柱层析分离,得到所需化合物。

5.合成化合物 6a-s 的方法。向圆底烧瓶中加入 0.2 mmol 2,2-二氯-1-(4-氟-3-硝基苯基)乙烷-1-酮(5)、0.25 mmol 各种伯胺或仲胺、0.25 mmol K_2CO_3 和 DMF(0.5 mL)。将反应混合物在室温下搅拌 3 h。混合物用乙酸乙酯(150 mL)稀释。有机层用水(20 mL)洗涤 3 次,有机层用 Na_2SO_4 干燥,过滤并浓缩。粗产品经柱层析分离,得到所需化合物。

6.细胞培养。A549、MCF-7、SHSY-5Y、HCT-116、A375、PC-3 和 L02 细胞系,在 DMEM 培养基中培养并补充 10 % FBS、1%青霉素和链霉素,于 37 ℃、5% CO_2 湿润环境中培养。

7.细胞活力测定。用 MTT 法检测制备的化合物和 DAP、DAP-64 处理后的细胞活力的变化。将细胞悬液(3 000~6 000 个细胞/孔用于癌细胞系,7 000 个细胞/孔用于 L02 细胞系)接种于 96 孔板并培养过夜。然后将两种浓度的合成化合物(100 mmol/L 和 10 mmol/L,含 1% DMSO 的 PBS 缓冲液)加入 96 孔板中,与细胞孵育 72 h。每孔板中加入 10 mL MTT

(0.5 mg/mL)溶液。孵育 4 h 后,取上清液,加入 100 mL DMSO。在酶标仪上 570 nm 处测量每孔的吸光度。鉴定得出活性好的化合物后,测量化合物(6m、6s、6t 和 6u)的全剂量浓度,得到的 $OD_{570\ nm}$ 值表示为 IC_{50} 值,取 3 个独立实验的平均值。

8.乳酸测量。将 A375 细胞悬液(2.5×10^5 个细胞/孔)接种于 24 孔板中培养过夜。然后在相应孔中加入 6u(1 μmol/L、2.5 μmol/L、5 μmol/L)和 DAP-64(5 μmol/L),37 ℃孵育 4 h。然后将培养液转入 EP 管中,离心 4 min(12 000 rpm/min)。最后,收集 1 mL 培养基,在 Nova Bioprofile Flex 分析仪上检测乳酸产量。

9.OCR 测量。A375 细胞(5×10^4 个细胞/孔)置于 24 孔板中,于 37 ℃、5% CO_2 的环境、100 mL 培养基中孵育 1 h。细胞附着后,再加入 100 mL 培养基孵育 24 h,然后用 6u(1 μmol/L、2.5 μmol/L、5 μmol/L)、DAP-64(5 μmol/L)处理 4 h。然后除去培养基,用 100 mL预热的 XF^e 培养基冲洗细胞 2 次。最后,在每孔中加入 170 μL Mito 应力试验测定培养基,在 37 ℃无 CO_2 环境下放置 1 h 后测量。

10.ITC 分析。蛋白质在缓冲溶液(20 mmol/L KH_2PO_4/K_2HPO_4,100 mmol/L KCl 和 1 mmol/L $MgCl_2$)中浓度制备至 10 μmol/L。将化合物 6u 溶于纯二甲基亚砜中,稀释至 100 μmol/L缓冲溶液。然后将 250 μL 蛋白质溶液转移到反应池中,并将化合物溶液转移到滴定注射器中。通过将 2.5 μL 滴定以每一增量注射到反应池中进行滴定,反应池温度保持在 25 ℃。

11.活性氧测量。将 A375 细胞(4×10^4 个细胞/孔)接种在深色透明底的 96 孔板上,并让其生长过夜。然后去除培养基,加入稀释的 DCFH-DA 溶液(每孔 100 μL),在 37 ℃孵育细胞 45 min。去除培养基,用 PBS 洗涤 3 次,然后用 6 u(1 μmol/L、2.5 μmol/L、5 μmol/L)和 DAP-64(5 μmol/L)在 37 ℃下处理细胞 4 h。最后,在酶标仪发射光/激发光为 485/535 nm时测量 96 孔板。

12.PDKs 抑制效力测定。在 96 孔板中加入 25 μL 的蒸馏水和 5 μL 的缓冲液(250 mmol/L Tris-HCl,10 mmol/L EDTA,5 mmol/L EGTA,10 mmol/L DTT,50 mmol/L $MgCl_2$)。除两个对照孔含有 5 μL 1% DMSO PBS 缓冲液外,每孔加化合物 5 μL(50 μmol/L)。随后,在所有孔中添加 5 μL ATP(10 μmol/L)和 5 μL 多肽(50 μmol/L)。对照孔加入 5 μL 蛋白缓冲液(50 mmol/L K_3PO_4,250 mmol/L KCl,2 mmol/L $MgCl_2$,pH 值 7.4),其余孔加入 5 μL PDK1(20 μmol/L)初始化肽磷酸化。最后将 96 孔板混合,37 ℃孵育 30 min,每孔加入相应的激酶试剂 50 μL。轻轻摇板,室温下再孵育 10 min。在 SpectraMax M5 微孔板读取仪上记录荧光。

13.细胞周期测定。将 A375 细胞(1×10^5 ~ 2×10^5 个细胞/孔)接种在 6 孔板上,并用 6u(1 μmol/L,2.5 μmol/L,5 μmol/L)处理 24 h,收取细胞并固定在 70%预冷乙醇中。最后细胞通过 PI/RNase A 染色并通过流式细胞仪测量。

14.细胞凋亡测定。将 A375 细胞(1×10^5 ~ 2×10^5 个细胞/孔)接种在 6 孔板上,生长过夜。用 6u(1 μmol/L,2.5 μmol/L,5 μmol/L)或 DAP-64(5 μmol/L)处理细胞 24 h。然后将细胞用胰蛋白酶消化,用冷 PBS 反复洗涤 3 次,以 1 200 rpm/min 离心 5 min,弃去上清液。在室温下,在结合缓冲液中通过 FITC 膜联蛋白 V/PI 试剂盒将细胞染色 15 min。随后,通过流式细胞仪测量细胞。

15.蛋白质印迹。将 A375 细胞接种在 6 孔板中并用 6u(1 μmol/L,2.5 μmol/L,5 μmol/L)和 DAP-64(5 μmol/L)处理 24 h。然后将处理的细胞与细胞裂解缓冲液孵育 15 min,并在 4 ℃下以 12 000 r/min 的速度离心 15 min。通过 BCA 蛋白质测定试剂盒评估蛋白质浓度并平衡至相同水平,然后在 100 ℃下用 SDS 上样缓冲液变性 8 min。通过 SDS-PAGE 电泳分离样品中的蛋白质,转移到硝酸纤维素滤膜上,在 5%脱脂牛奶中封闭 2 h,用所需的一抗孵育过夜,然后用 HRP 缀合的抗兔 IgG 二抗孵育 2 h。在 Clarity Western ECL 底物(Bio-Rad)中孵育 2 min 后,最后在 ChemiDoc MP 成像系统中扫描膜。

16.JC-1 和 TMRM 测定线粒体膜电位。将 A375 细胞以 4×10^4 个细胞/毫升接种,并使其在 37 ℃下生长过夜。然后在 37 ℃下用 DAP-64(5 μmol/L)或 6u(1 μmol/L,2.5 μmol/L,5 μmol/L)处理细胞 4 h,加入 0.5 mmol/L JC-1 或 TMRM 试剂,并在 37 ℃孵育 15 min。用冷 PBS 洗涤细胞 3 次,在激光扫描共聚焦显微镜记录去极化的线粒体膜电位。

17.动物研究。标准条件下饲养动物,可自由进食和饮水。用胰蛋白酶/EDTA 收获 80%汇合的 A375 细胞,并重悬于无血清 DMEM 培养基中。然后将细胞皮下接种在每只小鼠的右侧腹。在接种后的几天内,将荷瘤小鼠随机分配到 2 个治疗组(4 只小鼠/组)中,即赋形剂、6u(5 mg/kg)和通过每 3 天一次肌内注射用化合物治疗。每 3 天记录一次每只小鼠的肿瘤体积和体重。随后,收获肿瘤样品并称重。

18.分子对接。使用 Sybyl-X 2.0 软件进行分子对接。PDKs 蛋白的晶体结构从蛋白质数据库(PDB ID:2Q8G)下载。采用 AMBER7 FF99 方法对 PDKs 的晶体结构进行优化。对小分子数据库进行极性 H 加成,用三向力场进行能量优化,用 Gasteiger-Huckel 方法进行电荷优化。利用 PyMOL 软件绘制 3D 视图,将参与疏水相互作用的氨基酸以棒状显示。通过 LigPlotting 生成图,辐条弧表示与配体进行非键合接触的残基。

实验 11　通过赖氨酸侧链订合的新技术获得具有高稳定、低溶血毒性的阳离子抗菌肽

【背景及原理】

细菌耐药是全球性公共健康问题,但目前缺乏有效的治疗方法来对抗日益耐药的细菌,因此有必要研发具有非传统作用机制的新型抗生素。其中阳离子抗菌肽(CAMP)可以通过破坏细菌细胞膜来杀灭细菌,使得细菌难以产生耐药性。尽管某些 CAMP 在临床试验中取得了令人鼓舞的结果,但批准用于临床的 CAMP 类药物还很少。CAMP 在药理学上的缺陷在于蛋白酶的不稳定性和真核细胞的溶血毒性。虽然目前已有许多改善肽蛋白水解稳定性的化学手段,包括环化、骨架修饰、D 型或非天然氨基酸的引入等,但由于肽蛋白的序列多样性和复杂的结构-活性关系,所以目前对修饰 CAMP 的策略所展开的研究十分有限。

许多 CAMP 是两亲性的,在与细菌细胞膜结合时呈 α-螺旋构象。在合成 CAMP 类似物实验中,有相关研究报道了通过烯烃复分解反应形成全烃桥的肽交联技术。全烃桥联 CAMP 显示出更强的 α-螺旋性和蛋白水解抗性,且某些类似物表现出更高的抗菌活性;然

而，订书针结构的抗菌肽通常比线性抗菌肽具有更强的溶血毒性。最近，有报道称双全烃桥联的序列突变 Magainin Ⅱ类似物可杀灭耐药细菌并具有高活性和低溶血毒性，为开发新型抗生素提供了希望。

全烃桥联增强了抗菌肽疏水性表面的作用，可能增加其疏水性并诱发溶血毒性。CAMP 的亲水性表面主要由赖氨酸或精氨酸残基组成。假设在 CAMP 的亲水性表面引入桥联可以降低诱发溶血毒性的风险并增加其生物稳定性，因此设想可以直接连接两个赖氨酸残基。赖氨酸具有 ε-氨基官能团，常用于大分子内酰胺化形成环肽。然而，大环内酰胺化将碱性氨基转变为中性酰胺键，导致正电荷的净损失，而正电荷是重要的抗菌活性。近年来，钯介导的或亲核的赖氨酸芳香族取代反应（Nucleophilic Aromatic Substitution Reaction，SNAr）通过生成苯胺来合成大环，同时减少正电荷。

为了保留环化后 ε-氨基的正电荷，采取的策略是通过 N-烷基化反应将两个赖氨酸残基桥联生成烷基二氨桥。许多种 N-烷基化反应能在小分子和多肽中引入官能团。基于前人对赖氨酸残基 ε-氨基的烷基化反应的研究，实验选择 Fukuyama 胺合成反应作为关键的环化反应步骤。在肽段中插入两个 N^{ε}-*o*-Ns-N^{α}-Fmoc-赖氨酸残基，通过化学选择性 N-烷基化和消除硝基苯磺酰基以实现交联。

基于以上，本实验设计了一种新型阳离子桥联抗菌肽类似物，发展了其合成方法。

【实验目的】

1.掌握荧光共聚焦显微镜、流式细胞仪、细胞培养的原理和操作方法。

2.培养实践动手能力和创新能力，强化学生综合实践能力。

【实验材料】

1.材料：氨基酸［Fmoc-Val-OH，Fmoc-Phe-OH，Fmoc-Ala-OH，Fmoc-Lys（Boc）-OH，Fmoc-Gly-OH，Fmoc-Leu-OH 及 Boc-Lys（Boc）-OH］，偶联试剂［N，N，N′，N′-四甲基-O-（1H-苯并三唑-1-钇）-六氟磷酸铀（HBTU）及 1-羟基苯并三唑（HOBt）］，DIEA，邻硝基苯磺酰氯（o-Ns），三氟乙酸（TFA），甲酸（FA），DBU，哌啶，三异丙基硅烷（TIS），N，N-二甲基甲酰胺（DMF），二氯甲烷（DCM），甲醇（MeOH），二乙醚（Et_2O），乙腈（MeCN），Rink-酰胺树脂（0.35 mmol/g）。

2.菌株：耐药大肠杆菌菌株，耐甲氧西林金黄色葡萄球菌（MRSA）菌株。

【方法与步骤】

1.基于 Fmoc 的多肽合成。在标准条件下，使用聚苯乙烯 Rink-酰胺树脂（0.35 mmol/g）在摇床上进行基于 Fmoc 的多肽合成。氨基酸（3 eEq）在 N，N-二甲基甲酰胺（DMF）中用 HBTU（3 eEq）和 HOBt（3 eEq）偶联。用 20%的哌啶在 DMF 中处理 Rink-酰胺树脂 15 min，重复 2 次，去除 Fmoc。树脂在每次偶联和脱保护后依次用 DMF（10 mL）、MeOH（10 mL）和 DCM（10 mL）洗涤 3 次。用 Kaiser 检测法监测偶联反应和 Fmoc 去保护反应。

2.固相载体上的 N-烷基化反应。在装有 Teflon 过滤器、塞子和活塞的注射器管中，装入

THF(6 mL),用 TBAH(492 μL,40%水溶液,6 eq)处理溶胀的树脂与线性多肽复合物(300 mg,0.35 mmol/g),摇动 10 min。然后加入烷基化试剂(6 eq),在室温下摇动 36 h。过滤后,用 DMF(10 mL)、MeOH(10 mL)和 DCM(10 mL)洗涤树脂 3 次。

3.固相载体上的 o-Ns-保护基脱除反应。在装有 Teflon 过滤器、塞子和活塞的注射器管中,将溶胀的树脂结合环肽置于 DMF(6 mL)中,用 DBU(10 eq)和 2-巯基乙醇(5 eq)处理,在摇床上摇 12 h 后过滤。过滤后,用 DMF(10 mL)、MeOH(10 mL)、THF(10 mL)、DCM(10 mL)依次洗涤树脂 3 次。

4.荧光共聚焦显微镜成像。使用荧光染料 Hoechst 和 PI 对多肽造成的细菌细胞膜破坏进行成像。细菌在 37 ℃培养至对数中期,稀释(1×10^7 CFU/mL),然后与 16 μg/mL 的多肽在 37 ℃培育 30 min。细菌细胞颗粒在 3 800 rpm/min 离心 5 min 后,用磷酸盐缓冲液(pH 值为 7.2)洗涤,再用 PI 和 Hoechst(20 μg/mL)在黑暗环境的冰浴中培育 20 min,接着用磷酸盐缓冲液洗涤 2 次。然后将悬浮液涂抹在腔室载玻片上,并使用荧光共聚焦显微镜(TCS SP8)观察。

5.用流式细胞仪定量分析多肽对细菌细胞膜的破坏作用。耐药大肠杆菌和 MRSA 细胞在 TSB 中生长到对数中期,用 PBS 洗涤 3 次,稀释到 1×10^7 CFU/mL。PI 的固定浓度为 20 μg/mL,将菌株悬浮液与 16 μg/mL 的多肽在 4 ℃下培育 30 min,然后用过量的 PBS 洗涤除去未结合的染料。在 488 nm 的激光激发波长下,用 CytoFLEX(Beckman Coulter)流式细胞仪对 30 000 个细菌细胞进行分析。

【结果与分析】

1.荧光共聚焦显微镜成像。使用荧光共聚焦显微镜(TCS SP8)观察多肽造成的膜破坏。

2.用流式细胞仪定量分析多肽对细胞膜的破坏作用。采用流式细胞仪对 30 000 个细菌细胞进行分析,定量测定多肽对细胞膜的破坏作用。

第四部分

附录篇

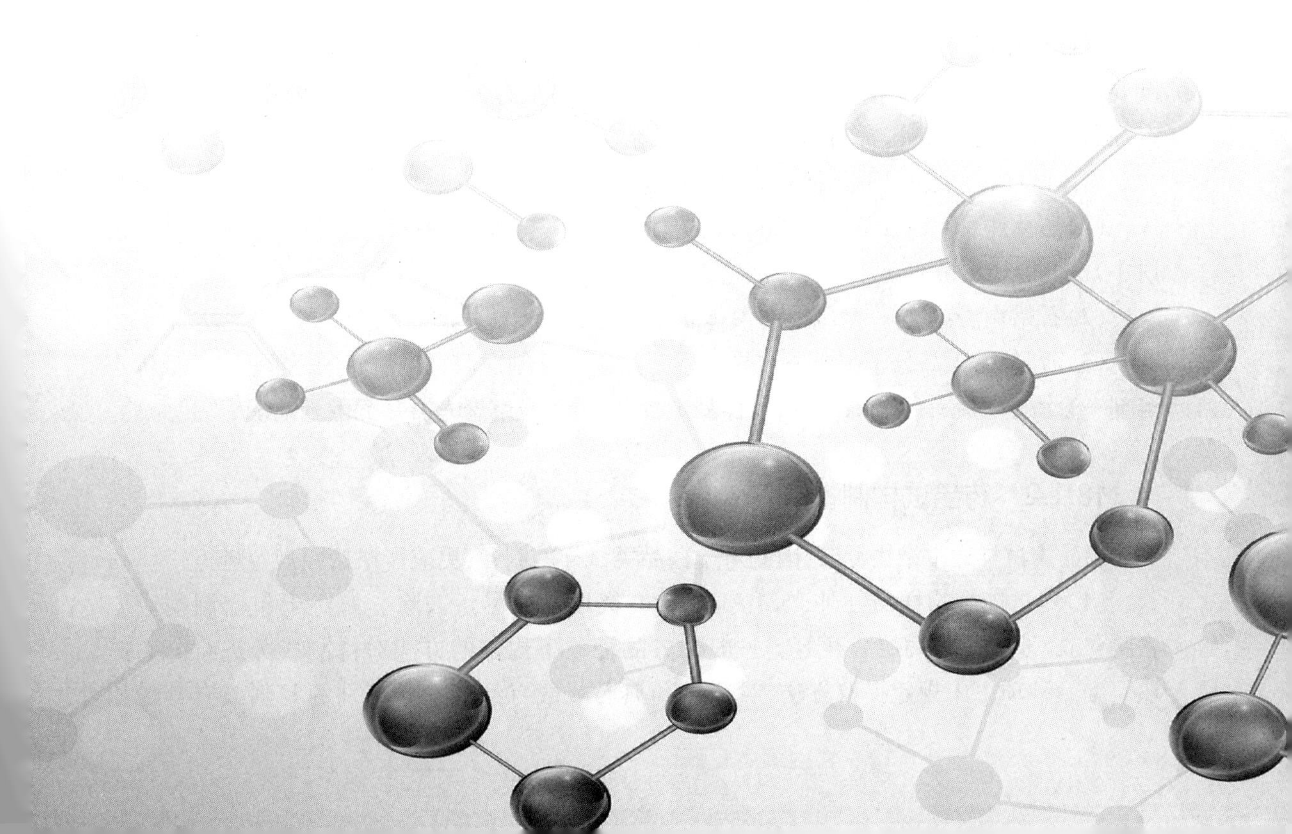

第 18 章　常用的制样方法

18.1　傅里叶变换红外光谱仪样本制备

18.1.1　化合物试样制备

对于普通的化合物,提纯后试样的制备,可根据其聚集状态进行分类。

气态试样,使用气体吸收池,先将吸收池内空气抽去,然后吸入被测试样。

液体或溶液试样,可采用以下几种方法制样:

(1)沸点低易挥发的样品:液体池法。

(2)高沸点的样品:液膜法(夹于两盐片之间)。

溶液试样在红外光谱分析中是经常遇到的,红外光谱法对所使用的溶剂必须仔细选择,既要对试样有足够的溶解度,还应在所测光谱区域内没有强烈吸收,不侵蚀盐窗,对试样没有强烈的溶剂化效应等,常用的有 CS_2、CCl_4 等。

固体试样,可采用以下几种方法制样:

(1)压片法:1~2 mg 样品加 200 mg 光学纯 KBr—干燥处理—研细:粒度小于 2 μm(散射小)—混合压成透明薄片—直接测定。

(2)石蜡糊法:试样—磨细—与液体石蜡混合—夹于盐片间。

(3)薄膜法:①高分子试样—加热熔融—涂制或压制成膜;②高分子试样—溶于低沸点溶剂—涂渍于盐片—挥发除溶剂;③样品量少时,采用光束聚光器并配微量池。

18.1.2　药品试样制备

药品类试样通常结构复杂,因此对于药品类试样的制备,更应严格按照规定进行:

(1)对可能影响样品红外光谱的部分,在提取前应尽量去除。如对于包衣制剂应先去除包衣、双层片将两层分开等。一般按各品种项下规定的方法对待测成分进行分离提取。如品种项下未规定提取方法,对国外药典已收载有红外光谱鉴别的制剂或有其他相关文献资料的品种,可参考相关文献方法进行处理。对于无文献资料的药物制剂,可根据活性成分和辅料的性质选择适当的提取方法。首选易挥发、非极性的有机溶剂为提取溶剂,如乙醚、乙酸乙酯、丙酮、三氯甲烷、二氯甲烷、石油醚、乙醇、甲醇等;如标准光谱集中有转晶方法,或可获得原料药的精制溶剂,最好选用与转晶方法相同的溶剂或精制溶剂。若首选溶剂不适用,可考虑混合溶剂。一般所选溶剂为无水溶剂,提取时有机层可加无水硫酸钠除去水分。

根据活性成分和辅料的溶解度不同,通过选择适合的溶剂既能提取活性成分又能去除辅料,则采用直接提取法。对于多数药品,一般选用的常用溶剂如水、甲醇、乙醇、丙酮、三氯甲烷、二氯甲烷、乙醚、石油醚等就能基本达到分离效果,非极性溶剂的效果比极性的好。一般非电离有机物质(不是有机酸或有机碱的盐)采用此法可获得满意的结果。如冻干制剂的常用辅料均不溶于乙醇和甲醇,用醇提取均能获得满意的结果;辅料只有水的液体制剂,可蒸干水分后绘制红外光谱图。

对于液体或半固体制剂宜选择萃取法,可根据活性成分和辅料性质选用直接萃取法,当有机酸或有机碱的盐类药物经直接提取法不能够获得满意的光谱图时,一般采用经酸化(或碱化)后再萃取的方法,但需与活性物质(酸基或碱基)的红外光谱图进行比对。含有待测成分的提取溶液经过滤后,可选择析晶、蒸干、挥干等方法获得待测成分;必要时可经洗涤、重结晶等方法进行纯化。

(2)干燥可根据《药品红外光谱集》备注中的干燥方法对待测成分进行干燥,也可采用各品种项下规定的干燥失重方法进行干燥,可视待测成分情况适当增减干燥时间。

(3)多组分原料药的鉴别。多组分原料药是原料药中的一类特例,抗生素中的一些大环内酯类药物如乙酰螺旋霉素和青霉素等都是多组分原料药。在药品标准中,这类原料药的多组分之间的比例虽有明确的规定,但这些比例不是定值,而是一个范围,从本质上,多组分原料药是一个混合物,这类药物的红外光谱与单组分药物的红外光谱有一定的区别,在报告鉴别结果时应予以注意。因此,对多组分原料药进行鉴别时,不能采用全光谱进行比对,可选择主要成分的若干个特征谱带,用于组成相对稳定的多组分原料药的鉴别。

18.1.3 试样制备的注意事项

在红外光谱法中,样品的制备和处理占有重要的地位,若样品处理不当,很难得到满意的红外光谱图,因此制备试样时应注意细节:

(1)试样应为“纯物质”(>98%),通常在分析前,样品需要纯化,否则各组分光谱相互重叠,无法正确解释谱图,对于气相色谱-傅里叶变换红外光谱联机则无此要求;

(2)试样不含有水(水可产生红外吸收且可侵蚀盐窗);

(3)试样浓度或厚度应选择适当,以使T在合适范围(15%~70%)。浓度太小会使一些弱的吸收峰和光谱的细微部分不能显示出来,浓度太大会使强的吸收峰超越标尺刻度而无法确定它的真实位置。

18.2 流式细胞术的样本制备

18.2.1 流式细胞术样本制备和染色方法

(1)单细胞悬液的制备。

流式细胞术的实验检测对象是单细胞悬液,因此,在组织化学和免疫组织化学实验中欲对待测样品细胞进行分类计数,需先把样品制备成细胞悬液,并要求被检细胞大小为0.2~80 μm,每个样品中至少有20 000个细胞,细胞浓度为10^5~10^7个/毫升。制备成的单细胞悬液经荧光或免疫荧光标记即可上机检测。

(2)传代单细胞悬液的制备。

①弃去培养细胞(对数生长期)中的旧培养液,加入1~2 mL 0.25%胰蛋白酶,倒置显微镜下观察,见细胞稍变圆时,停止胰蛋白酶作用。也可直接观察培养瓶,静置消化2~3 min,待细胞逐渐变白,有脱落趋势时,立即竖立培养瓶,停止胰蛋白酶作用,弃去胰蛋白酶。

②加入3~4 mL无钙离子和镁离子的PBS液,用吸管反复吹打,使其分散为单个细胞悬液,移入离心管中。

③离心,去掉上清液,加入约0.5 mL PBS液,用振荡器使细胞分散。

④用细滴管或注射器将细胞迅速注入4 ℃ 70%乙醇中,保存于4 ℃冰箱中备用。

(3)实体组织单细胞悬液的制备。

机械法:用剪刀剪碎或者用锋利的解剖刀剁碎组织,将剪碎的组织加入匀浆器中匀浆,用吸管或注射器抽吸细胞悬液,以分散细胞,将细胞悬液在尼龙网或不锈钢网上过滤,滤出的细胞悬液细胞计数后即可使用。

酶处理法:此法是实体组织分散为单个细胞的主要方法。由于不同酶对细胞内和细胞间不同组分有特异消化作用,所以应根据所用组织类型确定使用酶的种类。此外,乙二胺四乙酸(EDTA)能结合组织中的二价钙离子和镁离子,而二价钙离子和镁离子有维持细胞表面完整性和维持细胞间质结构的作用,因此,几种酶和EDTA联合使用有助于充分消化实体组织,提高细胞产出效率。下面仅介绍组织消化的一般过程,对于每种组织消化时所用的具体步骤需参考该组织细胞培养时的消化方法。

①将组织剪成1~2 mm^3左右的小块。

②用胰蛋白酶或胶原酶消化组织块,胰蛋白酶适用于消化细胞间质较少的软组织,如胚胎、上皮、肝、肾等组织。胰蛋白酶工作浓度一般为0.1%~0.5%。对于纤维较多的组织或较硬的癌组织常用0.25%胶原酶,胶原酶对组织中胶原蛋白类结构消化作用强,它仅对细胞间质有消化作用而对上皮细胞影响不大。胶原酶常用剂量为0.1~0.3 μg/mL。用大于组织量30~50倍的胰蛋白酶液或胶原酶液在37 ℃条件下消化组织,需每隔一定时间摇动一次。消化时间的长短依组织类型而定,一般来说,胰蛋白酶需作用20~60 min,胶原酶需4~48 h。

在消化过程中,如发现组织块已分散而失去块的形状,经摇动即可成为絮状悬液,则可取出少量液体在显微镜下观察,可见分散的单个细胞和少量的细胞团,可认为组织已消化充分。

③消化完毕后,将细胞悬液通过100目孔径尼龙网或不锈钢网滤过,以除掉未充分消化的组织。

④已过滤的细胞悬液经800~1 000 r/min低速离心5~10 min后,弃上清液,加PBS液,轻轻吹打形成细胞悬液,细胞计数后即可使用。

(4)石蜡包埋组织的流式细胞样品制备。

外科手术获得的新鲜实体组织,往往已进行石蜡包埋处理,如果再制成细胞悬液进行流式细胞分析,需将石蜡包埋组织进行以下步骤的处理:

①将石蜡包埋的组织块切成30 μm厚的切片,尽可能除去切片中石蜡成分。

②将切片置于离心管中,用二甲苯脱蜡2次,每次10分钟。

③蒸馏水洗2次后,加入1 mL 1%胃蛋白酶溶液中(pH值为1.5),37 ℃恒温振荡水浴中消化30 min。

④离心,所获得的细胞沉淀即可进行染色和流式细胞术分析。

18.2.2 荧光素标记抗体的制备

细胞是通过用荧光素标记的抗体染色达到检测的目的,因此,荧光素标记的抗体是必不可少的实验材料。目前用于抗体标记的荧光素主要有FITC、APC、PI。

(1)抗体的荧光素标记。

用于标记的抗体,要求是高特异性和高亲和力的。所用抗血清中不应含有针对标本中正常组织的抗体。一般需经纯化提取IgG后再作标记。作为标记的荧光素应符合以下要求:

①应具有能与蛋白质分子形成共价键的化学基团,与蛋白质结合后不易解离,而未结合的色素及其降解产物易于清除。

②荧光效率高,与蛋白质结合后,仍能保持较高的荧光效率。

③荧光色泽与背景组织的色泽对比鲜明。

④与蛋白质结合后不影响蛋白质原有的生化与免疫性质。

⑤标记方法简单、安全无毒。

⑥与蛋白质的结合物稳定,易于保存。

常用的标记蛋白质的方法有搅拌法和透析法两种。以FITC标记为例,搅拌标记法为:先将待标记的蛋白质溶液用0.5 mL/L pH值为9.0的碳酸盐缓冲液平衡,随后在磁力搅拌下逐滴加入FITC溶液,在室温下持续搅拌4~6 h后,离心,上清液即为标记物。此法适用于标记体积较大,蛋白含量较高的抗体溶液。优点是标记时间短,荧光素用量少。但本法的影响因素多,若操作不当会引起较强的非特异性荧光染色。

透析法适用于标记样品量少,蛋白含量低的抗体溶液。此法标记比较均匀,非特异染色也较低。方法为:先将待标记的蛋白质溶液装入透析袋中,置于含FITC的0.01 mol/L pH值为9.4的碳酸盐缓冲液中反应过夜,再利用PBS透析去除游离色素。低速离心,取上清液。

标记完成后,还应对标记抗体进一步纯化以去除未结合的游离荧光素和过多结合荧光素的抗体。纯化方法可采用透析法或层析分离法。

(2)荧光抗体的鉴定。

荧光抗体在使用前应加以鉴定。鉴定指标包括效价及荧光素与蛋白质的结合比率。抗体效价可以用琼脂双扩散法进行滴定,效价大于 1∶16 者较为理想。制备的荧光抗体稀释至 $A_{280} \approx 1.0$,分别测读 A_{280}(蛋白质特异吸收峰)和标记荧光素的特异吸收峰,按公式计算。

F/P 值越高,说明抗体分子上结合的荧光素越多,反之则越少。一般用于固定标本的荧光抗体以 $F/P=1.5$ 为宜,用于活细胞染色的以 $F/P=2.4$ 为宜。

抗体工作浓度的确定方法类似 ELISA 间接法中酶标抗体的滴定。将荧光抗体按 1∶4~1∶256 倍比稀释,对切片标本作荧光抗体染色。以能清晰显示特异荧光且非特异染色弱的最高稀释度为荧光抗体工作浓度。

荧光抗体的保存应注意失活和防止荧光猝灭。最好少量分装,-20 ℃冻存,通常可放置 3~4 年,在 4 ℃中一般也可存放 1~2 年。

(3)细胞内分子染色。

1)直接染色法:

①取浓度为 10^6 个/毫升的细胞用 70%冷乙醇固定 18~168 h。置于尖底离心管内,管内液体要少。若作双标记染色,也可以直接加入。

②PBS 洗 2 次,用含 0.1% Triton X-100 的 PBS 在 37 ℃水浴 30 min。

③PBS 洗细胞 2 次,加荧光标记抗体,在 4 ℃保温 30 min 至过夜。

④洗涤后加入设置缓冲液待测。

2)间接染色法:

①取 10^6 个/毫升的细胞用 70%冷乙醇固定 18 h 以上。

②用 PBS 洗 2 次,用含 0.1% Triton X-100 的 PBS 在 37 ℃水浴 30 min。

③用 PBS 洗 2 次,加特异的第一抗体,4 ℃静置 30 min 或更长时间。

④用 PBS 洗 2 次,吸尽残留液体。

⑤用 PBS 洗 2 次后加入适量缓冲液待测。

(4)细胞周期染色。

1)细胞周期 DNA 染料满足条件:

①荧光染料与细胞 DNA 特异性结合。

②DNA 含量的多少与荧光染料的结合成正比。

③荧光强度与 DNA 吸收荧光分子的多少成正比。

④荧光脉冲与直方图中的通道值成正比。

2)PI 单染色法制备方法:

①收集细胞:胰酶(含 EDTA)消化收集对数生长期细胞,吸取旧培养基到一个新离心管里;少量常温 PBS 洗 2 次,胰酶消化贴壁细胞,消化完成后,利用旧培养基终止消化,1 000 r/min或 300 g 离心力离心 5 min,收集细胞沉淀。

②用预冷的 PBS 清洗细胞 2 次。

③固定细胞:用 0.5 mL 预冷的 PBS 重悬细胞沉淀,使细胞充分悬浮成单细胞,再将重悬细胞加入 1.2 mL 预冷的 99.7%无水乙醇(乙醇终浓度 70%),吹打混匀以免细胞团聚,4 ℃固

定2 h至过夜。

④细胞染色：1 000 r/min或300 g离心力离心5 min，收集固定好的细胞，以1.8 mL的PBS洗细胞1次，加入400 μL PI避光染色30 min。

3）细胞周期注意事项：

周期检测的样品制备原则：一定要是单细胞悬液；细胞结构完整，无碎片；过滤后上样，防止堵塞管道。

周期检测的样品处理方法：

①固定可用乙醇或甲醛。

②染料的选择取决于流式细胞仪激光的配置，若仅配置488 nm激光器，则一般选用PI；若配置紫外线激光，则可以选择DAPI。

③DNA分析时，优先选用醇类固定剂，醛类固定剂对插入性荧光染料与核酸的结合有很强的干扰作用，因此醛类固定剂会影响细胞DNA的荧光强度，可使荧光强度降低50%左右，而醇类固定剂则相对影响较小。

④70%的乙醇固定效果较好，高浓度的乙醇常造成细胞表面快速形成蛋白膜，致使细胞内的物质固定不良。

⑤乙醇固定操作要求较高，需将细胞悬液注入预冷的乙醇溶液中，同时震荡乙醇溶液。如果固定的细胞需冷藏保存，取出时应摇匀，并300目滤网过滤。

⑥细胞浓度单细胞或细胞核的最终浓度应保持在10^6个/mL左右 。浓度太低时，流式细胞仪检测时需提高样本流速，使CV增大。如果细胞或细胞核浓度太高，则可能导致染料相对不足，影响CV和检测结果。

⑦细胞周期检测一般采用Hoechst 3342，其被紫外激发后会发射两种光Hoechst 3342-blue与Hoechst 3342-red。Hoechst 3342可以与DNA特异性结合，但不同细胞对其摄取的速率不同。当细胞与染料共同孵育时，荧光强度开始上升，但随着孵育时间的增长，荧光染料外排，细胞内荧光强度会降低。一般采用Hoechst 3342-blue分析其DNA含量。

（5）细胞凋亡染色。

1）Annexin V/PI染色方法：

①根据细胞类型，选择合适的细胞板接种培养目的细胞。

②用细胞毒性刺激物处理细胞或通过紫外线辐射触发贴壁细胞死亡，使用明场显微镜观察细胞。

③收集细胞，将1×10^5个细胞重悬于200 μL缓冲液中，加入4 μL 0.5 mg/mL PI和2 μL Annexin V-FITC溶液。

④避光室温孵育15 min。

⑤用流式细胞仪进行荧光检测（Annexin V-FITC最大激发光为488 nm，发射光为520 nm；PI最大激发光为535 nm，发射光为617 nm）。

2）细胞凋亡注意事项：

①要准备阴性对照（不加染料）、阳性对照（同时加两种染料）和单染样品（分别只加一种染料），阳性对照和单染样品细胞可以55 ℃水浴10 min或用凋亡诱导剂诱导细胞凋亡。

②细胞凋亡检测的必须是活细胞，切勿用甲醛固定，尽量避免酶消化时间过长或用力吹

打产生细胞碎片,重悬细胞后尽快上机检测。绝对不能用破坏细胞膜完整性的固定剂和穿膜剂固定或穿膜。

③Annexin V 为钙依赖的磷脂结合蛋白,只有在存在钙的情况下才能与 PS 结合,因此消化时一般用不含有 EDTA 的消化液。Annexin V 的结合不稳定,所以需要在标记时确保使用含钙离子的缓冲液,并且在半小时内上机检测。

④检测自身带有荧光蛋白的细胞时,注意 AV 荧光素与核酸染料的选择。细胞自身带有 GFP,因为 GFP 与 FTIC 具有相似的发射波长,在流式细胞检测仪器上,用同一通道接受,所以含 GFP 的细胞不能选择 Annexin V-FITC 检测凋亡。

18.3 荧光显微镜的样本制备

18.3.1 石蜡切片

(1)石蜡切片的原理。石蜡切片(Paraffin Section)是组织学制片技术中最为广泛应用的方法之一,用于观察正常细胞组织的形态结构,以及在病理学中用以研究、观察及判断细胞组织的形态变化。活的细胞或组织多为无色透明,各种组织间和细胞内各种结构之间均缺乏反差,在一般光镜下不易清楚区分;组织离开机体后很快就会死亡和产生组织腐败,失去原有正常结构,因此,组织要经固定、石蜡包埋、切片及染色等步骤以免细胞组织死亡,从而能清晰辨认其形态结构。

HE 染色是常用的一种染色方式,可长期保存染色组织。苏木精(Hematoxylin,H)是一种碱性染料,可将细胞核和细胞内核糖体染成蓝紫色,被碱性染料染色的结构具有嗜碱性。伊红(Eosin,E)是一种酸性染料,能将细胞质染成红色或淡红色,被酸性染料染色的结构具有嗜酸性。

(2)石蜡切片系统的组成。包括脱水系统(由梯度乙醇及透明液组成)、石蜡包埋机、轮转式切片机、摊片机、烘片机、脱蜡染色系统(反向梯度乙醇及染色液)。

(3)石蜡切片的制作及 HE 染色流程。

①取材与固定。从动物上取新鲜组织块(以 5 mm×5 mm×2 mm 为宜)用生理盐水清洗,立即放入预先配好的固定液中(10%福尔马林,4%多聚甲醛等,组织与固定液体积比1∶20~1∶30)使组织、细胞的蛋白质变性凝固,以防止细胞死后的自溶或细菌的分解,从而保持细胞本来的形态结构。

②脱水透明。

脱水:依次放入 30%,50%,70%,80%,90%各级乙醇溶液脱水各 40 min,随后放入 95%,100%乙醇各 2 次,每次 20 min,逐渐脱去组织块中的水分。

透明:将组织块放入乙醇、二甲苯等量混合液中 15 min,再入二甲苯 30 min 或直至透明,需换 1 次二甲苯。二甲苯为既溶于乙醇又溶于石蜡的透明剂,以二甲苯替换出组织块中的乙醇，才能浸蜡包埋。

③透蜡。放入二甲苯和石蜡等量混合液 15 min，再放入石蜡Ⅰ、石蜡Ⅱ浸蜡各 20～30 min。透蜡的目的是除去组织中的透明剂（如二甲苯等），使石蜡渗透到组织内部达到饱和程度以便包埋。透蜡应在恒温箱内进行，并保持箱内温度在 55～60 ℃左右。

④包埋。利用石蜡包埋机，将透好蜡的组织块放入包埋盒中，以镊子稳住组织放入的位置和方向，同时抵向包埋机出蜡口的开关，使融化的石蜡滴入包埋盒浅浅一层，将包埋盒退出，底部置于冷却点上稍微固定后再次按前面所述滴满石蜡，在上部放上专用底座，再滴蜡融入。取出包埋盒，将其置于石蜡包埋机冷却台上，以凝固待用。

⑤切片与贴片。

切片：将已固定和修好的石蜡块底座夹入石蜡切片机的样品座上；将切片刀片固定在刀夹上，刀口向上；摇动手轮，使石蜡块与刀口贴近，但不可超过刀口；调整石蜡块与刀口之间的角度与位置，刀片与石蜡切片约成 15°；调整厚度调节器到所需的切片厚度，一般为 5～8 μm；一切调整好后可以开始切片，此时右手摇动转轮，让蜡块切成蜡带，摇转不可太急。

展片与贴片：切成的蜡带用毛笔轻轻将蜡带挑起，以免卷曲，并牵引成带，平放在蜡带盒上，靠刀面的一面较光滑，朝下，较皱的一面朝上。用刀片将切片分割开，投入到 39～40 ℃的摊片机水浴中，这时切片都浮在水面上，由于表面张力的作用使切片自然展平，然后用涂有粘片剂（甘油蛋白溶液或 5%明胶水溶液）的载玻片倾斜着插入水面去捞取切片，使切片贴附在载玻片的一端，另一端做好编号。随后把玻片放置于预热的烘片机上（温度 40～45 ℃）烘干。放入 37 ℃温箱烘干，干燥一昼夜后即可取出存放于切片盒待染。

⑥脱蜡染色（HE 染色）。

脱蜡：石蜡切片经二甲苯Ⅰ、Ⅱ脱蜡各 5～10 min，然后放入 100%，95%，90%，80%，70%等各级乙醇溶液中各 3～5 min，再放入蒸馏水中 3 min。

苏木精染色：切片放入苏木精中染色约 10～30 min。染色时间应根据染色剂的成熟程度及室温高低，适当缩短或延长。

漂洗：用自来水流水冲洗约 15 min，但要注意流水不能过大，以防切片脱落，并随时用显微镜检查，见颜色变蓝为止。

分化：将切片放入 1%盐酸乙醇液（盐酸 1 份+70%乙醇 100 份）中褪色，见切片变红，颜色较浅即可，约数秒至数十秒钟。分化即是将细胞质着的色褪去，使细胞核着色更加鲜明，也称分色。

漂洗：切片再放入自来水流水中使其恢复蓝色。低倍镜检查见细胞核呈蓝色、结构清楚；细胞质或结缔组织纤维成分无色为标准。然后放入蒸馏水中漂洗 1 次。

脱水Ⅰ：切片入 50%、70%、80%乙醇中各 3～5min。

伊红复染：用 0.5%伊红乙醇液对比染色 2～5 min。伊红主要染细胞质，着色浓淡应与苏木精染细胞核的浓淡相配合，如果细胞核染色较浓，细胞质也应浓染，以获得鲜明的对比。

脱水Ⅱ：放入 95%乙醇中洗去多余的红色，然后放入无水乙醇中 3～5 min。最后用吸水纸吸干多余的乙醇。

⑦透明。切片放入二甲苯-乙醇等量混合液中约 5 min，然后放入纯二甲苯Ⅰ、Ⅱ中各 3～5 min。

⑧封片。将已透明的切片滴上中性树胶,盖上盖玻片封固。待树胶略干后,贴上标签,切片标本就可使用。

(4)石蜡切片制作的注意事项。

①取材动作要迅速,不宜拖延太久,以免组织细胞的成分、结构等发生变化。切片材料应根据需要观察的部位进行选择,尽可能不要损伤所需要的部分。

②一般固定液都以新配为好,配好后应贮存在阴凉处,不宜放在日光下,以免引起化学变化,失去固定作用。固定材料时,固定液必须充足,一般为材料块的20~30倍,有些水分多的材料,中间应更换1~2次新液。

③脱水阶段如需过夜,应停留在70%乙醇中。脱水必须彻底,否则不易透明,甚至使透明剂内出现白色混浊现象。

④透蜡尽量保持在较低温度中进行,以石蜡不凝固为度,温度过高会使组织发脆。

⑤包埋石蜡的熔点在50~60 ℃之间,包埋时应根据组织材料、切片厚度、气候条件等因素,选择不同熔点的石蜡。一般动物材料常用的石蜡熔点为52~56 ℃。包埋完成后一定要冷却完全才能使用。

⑥切片中常见一些问题,如切片分离、不能连成带状或卷曲(室温过低,石蜡过硬过厚),切片黏附于切片刀、皱褶在一起(温度过高,石蜡过软)、切片纵裂(刀有缺口、组织过硬)等,需注意。

⑦脱片问题,涉及各个环节。主要是载玻片不干净,未加粘片剂和防脱剂,烘干时间不够,水洗太用力等。

18.3.2 冰冻切片

(1)冰冻切片的原理。冰冻切片(Frozen Section)是一种在低温条件下使组织快速冷却到一定硬度,然后进行切片的方法。因其制作过程较石蜡切片快捷、简便,而多应用于快速病理诊断。冰冻切片的种类较多,有低温恒冷箱冰冻切片法、二氧化碳冰冻切片法、甲醇循环制冷冰冻切片法等。

常规冰冻切片使用的包埋剂为OCT(Optimal Cutting Temperature Compound)溶剂,是一种聚乙二醇和聚乙烯醇的水溶性混合物,其用途是在冰冻切片时支撑组织,以增加组织的连续性,减少皱褶及碎裂。又因OCT混合物为水溶性,故在漂片时可溶于水,所以在以后的染色中不会增加背景染色。利用OCT混合物预先浸润组织,然后再进行恒冷箱切片,使切片质量得到改善。

(2)冰冻切片方法。

①取材与固定。冰冻切片的取材与固定主要有两种方式:第一种是类似于石蜡切片样品的方式(具体方法如上);第二种方式为快速冷冻法,取新鲜组织适当大小,置于软塑瓶盖或特制小盒内,适量加OCT包埋剂浸没组织,然后将特制小盒缓缓平放入盛有液氮的小杯内,当盒底部接触液氮时即开始气化沸腾,此时小盒保持原位切勿浸入液氮中,大约10~20 s组织即迅速冰结成块。在制成冻块后,即可置入恒冷箱切片机冰冻切片。若需要保存,应快速以铝箔或塑料薄膜封包,立即置入-80 ℃冰箱贮存,直接速冻后保存待用。

②脱水。30%蔗糖脱水48 h以上(第二种取材法无需这一步)。

③包埋固定。样品托上涂一层OCT包埋胶，将速冻组织或固定过的组织置于其上，放入冰冻切片机箱体冷冻台10～30 s，以固定形态，然后其上再添一层OCT胶，以完全覆盖为宜，放入速冻架（PE）上30 min。

④切片。切片时，低温室内温度以-20～-15 ℃为宜，温度过低组织易破碎，抗卷板的位置及角度要适当，载玻片附贴组织切片，切勿上下移动。切好，室温放置30 min后，放入4 ℃丙酮固定5～10 min，烘箱干燥20 min。

⑤染色。如做HE染色，类似于石蜡切片的染色方法。

（3）冰冻切片的注意事项。

①为防止组织中形成冰晶而影响细胞的形态，甚至破坏细胞的结构，在组织冰冻时要采用速冻的方法。如果采用固定液固定的组织，须进行脱水处理后包埋切片，可很大程度减少冰晶的影响。

②冰冻切片中，刷子的使用至关重要，选择合适的毛刷，可使切好的薄片顺利粘到载玻片上。

③引起脱片的因素主要有载玻片不干净，未加粘片剂和防脱剂，本身非常干燥或过度脱水的组织；组织片的周长与面积比过大，组织容易受染色缸内液体涡旋应力的影响而脱落，同样包括薄的纤维囊肿及不规则的坏死组织，太厚的组织也不例外。

18.3.3　免疫组化染色

免疫组化是应用免疫学基本原理——抗原抗体反应，即抗原与抗体特异性结合的原理，通过化学反应使标记抗体的显色剂（荧光素、酶、金属离子、同位素）显色来确定组织细胞内抗原（多肽和蛋白质），对其进行定位、定性及定量的研究，称为免疫组织化学技术（Immunohistochemistry，IHC）或免疫细胞化学技术（Immunocytochemistry，ICC）。常做的两类免疫荧光标记，免疫细胞化学和免疫组织化学的大致流程如下。

（1）观察细胞状态。选择健康的细胞是染色成功的基础，健康的细胞大概标准：①正常的细胞形态；②50%～70%汇合度（细胞在瓶中增殖时，出现在细胞间的粘连和排列状态）；③在玻片上均匀分布；④未受污染。

（2）固定。

①交联固定：通过在胺基间形成共价键进行固定（多聚甲醛、戊二醛）。

②凝聚固定：通过沉淀蛋白的方式进行固定（甲醇、丙酮）。

（3）包埋切片。如果是免疫组织化学，还要对组织样品进行包埋、切片。常用石蜡或者冰冻切片。

石蜡切片的优点与缺点：①优点：定位准确；切片厚度较薄；长期保存较合适，且组织细胞形态结构保持好。②缺点：组织固定、脱水、透明、浸蜡、包埋、脱蜡等过程中可能会对抗原的活性造成影响；步骤较繁琐；容易产生自发荧光。

冰冻切片的优点与缺点：①优点：较好的保存抗原；步骤简单，无须进行抗原修复；切片背景干净，非特异荧光标记少。②缺点：可能因冰晶的形成破坏组织细胞形态的结构，造成抗原的弥散，从而定位不准确；切片厚度略厚；标本不能长期保存，要现取现做。

（4）修复。有时候抗原修复是必要的，因为前期处理阶段一些试剂对抗原有封闭作用，热的作用会使一些肽链发生扭曲。抗原修复的手段:①物理法:微波修复、真空负压、高压修复、电炉加热等。②化学法:胃蛋白酶消化法、胰蛋白酶消化法等。

(5)通透。Triton X-100、乙醇和丙酮等一些试剂可以紊乱膜结构,增加抗体与细胞内抗原的接触,从而提高免疫染色效率。通透方法:①0.05%~0.2% Triton X-100 室温孵育 5 min。②丙酮有时候会跟随在交联固定剂之后使用。预冷的丙酮与细胞在-20 ℃孵育 10 min。

(6)封闭。降低非特异背景荧光信号,更易于观察所需信号。

非特异背景的来源:自发荧光来源于细胞或组织本身的荧光;抗体的非特异结合;染料的非特异结合。

封闭剂选择,一般使用3%~5% BSA 及 10%血清(选择与二抗相同种属来源),此外也有一些商品化的试剂可以降低背景信号。

(7)抗体孵育。根据实验设计,设置必要的对照组:①阴性对照:不加一抗只加二抗,或者一二抗均不加。②阳性对照:选择目的抗原确定表达的样品进行一抗、二抗孵育。

荧光标记办法:①直接标记。优点是方法简便、特异性高,非特异性荧光染色少;缺点是荧光亮度弱、敏感性偏低,而且每检查一种抗原就需要制备一种荧光抗体,抗体较贵。②间接标记。优点是荧光亮度强、敏感性强,抗体便宜,只需制备一种种属荧光抗体,便可适用于多种二抗体的标记显示;缺点是步骤繁琐。

(8)复染。作为"地标",能够确定细胞的位置和结构,如定位细胞核的 DAPI,标记细胞骨架的鬼笔环肽,定位线粒体的 Mito Tracker 系列等。

(9)封片。建议使用商品化的能够固化的封片剂。盖玻片建议使用品质高的,否则厚度、折光率等容易不达标,难以达到最佳成像效果。封片步骤:①载玻片上滴加封片剂;②吸掉样本上多余的液体;③将盖玻片一侧贴近封片剂,缓慢放下,避免产生气泡;④在盖玻片四个角用密封剂固定好;⑤封好盖玻片其他边缘部分,至密封剂晾干。

18.3.4 荧光染色

(1)细胞的荧光染色及注意事项。

①玻璃片和共聚焦皿的处理。为了方便正倒置激光共聚焦显微镜上观察,免疫荧光样品通常需要制备在载玻片上。培养的细胞需要在盖玻片上贴壁生长。盖玻片的厚度应小于或等于0.17 mm。购买到的盖玻片需要用玻璃洗液浸泡处理一天以上,再用去离子水冲洗掉残存的洗液。盖玻片经过高温灭菌处理后,放置在细胞培养皿中,用于培养细胞。共聚焦小皿适用于倒置激光共聚焦显微镜。

②细胞培养和转染。

③免疫荧光染色。

注意事项:盖玻片经过高温灭菌处理,标记蛋白的表达水平达到能被共聚焦显微镜检测的水平或实验所需要的时刻;当细胞用常规方法很难转染(如原代细胞),或转染试剂的毒性较大,这时可使用显微注射(Microinjection)的方式将表达载体导入到细胞核中。总之,由于生物体内的蛋白存在多样性,在制备免疫荧光样品的过程中应根据蛋白的具体特征,不同的蛋白选择不同的方法,这样才能准确地观察到蛋白质在细胞内的功能和动态变化。

（2）组织的荧光染色及注意事项。

①组织的采集、固定和保存。不同来源的组织可依据实验条件和实验目的而采用不同的固定和保存方法。实验室通常采用液氮冷冻法和多聚甲醛（PFA）固定法。

②组织的冷冻包埋和切片。组织的冷冻方法可根据固定和保存条件不同而不同，尽可能加快冷冻速度以减少组织在冷冻过程中冰晶的形成。

③冷冻组织切片的免疫荧光标记。

④荧光染料及荧光蛋白。

注意事项：用于免疫荧光抗体标记组织切片的载玻片一般需要经过蛋白胶、明胶、多聚赖氨酸（Poly-L-Lysine）、硅烷（3-氨基丙基三乙氧基硅烷，APES）等处理，以粘贴组织切片，防止组织切片在免疫反应过程中脱落；免疫荧光抗体标记后需用盖玻片进行组织切片封片，尽量选用 0.13~0.17 mm 厚度的盖玻片。

（3）细菌的荧光染色及注意事项。

①细菌观察样本的前处理。

②微孔滤膜疏水性检查与处理。

③微孔滤膜染色与烘烤。

④细菌样本荧光染色。

⑤细菌荧光标本的制备。

⑥细菌荧光激光共聚焦显微镜观察。

注意事项：洗涤菌体时，应尽可能地除尽细菌培养液，以免培养液产生自发光而干扰观察结果。荧光标本制备时采取物理固定方式，即利用湿润的滤膜对载玻片和盖玻片的吸附作用以及手动压力作用固定标片。但由于手动固定压片主要依靠的是被菌液润湿的滤膜的吸附作用，因此菌液不宜滴加过多，否则盖玻片易滑动。滴加的菌液量以菌液压后不外溢流出盖玻片，并且固定后滤膜能牢牢吸附在载玻片和盖玻片上为宜。

18.4　活体成像动物的样本制备

18.4.1　实验动物准备

SPF 级 BALB/c 裸鼠，6~8 周龄，18~20 g，饲养温度 22±2℃，相对湿度 40%~60%，每 12 h明暗交替照明，给予充足的饲料和高压无菌水，实验前 24 h 自由进食、饮水。注意事项包括：

（1）饲料选择。实验动物饲料常含有一些荧光物质，在特定的波长下会对成像产生干扰，对动物成像也会带来一定干扰。以小鼠为例，常规的鼠粮中含有苜蓿等成分，这些成分在特定波段下会产生背景荧光。为尽量避免来自食物的荧光，尤其在研究对象是消化系统时，建议对实验动物采取禁食处理或采用不含荧光物质的特殊饲料。

(2)动物模型的建立。以动物体内注射肿瘤细胞方法为例:

①肿瘤细胞在一定的细胞浓度下,可以进行动物体内注射,注射方式包括皮下注射(20~100 μL)、腹腔注射(200~750 μL)、静脉注射(50~100 μL)、心脏内注射(50~100 μL)或器官原位注射(20~50 μL)。建议使用25号5/8#针头进行成年小鼠皮下和腹腔注射,使用26号1/2#针头进行静脉注射,26~27号1/2#针头进行心脏内注射,30号1/2#针头进行一些器官原位注射。

②动物体内注射细胞前,使用DPBS进行细胞稀释和混合。用不带针头(避免针头吸入时损伤细胞)的注射器将细胞吸入注射器内,之后将针头装上,轻弹注射器壁让细胞保持悬浮状态。

注意:不要多次通过针头吸取细胞,以免造成细胞损伤或细胞数量的损失;确保注射前注射器内的细胞处于悬浮状态。

③建议一支注射器不要用于注射3只以上的小鼠。

④细胞注射入动物体内时,让细胞集中于一个较小体积内有助于对细胞信号进行定位并增强体内的初始信号。

(3)动物清理。实验动物在成像前建议先用温水浸湿的纱布擦拭其口鼻、爪子以及排尿处,因为这些部位常伴有不必要的背景荧光。

(4)动物脱毛。动物本身具有毛发,会对荧光模式下的实验结果产生一定影响。在成像前,对实验动物进行完全脱毛是非常重要的步骤,直接关系到能否获得高质量的成像数据。除去被毛的方法有剪毛、拔毛、剃毛和脱毛。如果采用脱毛膏或化学药品脱去动物被毛的方法,务必谨慎小心,如有差池容易对动物皮肤造成烧伤,伤口处有时伴有较强的背景荧光。

脱毛的必要性:①毛发会阻挡、吸收和散射光线。特别是黑色毛发比其他颜色的毛发会吸收更多的光,即使是白色毛发也会吸收光线,导致很难检测到荧光信号。近红外波段(NIR Spectrum)的染料在组织中有最小的散射和吸收,但依然会被毛发显著地吸收和散射。研究表明,毛发的存在使皮下注射部位的荧光强度降低了50%。因此在使用活体成像系统检测前,有必要将实验动物进行完全脱毛以减少对成像信号的干扰。②毛发会产生强烈的自发荧光。动物组织特别是毛发和皮肤中存在内源性分子如弹性蛋白(Elastin)、胶原蛋白(Collagen)、色氨酸(Tryptophan)、NADH、卟啉类化合物(Porphyrins)、黄素类(Flavins)在波长<600 nm的激发光下会产生强烈的自发荧光。这些自发荧光物质非特异性地被激发光源激发,导致在成像时产生很强的背景信号,将毛发完全脱掉可以有效降低背景信号。

在准备好材料后,按照以下步骤对实验动物进行完全的脱毛:

①动物麻醉,将实验动物使用麻醉机进行完全麻醉。

②理发推剪脱毛,将完全麻醉的动物使用理发推剪对感兴趣的成像区域进行脱毛,剔除大部分毛发。

③用棉签蘸取脱毛膏覆盖在脱毛区域,均匀涂抹后轻轻按摩数秒,等待30~60 s。

④纸巾或棉球用温水沾湿,将脱毛膏顺着毛发的生长方向进行清洗干净,完全去除绒毛。若此时仍有少量毛发残留,可重新蘸取少量脱毛膏涂抹在毛发上,等待30 s后再清洗脱毛膏。

⑤用纸巾或棉球蘸取75%消毒酒精,对脱毛区域进行再次清洁,消除脱毛膏的味道。

⑥若皮肤有受伤的部位,涂抹上抗生素软膏,将动物放置在加热垫上等待苏醒。

脱毛时的其他注意事项:

①脱毛膏已被证明是有效、无创伤、无毒的,但是使用时依然需要注意时间,过长的涂抹时间会导致皮肤损伤。用 75%消毒酒精完全清洗脱毛膏的味道可以防止动物对脱毛部位的啃咬。

②皮肤损伤会导致成像时出现强烈的背景荧光,理发推剪要小心操作,尽量防止大面积的皮肤损伤。

③C57BL/6 小鼠脱毛后会扰乱正常的毛发生长周期,引起皮肤色素沉着,即皮肤变黑,导致成像信号极大地衰减(可达到 90%),因此脱毛步骤选择在成像前 1~2 天进行最佳。此外,如果前期已经对 C57BL/6 小鼠进行脱毛操作,则在成像前需要观察皮肤色素的沉着情况。

④可以用剃须刀片代替脱毛膏进行完全脱毛,但是需要练习和小心使用,否则容易割伤实验动物和实验人员。

18.4.2　萤光素酶基因标记细胞或 DNA(生物发光成像)

(1)体外生物发光试验荧光素试剂的制备。

材料:D-荧光素钾盐;无菌水;全培养基。

步骤:

①用无菌水制备 200×荧光素原液(30 mg/mL),轻轻颠倒摇动至荧光素完全溶解。混匀后立即使用或分装后-20 ℃冻存。

提示:可以用 33.3 mL 蒸馏水溶解 1.0g D-荧光素钾盐,配制成 100 mmol/L 的储存液(200×,浓度 30 mg/mL),也可以按实验需要量进行配制。

②将 D-Luciferin 溶解于预热好的组织培养基中制备成浓度为 150 μg/mL 的工作液。用组织培养基 1∶200 稀释储存液,配制工作液(终浓度 150 μg/mL)。

③去除培养细胞的培养基。

④图像分析前,向细胞培养板中添加 1×荧光素工作液,然后进行图像分析。

提示:成像前在 37 ℃下对细胞进行短时间孵育可增强信号。

(2)体内生物发光试验荧光素试剂的制备。

材料:D-荧光素钾盐;无菌 PBS,无 Mg^{2+}、Ca^{2+};注射器;0.2 μm 滤膜。

步骤:

①用无菌 PBS 配制 D-荧光素钾盐工作液(15 mg/mL),0.2 μm 滤膜过滤除菌。

②按 10 μL/g 剂量,给予 150 mg/kg 荧光素工作液。例如,10 g 的小鼠注射 100 μL 工作液,被给予 1.5 mg 荧光素。

③腹腔注射荧光素 10~15 min 后进行成像分析。

提示:需要对每个动物模型做荧光素动力学研究以确定峰值信号获取时间。

(3)测定荧光素动力学曲线。需要测定实验模型中荧光素注射后的最佳成像时间,因为荧光素在体内的生物分布和代谢过程是迅速的,但其动力学可能因不同组织而异。测定实验模型中荧光素动力学曲线的方法如下:

①按下述方法通过腹腔注射萤光素酶底物。建议在动物清醒时进行荧光素注射,如果在底物注射前确实需要进行动物麻醉,可能会稍微延长其动力学过程(到达萤光素酶生物发光最强的时间点)。

②等待 3 min,然后使用气体麻醉或注射麻醉的方式进行动物麻醉。

③将麻醉后的动物放入成像仓中,在荧光素注射后约 5 min 时刻拍摄第一张图片。

④继续每隔 2 min 拍一张图片(创建一个成像序列),一直拍摄约 60 min,从而得到一条针对该实验模型的荧光素分布动力学曲线。

⑤一旦获得了上述荧光素动力学曲线,就可以在之后研究过程中选取最佳成像时间点进行成像。一般情况下,大多数实验模型的最佳成像时间点位于荧光素腹腔注射后 10~20 min。

(4)荧光素腹腔注射。

建议注射部位:动物左下腹区域。

注射器规格:21 号或更小型号(通常用 25 号进行荧光素注射)。

注射剂量:150 mg/kg , 通常注射 150 μL 荧光素溶液(溶液浓度 15 mg/mL)。

备注:动物可以耐受腹腔注射 1 mL 无刺激性的溶液。

注射时动物固定姿势:用手固定动物,背卧(腹部朝上),动物头部后仰。

注射过程:针头在刺进腹腔时应稍微倾斜一定角度并保持针头斜面朝上。针头略微刺进腹腔壁(约 4~5 mm)。针的尖端应刚好略穿透动物左下腹区域的腹腔壁。

(5)荧光素静脉注射。

建议注射部位:可以通过尾静脉或者眼眶静脉。

注射器规格:静脉注射时一般使用 1 mL 量程、26 号针头的注射器;口腔内注射时使用 1 mL 量程、20 号针头的注射器。

注射剂量:150 mg/kg,静脉注射时,注射溶液的体积不能超过动物血容量的 10%(如小鼠不超过 200 μL)。

备注:静脉注射时其相对剂量较大(相比之下,腹腔注射时吸收缓慢),注射后 5 min 左右生物发光信号可达到峰值,信号在 30 min 时消失,且生物发光的信号强度比腹腔注射时的信号强度高数倍。

18.4.3 荧光标记复合物制备(荧光发光成像)

活体生物荧光成像主要有三种标记方法:荧光蛋白标记、荧光染料标记和量子点标记。荧光蛋白适用于标记肿瘤细胞、病毒、基因等。通常使用的是 GFP、EGFP、RFP(DsRed)等。荧光染料标记和体外标记方法相同,常用的有 Cy3、Cy5、Cy5.5 及 Cy7,可以标记抗体、多肽、小分子药物等。量子点标记作为一种新的标记方法,是有机荧光染料的发射光强的 20 倍,稳定性强 100 倍以上,具有荧光发光光谱较窄、量子产率高、不易漂白、激发光谱宽、颜色可调,并且光化学稳定性高,不易分解等诸多优点。量子点是一种能发射荧光的半导体纳米微晶体,尺寸在 100 nm 以下,它可以经受反复多次激发,而不像有机荧光染料那样容易发生荧光淬灭。但是不同荧光波长的组织穿透力不同,各种波长的光对小鼠各种器官的透过率,都在波长>600 nm 时显著增加。在 650~900 nm 的近红外区间,血红蛋白、脂肪和水对这些波长的吸收都保持在一个比较低的水平。因而,选择激发和发射光谱位于 650~900 nm 的近红外荧光标记(或至少发射光谱位于该区间),更有利于活体光学成像,特别是深层组织的荧光成像。荧光发光的标记与生物发光类似。生物发光法和荧光法的区别和优缺点的比较如表 18.1 所示。

表 18.1 生物发光法和荧光法的区别和优缺点比较

比较项目	生物发光法	荧光法
光信号产生原理	由萤光素酶催化底物,通过化学反应产生发光信号	荧光分子吸收来自激发光的能量,部分能量以光的形式释放产生荧光
仪器要求	信号较弱,需要更灵敏的 CCD 镜头;无须激发	需要不同波长的激发光;检测需要特定波长的滤光片
操作	需要向动物体内注射萤光素酶底物	无须注射底物
标记选择	萤光素酶选择种类相对局限	有多种荧光蛋白和荧光染料可选
信噪比	哺乳动物体内无内源自发光,背景极低,信噪比更高	动物组织存在非特异性的自发荧光,背景高,信噪比低,检测灵敏度受限
灵敏度	灵敏度高;可检测体内低至 10^2 水平的细胞	灵敏度低;体内检测至少需要 10^5 水平的细胞

18.4.4 活体成像

(1)小动物活体成像系统像机的清洁和灭菌。以下化学试剂不会损坏内部零件,因此可以作为清洁剂使用:Cidexplus(3.4%戊二醛,Johnson&Johnson Medical 公司),70%甲醇/30%去离子水溶液,70%乙醇/30%去离子水溶液,胶醛消毒剂(1.56%苯酚,Sporicidin 公司),Clidox-S(二氧化氯溶液,Pharmacal Research Labs 公司)。

建议使用光学级无线头的抹布,如 Scott Pure、Kaydry © EX-L 进行清洁,从而减少擦拭过程中的颗粒物质。使用清洁剂浸湿抹布,之后用无菌去离子水浸湿的抹布通过温和圆周运动的方式轻轻擦拭成像仪器的内表面。注意不要使用含荧光成分的清洁剂,不要将清洁剂直接泼在或喷在仪器内表面上,不要让仪器有残留积水,仪器在使用前需确保干燥。

要特别注意不要弄脏相机镜头和滤光片,清洁时尽量避开镜头和滤光片区域。不要使用上面未提及的化学清洁剂,尤其不要使用强碱/漂白作用或酸性化学试剂,这些试剂可能损坏成像设备并影响其正常使用。对于免疫缺陷动物的成像,可以考虑配备一台单独的动物活体成像仪器,以免动物间的交叉污染。

(2)注意事项。

①不要使用标记笔在小鼠身上做标记;建议剪脚趾或在小鼠尾巴尖端做标记,并用黑纸板盖住。

②尽量选择异氟烷气体麻醉的方式,避免使用液体注射麻醉。

③检测荧光弱信号,如果效果达不到预期,尝试用黑纸板遮住其他有干扰的强信号后

拍摄。

④如果看肿瘤转移等微弱的生物发光信号,需要把较强的原位肿瘤信号遮住。

18.5 荧光定量 PCR 的样本制备

实时荧光定量 PCR 技术是指在 PCR 反应体系中加入荧光基团,利用荧光信号积累实时监测整个 PCR 进程,最后通过标准曲线对未知模板进行定量分析的方法。关键步骤如下:

(1)样品 RNA 的抽提。

①取冻存已裂解的细胞,室温放置 5 min 使其完全溶解。

②两相分离。每 1 mL 的 TRIZOL 试剂裂解的样品中加入 0.2 mL 的氯仿,盖紧管盖。手动剧烈振荡管体 15 s 后,15~30 ℃孵育 2~3 min。4 ℃下 12 000 r/min 离心 15 min。离心后混合液体将分为下层的红色酚氯仿相,中间层以及无色水相上层。RNA 全部被分配于水相中。水相上层的体积大约是匀浆时加入的 TRIZOL 试剂的 60%。

③RNA 沉淀。将水相上层转移到干净无 RNA 酶的离心管中。加等体积异丙醇混合以沉淀其中的 RNA,混匀后 15~30 ℃孵育 10 min,于 4 ℃下 12 000 r/min 离心 10 min。此时离心前不可见的 RNA 沉淀将在管底部和侧壁上形成胶状沉淀块。

④RNA 清洗。移去上清液,每 1 mL TRIZOL 试剂裂解的样品中加入至少 1 mL 的 75% 乙醇(75%乙醇用 DEPC 处理水配制),清洗 RNA 沉淀。混匀后,4 ℃下 7 000 r/min 离心 5 min。

⑤RNA 干燥。小心吸去大部分乙醇溶液,使 RNA 沉淀在室温空气中干燥 5~10 min。

⑥溶解 RNA 沉淀。溶解 RNA 时,先加入无 RNA 酶的水 40 μL,用移液器反复吹打几次,使其完全溶解,获得的 RNA 溶液保存于-80 ℃待用。

(2)RNA 质量检测。先用稀释的 TE 溶液将分光光度计调零。然后取少量 RNA 溶液用 TE 稀释(1∶100)后,读取其在分光光度计 260 nm 和 280 nm 处的吸收值,测定 RNA 溶液的浓度和纯度。

①浓度测定。A_{260}下读值为 1 表示 RNA 含量 40 μg/mL。样品 RNA 浓度计算公式为:A_{260}×稀释倍数×40 μg/mL。具体计算如下:

RNA 溶于 40 μL DEPC 水中,取 5 μL,1∶100 稀释至 495 μL 的 TE 中,测得 A_{260}=0.21。

RNA 浓度=0.21×100×40 μg/mL=840 μg/mL 或 0.84 μg/μL。

取 5 μL 用来测量以后,剩余样品 RNA 为 35 μL,剩余 RNA 总量为:35 μL × 0.84 μg/μL=29.4 μg。

②纯度检测。RNA 溶液的 A_{260}/A_{280}的比值即为 RNA 纯度,比值范围 1.8~2.1。

(3)样品 cDNA 合成。

①反应体系。轻弹管底将溶液混合,6 000 r/min 短暂离心。反应体系具体反应物与剂量如表 18.2 所示。

表 18.2　反应体系具体反应物与剂量表

序号	反应物	剂量
1	逆转录缓冲液	2 μL
2	上游引物	0.2 μL
3	下游引物	0.2 μL
4	dNTP	0.1 μL
5	逆转录酶 MMLV	0.5 μL
6	DEPC 水	5 μL
7	RNA 模板	2 μL
8	总体积	10 μL

②混合液在加入逆转录酶 MMLV 之前先 70 ℃干浴 3 min,取出后立即冰水浴至管内外温度一致,然后加逆转录酶 0.5 μL,37 ℃水浴 60 min。

③取出后立即 95 ℃干浴 3 min,得到逆转录终溶液即为 cDNA 溶液,保存于-80 ℃待用。

18.6　酶标仪的样本制备

18.6.1　各类细胞样本的制备

在制备用于细胞测定的细胞样品时,具体实验应始终根据每个实验细胞制备方案,并且可能需要针对单个细胞系进行优化。

(1)哺乳动物细胞:96 孔板/384 孔板。每个细胞系应根据个体进行评估,以确定最佳细胞密度。可以使用聚-D 赖氨酸板促进非贴壁细胞的细胞附着。

①贴壁细胞。将细胞在生长培养基中过夜。表 18.3 提供了每孔细胞的粗略密度范围。通常,需要长孵育时间(2~3 天)的测定应以较低的初始细胞密度进行平板接种。

表 18.3　每个微孔板内的细胞密度范围

孵育方式	示例	96 孔板	384 孔板
标准孵育	钙,NAD/NADH,膜电位	40 000~80 000 个细胞/孔,100 μL	10 000~20 000 个细胞/孔,25 μL
长期孵育	扩散,追踪	5 000~10 000 个细胞/孔,100 μL	2 500~5 000 个细胞/孔,50 μL

②非贴壁细胞。离心细胞并小心丢弃上清液(即培养基);将细胞沉淀重悬于细胞生长培养基或 HHBS 中。表 18.4 提供了重悬浮细胞密度的范围。通常应在较低的初始细胞密度

下重悬浮需要长孵育时间(2~3 天)的测定;将重悬浮的细胞转移到测定微孔板中;在实验之前,制动器关闭的情况下以 800 r/min 离心微孔板 2 min。

表 18.4 每个微孔板内的细胞密度范围

孵育方式	示例	96 孔板	384 孔板
标准孵育	钙,NAD/NADH,膜电位	125 000~250 000 个细胞/孔,100 μL	30 000~60 000 个细胞/孔,25 μL
长期孵育	扩散,追踪	10 000~20 000 个细胞/孔,100 μL	5 000~10 000 个细胞/孔,50 μL

(2)其他细胞类型:制备和裂解。以下是制备和裂解植物、细菌、哺乳动物或组织细胞样品的一些通用指南。实际操作中应根据个体评估每种细胞类型,以确定最佳细胞密度和条件。

①植物细胞。用裂解缓冲液以 200 mg/mL 均化叶子;以 2 500 r/min 离心 5~10 min;使用上清液进行测试。

②细菌细胞。通过离心收集细菌细胞(10 000 g 离心力,0 ℃,15 min);每 10^6~10^7 个细胞加入 1 mL 裂解缓冲液,并在室温下孵育处理过的溶液 15 min;以 2 500 r/min 离心 5 min;使用上清液进行测试。

③哺乳动物细胞。从平板孔中取出培养基,每 1×10^6~5×10^6 个细胞(或 96 孔细胞培养板中每孔 50~100 μL)加入约 100 μL 裂解缓冲液;将处理过的溶液在室温下孵育 15 min;直接使用细胞裂解液或以 1 500 r/min 离心 5 min,然后使用上清液进行测试。

④组织。称取约 20 mg 组织并用冷 PBS 洗涤;在微量离心管中用 400 μL 裂解缓冲液均化;以 2 500 r/min 离心 5~10 min;使用上清液进行测定。

18.6.2 蛋白样品的制备

总蛋白浓度测定是通过生化方法分离和分析蛋白的工作流程中的重要步骤。定量方法可以选择使用荧光计、分光光度计或酶标仪进行荧光法或比色法检测。根据分析类型和所分析特定蛋白样品的不同,每种蛋白检测方法都存在其局限性,选择蛋白检测方法时需要考虑的重要特性包括灵敏度(检测下限)、与样品中常见物质(例如去垢剂、还原剂、离散剂、抑制剂、盐和缓冲液)的兼容性、标准曲线线性度以及蛋白间差异。

比色法蛋白定量可使用酶标仪检测比色信号。最常用的比色法蛋白定量试剂有 BCA 定量即蛋白-铜螯合及还原铜的二次检测、Bradford 定量即蛋白-染料结合可直接检测与结合染料相关的颜色变化、荧光法蛋白定量。

基于荧光进行蛋白定量的荧光检测法具有出色的灵敏度,所需蛋白样品量少,可节省更多样品用于其他实验。此外,读取时间并非关键因素,因此这种检测方法可轻松应用于自动化高通量分析。可使用荧光计或酶标仪检测荧光信号。

收集样品时的常用蛋白来源可能包括哺乳动物细胞培养物、组织或体液等天然来源。此外,蛋白也可能在表达系统(例如酵母、细菌、昆虫或哺乳动物细胞)中过表达。蛋白样本的制备通常包含以下步骤：

(1)从样品中提取靶蛋白。

蛋白分析的第一步是蛋白提取，这就需要释放不同来源样品中的蛋白质。无论通过机械处理还是基于去垢剂的提取方法，都会不可避免地破坏细胞稳态，导致蛋白降解或不稳定。因此，提取过程中蛋白的完整性直接决定了下游蛋白样品分析所得数据的质量。例如，某些提取方法可能在细胞裂解和细胞内含物的溶解方面有效，但可能会导致蛋白变性，影响天然蛋白相互作用的检测和分析。

哺乳动物组织和原代细胞是生理相关的内源性蛋白(包括翻译后修饰)研究，以及过表达系统(瞬时或稳态)的常见样品来源。当提取哺乳动物组织中的蛋白质时，需要一些温和的酶或机械破碎手段来帮助从较复杂组织基质中分离细胞。对于仅通过质膜将细胞内容物与环境隔离开的培养哺乳动物细胞和原代细胞来说，试剂中的去垢剂可打破蛋白-脂质膜双层结构，使总蛋白提取更为容易。通常所研究的或用于重组蛋白表达系统的其他生物体包括细菌、酵母和植物。这些细胞类型含有细胞壁，需要额外使用酶解或机械破碎的方法才能有效释放蛋白。然而，目前已开发出基于去垢剂的解决方案，可有效提取和溶解这些细胞中的蛋白，而无需机械外力破坏。该方法对于处理更多样品数量或使用自动提取和纯化方案来说尤其重要。

对于大多数研究来说，只需直接制备全细胞裂解物以获取可溶蛋白样品，用于下游直接检测或进一步纯化与分离。但是，如果在蛋白提取之前将细胞分为不同的区室或细胞器，可以显著提高特定蛋白的产量或富集率。机械裂解通常会破坏所有细胞区室，使分离特定细胞组分变得更加困难。但是，通过谨慎优化试剂，基于逐级差异去垢剂的方法来分离核蛋白、胞质蛋白和膜蛋白组分，不仅可以将疏水性膜蛋白溶解，使其与亲水蛋白分离，而且可以分离完整细胞核、线粒体和其他细胞器，用于直接研究或分步提取蛋白。

(2)蛋白防降解。

细胞裂解时会破坏细胞膜和细胞器，导致蛋白水解活性不受调控，从而降低蛋白产量并影响蛋白功能。为了防止提取的蛋白降解并保持其活性，通常需要在细胞裂解试剂中添加蛋白酶和磷酸酶抑制剂。

蛋白酶抑制剂通过与蛋白酶活性位点结合而起作用。由于蛋白水解机制的差异，单一化合物无法有效抑制所有蛋白酶，因此，需要使用几种不同抑制剂的混合物来确保蛋白提取物在下游分析之前不被降解。典型的抑制剂混合物包括丝氨酸、半胱氨酸和天冬氨酸蛋白酶等小分子抑制剂，以及氨基肽酶和金属蛋白酶。尽管有些抑制剂是不可逆的，但很多抑制剂是可逆的，它们需要长时间存在于粗制样品中，直到后续进行了纯化，免除了蛋白水解活性的风险为止。

同样，磷酸酶也各有不同，因此建议使用有效的磷酸酶混合物(含丝氨酸、苏氨酸、酪氨酸、酸性和碱性磷酸酶的抑制剂)来保持脆弱的磷酸化翻译后修饰。

通过使用正确的保存方法来防止靶蛋白降解：快速操作并保持样品低温(可使用液氮冷冻样品)；抑制或灭活内源性蛋白酶和磷酸酶；添加保护或稳定化合物，例如还原剂和酶抑制剂；通过沉淀稳定或灭活蛋白。

(3)蛋白样品除杂。蛋白提取后，蛋白样品通常含有影响蛋白稳定性或与下游应用不兼容的杂质。透析、脱盐和浓缩是去除蛋白样品中常见小分子污染物(如盐和去垢剂)的三种常用方法。根据下游应用要求,选择方法时的考虑因素可能包括样品起始量、蛋白功能和处理时间。透析、脱盐和浓缩的试剂有多种规格和包装形式。

透析是一种经典分离技术,它通过半透膜选择性扩散,去除蛋白溶液中的小分子和不需要的化合物。将样品和缓冲液置于膜的相对侧。大于膜孔的蛋白保留在膜的样品侧,较小的分子(污染物)通过膜自由扩散,直至达到平衡浓度。这种技术可以使样品中小分子污染物的浓度降低至可接受水平。

体积排阻色谱法也称凝胶过滤法,可用于去除样品中的盐分。使用这种技术时,需要选择一种孔足够大的树脂使小分子盐进入,但也要足够小,使靶蛋白不能进入。通过这种方法来减缓杂质的迁移速度,可使较大且较快的蛋白在重力流或离心过程中与较慢且较小的分子分离开。

蛋白浓缩与透析法类似,其使用半透膜将蛋白与小分子量化合物分离。与透析法的被动扩散原理不同,浓缩是通过离心使溶液穿过膜而实现的。在离心过程中,缓冲液和小分子量溶质均被动穿过膜,并在另一侧收集(滤液)。大分子(蛋白)保留在膜的样品侧,其随着试剂被动穿过膜到达另一侧而浓缩为小体积液体(截留液)。

18.6.3 酶标板的选择

酶标仪通常使用微孔板或微量滴定板。

根据酶标板底部的不同,可以分为平底、U 形底、V 形底。平底的折射率低,适于在酶标仪检测;U 形底的酶标板折射率较高,方便加样、吸样、混匀等操作,可以不用放在酶标仪上,直接通过目测观察颜色变化情况,从而判定有无相应的免疫反应;V 形底的酶标板可以精确地吸取样品。

根据酶标板与蛋白和其他分子结合能力的不同,分为高结合力、中结合力和氨基化。①高结合力:表面经处理后,其蛋白结合能力大大增强,可达 300~400 ng IgG/cm^2,主要结合的蛋白分子量>10 kD。使用该类酶标板可提高敏感性,并可相对减少包被蛋白的浓度和用量,不足之处为较易产生非特异性反应。抗原或抗体包被后,因非离子去污剂无法有效地封闭未结合蛋白的部位,需使用蛋白作为封闭剂。②中结合力:经表面疏水键被动与蛋白结合,适合作为分子量>20 kD 的大分子蛋白的固相载体,其蛋白结合能力为 200~300 ng IgG/cm^2。由于该类酶标板所具有的仅与大分子结合的特性,适用于作为未纯化抗体或抗原的固相载体,可降低潜在的非特异性交叉反应。该类板可以惰性蛋白或非离子去污剂作为封闭液。③氨基化:经表面改性处理后拥有带正电荷的氨基,其疏水键由亲水键取代。该类酶标板适合作为小分子蛋白的固相载体。使用合适的缓冲液和 pH 值,其表面可通过离子键与带负电荷的小分子结合。由于其表面的亲水特性和可通过其他交联剂共价结合的能力,可用于固定溶于 Triton-100、Tween 20 等去污剂的蛋白分子。该类板的缺陷为由于降低了疏水性,一部分蛋白分子无法结合,此外,其表面需有效地封闭。由于亲水和共价的表面特性,使用的封闭液必须能够与非反应性氨基基团和所选择的交联剂中任何功能基团发生作用。

酶标板的颜色分为透明、黑色、白色。透明板是最常用的,用于最一般的酶联免疫实验。

相对于透明板,还有用于发光检测的不透明的板,一般有黑色和白色两种。黑色的酶标板自身会有光吸收,所以它的信号相对于白色的板要弱很多,因此一般用于检测较强的光,如荧光检测。而白色的酶标板就用于较弱的光检测,常用于一般的化学发光。另外黑色的酶标板还可以削弱非特异反应带来的问题。一般的酶标板不可以进行发光检测,因为一般从化学发光反应中发射出的光是各向同性的,也就是说是各个方向上同等发射出来的。如果用透明的板,光不仅会从垂直方向发散,还会从水平方向发散出来,就会很容易通过各个孔之间的间隙和孔壁。这样的话,光较强时相邻孔之间的影响会很大,因此不能用透明的酶标板来进行化学发光实验。

酶标板还有可拆卸和不可拆卸供实际需求选择。

18.7　荧光分光光度计的样本制备

18.7.1　荧光分光光度计样本的制备

发光材料的制备属于高纯物质制备范畴,除了要求比较纯的原料外(分析纯以上),对溶剂的纯度、器皿的清洁程度和操作的环境都有比较高的要求。在制备过程中,从原料溶解、稀释、提纯、沉淀到最后的洗涤,所用水必须是去离子水,以防引入其他杂质。

对实验室的卫生条件也应有基本的要求。墙壁和地面均应油漆过,便于清洗积尘。进实验室前应当换鞋或用湿的布垫擦净鞋底的灰尘。操作时应注意防止灰尘玷污样本。实验完毕后要整理好实验台,药品归位,仪器洗刷干净,以便下次使用。

样本的制备过程中避免接触塑料器具,尤其是对定容后的浑浊溶液,应进行离心而不能用过滤膜。

样本称量时注意不要沾到皂化瓶口,否则会造成碱解不完全。

样本的均匀性对数据的影响非常大,因此样本预处理和称样时均要注意保证样本的均匀性。

对易被光分解或弛豫时间较长的品种,为使仪器灵敏度定标准确,避免因激发光多次照射而影响荧光强度,可选择一种激发光和发射光波长与供试品近似而对光稳定的物质配成适当浓度的溶液,作为基准溶液。例如蓝色荧光可用硫酸奎宁的稀硫酸溶液,黄绿色荧光可用荧光素钠水溶液,红色荧光可用罗丹明 B 水溶液等。在测定供试品溶液时选择适当的基准溶液代替对照品溶液校正仪器的灵敏度。

18.7.2　样本制备的注意事项

荧光分光光度法因灵敏度高,应注意干扰因素:

(1)溶剂不纯会带入较大误差,应先做空白检查,必要时用玻璃磨口蒸馏器蒸馏后再用。另外,同一物质在不同溶剂中,其荧光光谱的形状和强度都有差别。一般情况下,荧光波长随着溶剂极性的增大而长移，荧光强度也有所增强。这是因为在极性溶剂中，$\pi \to \pi^*$ 跃迁所需的能量差小，而且跃迁概率增加，从而使紫外吸收波长和荧光波长均长移，强度也增强。

(2)温度对荧光强度有较大的影响，测定时应控制温度一致。荧光强度对温度变化敏感，是由于温度对溶剂的黏度有影响，溶剂黏度减小时，可以增加分子间的碰撞机会，使无辐射跃迁增加而荧光减弱。一般是温度上升，溶剂黏度变小，因此分子运动速度加快，分子间碰撞的概率增加，外转换去活的几率增加，荧光效率降低。故荧光强度随溶剂黏度的减小而减弱。

(3)样本浓度效应。荧光强度随溶液浓度增大下降，浓度高时，需要校正荧光强度。

(4)样本污染的影响。轻微的污染都会影响测量的准确度。

(5)溶解氧的影响。溶解氧对一定样本有明显的荧光淬灭效应。溶液中的溶解氧有降低荧光作用，必要时可在测定前通入惰性气体除氧。

(6)溶液的 pH。弱酸或弱碱分子和它们的离子在电子构型上不同，是不同的型体，各具有特殊的荧光量子产额和荧光光谱。对酸碱化合物，溶液 pH 的影响较大，需要严格控制。当荧光物质本身是弱酸或弱碱时，溶液的 pH 对该荧光物质的荧光强度有较大影响，这主要是因为在不同酸度中分子和离子间的平衡改变，离子结构发生变化，因此荧光强度也有差异。每一种荧光物质都有它最适宜的发射荧光的存在形式，也就是有它最适宜的 pH 范围。例如苯胺在 pH 值为 7~12 的溶液中主要以分子形式存在，由于—NH_2 为提高荧光效率的取代基，故苯胺分子会发生蓝色荧光。但在 pH 值小于 2 或大于 13 的溶液中均以苯胺离子形式存在，故不能发射荧光。

(7)样本的光化反应使荧光强度发生变化。其中杂散光干扰是散射光来自激发光溶剂分子的散射(瑞利散射)或被小颗粒或气泡的散射，可以通过在发射单色仪前和激发单色仪后插入相应的短波截止滤光片来消除。拉曼散射光是当溶剂具有拉曼活性时，在激发光长波边会出现类似荧光的拉曼散射峰。

小部分光子和物质分子相碰撞，使光子的运动方向发生改变而向不同角度散射。瑞利光是光子和物质发生弹性碰撞，不发生能量交换，只是光子运动方向发生改变，其波长与入射光波长相同。消除瑞利光散射的影响，荧光的测量通常在激发光呈直角的方向上进行，并通过调节荧光剂的狭缝宽度来消除。拉曼光是光子和物质发生弹性碰撞，发生能量交换，光子把部分能量转移给物质分子或从物质分子获得部分能量，从而发射出比入射光稍长或稍短的光。散射光对荧光测定有干扰，尤其是波长比入射光波长更长的拉曼光，与荧光波长接近，对测定的干扰大，必须采取措施消除。拉曼光的干扰主要来自溶剂，当溶剂的拉曼光与被测物质的荧光光谱相重叠时，应更换溶剂或改变激发光波长。

溶液中的悬浮物也对光有散射作用，必要时，应用垂熔玻璃滤器过滤或离心除去。

测试样品的过程中，容易发生内滤光作用和自吸现象。内滤光作用是指溶液中含有能吸收激发光或荧光物质发射的荧光，如色氨酸中的重铬酸钾；自吸现象是指化合物的荧光发射光谱的短波长端与其吸收光谱的长波长端重叠，产生自吸收，如蒽化合物。因此制备样本时，所用的玻璃仪器与测定池等必须保持高度洁净。

(8)荧光淬灭剂。荧光淬灭是指荧光物质分子与溶剂分子或溶质分子相互作用引起荧光强度降低的现象。引起荧光淬灭的物质称为荧光淬灭剂(Quenching Medium)，卤素离子、重金属离子、氧分子以及硝基化合物、重氮化合物、羰基和羧基化合物均为常见的荧光淬灭剂。在测试过程中应准确地使用该类试剂，以确保实验样本的安全。

18.7.3　荧光染料应满足的条件

荧光染料应满足以下条件：

(1)吸收和发射光谱应在可见光区，以降低散射和荧光背景。

(2)各染料的荧光发射波长应该有明显不同，以便区分不同染料。

(3)应有很强的荧光强度，以获得高灵敏度。

(4)染料的存在不严重改变谱图。

第19章 生物安全操作规范

19.1 操作准则

(1)实验室应保持清洁整齐,严禁摆放和实验无关的物品。

(2)发生具有潜在危害的材料溢出以及在每天工作结束之后,都必须清除工作台面的污染。在每一阶段工作结束后,必须采用适当的消毒剂清除工作区的污染。

(3)所有受到污染的材料、标本和培养物在废弃或清洁再利用之前,必须清除污染。

(4)严禁用口吸移液管。

(5)所有的技术操作要按尽量减少气溶胶和微小液滴形成的方式来进行。避免在本生灯的明火上加热所引起物质爆溅。最好使用不需要再进行消毒的一次性接种环。

(6)如果窗户可以打开,应安装防止节肢动物进入的纱窗。

(7)需要带出实验室的手写文件必须保证在实验室内没有受到污染。

19.2 废弃物处理

废弃物处理的首要原则是所有感染性材料必须在实验室内清除污染、高压灭菌或统一送至指定专业机构处理。

应在每个工作台上放置盛放废弃物的容器、盘子或广口瓶,最好是不易破碎的容器(如塑料制品)。当使用消毒剂时,应使废弃物充分接触消毒剂(即不能有气泡阻隔)。

19.3　生物安全柜的使用

(1)生物安全柜运行正常时才能使用。

(2)生物安全柜在使用中不能打开玻璃观察挡板。

(3)安全柜内应尽量少放置器材或标本,不能影响后部压力排风系统的气流循环。

(4)安全柜内不要使用明火,否则燃烧产生的热量会干扰气流并可能损坏过滤器。允许使用微型电加热器,但最好使用一次性无菌接种环。

(5)所有工作必须在工作台面的中后部进行,并能够通过玻璃观察挡板看到。

(6)尽量减少操作者身后的人员活动。

(7)操作者不应反复移出和伸进手臂以免干扰气流。

(8)不要使实验记录本、移液管以及其他物品阻挡空气格栅,因为这将干扰气体流动,引起物品的潜在污染和操作者的暴露。

(9)工作完成后以及每天下班前,应使用适当的消毒剂对生物安全柜的表面进行擦拭。

(10)在安全柜内的工作开始前和结束后,安全柜的风机应至少运行 5 min。

(11)在生物安全柜内操作时,不能进行文字工作。

19.4　避免感染性物质的食入以及与皮肤和眼睛的接触

(1)微生物操作中释放的较大粒子和液滴(直径大于 5 μm)会迅速沉降到工作台面和操作者的手上。实验室人员在操作时应戴一次性手套,并避免触摸口、眼及面部。

(2)不能在实验室内饮食和储存食品。

(3)在实验室里时,嘴里不应有东西,如钢笔、铅笔、口香糖等。

(4)不应在实验室化妆。

(5)在所有可能产生潜在感染性物质喷溅的操作过程中,操作人员应将面部、口和眼遮住或采取其他防护措施。

19.5　血清的分离

(1)只有经过严格培训的人员才能进行血清分离这项工作。

(2)操作时应戴手套以及眼睛和黏膜的保护装置。

(3)规范的实验操作技术可以避免或尽量减少喷溅和气溶胶的产生。血液和血清应当小心吸取,而不能倾倒。严禁用口吸液。

(4)移液管使用后应完全浸入适当的消毒液中。移液管应在消毒液中浸泡适当的时间,然后再丢弃或灭菌清洗后重复使用。

(5)带有血凝块等的废弃标本管,在加盖后应集中送交专业机构处理。

(6)应备有适当的消毒剂来清洗喷溅和溢出标本。

19.6 匀浆器、摇床、搅拌器和超声处理器的使用

(1)在使用匀浆器、摇床和超声处理器时,容器内会产生压力,含有感染性物质的气溶胶就可能从盖子和容器间隙逸出。由于玻璃可能破碎而释放感染性物质并伤害操作者,建议使用塑料容器,尤其是聚四氟乙烯(Poly Tetra Fluoro Ethylene,PTFE)容器。

(2)使用匀浆器、摇床和超声处理器时,应该用一个结实透明的塑料箱覆盖设备,并在用完后消毒。

(3)操作结束后,应在生物安全柜内打开容器。

(4)应对使用超声处理器的人员提供听力保护。

19.7 组织研磨器的使用

(1)拿玻璃研磨器时应戴上手套并用吸收性材料包住。塑料(聚四氟乙烯)研磨器更加安全。

(2)操作和打开组织研磨器时应当在生物安全柜内进行。

19.8 冰箱与冰柜的维护和使用

(1)冰箱、低温冰箱和干冰柜应当定期除霜、清洁和消毒,应清理出所有在储存过程中破碎的安瓿和试管等物品。清理时应戴厚橡胶手套并进行面部防护,清理后要对内表面进行消毒。

(2)储存在冰箱内的所有容器应当清楚地标明内装物品的科学名称、储存日期和储存者的姓名。未标明的或废旧物品应当高压灭菌并丢弃。

(3)应当保存一份冻存物品的清单。

(4)除非有防爆措施,否则冰箱内不能放置易燃溶液。冰箱门上应注明这一点。

19.9　洗手、清除手部污染

处理生物危害性材料时,只要可能,均必须戴合适的手套。但是这并不能代替实验室人员需要经常地、彻底地洗手。处理完生物危害性材料和动物后以及离开实验室前、使用卫生间前后、进食或吸烟前,均必须洗手。大多数情况下,用普通的肥皂和水彻底冲洗对于清除手部污染就足够了。但在高度危险的情况下,建议使用杀菌肥皂。手要完全抹上肥皂,搓洗至少 10 s,用干净水冲洗后再用干净的纸巾或毛巾擦干(如果有条件,可以使用暖风干手器)。推荐使用脚控或肘控的水龙头。如果没有安装,应使用纸巾或毛巾来关上水龙头,以防止再度污染洗净的手。当没有条件彻底洗手或洗手不方便时,应该用酒精擦手来清除双手的轻度污染。

19.10　溢出清除程序

当发生感染性或潜在感染性物质溢出时,应采用下列溢出清除规程:

(1)戴手套,穿防护服,必要时需进行脸和眼睛防护。

(2)用布或纸巾覆盖并吸收溢出物。

(3)向纸巾上倾倒适当的消毒剂,并立即覆盖周围区域(通常可以使用 5% 漂白剂溶液)。

(4)使用消毒剂时,从溢出区域的外围开始,朝向中心进行处理。

(5)作用适当时间后(如 30 min),将所处理物质清理掉。如果含有碎玻璃或其他锐器,则要使用簸箕或硬的厚纸板来收集处理过的物品,并将它们置于可防刺透的容器中以待处理。

(6)对溢出区域再次清洁并消毒(如有必要,重复第 2—5 步)。

(7)将污染材料置于防漏、防穿透的废弃物处理容器中。

(8)在成功消毒后,通知主管部门目前溢出区域的清除污染工作已经完成。

参考文献

[1] 金静思,杨超,邓刘福. 肿瘤微环境内巨噬细胞极化的流式检测方法[J]. Bio-101, 2019:1010311.

[2] 谭家风,黄薇薇,李三红,等. 抗病毒口服液药效学研究[J]. 中国药科大学学报,2001,32(5):388-391.

[3] 张焱,姜勉,杨森,等. 表面印迹型脂质体靶向识别金黄色葡萄球菌的初步研究[J]. 中国科技论文,2015,10(6):700-704.

[4] 李昀松,苏婷婷,蒋银,等. 阿霉素与姜黄素联合给药的制剂新策略及其给药系统研究[J]. 中国抗生素杂志,2014,39(4):294-300.

[5] 涂溢晖,王雪冬,丁宇波,等. 常用细胞周期流式检测方法[J]. Bio-Protocol,2019, 9:1010328.

[6] 乔飞鸿,吕英军,张晓裕,等. 卡介菌多糖核酸体外抗病毒活性试验[J]. 中国农业大学学报,2011,16(3):133-139.

[7] 葛灵,王雪冬,丁宇波,等. 流式细胞术检测细胞凋亡(Annexin V/PI 法)[J]. Bio-Protocol,2019.

[8] Chen S,Yang X,Zhang Y,et al. Inhalable porous microspheres loaded with metformin and docosahexaenoic acid suppress tumor metastasis by modulating premetastatic niche[J]. Mol Pharm,2021,18(7):2622-2633.

[9] Zhang Y,Deng C,Liu S,et al. Active targeting of tumors through conformational epitope imprinting[J]. Angew Chem Int Ed Engl,2015,54(17):5157-5160.

[10] Li M,Zhang H,Hou Y,et al. State-of-the-art iron-based nanozymes for biocatalytic tumor therapy[J]. Nanoscale Horiz,2020,5:202-217.

[11] 张焱. 基于构象表位印迹策略的肿瘤靶向纳米载体研究[D]. 重庆:西南大学,2015.

[12] 杜立颖,冯仁青. 流式细胞术[M]. 2 版. 北京:北京大学出版社,2014.

[13] 贾永蕊. 流式细胞术[M]. 北京:化学工业出版社,2009.

[14] 叶明德. 新编仪器分析实验[M]. 北京:科学出版社,2016.

[15] 黄丽英. 仪器分析实验指导[M]. 厦门:厦门大学出版社,2014.

[16] Weissleder R,Pittet MJ. Imaging in the era of molecular oncology[J]. Nature, 2008,452(7187):580-589.

[17] 王怡,詹林盛. 活体动物体内光学成像技术的研究进展及其应用[J]. 生物技术通讯,

2007,18(6):1033-1035.
[18] 李冬梅,万春丽,李继承. 小动物活体成像技术研究进展[J]. 中国生物医学工程学报,2009,28(6):916-921.
[19] Bentolila LA,Ebenstein Y,Weiss S. Quantum dots for in vivo small-animal imaging[J]. J Nucl Med,2009,50(4):493-496.
[20] 朱新建,宋小磊,汪待发,等. 荧光分子成像技术概述及研究进展[J]. 中国医疗器械杂志,2008,32(1):1-5,25.
[21] 李战军,张洪武. 光学探针在活体成像中的应用[J]. 中国医学影像学杂志,2012,(11):871-873.
[22] 高虹,邓巍. 动物实验操作技术手册[M]. 北京:科学出版社,2019.
[23] 彭孝军,樊江莉. 荧光染料及其生物医学应用[M]. 北京:化学工业出版社,2022.
[24] 刘爱平. 细胞生物学荧光技术原理和应用 [M]. 2 版. 安徽:中国科学技术大学出版社,2012.
[25] Porwit A,Universitet L,Sweden,et al. Multiparameter flow cytometry in the diagnosis of hematologic malignancies[M]. Cambridge:Cambridge University Press,2018.
[26] 吴丽娟. 流式细胞术临床应用[M]. 北京:人民卫生出版社,2020.
[27] 梁智辉. 流式细胞术:从基础研究到临床医学应用[M]. 武汉:华中科技大学出版社,2019.
[28] 余光辉. 图解细胞生物学实验教程[M]. 北京:化学工业出版社,2013.
[29] 印莉萍,李静,于荣. 细胞生物学实验技术教程 [M]. 4 版. 北京:科学出版社,2015.
[30] 安利国. 细胞生物学实验教程[M]. 北京:科学出版社,2004.
[31] 张雅青. 医学细胞生物学实验教程[M]. 北京:科学出版社,2015.
[32] 贺凯,李学刚,陈红英,等. 薄层色谱-荧光法测定黄连生物碱分配系数[J]. 分析化学,2011,39(4):572-575.
[33] 陶彩霞,朱蔚然,李听弦,等. 基于 PLC 分析考察黄连、萸黄连标准饮片稳定性[J]. 时珍国医国药,2021,32(9):2179-2183.
[34] 林珏龙,沈志忠,刘柳,等. 用荧光图像示踪不同分化的食管癌细胞 Cx43 的空间分布[J]. 激光生物学报,2019,28(5):439-444.
[35] 国家药典委员会. 中华人民共和国药典(2020 年版)[M]. 北京:中国医药科技出版社,2020.
[36] 高原,易磊. 傅立叶变换红外光谱仪在近红外区波数示值误差的校准方法研究[J]. 计量与测试技术,2022,49(7):72-78.
[37] 朱明华,胡坪编. 仪器分析 [M]. 4 版. 北京:高等教育出版社,2008.
[38] 陈培榕,李景虹. 现代仪器分析实验与技术 [M]. 2 版. 北京:清华大学出版社,2006.
[39] 秦余欣. 基于微结构光学的红外光谱仪器系统设计及集成研究[D]. 长春:中国科学院大学(中国科学院长春光学精密机械与物理研究所),2022.
[40] 王忠辉. 傅里叶变换红外光谱法实验教学改革探索[J]. 实验室科学,2021, 24(5):15-17.

[41] 王慧捷. 红外光谱检测性能优化及傅里叶变换红外光谱仪微型化[D]. 天津:天津大学,2020.
[42] 梁奇峰,吕鉴泉,郭红卫,等. 仪器分析实训的探索与实践——以红外光谱与热分析联用鉴定塑料为例[J]. 山东化工,2017,46(21):147-148.
[43] 张晴,蔡贵民,陈斌,等. 光栅型高速扫描近红外光谱仪的研发[J]. 分析仪器,2018(3):29-34.
[44] 陈孜. 基于线性渐变滤光片的便携式中红外光谱仪[D]. 南京:南京航空航天大学,2020.
[45] 熊庆,郭彩红,宋红杰,等. 傅里叶变换红外光谱法中的对比实验教学设计[J]. 实验科学与技术,2014,12(5):11-12.
[46] 方宝霞,滚代芬,李湘,等. 近红外光谱技术在化学药物快速质量控制中应用进展[J]. 中国药师,2021,24(10):1894-1899.
[47] 李奇峰,王慧捷,陈达,等. 同轴倾斜转镜式傅里叶变换红外光谱仪的系统误差容限研究[J]. 纳米技术与精密工程,2017,15(1):21-25.
[48] 李瑞骥. 硫酸奎宁溶液萤光光谱的测定[J]. 广医通讯,1980(2):83-85.
[49] 童裳伦,项光宏,陈萍萍. 稀土铽离子与去甲肾上腺素的荧光反应及其分析应用[J]. 光谱学与光谱分析,2004,24(12):1612-1614.
[50] 王鑫瑞,冯帅,李峰. 番泻叶和大青叶药材的荧光鉴别[J]. 山东中医药大学学报,2021,45(1):125-132.
[51] 黄鹤勇,顾晓天,丁艳,等. 荧光光谱法研究咖啡因与肌红蛋白的相互作用[J]. 光谱学与光谱分析,2009,29(10):2798-2802.
[52] 林树昌,曾永淮. 仪器分析[M]. 北京:高等教育出版社,1994.
[53] 杨勇,姚天月,龚兴旺. HPLC-DAD 法测定牛奶中 6 种氟喹诺酮类药物残留的研究[J]. 卫生职业教育,2017,35(17):97-99.
[54] 陈永波,饶斌,唐登梅,等. 不同晶型、旋光型氨基酸原料药的红外图谱分析[J]. 氨基酸和生物资源,2003,25(1):71-74.
[55] 罗仕华,郑传胜,黎维勇. 白及多糖体外抗肿瘤实验研究[J]. 中成药,2014,36(1):165-168.
[56] 林霖,张宇,兰全学,等. 溶壁微球菌对溶菌酶活性检测的影响[J]. 食品科技,2013,38(3):296-301.
[57] 张恩芬,查飞,周建宝,等. 酶标仪法测定发酵液中谷胱甘肽的含量[J]. 滁州学院学报,2019,21(5):31-34.
[58] Holzgrabe U. Quantitative NMR spectroscopy in pharmaceutical applications[J]. Prog Nucl Magn Reson Spectrosc,2010,57(2):229-240.
[59] 张芬芬,蒋孟虹,沈文斌,等. 定量核磁共振(QNMR)技术及其在药学领域的应用进展[J]. 南京师范大学学报,2014,14(2):8-18.
[60] 张才煜,吴建敏,李憬,等. 核磁共振法定量测定氢溴酸东莨菪碱的绝对含量[J]. 药物分析杂志,2012,32(2):327-329.

[61] LIU Y, LIU ZX, LIN L, et al. Direct comparison of (19) F qNMR and (1) H qNMR by characterizing atorvastatin calcium content[J]. J Anal Methods Chem, 2016:7627823.
[62] 刘阳,魏宁漪,岳瑞齐,等. 新型 19F 核磁共振定量技术测定氟哌利多含量[J]. 中国新药杂志,2014,23(16):1960-1962.
[63] 刘阳,魏宁漪,张琪,等. 19F 核磁共振定量技术测定酒石酸吉米格列汀倍半水合物含量[J]. 药物分析杂志,2014,34(7):1197-1199.
[64] Pauli GF, Gödecke T, Jaki BU, et al. Quantitative 1H NMR development and potential of an analytical method: an update[J]. J Nat Prod, 2012, 75(4):834-851.
[65] 于小波,沈文斌,相秉仁. 定量核磁共振技术及其在药学领域中的应用进展[J]. 药学进展,2010,34(1):17-23.
[66] 刘英,胡昌勤. 核磁共振在抗生素药物定量分析中的应用[J]. 药物分析杂志,2001,21(6):447-452.
[67] 吴瑞,柏正武,杨盈,等. 基于 PDMS 的 NMR 中色谱技术的分离性能研究[J]. 波谱学杂志,2015,27(1):68-79.
[68] 张琪,李晓东,杨化新. 核磁共振技术在药品标准领域中的应用进展[J]. 药物分析杂志,2012,32(3):545-549.
[69] 张利赞. 低分子肝素药物的质量标准综述[J]. 科技传播,2010,16(8):91-92.
[70] 范康年. 谱学导论 [M]. 2 版. 北京:高等教育出版社, 2011.
[71] 北京大学化学与分子工程学院分析化学教学组. 基础分析化学实验[M]. 3 版. 北京:北京大学出版社,2010.
[72] 马红梅,刘宏伟. 实用药物研发仪器分析[M]. 上海:华东理工大学出版社,2014.
[73] 刘超英. 酶联免疫吸附实验原理和酶标仪原理及维修[J]. 医疗卫生装备,2009,30(2):110-111.
[74] 石耀强,张晗依,刘双月. 酶标仪检测技术应用的研究进展[J]. 科技展望,2016,26(24):73-107.
[75] 杨敬金. 酶标仪检测技术应用的研究进展[J]. 中国医疗器械信息,2019,25(16):22-23.
[76] 郑兰宇. 酶标仪的使用及注意事项[J]. 中国畜牧兽医文摘,2018,34(3):74.
[77] 陈旭,齐凤坤,康立功,等. 实时荧光定量 PCR 技术研究进展及其应用[J]. 东北农业大学学报,2010,41(8):148-155.
[78] 欧阳松应,杨冬,欧阳红生,等. 实时荧光定量 PCR 技术及其应用[J]. 生命的化学,2004,24(1):74-76.
[79] 赵焕英,包金风. 实时荧光定量 PCR 技术的原理及其应用研究进展[J]. 中国组织化学与细胞化学杂志,2007,16(4):492-497.
[80] 袁亚男,刘文忠. 实时荧光定量 PCR 技术的类型、特点与应用[J]. 中国畜牧兽医,2008,35(3):27-30.
[81] 张蓓,沈立松. 实时荧光定量 PCR 的研究进展及其应用[J]. 国外医学(临床生物化学与检验学分册),2003,24(6):327-329.

[82] 纪冬,辛绍杰. 实时荧光定量 PCR 的发展和数据分析[J]. 生物技术通讯,2009,20(4):598-600.
[83] 蒋建新,朱莉伟,唐勇. 生物质化学分析技术[M]. 北京:化学工业出版社,2013.
[84] 于世林,杜振霞. 化验员读本(下册)[M]. 5 版. 北京:化学工业出版社,2017.
[85] 盛龙生. 有机质谱法及其应用[M]. 北京:化学工业出版社,2018.
[86] 赵世芬,闫冬良. 仪器分析技术[M]. 北京:化学工业出版社,2016.
[87] 白玲,郭会时,刘文杰. 仪器分析[M]. 北京:化学工业出版社,2013.
[88] 聂永心. 现代生物仪器分析[M]. 北京:化学工业出版社,2014.
[89] 袁慊,冯伟. 抗菌肽 ET12 对革兰阳性菌的抗菌活性及机制研究[J]. 第三军医大学学报,2020,42(15):1567-1572.
[90] 段文娟,李月,杨国红,等. 白芍对斑马鱼促血管生成和抗血栓作用的研究[J]. 时珍国医国药,2018,29(4):834-836.
[91] 吴青,徐寒松,谢晓云,等. 黄芪多糖对 2 型糖尿病患者外周血内皮祖细胞体外增殖的影响[J]. 贵阳医学院学报,2011,36(2):119-123.
[92] 陈青青,任蓉蓉,张青青,等. 桔梗多糖对桔梗皂苷 D 在体肠吸收的影响[J]. 中成药,2021,43(3):569-574.
[93] 常晓娟,彭敬东,刘绍璞,等. 柱前衍生反相高效液相色谱-荧光检测法测定大鼠血浆中的奈替米星[J]. 色谱,2009,27(6):794-798.
[94] 陈云龙,侯华新,莫春燕,等. 激光共聚焦显微镜实时动态观察不同微环境中鼻咽癌细胞摄取大黄素差异研究[J]. 药物分析杂志,2014,34(3):485-489.
[95] 陈志鹏,肖璐,李伟东,等. 活体成像系统检测甘草次酸修饰脂质体在小鼠体内的分布[J]. 中国实验方剂学杂志,2012,18(17):148-152.
[96] 谢华通,王硕,阮克峰,等. 荧光凝胶色谱法测定大鼠单次口服麦冬多糖 MDG-1 排泄变化[J]. 中国实验方剂学杂志,2012,18(17):152-156.
[97] 代一航,赵崇军,田敬欢,等. 香加皮水提取物对斑马鱼幼鱼肝脏毒性的初步研究[J]. 环球中医药,2017,10(10):1161-1166.
[98] 崔胜金,陈泽衍,曹朝鹏,等. 纳米二氧化硅经鼻黏膜染毒对大鼠睾丸毒性的机制研究[J]. 癌变.畸变.突变,2017,29(5):374-378.